U0415243

工程科技颠覆性技术展望（2024）

中国工程院工程科技颠覆性技术战略研究项目组 著

国防工业出版社
National Defense Industry Press

内 容 简 介

本书是一部较为系统的颠覆性技术战略研究著作，通过“拥抱变革，颠覆性技术浪潮下的技术创新”“换道自强，重塑未来的重大颠覆性技术方向”“行稳致远，抢抓颠覆性技术创新浪潮的政策建议”三篇，力争从理论和实践、全局和领域、技术发展和国家需求等几个维度系统介绍工程科技颠覆性技术战略研究的成果。首先，深入认识经济技术长波与颠覆性技术的关系。其次，根据技术发展和国家需求，遴选出一批重大颠覆性技术方向，并对这些方向进行了深入的分析评价。最后，在总结国内外经验的基础上，提出抓住颠覆性技术浪潮的政策建议。

本书兼顾学术性和战略性，可供政府官员和科技工作者阅读参考，期望能为政府相关部门的规划、决策提供有新意的参考；可为企业在颠覆性技术创新方面提供方向和方法的参考借鉴，也可供颠覆性技术创新方面的学者进行研究论证。

图书在版编目（CIP）数据

工程科技颠覆性技术展望．2024/中国工程院工程科技颠覆性技术战略研究项目组著．—北京：国防工业出版社，2025.2.—ISBN 978-7-118-13581-7

Ⅰ．N12

中国国家版本馆 CIP 数据核字第 2025Z9G147 号

※

国防工业出版社 出版发行

（北京市海淀区紫竹院南路 23 号　邮政编码 100048）

雅迪云印（天津）科技有限公司印刷

新华书店经售

*

开本 710×1000　1/16　**印张** 32¼　**字数** 580 千字

2025 年 2 月第 1 次印刷　**印数** 1—3000 册　**定价** 198.00 元

国防书店：(010)88540777　　书店传真：(010)88540776

发行业务：(010)88540717　　发行传真：(010)88540762

《工程科技颠覆性技术展望(2024)》编委会

PREFACE

前　言

没有哪个大国靠跟踪模仿实现强大，作为后发者，在现有领先国家掌控的技术体系、价值体系内，在现有技术轨道的延长线上，很难形成竞争优势，难以提升产业的国际竞争力，占据价值链有利的位置。纵观历史，要打破先进国家产业锁定，就须开辟新的技术轨道，即创造“另辟蹊径”的颠覆性技术。可以说，谁掌握了重大颠覆性技术，谁就拥有了谋求“时代差”的能力，就能掌握未来发展战略主动权，就能实现引领发展[①]。放眼当下，世界正经历百年未有之大变局，新一轮科技革命和产业变革加速演进，新一轮颠覆性技术浪潮正在兴起，如何通过颠覆性技术变革实现换道自强是值得深入研究的重大问题。

中国工程院自2017年设立“工程科技颠覆性技术战略研究项目”，依托院士团队，对颠覆性技术开展了持续、深入、系统的研究，提出了颠覆性技术“归零效应”“重塑格局”“未来主流”的三大特征，总结了颠覆性技术在驱动“技术替代”、决定“组织存亡”、影响“大国更迭”内在机制，并立足“技术－组织－国家”视角，对“从边缘力量到未来主流，颠覆性技术的演化路径”“重大颠覆性技术、康波周期、世界体系变迁与大国的兴替更迭”“能引发下一轮康波周期的潜在颠覆性技术方向”“中国与世界，开展颠覆性技术创新，建设世界科技强国”等方面做了深入的研究，取得了颇具特色的共识。

本书是该项目三期的研究成果，在前期研究的基础上，立足中国面临严峻外部形势，围绕中国在由大变强阶段的战略需求，进一步“聚焦目标、突出重点”，针对如何采用重大颠覆性技术补足相关行业“发展短板”，解决产业

---

① 工程科技颠覆性技术战略研究项目组．工程科技颠覆性技术展望2019[M]．北京：科学出版社，2020.

“薄弱”问题，聚焦当前颠覆性技术密集涌现的“信息电子、材料制造、能源动力、生物医药、前沿交叉”五大领域，依托院士团队，设立了5个“纵向”领域研究课题和1个“横向”总体研究课题。一方面，按领域纵向深入研究，把成果“做实做深”，提升研究可行性；另一方面，跨领域横向综合研究，提升项目研究体系性和综合性。

本书通过“拥抱变革，颠覆性技术浪潮下的技术创新”“换道自强，重塑未来的重大颠覆性技术方向”“行稳致远，抢抓颠覆性技术创新浪潮的政策建议”三篇共26章系统介绍了项目研究成果。

编著者

2024年6月

PREFACE

目 录

第一篇

拥抱变革，颠覆性技术浪潮下的技术创新

作为改变人类生产、生活、作战方式，推动产业及军事变革的根本性力量，颠覆性技术贯穿于人类历史，与人类文明的进化相伴而生，如璀璨星光熠熠生辉，尤其是每次科技革命的发生和突破都以重大颠覆性技术出现和成熟为标志，深刻影响人类社会发展进步。时至今日，颠覆性技术已经成为驱动“技术替代”、决定“组织存亡”、影响“大国更迭”的重要力量。对技术发展、组织存亡、国家兴旺都有重大意义，涉及“边缘技术如何取代主流技术”“后发者如何颠覆在位者”“现在趋势如何重构未来格局”等重大问题。

当前，人类又站在新时代的门口，新一轮颠覆性技术变革浪潮正在兴起，正引领新一轮科技变革、产业变革，为后发国家换道超车提供历史性机遇。与此同时，世界百年未有之大变局正在加速演进，中国发展面临巨大挑战：传统的依靠劳动力以及资源驱动的增长方式走到了尽头，前一轮科技革命推动的制度红利逐渐丧失；在经济全球化产业体系中，我国的比较优势逐渐削弱；随着我国整体发展水平的提高，传统的通过“引进－消化－吸收－再创新”的后发优势将逐渐面临“引无可引”的局面。面对时代大潮和国家要求，怎样认识、适应当前的颠覆性技术创新浪潮，怎么利用重大颠覆性技术解决国家发展的问题；如何把握颠覆性技术的产生与演进规律，培育颠覆性技术引领的未来发展，是重大的时代命题。

本篇立足前期研究成果，对颠覆性技术进行再认识。从“重大颠覆性技术群体涌现定义了科技创新的主旋律”“‘主旋律’切换下后发者换道自强的内在逻辑”“‘主旋律’切换下后发者换道自强的重要条件”等方面开展拥抱颠覆性技术浪潮实现换道自强。

第 1 章

对颠覆性技术内涵的再认识

本章作者

曹晓阳　刘安蓉　张　科
苗红波　彭现科　崔磊磊
李　莉

01

“颠覆性技术”(Disruptive Technology)也被译为“破坏性技术”,1995 年由哈佛大学教授克莱顿·克里斯坦森(Clayton M. Christensen)在其著作《创新者的窘境》中首次提出,被定义为以意想不到的方式取代现有主流技术的技术[1],时至今日,颠覆性技术这一概念得到广泛应用,远远超出了克莱顿·克里斯坦森“低端切入”的原义范畴,这表明,克里斯坦森对颠覆性技术概念的定义,已经不满足时代发展和国家战略的需要,需要从科技发展大势和更广的时空纵深来认识颠覆性技术。

1.1 颠覆性技术的核心是技术主流的替代，重塑现有格局

目前,颠覆性技术尚无统一的定义,视角不同解读不同,既有区别又有联系,但当前对颠覆性技术的解读,都跳出了克莱顿·克里斯坦森关于颠覆性技术在商业领域中低端切入破坏在位者市场地位的原义范畴,在国防领域就是彻底的技术变革、能力变革、军事格局的变革,在科学技术领域就是改变现有科学或工程概念挑战传统范式[2]。归纳各类概念,笔者认为,颠覆性技术是以效果定义的技术,是指在应用领域有颠覆性效果的技术。颠覆性技术从产生到发展直至完成颠覆的历程是不断打破现有格局和平衡,改变原有组织结构,或产生新的组织结构和管理模式,伴随组织管理的变革,新格局随之形成,直到下一个技术出现并打破已有格局,如此往复循环[3-5]。其核心是技术主流的替代,从而对某个应用领域产生颠覆性效果,包括3个层次的内涵。

(1)归零效应。颠覆性技术具有强大的破坏效应,使现有的投资、人才、技术、产业、规则“归零”,不能再继续作为主要的技术方法或工具得到市场或社会的采用。

(2)重塑格局。颠覆性技术影响足够大,其引发的是战略性的、全局性的、体系性的变革,使现有的力量结构、基础以及能力平衡发生根本性变革。

(3)未来主流。颠覆性技术不仅能破坏,还要能创造,即能实现对现有主流技术的替代,定义新规则、创造新产业、投资、就业,催生新的未来主流的技术价值体系,成为未来的主流

总之,颠覆性技术的核心就是对现有主流技术的替代,具有强大的破坏性,能以革命性方式对应用领域产生“归零效应”,重构应用领域的体系和秩序,并由此改变人们的生活、工作方式和作战方式,是推动人类经济社会变革的根本性力量。

1.2 颠覆性技术的本质是世界的非连续，影响组织存亡

未来主流一定不在现有主流内部,它来自边缘。颠覆性技术对现有主流技术的替代就是“从边缘力量到未来主流”的过程。究其根本,颠覆性技术反映两

个核心问题:“技术演进的非连续性”和“未来主流的不确定性”(图1-1)。前者让在已有技术轨道上建立的认知、方法、经验等面临技术变轨时失效。后者极为复杂,众多边缘力量是通过“竞争”和“适配”才能成为未来主流,其过程难以把握。同时,在原有轨道上形成的思维固化、利益固化、价值网络固化是新生颠覆性技术发展的巨大障碍。“跨越非连续,应对不确定性,把握未来主流”是面对颠覆性技术的核心挑战,也是影响组织存亡,推动社会跃迁的重要动因。颠覆性技术贯穿于人类历史,与人类文明的进化相伴而生,如璀璨星光,熠熠生辉。在长期发展演化中颠覆性技术形成了鲜明的特征和独特的规律。

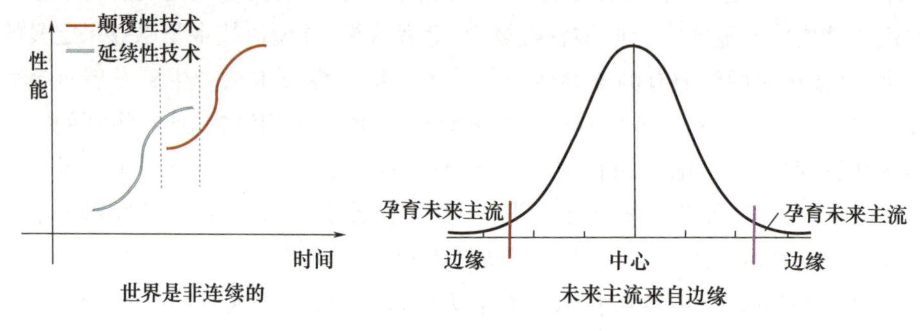

图1-1　对颠覆性技术本质的认识

颠覆性技术的产生有3个重要途径。一是基于科学原理重大突破产生颠覆性技术,如核技术、人工智能(AI)等。该类型技术一出现,会得到广泛共识,快速向各个领域渗透、融合,往往会产生定义时代的重大颠覆性技术。这类技术很重要,但数量不多。二是技术的颠覆性应用形成颠覆性技术。传统技术跨学科、跨领域或非常规的应用,往往会在应用领域产生颠覆性的效果,形成颠覆性技术。随着社会进入“技术爆炸”时代和以大数据为代表新型科研范式的出现,这类技术越来越多,涉及的范围越来越广、过程越来越复杂、速度越来越快。三是颠覆性思路解决问题催生颠覆性技术(问题导向)。这种方式在当前商业创新中盛行,如SpaceX的可回收火箭以有悖常理的思路去实现现有功能,获得了巨大成功,催生了火箭回收颠覆性技术。该理念也带动“先开发、再研究”创新模式的兴起。对该类技术,大多数人经历“看不上、看不懂、来不及”的过程,对其带来的冲击措手不及。

颠覆性技术是包含了主导技术、支撑技术、辅助技术的技术群,有复杂的内在结构。通常,这些技术不是齐头并进的,任何技术都能制约或助推颠覆性技术发展。这些技术几乎不属于同一主体,甚至同一地区、同一国家,注定颠覆性技术创新要伴随大量的技术转移、技术集成和二次创新,是复杂的过程,孕育巨大机遇。颠覆性技术的成长也需要经历实验室技术、中间试验技术、工程化技术、商业应用技术①等阶段。这个过程十分漫长,并伴随技术主体的转移、变换,还面临原有维持性技术激烈的技术竞争和商业竞争。颠覆性技术发展过程是有鲜明的阶段划分,在此过程中新原理的发现与传播(科学突破)、新技术的发明与分叉(技术分叉)、新产业产生与锁定(产业锁定)等转折点的识别与把握具有重大的战略意义。由于颠覆性技术结构和过程的复杂,几乎没有技术发明者实现最终颠覆。

颠覆性技术创新蕴含管理和技术两大冲突。作为能使传统行业"投资、产业、技术、人才、规则"归零的革命性力量,颠覆性技术不是单纯的技术本身,而是蕴含了管理和技术两大冲突。一是技术体系冲突。作为新生革命性技术(变轨技术),颠覆性技术往往与现有的配套技术体系、产业体系、甚至商业基础、商业模式不适应,在它成长过程中和现有技术体系存在巨大冲突。一方面,在现有体系内很难得到发展和支撑;另一方面,随着其发展壮大将改变、颠覆甚至归零现有体系。因此,新技术成长挑战多、周期长、风险大,考验决策。正是由于过程的风险和不确定性,给后发者提供了战略性机遇。二是管理体系冲突。旧的管理体系是阻碍甚至排斥颠覆性技术发展。管理是与管理对象相匹配的,组织现有的管理理念、价值观、资源、流程往往不适应颠覆性技术的发展。面对颠覆性技术变革,在原有轨道上越优秀、管理越好的企业失败得越快。在人才、技术、资金各方面占优的行业巨头,往往是颠覆性变革的失败者,如柯达"发明了数码相机,却被数码相机颠覆。"当前,面对颠覆性创新,无论国家、行业巨头都选择现有体系之外设置新的管理架构。

1.3
颠覆性技术的实现形式是技术发展的飞跃,推动社会跃迁

纵观古今,"科学"和"技术"与人类文明的进化相伴而生,人类文明史就是一部科学技术史。尽管"颠覆性技术"是在21世纪出现的新概念,但其早已存在于人类科技发展史中,并成为科学技术在渐进性和突破性发展的波动周期中的重要组成部分。尤其是每次科技革命的发生和突破都以颠覆性技术出现和成熟为标志[6]。

技术发展的渐进形式反映了技术发展的连续性、积累性和继承性。技术发

① 还包括国防军事等方面的应用。但是我们研究发现在颠覆性技术创新过程中,商业应用和国防军事应用,在本质上是有共通性的,后续论述中不特意区分。

展的飞跃形式反映了技术发展的阶段性、突破性和创造性。科学理论基础上的全新发明(即原理性发明)或某一技术领域里的重大突破颠覆原有技术都是技术发展的飞跃形式。技术数量的渐进积累会转化为质的飞跃突破产生颠覆性技术,而颠覆性技术带来的突破又为技术的渐进发展开辟道路。伴随科学革命的波浪式传导,技术革命历史性依次推进,技术知识从经验上升到理论,科学应用与技术实践形成技术原理,导致技术科学蓬勃兴起,成为孕育颠覆性技术的摇篮。颠覆性技术与应用相结合,为历次工业革命输入决定性的创新动能,第一次工业革命采用水蒸气为动力实现了生产的机械化,第二次工业革命通过电力实现了大规模生产,第三次工业革命则使用电子和信息技术实现了生产的自动化,深刻影响社会经济产业变革,最终推动科学技术革命向工业革命的转化。

随着技术革命的历史性依次推进,科学对颠覆性技术的孕育与发展的作用越发突出,尤其是在第二次世界大战前后,技术知识从经验上升到理论,科学应用与技术实践形成技术原理,导致技术科学蓬勃兴起。近代工业革命中的那些具有颠覆性的技术产品实质上都孕育于科学。如热机技术(包括蒸汽机、汽轮机、燃气轮机、内燃机、喷气发动机)使热力学理论建立起来,工程热力学又使热机效率大大提高;电磁理论引发电气技术的发明,电机工程发展又导致电工学理论的形成;飞机发明与制造促进了空气动力学的产生,而空气动力学又为飞机设计制造提供了可靠的科学依据和数据支持,如图1-2所示。

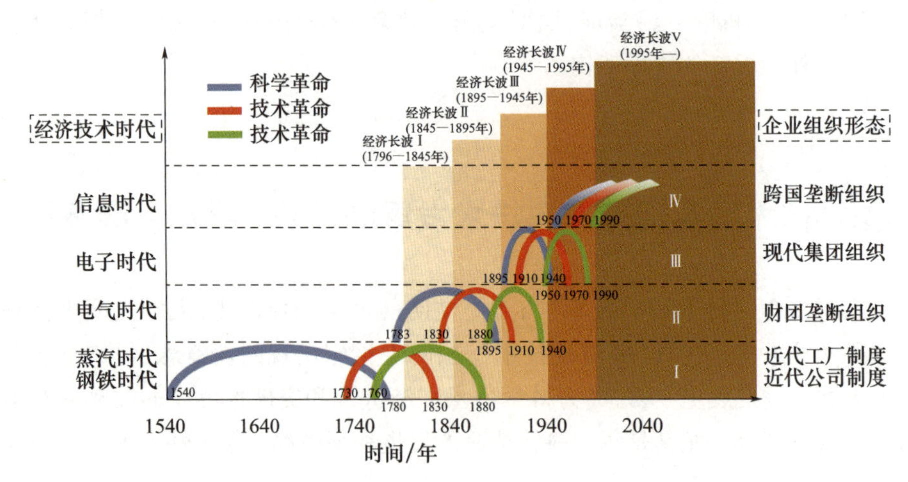

图1-2 “科学-技术-经济”周期性转化大规律示意图①

① 图片引自大连理工大学刘则渊、陈悦两位教授的研究成果。

当前,第四次科学革命使得科学体系结构趋于整体和专业化,其向技术革命的迅速转化,导致科学和技术的一体化,并且使得科学活动日益社会化和国际化。随着集成电路技术的发展,微电子技术突飞猛进,电子信息技术呈现微型化、超级化、网络化和智能化趋势;在分子生物学基础上产生的基因重组技术,同新型的和传统的细胞技术、酶技术、发酵技术相结合,形成现代生物工程技术革命;其他高新技术,如新材料技术、新能源技术、空间技术、海洋技术等都获得全面发展。在这种科技变革的大背景下,物质生产的技术体系内部的矛盾运动将更为剧烈和复杂,颠覆性技术将会呈现出群体式爆发特点。

参考文献

[1] 克莱顿·克里斯坦森. 创新者的窘境[M]. 胡建桥,译. 北京:中信出版社,2014.

[2] 刘安蓉,等. 颠覆性技术的战略内涵及政策启示[J]. 中国工程科学,2018,6(20):1-7.

[3] SCHUMPETER J A. The theory of economic development: an inquiry into profits, capital, credit, interest and the business cycle[J]. Social Science Electronic Publishing,2012,3(1):90-91.

[4] DANNEELS E. Disruptive technology reconsidered: a critique and research agenda [J]. Journal of Product Innovation Management,2010,21(4):246-258.

[5] ANDERSEN B. The evolution of technological trajectories 1890—1990[J]. Structural Change and Economic Dynamic,1998,4(9):5-34.

[6] 工程科技颠覆性技术战略研究项目组. 工程科技颠覆性技术展望2019[M]. 北京:科学出版社,2020.

第 2 章

重大颠覆性技术群体涌现定义了科技创新的主旋律

本章作者

曹晓阳　孙思源　刘安蓉
张　科　苗红波

02

历史上，重大颠覆性技术总是周期性群体涌现，并和经济社会发展深度融合，形成经济技术长波（康波周期），成为相应时代科技创新的主旋律，推动社会进步和经济发展。一批国家、企业，充分利用重大颠覆性技术、康波周期的历史机遇与互动效应，成为科技兴盛国力强大的世界科技强国和领先时代的科技企业。也有一些企业跟不上科技创新主旋律切换的步伐，被时代淘汰。

2.1 重大颠覆性技术周期性群体涌现，是相应时代科技创新的“主旋律”

20 世纪 20 年代，康德拉季耶夫提出了经济长波周期理论，即“康波周期”，指出资本主义世界中重要的经济变量会呈现以 40～60 年为周期的重复波动[1]，简称“康波理论”或“长波理论”。康波理论认为，科学技术是生产力发展的动力，因此，生产力发展的周期由科学技术的发展决定。自工业革命以来，全球已经历过四轮完整的康波周期，每一轮周期的起始或者结束都以一个重大颠覆性技术作为标志，如纺织工业和蒸汽机技术、钢铁和铁路技术、电器和重化工业、汽车和计算机。康德拉季耶夫及其继承者对 18 世纪末以来的长波进行了划分，划分时段如表 2－1 所列。第一个周期是 1790—1850 年，第二个周期是 1850—1890 年左右，第三个周期是 1890—1950 年，第四个周期是 1940—1990 年，第五个周期是 1990 年至今，目前，我们正处在第五轮康波的衰落期和第六轮康波的孕育期[2]。

重大颠覆性技术周期性群体涌现是相应时代科技创新的主旋律。表 2－1 归纳了引发五次康波周期的技术，以及该技术所衍生的产品和影响的产业。1763—1790 年，瓦特持续进行并最终完成了蒸汽机的改良工作，纺织工业中机器生产开始替代手工劳动进行，蒸汽动力技术为代表的第一次技术革命引发了第一次工业革命，从而助推了第一轮康波的兴起。1807—1840 年，蒸汽动力技术延伸至冶金和运输领域，第二轮康波进入上升阶段。1870—1890 年，电力能源技术颠覆了蒸汽动力技术，发电机、电动机、内燃机相继发明，促使火力发电、汽车制造、石油开采行业迅速发展，钢铁冶炼这一老工业技术也被注入新的活力，工业重心由轻工业转为重工业，引发了第三轮康波周期的兴起。1904—1980 年，电子技术蓬勃发展，航空电子系统确保了飞机飞行的安全，电子电视替代了机械电视，电子计算机取代了电动制表机和人工手算，一系列颠覆性产品从实验室走向市场，推动了包括通信、测量、计算在内的诸多领域的全面发展，第四轮康波的由此兴起。1969 年后，互联网的诞生颠覆了原有的信息交换的方式，使人类社会进入到信息时代，信息经济出现，第五轮康波进入上升期。自 21 世纪以来，生物技术、新能源技术、新材料技术与处于主导地位的信息技术的交叉融合，改变了原有的生产模式、生产效率和产业形态，使得世界持续处于第五轮康波的增长期。

表 2-1　引发新一轮康波兴起的技术

康波划分	引发康波兴起的技术	技术孕育期	标志性产品影响的产业	对应技术和工业革命
1	蒸汽动力技术	1763—1790 年	蒸汽机 蒸汽动力纺织	第一次技术革命和第一次工业革命
2	蒸汽动力技术	1807—1840 年	蒸汽船/机车/火车等 蒸汽运输/冶金工业	
3	电力技术	1870—1900 年	电动机/发电机/内燃机等 火力发电、汽车制造、石油钢铁	第二次技术革命和第二次工业革命
4	电子技术	1904—1959 年	飞机/电视/电子计算机等 电子通信/测量/计算机等	第三次技术革命和第三次工业革命
5	信息技术	1969 年至今	微处理器/万维网等 互联网、人工智能、软件工程等	

2.2 科技创新“主旋律”的切换，是国家兴盛企业领先的历史机遇

历史上，科技强国的崛起都抓住重大颠覆性技术、康波周期的机遇，成为世界体系的中心国。日本经济学家赤松要认为，世界体系有一种“中心-外围”结构，因为后发优势的存在，外围国与中心国之间的综合国力的差距呈现出一种“收敛-发散”的周期特征，周期长度为 20～60 年，其长边正好与康波的长边对应[3]。一般而言，中心国是创新的引领者，由于创新具有外部性，外围国在追赶过程中实现收敛。有些历史节点，外围国甚至会赶超中心国家，从而重构世界体系的结构。当然，赶超并非易事，追赶过程中更常见的现象是再次被中心国家甩开。纵观历史，重大颠覆性技术的群体涌现会产生技术分叉、催生新兴产业，打破已有强国技术垄断、产业锁定的格局，为后发国家的崛起提供了历史性机遇。每次颠覆性技术浪潮来临，都是世界格局重塑、新兴大国崛起的时机。颠覆性技术群体涌现，康波兴起的时候，主旋律切换时促进了中心外围国的更迭，也催生了一批领先时代的科技企业。

在历史上的五轮康波中，英国是前两轮的领导者，同时也是世界体系的中心国。美国是后面三轮康波的领导者，从而也是 20 世纪初至今的中心国。英国在 18 世纪末开始的第一次工业革命和第一轮康波中占绝对领先地位，没有挑战

者;第二轮康波中,英国在铁路和炼铁工业中都有领先优势,但美国紧随其后,是唯一的挑战者;第三轮康波的起点是 19 世纪末,英国在钢铁工业上仍然领先于美国,但在石油、汽车和能源工业方面,英国开始落后于美国。虽然德国在汽车工业上是领先者,但福特发明的流水线作业改进了生产流程,提升了生产效率,使得美国在汽车工业上仍然保持领先地位。日本于 19 世纪 60 年代开始的改革使其搭上了第三轮康波的末班车。第二次世界大战之后,日本一边补课——发展纺织和汽车制造业,一边追赶——发展石油化工和计算机工业等,至 20 世纪 70 年代修完过去五轮康波的课程,从而成为美国权力的有力挑战者,特别是在汽车和数码电子科技方面,如图 2－1 所示。

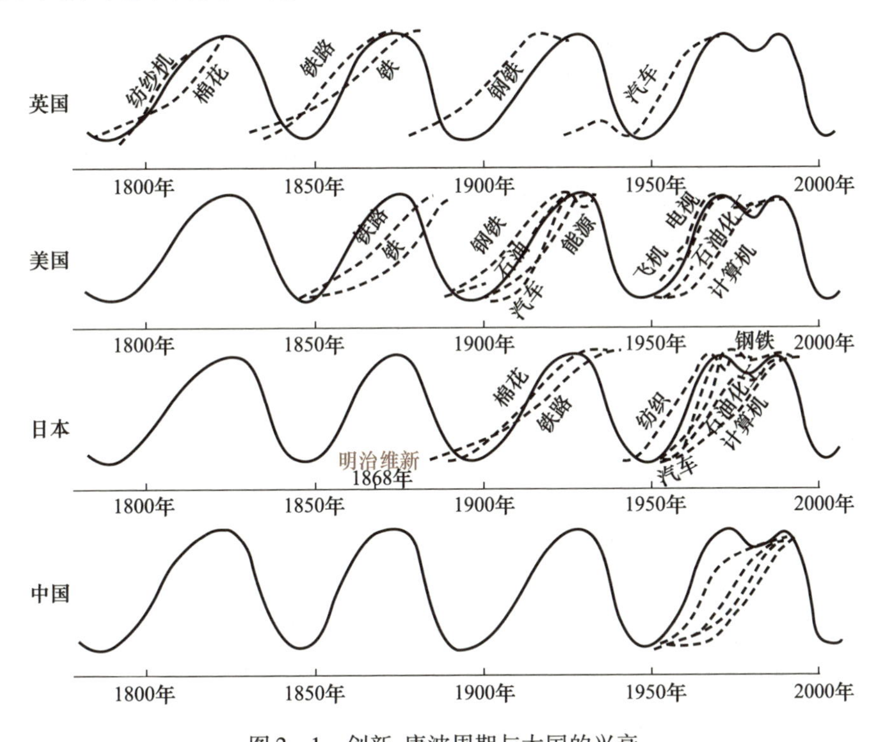

图 2－1　创新、康波周期与大国的兴衰

(资料来源:邵宇. 创新的范式:康波、世界体系与大国兴衰[J]. 新财富,2019,12.)

2. 3 新一轮颠覆性技术浪潮即将来临,人类已经站在新时代的门口

当前,全球科技创新进入空前的密集活跃期,重要科学领域从微观到宇观各

尺度加速纵深演进，科学发展进入新的大科学时代；前沿技术呈现多点突破态势，正在形成多技术群相互支撑、齐头并进的链式变革。人－机－物三元融合加快，物理世界、数字世界、人类社会的界限日益模糊，人类已经站在新时代的门口。一批重大颠覆性技术正在孕育、发展，不断创造新产品、新需求、新业态，为经济社会发展提供前所未有的驱动力，推动经济格局和产业形态深刻调整，重构全球创新版图、重塑全球经济结构。

调研表明，目前，大量的颠覆性技术已经进入成熟期，离应用越来越近，获得的商业关注也越来越多，商业机构已取代政府部门成为颠覆性技术研究预测的主力。一大批颠覆性技术的应用近在咫尺，新一轮颠覆性技术浪潮即将来临。新兴颠覆性技术方向不断融合汇聚，正在形成以泛在智能和绿色健康为核心的两大技术集群。新兴颠覆性技术方向主要集中在信息网络、生物科技、清洁能源、新材料与先进制造等领域，并且不断融合汇聚，形成了以泛在智能和绿色健康为核心的两大技术集群。这两个集群将成为未来很长一段时间经济社会发展的核心驱动力，能有力应对世界人口与经济持续增长带来的能源需求与环境压力，重塑世界格局、创造人类未来，成为人类追求更健康、更美好生活的重要保障。

参考文献

[1] KONDRATIEFF D. The major economic cycles[M]. Moscow,1925.

[2] KOROTAYEV A, TSIREL S. A spectral analysis of world GDP dynamics: kondratieff waves, kuznets swings, juglar and kitchin cycles in global economic development, and the 2008 - 2009 economic crisis[J]. Structure and Dynamics, 2010,4,3 -57.

[3] 邵宇. 创新的范式：康波、世界体系与大国兴衰[J]. 新财富,2019,12.

第 3 章

“主旋律”切换下后发者换道自强的内在逻辑

本章作者

刘安蓉　曹晓阳　张　科
苗红波　张建敏

03

颠覆性技术不仅挑战既有主流技术的垄断地位，其自身从边缘走到主流也是后发者不断挑战领先者的动态博弈的过程[1]。在这个过程中，领先者与后发者的优劣势不是衡止不变的，伴随颠覆性技术的演化成长，存在动态转换的可能，组织存亡面临极大考验[2]。

3.1 颠覆性技术的技术分叉、转移、扩散，助力后发者打破领先者垄断锁定

后发者赶超领先者，关键在于打破领先者格局，突破领先者的技术势差和遏制锁定[3]。那么，领先者格局的铁幕是如何撕开的呢？项目认为，颠覆性技术是一个技术群，具有复杂的内在结构[4]。从空间角度来看，颠覆性技术包含主导技术、辅助技术、支撑技术构成的技术体系，跨多学科、多领域，发展不同步，结构的复杂决定了过程的复杂，其成长同样历经实验室技术、中间试验技术、工程化技术、应用技术等阶段。在此过程中，新原理的发现与传播（科学突破）、新技术的发明与分叉（技术分叉）、新产业产生与锁定（产业锁定）等转折点的识别与把握，为后发者突破领先者创造了机遇。以液晶显示器（LCD）为例[5]，伴随 LCD 在美、日、韩、中等国家的技术转移，出现了先发（在位）与后发的博弈迭代转换，即在位者的先发与后发的相对态势在技术、创新、制造等不同维度之间出现美—日、日—韩、韩—中的三次转换（图 3－1）。一是日本对美国技术主导地位的颠覆。二是韩国对日本产业领先地位的颠覆。三是中国大陆对韩国制造主导地位的颠覆。LCD 案例典型刻画了在位者与后发者存在的起源—承接—转移—退出的全周期优势转换过程。

基于此，项目提出了一个颠覆性技术替代在位技术的技术分叉—产业形成—产业锁定优势转换路径，如图 3－2 所示。科学突破产生颠覆性技术的原理基础，原创发明创造了首轮领先的节点，以此奠定领先者的地位。技术分叉阶段，原理性突破产生初始的分支技术，后发者将分支技术与初始场景融合产生应用落地，从而形成并掌握了分支技术的创新链、产业链，完成对领先者的第一次优势转换（A－B－B′），获得技术领先地位。产业形成阶段，颠覆性技术产生的若干不同分支技术经过市场选择涌现出主导型技术，后发者利用主导型技术不成熟、技术体系不完善的机遇，突破主导型技术或辅助技术、支撑技术的瓶颈，完成对领先者的第二次优势转换（B′－C－C′），获得市场或技术的领先地位。产业锁定阶段，主导型技术趋于成熟稳定，加速应用扩散到主流市场，后发者抓住主流爆发机遇，利用辅助技术或支撑技术的新突破，面向应用端融合发展，获得市场与制造的领导

① 1 英寸≈2.54 厘米。

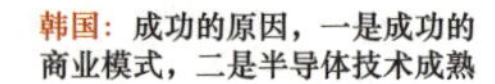

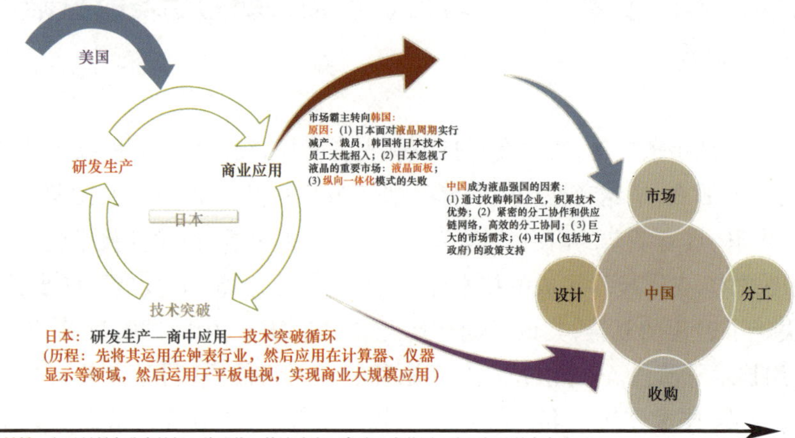

图 3－1　LCD 在位者与后发国家的优势转换过程

地位，完成对领先者的第三次优势转换（C′－D－D′）。在此基础上，新的颠覆性技术周期性涌现并循环迭代（D′－E－E′），推动浪潮式的技术革命[6－7]。

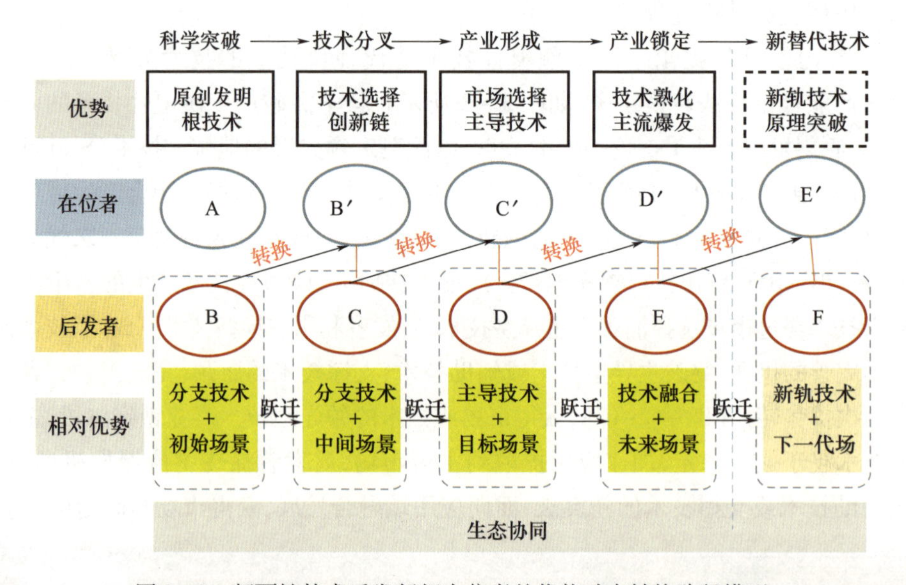

图 3－2　颠覆性技术后发赶超在位者的优势动态转换路径模型

项目认为，在颠覆性技术由边缘到主流的过程中，科学突破、技术分叉、产业形成、产业锁定的每一轮转折点，为后发者创造了技术分叉、转移、扩散以及应用跃迁、生态协同的机会，助力后发者打破领先者垄断锁定，通过激烈的竞争博弈产生优势的互换，形成了颠覆性技术后发者与领先者优劣转化的动态演化路径。

3.2 颠覆性技术为后发者赶超创造了机会窗口

颠覆性技术后发者与领先者优劣势的转换路径揭示了以科学突破为先发起点，技术分叉 - 产业形成 - 产业锁定三个转换节点是创造后发赶超的主要环节，从时间维度来看分别处于颠覆性技术生命周期的不同阶段，赋予了后发赶超不同的时间窗口。基于转换节点，后发赶超的机会体现为以下三类。

3.2.1 基于技术分叉的后发赶超机会窗口

第一类机会是基于技术分叉的后发赶超。进入时机为技术分叉期，主导型技术尚未形成，后发者参与技术的形成，壁垒较小，创新路径较长，创新链不确定性大，新技术—经济范式开始萌芽，有利于后发赶超[8]。例如，我国 AI 在技术分叉阶段开始后发赶超，图像识别、语音识别等 AI 原创技术主要起源于美日等国，我国已跟进并参与到 AI 核心技术与应用端技术的融合与产业化开发的创新链中，形成了一定的应用规模，在大数据、云计算、图像识别、语音识别等技术层以及应用领域产生了一批拥有自主知识产权的平台型企业和头部企业，如百度、海康、科大讯飞。

3.2.2 基于产业形成的后发赶超机会窗口

第二类机会是基于产业形成的后发赶超，进入时机为颠覆性技术的主导型技术已形成，技术体系尚未成熟，市场选择机会较大，技术 - 经济范式由旧向新转换，主导技术、辅助技术、支撑技术的发展不同步，为后发者在主导型技术规定的轨道内寻求后发赶超提供了可能[9]。例如，韩国切入 TFT - LCD 的时机起于 TFT 主导型技术形成后，利用反液晶周期投资发展高世代产线制造技术，获得产业成本结构优势，并持续改进主导型技术，通过大尺寸显示技术与规模生产取得优势地位。

3.2.3 基于产业锁定的后发赶超机会窗口

第三类机会是基于产业锁定的快速成长阶段，进入时机为颠覆性技术成为主流技术产生规模化应用并广泛扩散，新范式取代旧范式，主导技术融合发展，技术轨道还有较大提升空间。如我国 TFT - LCD 的后发赶超起于产业快速成长期，在后发位置上自主建线并掌握高世代产线与显示技术，生成了技术发展能力，利用技术发展的不确定性与新一轮应用跃迁带来的跨越窗口，获得技术新突破，改变产业结构成本（游戏规则），从而实现后发赶超占据产业主导地位[10]。

以上三类后发赶超的机会贯穿于颠覆性技术由边缘到主流的过程（图 3 -3），形成动态演化的优势转换节点，从而释放出不同的机会窗口，为后发赶超的进入提供了选择。

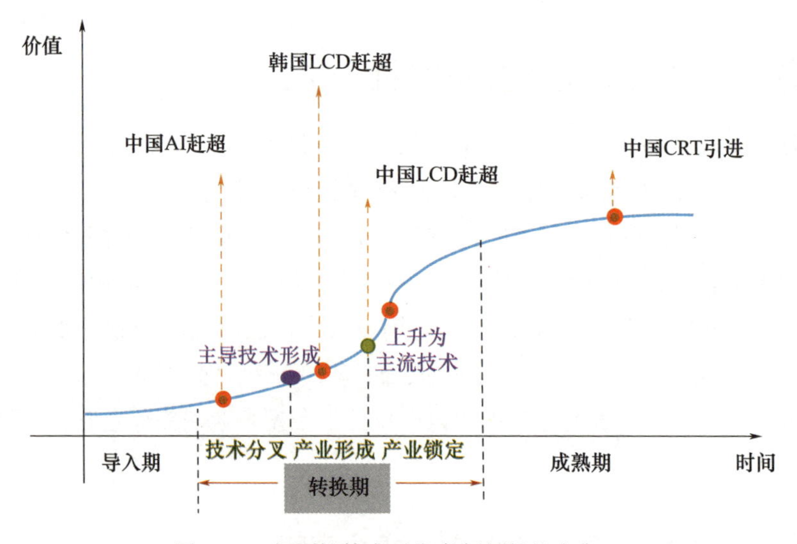

图 3 -3　颠覆性技术后发者赶超的机会窗口

3.3 颠覆性技术为后发者创造动态转换的后发优势

颠覆性技术从边缘主流的过程中，后发者首先是处于绝对劣势的地位，其优势是相对于在位者的劣势而言的[11]，相对能以最小代价、最快速度提供适配于颠覆性技术创新过程的战略、制度、环境、组织、技术、资源等有利条件，每一轮从边缘到主流的转换节点优势竞争导致在位者退出原主导地位，向高端环节收缩，从而产生后发者对在位者主导地位的颠覆。仅从颠覆性技术优势转换着眼，颠覆性技术的后发优势在于，从边缘到主流的过程中，领先者未最终构建技术锁定、产业垄断和格局主导的绝对优势，后发者相对技术的发展机会更适应颠覆性技术未来创新发展的游戏规则，能提供颠覆性技术未来创新的适配条件，大致落脚于三个后发优势：一是从技术上更适于创造更优路径；二是从组织上更适于达成需求共识；三是从生态上更适于形成适宜环境。项目认为，优势是基于现实与未来的比较。颠覆性技术每个转换节点的创新特性是动态发展的，领先者的优势是有边界的，面对未来创新需求，后发者相对在位者如能创造更适配的配套条件，是构成赶超领先者的基础和主观条件。

3.3.1 更优的路径创造

颠覆性技术的发展处于由发散到收敛的不确定性过程，在位者开辟了技术路径，但技术体系尚不稳定，后发者利用技术分叉进行二次创新与自主创新，适应市场、社会的需求创造出新的路径[12]。LCD 案例显示，随着半导体技术的突破，日本在 STN 的基础上融入 TFT(薄膜晶体管)技术产生一个更优的路径分支 TFT - LCD，并通过掌握 TFT 的关键技术而赶超美国的技术主导地位。因此，相比在位者路径的不稳定性，后发者更能适应需求创造更优路径的后发优势。

3.3.2 有效的需求共识

颠覆性技术的应用场景演化是一个由点状向多维扩散的过程，是需求识别和市场选择的结果。在位者基于前期阶段的成功形成一定的组织惯性与利益固化，有可能造成需求判断难以满足各方利益诉求[13]。后发者对潜在需求的识别和场景发现更有利于形成需求共识，从而增强战略上的判断。因此，相比在位者对未来需求判断与价值追求的分歧，后发者更有利于达成共识，需求识别与场景发现更为精准。

3.3.3 适配的生态环境

颠覆性技术在科学突破 - 技术分叉 - 产业锁定等不同发展阶段对生态环境的需求是不同的。每一阶段的技术发展都可能形成一套相对成型的价值网络、制度体系、组织管理与创新环境，不一定适应未来创新需求，在位者既得益于该阶段生态环境的适配同时也造成了利益固化。后发者一方面未受到上一阶段固化影响，价值网络重组成本和制度变革成本较低；另一方面可以适应性地创造更具多样性和富有创新活力的环境。因此，相比在位者的生态失活，后发者更有利于构建适宜未来创新发展的生态环境[14]。

3.4 优势转换的根本原因在于领先者窘境－冲突的固有矛盾

从边缘到主流颠覆性技术为什么会产生后发者与领先者优劣势转换呢？项目认为，驱动优劣势转换的根本动因在于，领先者与颠覆性技术创新之间出现技术、管理、生态、市场上的不匹配，由此产生旧组织与新创新的冲突，促成技术的转移并实现后发赶超。在这个“固化－冲突－转移”的优势转换动因模型中（图3－4），新旧组织之间构成了两股非对称的力量，围绕不同阶段颠覆性技术创新需求与内涵，进行了一类非对称结构上的攻守博弈[15]。

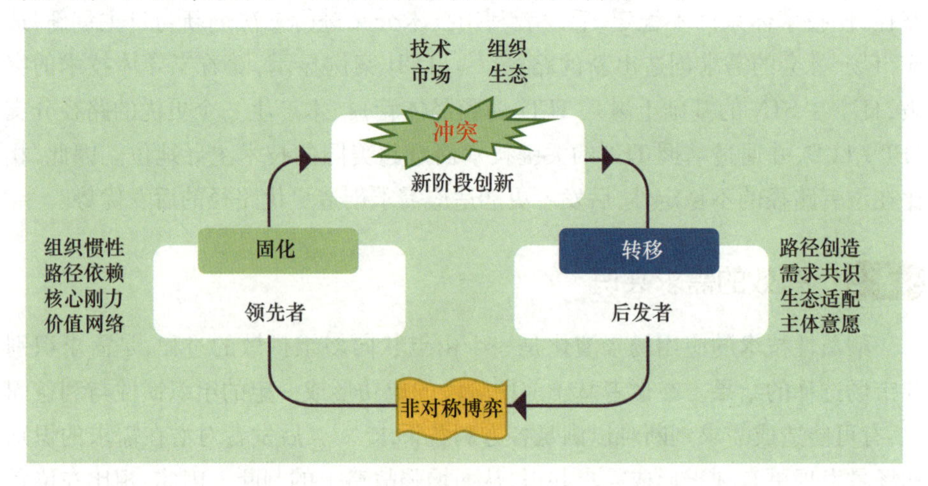

图3－4　颠覆性技术“固化－冲突－转移”的优势转换动因模型

3.4.1 领先者守势

颠覆性技术发展演进的每个阶段会涌现出在位企业，在其占有的技术轨道上维持其竞争优势或门槛，同时也形成了组织惯性、路径依赖、核心刚力、价值网络等在位者惰性，使技术体系与管理体系趋于保守甚至固化，一定程度阻碍甚至排斥下一阶段的创新，表现出领先者内在“窘境－冲突”的固有矛盾。

3.4.2 后发者攻势

后发者处于绝对落后的劣势，要推进颠覆性技术后发优势的成功转换，逆境之中的赶超动力首要源自精神层面的主观意愿，表现出显著的战略主动[5]，面对科学突破－技术分叉－产业形成与锁定的转折点，着力于新阶段的路径创造。其动力机制包括：①战略机制，后发者有强烈的摆脱不利竞争局面的组织使命和愿景，并转化为组织的战略行动；②创新机制，后发者开辟新技术开发与应用场景结合的转化与试错链条；③自持机制，后发者坚持技术学习与自主掌握技术并举的能力发展路径；④生态机制，后发者创造适配新技术的组织环境与价值网络。

参考文献

[1] CHRISTENSEN C M. The ongoing process of building a theory of disruption [J]. Journal of Product Innovation Management, 2006, 1(23): 39 – 55.

[2] 吴贵生，谢伟. “破坏性创新”与组织响应[J]. 科学学研究, 1997, 4: 35 – 38.

[3] 郭政，后发企业破坏性创新的机理与路径研究[D]. 上海：上海交通大学, 2007.

[4] 刘安蓉，等. 颠覆性技术的战略内涵及政策启示[J]. 中国工程科学, 2018, 6(20): 1 – 7.

[5] 路风. 光变[M]. 北京：当代中国出版社, 2016.

[6] 刘则渊，陈悦. 现代科学技术与发展导论[M]. 2 版. 大连：大连理工大学出版社, 2011.

[7] 檀润华，张青华，马建红，等，技术进化定律、进化路线及其应用[C]//第八届全国工程设计年会, 297 – 300.

[8] 马国旺，刘思源. 技术－经济范式赶超机遇与中国创新政策转型[J]. 科技进步与对策, 2018. 12: 130 – 136.

[9] 王京安，刘丹，申赟. 技术生态视角下的技术范式转换预见探讨[J]. 科技管理研究, 2015, 20: 32 – 37.

[10] 李平，臧树伟. 基于破坏性创新的后发企业竞争优势构建路径分析[J]. 科学学研究, 2015, 2: 295 – 303.

[11] 杨武，陈培，等. 技术轨道延伸与破解技术路径锁定研究——以光刻产业

为例[J]. 科学学研究,2023,6(41):1014－1026.
[12] 李佳楠. 机会窗口、技术创新与后发企业超越追赶[J]. 生产力研究,2022(11):103－107.
[13] 程鹏,柳卸林,朱益文. 后发企业如何从嵌入到重构新兴产业的创新生态系统:基于光伏产业的证据判断[J]. 科学学与科学技术管理,2019,40(10):54－69.
[14] 李先军,刘建丽,张任之. 以多层生态战略破解先发者主导优势:以 EDA为例[J]. 技术经济,2023,5(42):79－89.
[15] 李万. 实施“非对称”赶超战略的思考[J]. 前线,2016(12):33－35.

第 4 章

“主旋律”切换下后发者换道自强的重要条件

本章作者

刘安蓉 曹晓阳 张 科
韦结余 张建敏 苗红波

04

作为重构未来格局的根本性力量，颠覆性技术为组织提供和未来沟通的重要途径。无论是被动“认识、适应颠覆性技术发展”或者是主动“识别、创造、引领颠覆性技术发展”，都提升了组织洞察机遇、应对未来的能力，使组织在未来竞争中占据有利位置。一是技术方面。主动识别、培育颠覆性技术，是进入无人区，开创未来的重要途径。密切关注跟踪重大颠覆性技术的走向，也能保持跟踪科技创新前沿，紧随时代步伐。二是管理方面。开展颠覆性技术创新，可促进组织持续改进管理，避免陷入僵化，保持组织的活力，增强应对不确定性的能力。三是战略方面。发展颠覆性技术，需要平衡现在与未来的资源投入，在当前与未来的平衡中，使组织步履更稳健，走得更长远。

在科技大变革时代，对组织而言，深刻理解颠覆性技术，抓住下一轮创新的主旋律，有助于穿越技术经济波动周期，引领时代发展。颠覆性技术成长是长期过程，充满曲折艰辛和不确定性，在时间尺度上难以一蹴而就，非常考验决策。在这个过程中，新原理的发现与传播（科学突破）、新技术的发明与分叉（技术分叉）、新产业产生与锁定（产业锁定）等转折点的识别与把握，对于组织来说都是制定和调整策略的时间窗口；“技术与应用双向互动选择的内在逻辑”“技术分叉、应用跃迁、生态协同的临界条件”“场景落地、价值创造、格局重塑的变革过程”是组织开展颠覆性技术创新应关注的核心问题。由于篇幅限制，本文重点阐述后3个问题，以期对组织的颠覆性技术创新有些许参考。

4.1 技术与应用双向互动选择的内在逻辑

开展颠覆性技术创新,首先需要认识颠覆性技术与应用双向互动选择的内在逻辑。技术是自然属性与社会属性的统一,除了自身要组合进而形成爆炸式增长的内趋外,还需要应用场景的迎合,为技术单元的演化提供发展动力,其本质是一种社会选择的结果[1]。应用场景是孕育并创造颠覆性技术的重要因素。颠覆性技术的生成在受激于技术的自组织作用[2]的同时,需要搜索可实现的应用需求进行技术的实用化开发,使得技术的内在结构与功能围绕应用的匹配性,不断发散、收敛、发散、收敛,产生技术与应用的双向互动选择,从而推动颠覆性技术的形成与发展,由边缘走向主流。颠覆性技术与应用的结合产生两种不同的路径。

4.1.1 技术驱动应用——技术找应用的路径

在技术找应用的路径(图 4 – 1)中,科学突破产生颠覆性根技术在寻求应用方向的可能性中,其分支技术与可实现的应用场景结合,产生初始的新应用,随着分支技术瓶颈不断突破,技术性能逐步提升,应用得到扩展,不同分支技术经过市场竞争选择逐渐涌现出一个主导型技术,伴随技术体系的成熟与大规模生产,最终替代传统技术占据主流应用[3]。这是一个科学 – 技术 – 应用的线性模式,激光技术是这种模式的典型案例。

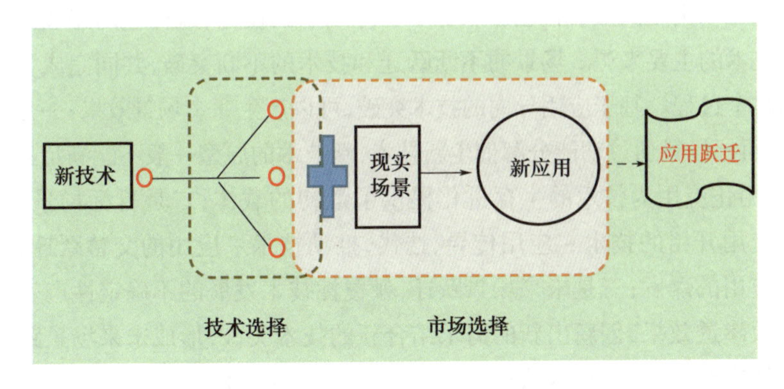

图 4 – 1 颠覆性技术的“技术找应用”路径

4.1.2 应用驱动技术——应用找技术的路径

应用找技术的路径以双向迭代方式推进。如图4-2所示，首先基于目标场景搜索可匹配技术，现实技术如有可匹配目标场景的功能需求，则基于功能定义产品进行应用开发形成颠覆性的新技术，并通过市场选择技术迭代改进，满足目标场景的性能指标，从而产生颠覆性应用[4]。苹果智能手机采用的就是这种模式。

如果没有现成技术可匹配，则驱动新的原理突破产生全新技术，新技术难以满足目标场景的性能需求，其原型从边缘和现实可用的初始场景结合，形成初始应用，在应用不断扩展升级的刺激下，推动技术循环迭代逐渐趋于目标场景需求，在此基础上，技术产生未来的应用跃迁，这就完成了应用驱动技术实现的整个过程。LCD技术是其中代表性的案例。

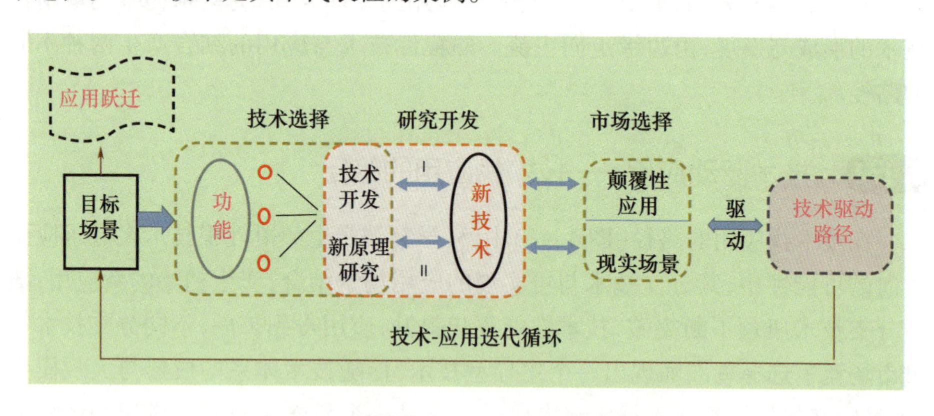

图4-2 颠覆性技术的“应用找技术”路径

场景驱动类型的颠覆性创新来源于目标场景的设定，这种应用路径逐渐成为颠覆性技术的主要来源。场景的不断跃迁和技术的不断突破，共同完成了颠覆性创新的整个过程。基于应用导向的技术突破，可以产生3个场景效果：一是初始场景结合，目标场景通过功能分解催生新技术，新技术的原型一般不能满足目标场景需求，实用化应用为技术的生存进化提供了最初的载体；二是目标场景实现，从实用化应用开始的技术-应用传导、迭代，推动技术-应用的交替跃迁，最终引爆目标应用的爆发；三是未来场景跃迁，颠覆性技术发展的不确定性产生意想不到的扩散渗透效果，创新出新的需求结合新的技术突破，形成未来场景跃迁。

总体来看，颠覆性技术从边缘到主流过程中的“技术找应用”与“应用找技术”两种路径在初始动力源上有区别，但因技术与应用的不可分离而相互重叠。技术与应用具有传导迭代的交替选择机制。一项技术在发生颠覆性效应之前，会涌现大量的分支技术,一旦开始在应用领域产生颠覆性效果,新分支技术出现的速度就会大大放缓,而应用的饱和则将刺激新一轮技术的突破。

4.2 技术分叉、应用跃迁、生态协同的临界条件

开展颠覆性技术创新,需要对颠覆性技术发展进程有深刻把握,找到战略判断和决策的关键点。技术分叉、应用跃迁、生态协同是支撑决策的重要条件。大量案例表明,颠覆性技术的发明者往往不是最终的颠覆者,现有的主流技术已形成技术锁定、产业垄断、格局既定等态势,对未来的预期已被锁定在现有主航道上,颠覆现有主流的未来力量一定来源于边缘,那么,边缘力量转化为主流需要什么样的条件呢?笔者认为,颠覆性技术从边缘到未来主流的过程,历经科学发现与传播、技术发明与转化、创新发展与扩散的漫长演化,在技术、应用、生态等不同维度创造新变量、新要素、新路径,改写既有格局、游戏规则,转换为现实的能力,为后发者切入轨道打败领先者创造了临界条件。

4.2.1 临界条件之一:技术分叉

技术分叉包含两种模式:一是通过根技术基本功能产生多路径的分支技术;二是通过技术的融合发展追加技术功能产生新的分支技术[5-7]。笔者认为,技术分叉为后发者突破在位者的技术壁垒,弥补技术势差提供了分支技术,利用分支技术结合具体场景的产品开发,从而创造了新路径和不同于在位者的竞争领域。以智能语音为例,语音识别技术结合家居、教育、医疗、车载等具体场景与应用端技术融合,形成智能语音产品系统的 4 个分支,形成后发者的技术轨道切口。

4.2.2 临界条件之二:应用跃迁

应用跃迁是上一轮应用的饱和孕育下一个应用爆发的状态过程。颠覆性技术由边缘到主流的应用跃迁通过应用找技术和技术找应用的双重作用,技术突破与未来场景的需求识别产生新一轮应用爆发,产生差异化的用户需求和有层次的市场分类,形成后发者切入的应用跃迁窗口[8]。以 LCD 为例,韩国通过开发大尺寸液晶显示技术与高世代线建设,打破了日本 LCD 供给垄断局面,开辟了 LCD 替代 CRT 产业的主导市场空间,创造了主流应用的爆发,促使韩国在液晶电视技术与大规模制造能力上一举赶超日本。

4.2.3 临界条件之三：生态协同

颠覆性技术从边缘到主流的过程中，历经科学－技术－工程－产业的交替演进[9]，不同阶段对应的外部生态环境是不同的，技术的路径演化与其生态的适配与否关系密切，不同的发展阶段需要不同的创新生态适配，由此技术的演化过程伴随对适配生态的选择而发生转移，产生后发赶超。具备或提供适宜的生态条件成为主导颠覆性技术的必要条件，从供给的角度来看，能够调适其内在的技术群落、创新主体、市场机制以及资源、人口、资本、政策等环境变量[10]，形成有利于颠覆性技术不同发展阶段的创新主体能力、产业基础、激励政策与社会环境，并促使技术分叉与应用跃迁的复杂涨落在生态调适作用下达到协同，形成后发者切入的生态适配窗口。

4.3 场景落地、价值创造、格局重塑的变革过程

颠覆性技术由边缘到主流是一种创新的变革过程。熊彼特认为，创新是新技术、新工具或新方法的应用，创新创造价值[11]。颠覆性技术由边缘到主流的价值创造过程包含物理实现和价值实现两个空间，表现为既需要技术转化为产品或服务在具体场景应用落地的物理实现过程，还需要一套商业模式与价值系统来实现技术价值的创造[12]。技术被商业化的过程实际上就是与商业系统对接以后技术被贯穿到浸透价值的各个环节活动上，逐步实现价值的创造并构建新价值网络，完成对旧有技术体系的替代产生格局的重构。笔者认为，颠覆性技术围绕技术从物理实现的空间向价值实现的空间转换，沿着场景落地－价值创造—格局重塑的主线，实现从边缘到主流的变革过程。

4.3.1 场景落地——颠覆性技术由边缘应用到主流应用场景的转换

创新实质上是技术和应用的有效结合。在颠覆性技术的生成发展中，伴随性能的提升、功能的扩展，与技术实现相耦合的应用场景形态也产生层级的跃迁，由边缘的应用场景到主流的应用场景转换[13]。首先切入技术性能可以匹配的现实场景，从而获得技术改进的机会，并持续由弱应用－中应用－强应用－超应用，实现向主流目标场景以及意想不到的未来场景发展。上一轮应用饱和向下一个应用爆发迭代推动了边缘应用到主流应用的周期性爆发，应用的范围也由点－面(品类)－立体(多元化、跨领域)纵深发展，其切换与爆发几乎将周期与每一次技术大的突破保持了同步,承接了颠覆性技术由边缘到主流的技术到应用的价值实现物理过程。

以液晶显示技术为例,如图4-3所示,LCD技术从边缘到主流演化过程中,出现“目标场景催生新技术-初始场景实用初始技术-量产场景应用中间技术-目标场景催生新技术-未来场景引领突破技术”等若干技术-应用里程碑事件点,突显了LCD的技术性能搜索可实现应用场景的适配与选择过程,从而实现技术在边缘的应用场景中转化为可用的产品或服务,实现技术由现象形态向产品形态的场景落地。

4.3.2 价值创造——颠覆性技术从边缘到主流的商业化过程

创新是价值创造的基础,价值创造的深层次含义是“打造增长引擎”[14]。价值是通过技术、产品和商业模式创新创造出来的。颠覆性技术的价值创造分为3个层次。微观层次对应企业主体,企业依赖颠覆性技术独特的功能与结构形态,通过建构新的资源整合方式与新的业务流程衍生全新的商业模式,为用户创造新价值。中观层次对应产业,颠覆性技术为主导的技术体系催生产业链、创新链、价值链(网),构建了行业发展的内在价值逻辑。宏观层次对应环境,颠覆性技术的创新过程与外部环境价值互为传递作用,伴随颠覆性技术的演进,对其功能与结构、效果与风险逐步形成更为清晰的认知,衍生出与之相适应的政策组合与市场环境,形成政策与市场的价值取向[15]。颠覆性技术价值创造的演进轨迹以用户与市场为主要衡量指标,由边缘到主流面向早期采用者-领先用户-常规用户提出不同的价值主张,通过利基市场-中间市场-主流市场实现不同阶段的价值创造[16]。以液晶显示为例,围绕TN、STN、TFT-LCD技术的阶跃,产业沿着电子表-笔记本电脑显示屏-液晶电视形成三次大的价值创造。

4.3.3 格局重塑——颠覆性技术从边缘到主流建立新结构新秩序

基于颠覆性技术提出价值主张构建了新价值网络,产生创造性的创造,在此基础上,逐步吸引主流用户群体,旧有的价值网络崩溃,创造性毁灭由此出现,表现为原有产业结构和秩序被破坏,从而以颠覆性技术为主导的新秩序替代了旧有的技术体系、管理体系、价值网络或生态体系,产生新技术经济或产业经济范式层次上的重构[17]。液晶案例显示,科学-技术-工程-产业利益相关者价值网络的演变,由初期集中于科学家群体,企业数量稀少,然后集聚到技术群体,专利权人由小、离散、弱联系的状态,逐步发展为数量众多,规模化、结构化、网络化、强联系的状态,并形成主要的产业集聚群落与分工布局,最终成为主导性的产业体系并形成了全新的产业格局和竞争态势(图4-4)。

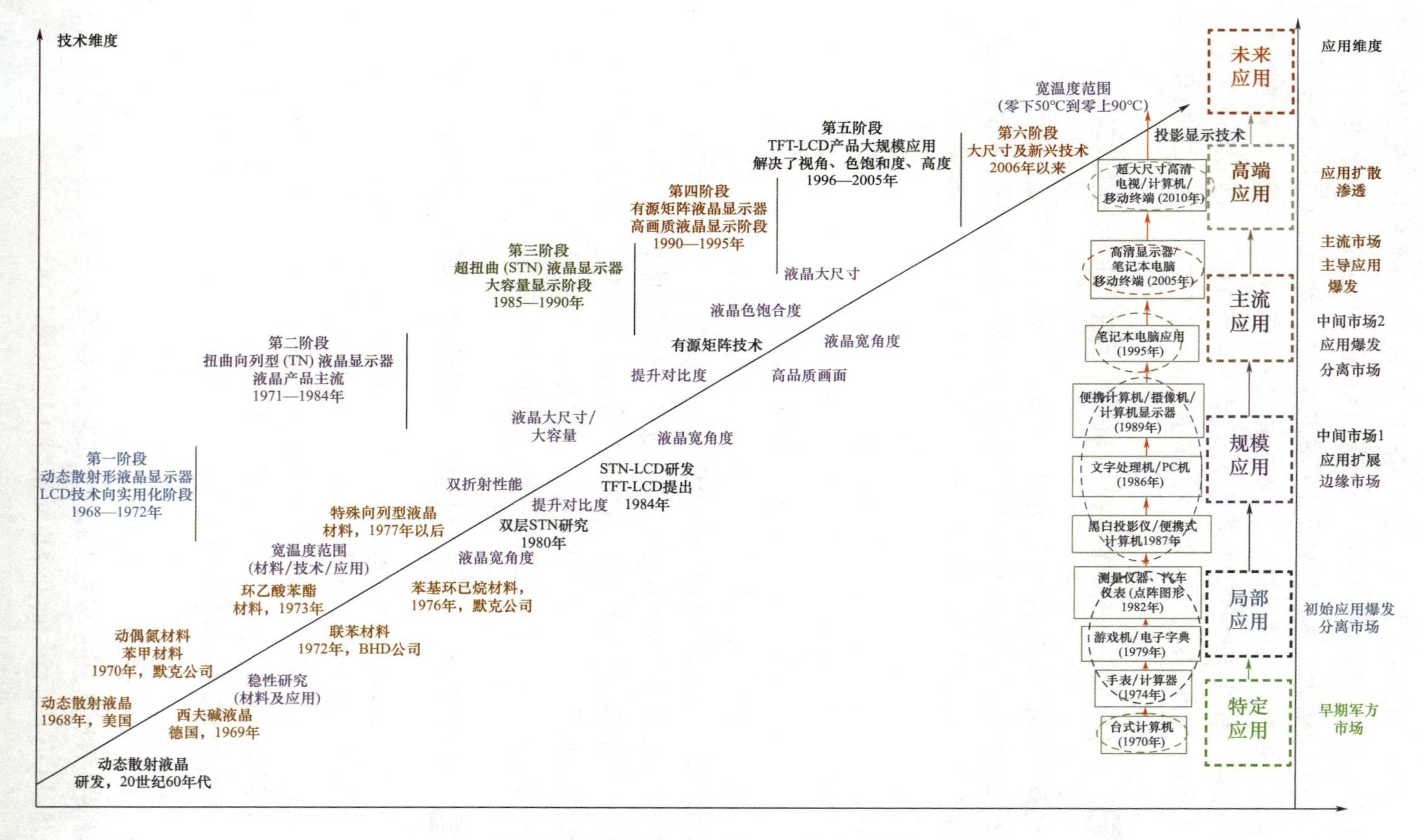

图 4-3 LCD 从边缘到主流的技术-应用演进脉络示意

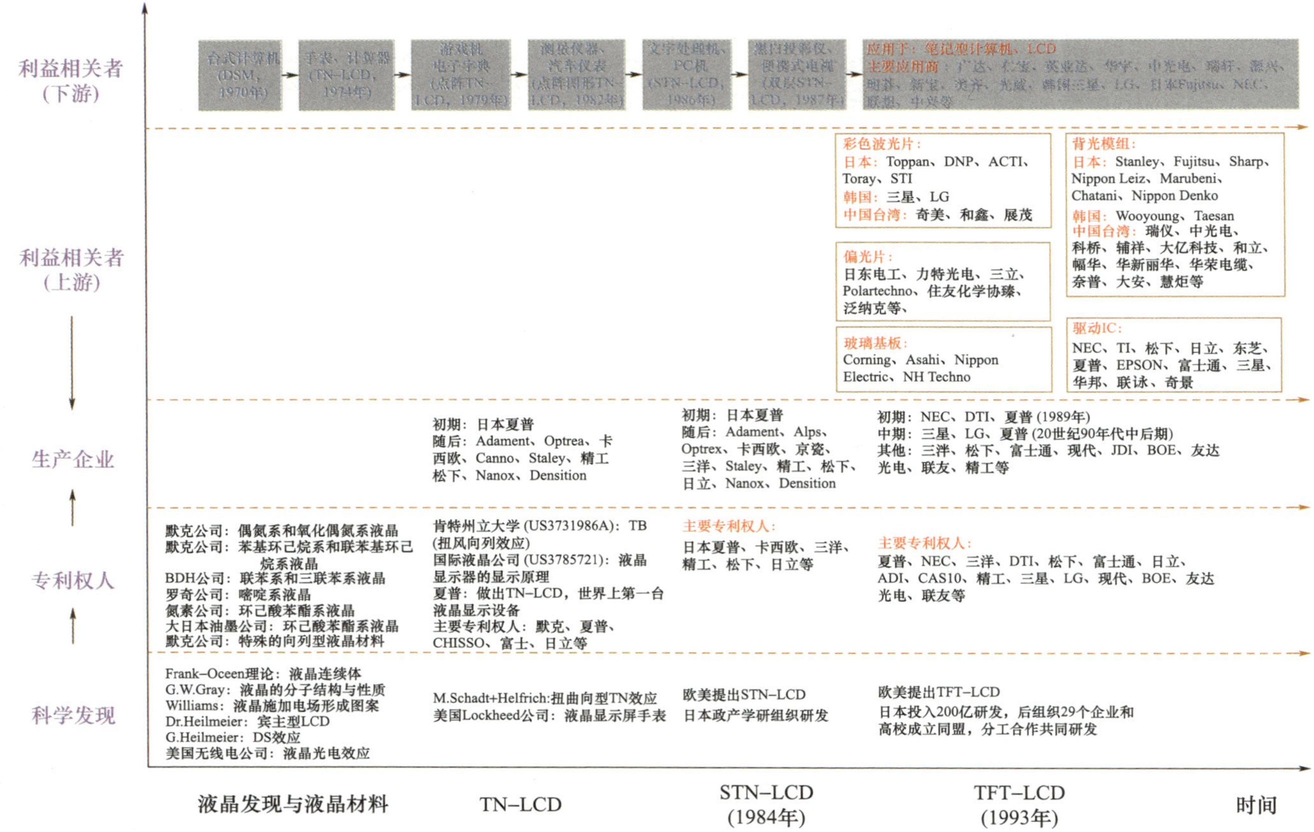

利益相关者（下游）

台式计算机（DSM，1970年）→ 手表、计算器（TN-LCD，1974年）→ 游戏机 电子字典（点阵TN-LCD，1979年）→ 测量仪器、汽车仪表（点阵图形TN-LCD，1982年）→ 文字处理机、PC机（STN-LCD，1986年）→ 黑白投影仪、便携式电视（双层STN-LCD，1987年）→ 应用于：笔记型计算机、LCD
主要应用商：广达、仁宝、英业达、华宇、中光电、瑞轩、源兴、明碁、新宝、美齐、光威、韩国三星、LG、日本Fujitsu、NEC、联想、中兴等

利益相关者（上游）

彩色滤光片：
日本：Toppan、DNP、ACTI、Toray、STI
韩国：三星、LG
中国台湾：奇美、和鑫、展茂

偏光片：
日东电工、力特光电、三立、Polartechno、住友化学协臻、泛纳克等、

玻璃基板：
Corning、Asahi、Nippon Electric、NH Techno

背光模组：
日本：Stanley、Fujitsu、Sharp、Nippon Leiz、Marubeni、Chatani、Nippon Denko
韩国：Wooyoung、Taesan
中国台湾：瑞仪、中光电、科桥、辅祥、大亿科技、和立、幅华、华新丽华、华荣电缆、奈普、大安、慧矩等

驱动IC：
NEC、TI、松下、日立、东芝、夏普、EPSON、富士通、三星、华邦、联詠、奇景

生产企业

TN-LCD：
初期：日本夏普
随后：Adament、Optrea、卡西欧、Canno、Staley、精工松下、Nanox、Densition

STN-LCD：
初期：日本夏普
随后：Adament、Alps、Optrex、卡西欧、京瓷、三洋、Staley、精工、松下、日立、Nanox、Densition

TFT-LCD：
初期：NEC、DTI、夏普(1989年)
中期：三星、LG、夏普(20世纪90年代中后期)
其他：三洋、松下、富士通、现代、JDI、BOE、友达光电、联友、精工等

专利权人

液晶发现与液晶材料：
默克公司：偶氮系和氧化偶氮系液晶
默克公司：苯基环己烷系和联苯基环己烷系液晶
BDH公司：联苯系和三联苯系液晶
罗奇公司：嘧啶系液晶
氮素公司：环己酸苯酯系液晶
大日本油墨公司：环己酸苯酯系液晶
默克公司：特殊的向列型液晶材料

TN-LCD：
肯特州立大学(US3731986A)：TB(扭风向列效应)
国际液晶公司(US3785721)：液晶显示器的显示原理
夏普：做出TN-LCD，世界上第一台液晶显示设备
主要专利权人：默克、夏普、CHISSO、富士、日立等

STN-LCD：
主要专利权人：
日本夏普、卡西欧、三洋、精工、松下、日立等

TFT-LCD：
主要专利权人：
夏普、NEC、三洋、DTI、松下、富士通、日立、ADI、CAS10、精工、三星、LG、现代、BOE、友达光电、联友等

科学发现

液晶发现与液晶材料：
Frank-Oceen理论：液晶连续体
G.W.Gray：液晶的分子结构与性质
Williams：液晶施加电场形成图案
Dr.Heilmeier：宾主型LCD
G.Heilmeier：DS效应
美国无线电公司：液晶光电效应

TN-LCD：
M.Schadt+Helfrich:扭曲向型TN效应
美国Lockheed公司：液晶显示屏手表

STN-LCD：
欧美提出STN-LCD
日本政产学研组织研发

TFT-LCD：
欧美提出TFT-LCD
日本投入200亿研发，后组织29个企业和高校成立同盟，分工合作共同研发

液晶发现与液晶材料　TN-LCD　STN-LCD（1984年）　TFT-LCD（1993年）　时间

图 4－4　LCD 由边缘到主流的格局重塑过程图

历数颠覆性技术的发展脉络，细品世界强国、知名机构发展颠覆性技术的经验，驯服颠覆性技术已成为人类掌控未来、改变命运的重要途径，是波澜壮阔的人类文明史中浓墨重彩的一笔，对当前企业创新至关重要。

参考文献

[1] ARTHUR W B. The nature of technology：What it is and how it evolves[M]. Simon and Schuster，2009.

[2] 赵红州，唐敬年．技术增长的指数规律[J]．科学学研究，1991，2：24－28.

[3] 王京安，何菲．基于演化经济学的技术范式转换研究[J].南京工业大学学报(社会科学版)，2017. 3：100－108.

[4] 朱志华．场景驱动创新：科技与经济融合的加速器[J]．科技与金融，2021. 7：64－66.

[5] 李万．“根技术”与“根干产业”的培育和发展势在必行[N]．学习时报，2019－10－22.

[6] LEIFER R，O'CONNOR G C，RICE M. Implementing radical innovation in mature firms：the role of hubs[J]. The Academy of Management Executive(1993)，2001，15(3)：102－113.

[7] 汤文仙．技术融合的理论内涵研究[J]．科学管理研究，2006(4)：31－34.

[8] 杨蕙馨，张金艳．颠覆性技术应用何以创造价值优势？———基于商业模式创新视角[J].经济管理，2019，3：21－37.

[9] 郑文范，纪占武．论陈昌曙人工自然观与科学、技术、工程、产业、社会统一的“五元论”[C].2012 年全国科学理论与学科建设暨科学技术学两委联合年会，2012.

[10] 张枢盛，陈劲，杨佳琪．基于模块化与价值网络的颠覆性创新跃迁路径——吉利汽车案例研究[J]．科技进步与对策，2020(38). 4：1－10.

[11] SCHUMPETER J A. Theory of economic development[M]. Somerset：Tramsaction Pub，1990.

[12] 江积海，阮文强．新零售企业商业模式场景化创新能创造价值倍增吗？[J].科学学研究，2020，2：346－355.

[13] CHRISTENSEN C M，BAUMANN H，RUGGLES R，et al. Disruptive innovation for social change[J]. Harvard Business Review，2006，12(84)：94－100.

[14] 甲子光年. 冲刺科创板:从价值创造到价值经营[EB/OL]. https://m.sohu.com/a/303055249_100016644.

[15] 王金凤,蔡豪,冯立杰,等. 颠覆式创新价值网络构建路径——基于企业能力视角[J]. 科技管理研究,2019,39(19):16-27.

[16] 王晨筱. 利益相关者视角下高新技术企业颠覆性创新机制研究[D]. 哈尔滨:哈尔滨工业大学,2022.

[17] 王海军,等. 为什么硅谷能够持续产生颠覆性创新?———基于企业创新生态系统视角的分析[J]. 科学学研究,2021(12):2267-2280.

第二篇

换道自强，重塑未来的重大颠覆性技术方向

历史上，一批国家、企业，充分利用重大颠覆性技术、康波周期的历史机遇与互动效应，成为科技兴盛国力强大的世界科技强国和领先时代的科技企业。也有一些企业跟不上科技创新主旋律切换的步伐，被时代淘汰。面对战略对手的打压，作为后发者，中国需要抓住颠覆性技术变革的历史机遇，利用重大颠覆性技术带来的技术变轨、格局重塑的机遇，消除“脱钩”“断链”的影响，解决“掐脖子”问题，通过遴选部署重大颠覆性技术方向形成发展长板、强项，实现换道自强。

基于上述认识，项目在调研总结国内外开展颠覆性技术识别评价方法的基础上，提出了“数据扫描、凝练种子”“头脑风暴、聚集技术”“科技计量、评估评价”“10－3－1”逐步收敛的颠覆性技术识别遴选方法，通过前沿信息、凝练种子、聚焦技术（思想）、形成报告4个阶段，聚焦重大颠覆性技术。各领域组立足院士专家的判断，参考多元情报大数据手段凝练的前沿技术方向，结合“10－3－1”的颠覆性技术识别遴选方法，提出各自领域潜在的重大颠覆性技术。

本章从技术说明、研发状态和技术成熟度、产业和社会影响分析、我国实际发展状况及趋势、技术研发障碍及难点、技术发展所需的环境、条件与具体实施措施、技术发展历程、阶段及产业化规模的预测7个方面对遴选出的技术方向进行了评价分析，为社会大众、企业院所、政府部门的决策判断提供有益的参考。本章重点介绍项目遴选的重点颠覆性技术方向情况（详细内容见各领域组研究报告）。

第 1 章 量子感知与测量技术

本章作者

吴昌聚 刘 阳 车吉斌
张雅鑫

1.1 量子感知与测量技术基本情况

精密测量的本质是测量系统与待测物理量的相互作用，通过测量系统性质的变化表征待测物理量的大小。经典测量方法的精度往往受限于衍射极限、中心极限定理等因素，测量精度难以进一步提升。作为量子信息技术的重要发展方向之一，量子测量技术基于量子体系的纠缠、压缩等特性，对外界物理量变化导致的微观粒子系统量子态变化进行调控和观测，可突破经典力学框架下的测量极限，在测量精度、灵敏度和稳定性等方面与传统感知技术相比带来数量级的提升。

随着量子光学、原子物理学等领域的发展，诺贝尔物理学奖成果的推动，以及国际计量单位7个基本物理量实现“量子化”，精密测量已经进入量子时代，如表1－1所列。表1－2为量子精密测量的基本情况[1]。

表1－1　量子精密测量重要节点

年份/年	节点事件	备注
1997	原子激光冷却	诺贝尔物理奖
2001	玻色－爱因斯坦凝聚态	诺贝尔物理奖
2005	量子光学频率梳	诺贝尔物理奖
2012	单量子设备操控	诺贝尔物理奖
2019	7个国际基本计量单位“量子化”	

表1－2　量子精密测量基本情况

基本方法	利用量子特性，电磁场、温度、压力等外界环境直接与电子、光子、声子等体系发生相互作用并改变它们的量子状态，对这些变化后的量子态进行检测
量子特性	能级跃迁、相干叠加、量子纠缠
技术优势	与经典力学测量技术相比，达到海森堡极限，达到精度高、效率高、准确率高、抵抗一些特定噪声的干扰等
理论依据	经典测量精度极限为散粒噪声极限，量子测量精度可高于散粒噪声极限，达到海森堡极限（正比于$1/N$，N为单次测量所使用的光子或原子的数目，而经典极限仅正比于$1/\sqrt{N}$）
测量工具	原子、分子、离子、光子（单光子、纠缠光子对）
常见指标	灵敏度、动态范围、采样率、工作温度等
待测物理量	磁场、电场、时间、力、温度、光子计数等

表1－3是截至2020年，世界各国量子信息技术各领域论文年度发表数量统计[2]。从表1－3可以看出，不管在哪个国家，与量子计算和量子通信相比，量子测量领域论文明显偏少。在量子测量领域，美国科研机构发文量位列第一，中国、德国、英国紧随其后。

表1－3　2000—2020年各国家在量子技术各领域发表论文数量和排名

国家	量子计算		量子通信		量子测量	
	论文数/篇	排名	论文数/篇	排名	论文数/篇	排名
美国	17681	1	3248	2	16545	1
中国	7963	2	4396	1	10180	2
德国	6258	3	1089	3	8592	3
英国	4201	4	1069	4	4803	5
意大利	3685	5	621	8	3165	7
法国	3554	6	577	9	4550	6
印度	3416	7	684	7	2721	9
日本	3378	8	994	5	6082	4
加拿大	3038	9	821	6	2584	10
西班牙	2329	10	410	11	2009	14

表1－4是各国在量子信息技术各领域专利申请统计[2]。从表1－4可以看出，2014年之后，量子测量的相关专利才出现逐步上升趋势，但与量子计算和量子通信相比，专利申请总量明显偏少。

表1－4　2000—2020年各国家在量子技术各领域专利申请数量和排名

国家	量子计算		量子通信		量子测量	
	专利数/篇	排名	专利数/篇	排名	专利数/篇	排名
美国	2906	1	371	2	126	2
中国	903	2	1522	1	198	1
日本	489	3	271	4	27	3
加拿大	441	4	22	9	20	4
英国	195	5	276	3	13	6
德国	167	6	34	7	8	7
澳大利亚	142	7	8	13	2	15
韩国	84	8	75	5	18	5
瑞士	58	9	18	10	8	8
以色列	49	10	4	17	2	10

从发表的论文和申请的专利两项数据可以看出，量子测量领域前景广阔，但仍处于科研攻坚和产业化的早期。

1.1.1 体系框架

图1-1是量子测量技术体系框架[3]，包括理论和技术基础、物理媒质、系统硬件、系统模块、行业应用5个层次。

理论基础方面，利用量子能级跃迁、量子相干叠加、量子纠缠等物理特性可实现多种物理量的精密测量。激光冷却、磁光阱、单光子探测等使能技术逐渐成熟，部分关键技术尚需突破，如量子纠缠态高效确定性产生方法、远距离分发技术等。

物理媒质方面，可选用原子蒸汽、冷原子云、囚禁离子、光子等作为物理媒质。实现的技术路线包括冷原子干涉技术、无自旋交换弛豫(Spin-Exchange Relaxation-Free，SERF)技术、核磁共振技术、量子纠缠技术、量子压缩技术、量子增强技术等。可根据不同物理量的测量应用场景选用不同的技术路线。

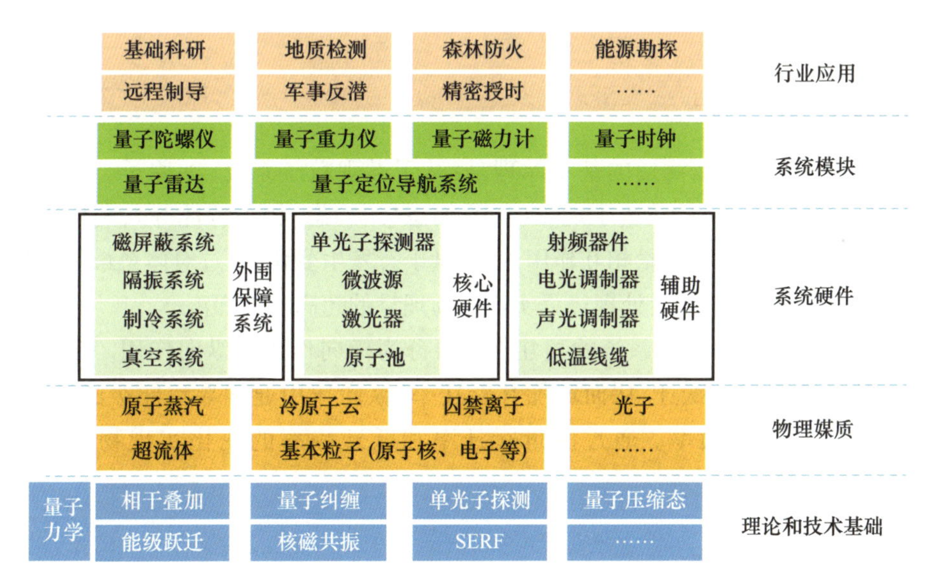

图1-1 量子测量技术体系框架

系统硬件方面，可分为外围保障系统、核心硬件和辅助硬件三个部分。由于量子测量系统对外界环境极其敏感，因此，需要建立包括真空系统、制冷系统、隔振系统、磁屏蔽系统等外围保障系统。核心硬件是实现量子测量的最关键部分，包括原子池、激光器、微波源、单光子探测器等。辅助硬件包括射频器件、电光调制器、声光调制器、低温线缆等。

系统集成方面，不同技术的发展水平各不相同，其中量子时钟的微波原子钟、量子重力仪、量子陀螺仪、单光子量子雷达等已经实现系统产品的商用化，量子时钟的光学原子钟、量子纠缠/照明雷达等尚处于原理样机研制和实验探索阶段。

行业应用方面，量子测量技术积极探索基础科研、航天国防、生物医疗、能源勘探、精密授时等诸多领域的新型应用场景。量子传感与测量技术在生物医学等学科有相关应用研究[4]。近几年，量子传感与测量研究热度持续上升，目前主要集中在时频同步、磁场测量、定位导航、重力测量和目标识别/成像等领域[5]。CercaMagnetics 公司[6]开发了一个集成的光泵磁强计（脑磁图系统），利用量子传感技术对大脑磁场进行采样分析；翁堪兴、周寅等[7]开发了一个小型化量子重力仪，可进行高精度的重力测量；Hou 等[8]在量子精密测量实验中实现 3 个参数同时达到海森堡极限精度的测量，测量精度比经典方法提高 13.27dB；Xie 等[9]基于金刚石固态单自旋体系在室温大气环境下实现了突破标准量子极限的磁测量。

1.1.2 基本原理

量子感知与精密测量的基本原理是：基于微观粒子系统（如原子、光子、离子等）和量子力学特性或量子现象（如叠加态、纠缠态、相干特性等），利用特定的量子体系与待测物理量相互作用，使其量子态发生变化，通过对体系最终量子态的感知、读取及数据后处理过程实现对物理量的超高精度探测。

外界物理量和量子系统的相互作用可分为横向作用和纵向作用。横向作用会诱导能级间的跃迁，从而增加其跃迁率；纵向作用通常导致能级的平移，从而改变其跃迁频率。通过测量跃迁率和跃迁频率的变化实现物理量的探测[10]。

1.1.3 典型特征

在量子计算、量子通信等领域，量子系统的量子状态极易受到外界环境的影响而发生改变，严重地制约着量子系统的稳定性和健壮性。量子测量则利用这一特点，使量子体系与待测物理量相互作用，从而引发量子态的改变来对物理量进行测量[4]。量子感知与精密测量技术有两个典型特征：①操控对象是微观粒子系统，如原子、离子、光子等；②与待测物理量间相互作用导致量子态发生变化。

1.1.4 技术方案

量子精密测量的技术方案可分为基于量子能级跃迁、基于量子相干性、基于量子纠缠3种类型。基于量子能级跃迁是运用量子体系的分离能级结构来测量物理量，这类技术相对较为成熟，已实现产业化。基于量子相干性的测量技术是利用量子的物质波特性，通过干涉法进行外部物理量的测量，陀螺仪、重力仪、重力梯度仪等都运用了这一技术。由于量子系统通常体积较大，目前向小型化、可移动化方向发展。基于量子纠缠的测量技术，是通过测量处于纠缠态的 N 个量子相干叠加后的结果，使得最终的测量精度达到单个量子的 $1/N$。理论上可达到海森堡极限。目前，这种测量技术主要应用于量子雷达、量子卫星导航等领域。

1.1.5 实现步骤

量子测量可以分为以下几个基本步骤[10]。

(1)量子态的制备与初始化。将量子系统初始化到一个稳定的已知基态，初始测量态根据不同的应用及技术原理，通过控制信号将量子体系调制到特定的初始测量状态。

(2)量子体系在待测物理场中演化。通过与待测物理量相互作用一段时间，使其量子态发生改变。

(3)演化后量子态读取。通过直接或间接的测量确定量子系统的最终状态，如测量跃迁光谱、驰豫时间等。

(4)结果处理输出。将测量结果转化为经典信号输出，获取测量值。

1.2 量子感知与测量技术颠覆性应用

通过对不同种类量子系统中独特的量子特性进行操控与检测，可以实现量子时间基准、量子磁场测量、量子重力测量、量子惯性导航、量子目标识别等领域的感知测量，这也是量子感知测量的5个典型应用方向，如图1-2所示[3]。

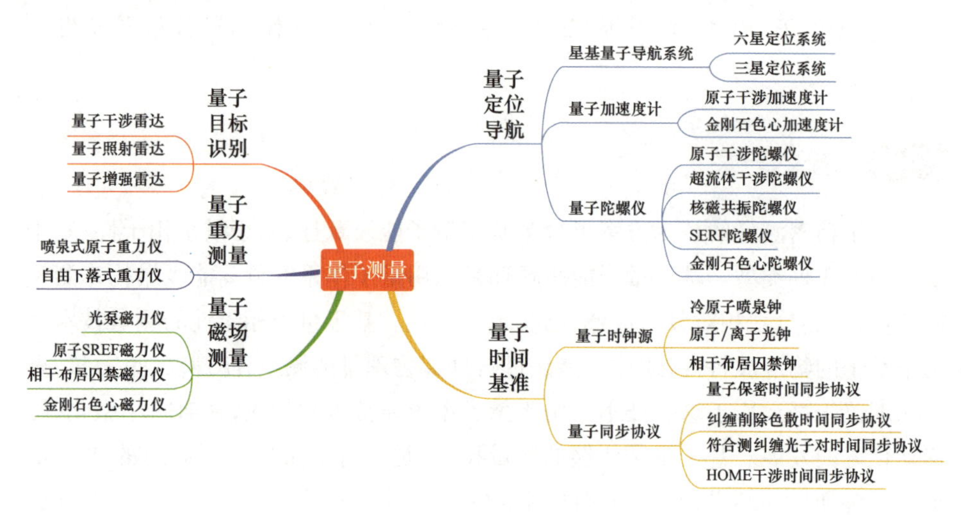

图 1－2　量子感知与测量五大典型应用

1.2.1　量子时间基准

1）量子时间基准的发展需求

与经济社会发展密切相关的通信、电力、金融、导航等系统，其有效运行都有赖于高精度的时间同步[11]。高精度的授时系统不仅与国计民生密切相关，而且还关乎国家安全。目前，全球对量子时钟的需求主要由军事部门驱动，其中航空航天是主要的下游应用。近年来，随着移动通信的发展，海事领域规模增大，民用领域市场占有率快速提升，市场规模快速增长[12]。

2）原子钟的基本原理

原子钟为国际时间测量和频率标准提供依据，也为其他基本物理量测量、物理常数定义和物理定律检验提供标准。原子钟精度的提高带动基本物理量等的精度提高，促进新物理发现和科学技术进步。其基本原理是：原子从一个能量态跃迁至低的能量态时会释放电磁波，同一种原子的电磁波特征频率是一定的，可用作一种节拍器来保持高精度的使劲。所利用的金属原子以铷、铯等碱金属原子为主。

3）原子钟研究进展

按照原子跃迁能级谱线对应的频段，原子钟分为微波原子钟和光学原子钟（简称光钟）。微波钟的波段为 $10^{9}\sim10^{10}$ Hz，光钟的波段为 $10^{14}\sim10^{15}$ Hz。光钟被认为精度高于微波钟，是下一代的高精度时钟。图 1－3 是微波钟和光钟不确定度发展对比图[13]。

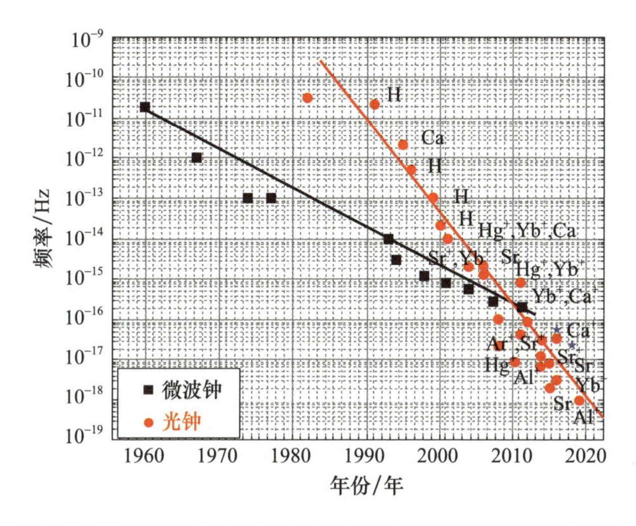

图1-3　微波钟(黑线)和光钟(红线)不确定度发展对比图

1)微波原子钟

微波原子钟技术当前主要朝高精度、小体积两个方向发展。基于原子喷泉或热原子束的原子钟相对不确定性可以达到 $10^{-16}\sim10^{-15}$,最先进的芯片大小的原子钟具有不确定度 2×10^{-12}[1]。微波原子钟的应用有卫星定位导航、精确制导、作战指挥信息通信、广播电视等。以定位为例,每一颗卫星都载有多台微波段原子钟,通过对信号到达的时间做精确测量来给出用户定位信息。

2)光学原子钟

当前最精确的实验室计时器是基于原子或离子中光学频率转换的光学时钟。美国、欧盟和中国在光学时钟相关技术研发方面发展较快,走在世界前列。

2019年,美国加州理工大学的研究团队提出一种单原子读数的原子阵列时钟,其能够兼顾离子钟和光晶格钟的优势,精度可达 10^{-15} 量级[14]。2020年美国国家标准与技术研究院(National Institute of Standards and Technology,NIST)报道了光钟输出可成功转换到微波波段,并保证其不确定度优于 10^{-18} 量级[15]。美国国防部高级研究计划局(Defense Advanced Research Projects Agency,DARPA)在2022年1月公布其寻求将光钟从实验室转移到作战中[1]。

2018年,欧盟量子旗舰计划项目"微型原子气室量子测量(MACQSIMAL)"将原子蒸汽室作为微型原子钟的基础,且证明了利用这种技术有可能达到相对较低的成本。同样,欧盟量子旗舰计划项目"集成量子钟(iqClock)"正在开发用于紧凑型光学量子时钟的技术，目的是开发一种新的超辐射激光器，以使这种类型的时钟在实验室外更加稳固和易于部署[7]。

2018 年，中国科学院武汉物理与数学研究所 40Ca + 光钟不确定度达 10^{-17} 量级，仅与国际先进成果相差 1 ~ 2 个数量级[16]。中国科学家发展的钙离子光钟的不确定度与稳定度均进入 10^{-18} 量级。2022 年 11 月 1 日 4 时 27 分，梦天实验舱成功对接于天和核心舱前向端口。梦天实验舱搭载了氢原子钟、铷原子钟和光钟，它们将组成的空间冷原子钟组，构成在太空中频率稳定度和准确度最高的时间频率系统，精度非常高，几百万年才误差 1s。

3）芯片级原子钟

原子钟的体积庞大、系统复杂，随着作战形式和规模的瞬息万变，对原子钟系统尺寸、质量、功耗、精度等核心指标提出了更高的需求，因此产生了芯片级原子钟（CSAC）。芯片级原子钟也可以分为芯片级微波原子钟和芯片级光学原子钟。目前，技术较为成熟的是芯片级微波钟。芯片级微波原子钟的频率发生器是晶体振荡器，但与小型恒温晶振相比，长期稳定度高 3 个量级以上。芯片级光钟工作原理与芯片级微波原子钟相似，除了跃迁频段不同之外，其频率发生器是稳频激光器。芯片级光钟比芯片级微波钟具有更高的理论精度[1]。

2019 年，DARPA 宣布研制出了一款米粒大小的芯片原子钟。这款芯片原子钟基于铷原子钟技术，使用微型化的光学和电子元件来实现原子的操纵和控制。该芯片原子钟可以提供高达 10^{-10} 的频率稳定性和时间精度。2019 年，美国国家标准与技术研究院（NIST）报道芯片级原子钟，其蒸汽室体积仅为 10mm × 10mm × 3mm，功耗约为 275mW，不确定度达到 10^{-13} 量级[17]。图 1 - 4 为美国 DARPA 和 NIST 芯片级时钟部件。

图 1 - 4　芯片级时钟部件

4）量子时间基准的颠覆性影响

量子时间基准将在多方面产生颠覆性影响，具体包括以下几方面。

（1）在精确打击时代，量子时间基准为导弹制导提供精准时间，其作用不亚于原子弹。

（2）新一代时间测量与传递技术将为洲际光钟比对、国际“秒”定义的产生做出贡献，为未来引力波探测、暗物质探测等物理学基本原理检验提供新方法。

（3）对光信号的高精度相位控制与测量，也会极大地提升未来星地一体量子通信网络的信息传递速度。

5）量子时间基准发展趋势

未来量子时间基准的可能发展趋势如下。

（1）冷原子系统有望成为新一代紧凑型光学时钟的基础。冷原子钟运用激光冷却技术将原子团冷却至绝对零度附近，抑制原子热运动，提高相干时间，利用原子能级间的相干叠加进一步提升精度。

（2）利用原子间的纠缠特性进一步降低不确定度，从而突破经典极限。

（3）高精度、小型化和低成本。

1.2.2 量子磁场测量

1）量子磁场测量的发展需求

微弱磁场测量是研究物质特性、探测未知世界的有效手段，量子磁力仪最高磁场测量灵敏度可达fT量级（10^{-15}T），可大大提高磁场测量的精度，是量子精密测量的一个重要应用。微弱磁场精密测量不仅对基础物理研究有非常重要的意义，同时，在国防军事、工业无损检测、生物医学、地质勘探等领域都有广泛的应用。例如，通过磁化金属元件检测元件损伤处的散漏磁力线，判断金属元件的损伤情况；脑磁图仪（MEG）和心磁图仪（MCG）对心脏和脑部的弱磁检测可以快速地对病情和病灶位置进行诊断；利用磁力仪的弱磁检测开展油气和矿产资源勘探、磁考古学、地质调查等工作。

2）量子磁场测量的基本原理

超导量子干涉器件（Superconducting - Quantum - Interference - Device，SQUID）磁力计的原理基于超导约瑟夫森效应和磁通量子化现象，能将磁场的微小变化转换为可测量的电压。图1-5所示超导量子干涉仪的基本原理图。碱金属原子蒸气磁力计无须使用低温超导磁体，仅需要常温或高温的原子蒸气室和光源，测量原理是通过激光技术测量磁场中自旋极化原子的拉莫尔进动来实现磁场探测。测量工具包括惰性气体原子（氦、氙等）或碱金属原子（钾、铷、铯等）。

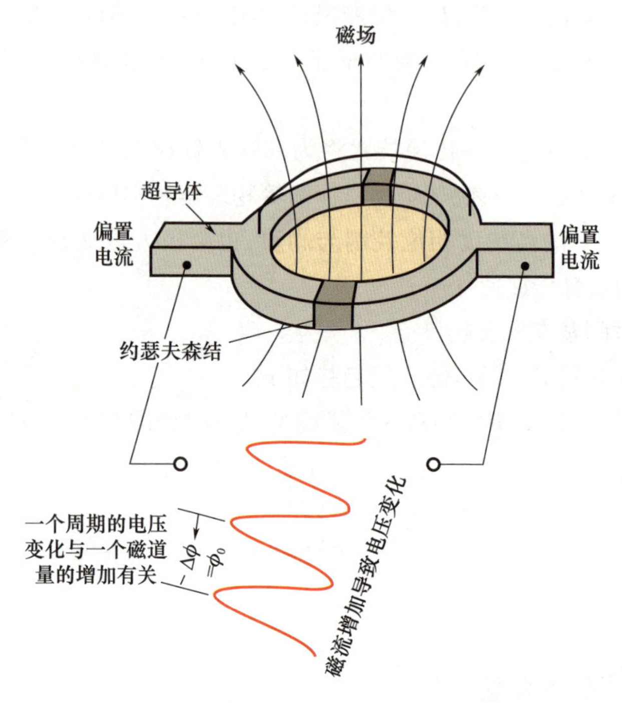

图 1－5　超导量子干涉仪的基本原理

3）量子磁场测量的发展现状

2003 年，科学家们把具有飞特斯拉（10^{-15}T）量级超高灵敏磁场探测能力的磁场探测器统称为超灵敏原子磁力计[1]。当前，量子磁力计主要有超导量子干涉器件（SQUID）、光泵磁力计（Optical Pump Magnetometer，OPM）、非线性磁光旋转（Nonlinear Magneto Optical Rotation，NMOR）磁力计、SERF 磁力计以及相干布居囚禁（Coherent Population Trapping，CPT）磁力计等。其中，SQUID 技术较为成熟，SERF 磁力计可达亚 fT 量级的测量精度，是未来超高精度磁场测量的发展方向，而 CPT 磁力计兼具测量精度和小型化的优势，已经开始进入芯片级传感器的研究。2002 年，美国普林斯顿大学全球首次实现无自旋交换弛豫（SERF）态，基于 SERF 原子自旋效应的磁场和惯性测量，将测量灵敏度大幅提升，超越传统方法 4 个量级以上，使得磁场测量进入 fT（10^{-15}T）时代[18－19]。2010 年，普林斯顿大学实现 0.16fT/$\sqrt{\text{Hz}}$的磁场检测灵敏度[20]。2020 年，北航等团队合作开发原子自旋 SERF 超高灵敏磁场测量平台，灵敏度达到 0.089fT/$\sqrt{\text{Hz}}$，指标高于国外公开报道[21]。各国详细进展如图 1－6 所示。

光泵磁力仪	20世界50年代，发过科学家首次提出光泵浦原理，60年代美国首次实现光泵浦磁力仪	2003年，瑞士费里堡大学利用光泵浦磁力仪成功探测人体的心磁信号	2007年，美国国家标准与技术研究院实现小型化光泵浦磁力仪，灵敏度为5pT/√Hz，体积为25mm³	2007年，兰州空间技术物理研究所实现一种新型的激光泵浦原子磁力仪，灵敏度为1pT/√Hz	
SERF磁力计	2002年，普林斯顿大学首次实现SERF态，磁场测量进入fT (10^{-15}T) 时代	2010年，普林斯顿大学实现0.16fT/√Hz的灵敏度	2012年，北京航空航天大学开展SERF原子磁场测量研究，2016年实现0.68fT/√Hz的灵敏度	2015年，美国国家标准与技术研究院开展芯片级SERF磁力计研发	2020年，北京航空航天大学开发原子自旋SERF超高灵敏磁场测量平台，灵敏度达到0.089fT/√Hz
CPT磁力计	20世纪70年代，意大利晶体学研究中心在钠原子气室中发现CPT现象后，欧美各国纷纷投入到CPT原子磁力仪的研究，1988年德国波恩大学首次实现CPT磁力仪	2004年开始，美国标准技术研究院开始致力于小型化的研究，2006年实现12mm³的样机	2013年，奥地利空间研究中心和格拉茨技术大学合作研制基于CPT原理的耦合暗态磁力仪	2016年，北京航天控制仪器研究所完成小型CP原子磁力仪研制，完成磁力仪产品性能标定	

图 1-6　世界各国磁场测量领域进展

4）量子磁场测量的颠覆性影响

（1）引发反潜革命。根据上文所述，SQUID 是基于超导约瑟夫森效应和磁通量子化现象，将磁通转化为电压的磁通传感器。现代潜艇隐身技术主要集中在降噪上，如果噪声能控制在微小量级上，则不容易被探测到。但 SQUID 则是根据地球磁场变化来实现探测，而现今所有潜艇的耐压艇壳都是用高强度钢或钛合金建造，都会存在磁性。潜艇在水下活动时即便关闭发动机和所有艇载设备，不发出任何声响，却无法避免自身所引起的地磁场变化，就会被基于 SQUID 技术的超敏感磁力仪探测网所发现。这将对未来潜艇作战模式产生颠覆性影响。

（2）搜寻暗物质。在宇宙物质质量中，普通物质约占 15%，其余 85% 都是暗物质。为了寻找这些神秘的暗物质粒子，全球多个国家启动实验探测计划，但迄今为止还没有找到暗物质存在的直接证据。

2021 年 11 月，中国科学技术大学彭新华教授研究组利用气态氙和铷原子混合蒸气室，发明了具有超高灵敏度的新型核自旋量子测量技术，实现了新型核自旋磁传感器[22]。该技术利用激光先极化铷原子蒸气，再利用铷与气态氙原子的自旋交换碰撞，从而将氙原子的核自旋极化（图 1-7）。

根据理论预测，暗物质与原子核会发生极微弱的相互作用，这种相互作用相当于在原子核自旋上施加一个微小磁场——赝磁场，利用超灵敏磁场探测装置可以检验赝磁场，以此寻找暗物质粒子存在的迹象。彭新华教授研究组利用自旋放大器，完成了 feV ~ peV 低能区暗物质的实验直接搜寻，实验结果比先前国际最好水平提升至少 5 个数量级。这一成果有望推动宇宙天文学、粒子物理学和原子分子物理学等多个基础学科的发展（图 1-8）。

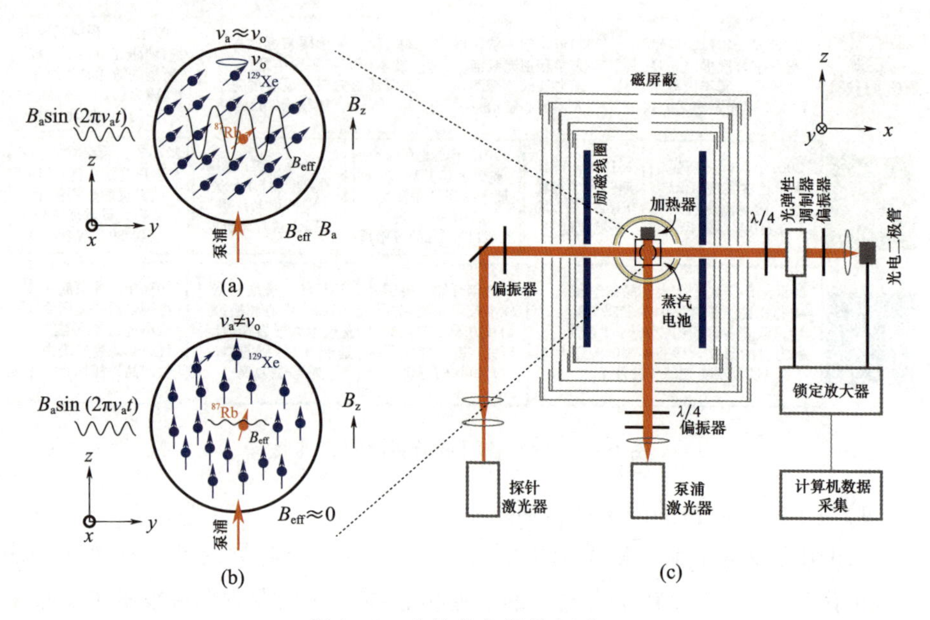

图 1 – 7　自旋放大器基本原理

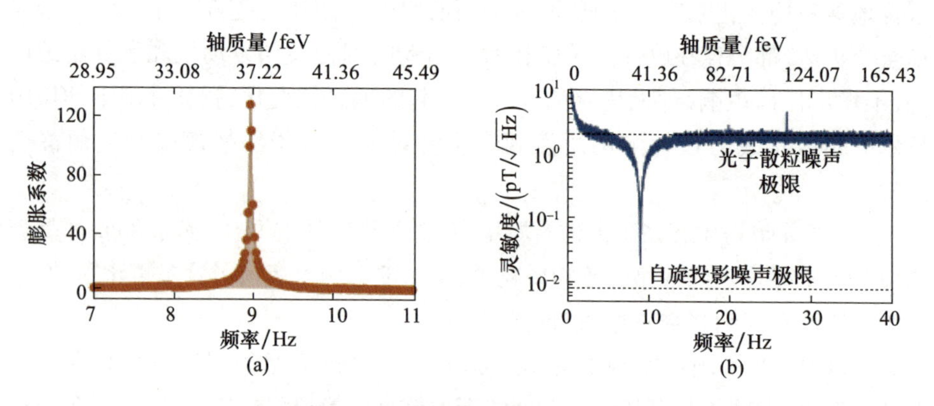

图 1 – 8　超灵敏磁场放大效应

1.2.3　量子重力测量

1）量子重力测量的发展需求

地球重力场反映了物质分布及其随时间和空间的变化。智慧城市建设、资源勘探、文物考古、火山地震预警、水下探潜都需要精确了解地下或水下的物体特性，这就对经典重力仪提出了更高的要求。量子感知和测量技术的加入有望提高重力传感器的灵敏度，从而显著提升现有地下和穿墙扫描技术的穿透能力和有效分辨率,并降低成本,对上述各个领域都具有举足轻重的应用价值。

2)量子重力测量的原理

量子重力仪的工作原理是利用量子物理学原理,探测微重力的变化。重力仪使用原子干涉技术,超冷的铷原子在重力的影响下下落,被激光束照亮,由此产生的干涉图样取决于它们下落的速度,并且非常精确地表明了当地重力场的强度和梯度[23]。该仪器能够测量原子云掉落时引力场拉力的细微变化。物体越大,物体与其周围环境的密度差越大,可测量的拉力差就越大。

原子干涉技术与所有量子技术一样,对环境干扰非常敏感,特别是振动。振动以及磁场、热场的环境干扰,使量子理论转化到商业应用,面临着巨大的挑战。

3)量子重力测量技术研究进展

(1)原子干涉重力仪。基于原子干涉技术路线的量子重力仪发展最为成熟。它可以和重力梯度仪一同使用,进行地下结构探测、车辆检查、隧道检测等研究,能够作为一种基础物理应用检测的可能替代方法。

美国、法国等少数几个国家已解决了冷原子干涉系统的长期稳定性和集成问题,正着力于攻克高动态范围和微小型化等应用难题,产品进入实用化阶段。最近几年,量子重力测量的精度达到了微伽水平。2018 年,加利福尼亚大学报道了一种可移动原子干涉重力仪,结构简单,方便运输与组装,同时灵敏度可达到 $37\mu Gal/\sqrt{Hz}$[24]。2020 年,中国科学技术大学研发了一款小型原子重力仪,灵敏度达到了 $35\mu Gal/\sqrt{Hz}$。华中科技大学已于 2021 年将研制的实用化高精度铷原子绝对重力仪交付中国地震局地震研究所,是首台为行业部门研制的量子重力仪,意味着中国量子重力仪研究进入国际第一梯队[25]。

(2)原子干涉重力梯度仪。基于原子干涉仪的重力梯度仪具有很高的理论测量灵敏度,并可实现低漂移和自校准[26]。其组成包括两个分开一定距离且同时运行的原子干涉仪,运用两个原子干涉仪可同时差分测量重力梯度,具有可抑制共模噪声的优点。重力梯度仪在资源勘探、地球物理学、惯性导航和基础物理研究等领域具有重要作用。

目前,量子重力测量领域,相对成熟的关键技术有冷原子团制备技术、Raman 激光相位锁定技术、重力方向的 Doppler 敏感原子干涉技术,还有待攻克的关键技术有小型化超高真空技术、小型化高稳定激光技术、低相噪相位锁定技术、低频隔振技术、高性能磁场屏蔽技术、闭环与噪声处理技术[27]。

4)量子重力测量技术的颠覆性影响

重力传感器对环境尤其是振动的影响非常敏感,这就限制了应用于重力传感器的测量时间。如果能够突破这些限制,重力探测将变得更快速、全面、低成本。Michael Holynski 博士及其团队开发的重力梯度仪克服了振动和其他环境挑战[23]。这一突破将使重力测量传输速度快上一个量级,测量时间将从一个月减少到几天,有可能为重力测量开辟一系列新的应用领域。这台量子重力仪的量产将开启一条商业道路,可大大促进工程师对地下物质的测绘工作,从而减少建设铁路、公路的成本,改进对火山爆发等自然现象的预测,以及在不破坏挖掘的前提下了解地下建筑的奥秘,等等。

总之,原子重力仪具有高精度、低漂移、高稳定性、无机械磨损、可长期连续工作等优点,地下、海下物体无所遁形,实现透明陆地、透明海洋,将对勘测、反潜等领域产生颠覆性影响。

5)量子重力测量技术发展趋势

未来量子重力测量研究的突破朝超高精度和小型化两个方向发展[28]。

(1)高精度。大型超高精度喷泉式冷原子重力仪有望应用于验证爱因斯坦广义相对论理论、探测引力波、研究暗物质和暗能量等,成为基础科研的有力工具。

(2)小型化。小型化下抛式冷原子重力仪有望应用于可移动平台,如航空重力仪、潜艇重力仪甚至卫星重力仪,但目前工程化研发还处于起步阶段,设备可靠性和环境适应性等方面还需要进一步提升。

1.2.4 量子定位导航

1)量子定位导航的发展需求

(1)卫星定位技术容易受到欺骗和干扰。近年来,卫星导航系统快速发展,但其安全问题亦与日俱增。以 GPS 导航为例,当前 GPS 最常遇到的攻击为拒绝服务攻击和信号干扰。例如,假冒 GPS 卫星的信号发送虚假数据,从而可使终端设备无法获得准确的位置或无法获得任何位置信息。2011 年 12 月,伊朗通过 GPS 欺骗的方法,将一架在伊朗领空内飞行的美国 RQ-170 无人机诱骗降落至伊朗东北部城市卡什马尔[29],如图 1-9 所示。

目前,GPS 欺骗、干扰或服务中断事件已经蔓延至船运、航空等民用领域。根据美国海岸警卫队全球 GPS 事件状态报告,2019 年,全球多个港口都发生过类似的 GPS 攻击事件,严重威胁人员生命财产和交通运输安全[29]。

图1-9　伊朗截获的RQ-170飞机

2017年,美国得克萨斯大学的一个研究小组利用一台笔记本电脑、一个小型天线和价值3000美元的GPS干扰欺诈器,成功地控制了地中海价值8000万美元、63m长的超级游艇导航系统[30]。研究人员表示:“将假信号输入GPS天线,可以控制超级游艇的导航系统。”这样可以使港口瘫痪,使一艘船搁浅。这种情况非常令人担忧。用这种方法欺骗依靠GPS衍生纽约证券交易所的时间会眼睁睁地看着被黑客控制、飞机和轮船的飞行员自己偏离航线。但是他们发现错误的时候可能已经晚了。

(2)卫星定位技术存在可靠性与精度问题。卫星的定位精度受到信号功率、带宽和传播时延等因素的限制,很难进一步提高。同时,电磁信号易受到大气电离层和对流层干扰,在地面由于建筑物、树木、地形的遮蔽作用,信号存在非直线传播,导致不同环境下的定位效果存在较大差异,无法保证导航定位授时服务的连续性和可靠性[36]。除去导航系统自身架构中可能存在的潜在漏洞,终端的制造质量同样会对导航定位系统的稳定性与可靠性构成威胁。2020年3月,美国空军作战司令部司令詹姆斯·霍姆斯透露,美军U-2侦察机已将中国的北斗卫星导航系统作为备用系统,以供飞机在GPS失效时获得导航信息[29]。

(3)卫星定位技术受限于信号的传播条件。受限于信号的传播条件,在地下、水下、隧道、室内等环境中,卫星定位信号无法穿透地面、水、建筑物等实体,从而无法进行定位[36]。在这些场景下,通常使用惯性导航、基站定位等方式进行粗略定位,误差较大。以惯性导航为例,据英国国防科学与技术实验室(DSTL)称,如果一艘潜艇在水下作业时仅依赖加速度变化进行运动测算,那么,24h内的定位漂移误差将达到1km[29]。为解决卫星定位技术所面临的安全、准确度和使用条件限制问题,量子定位技术应运而生。

2)量子定位导航的基本原理

量子定位系统(QPS)的概念最早始于2001年,由美国麻省理工学院电子学研究实验室从事博士后研究的 V. Giovannetti 博士、S. Lloyd 博士,以及与从事量子计算和量子通信研究的机械工程学教授 L. Maccone 一起,在他们共同发表的题为“*Quantum - enhanced positioning and clock synchronization*”的文章中提出的[37],通过计算证明量子纠缠和量子压缩态可进一步提高定位精度。随着近年来量子技术的不断发展,各类研究成果逐渐浮现。

目前,量子定位导航的实现路径包括以下几方面。

(1)量子信息与卫星定位技术结合。借助量子纠缠特性提高信号精度和传播效率。

(2)量子罗盘。使用激光将原子(或离子)俘获并激发至量子态。通过测量设备与地球间相对运动产生的电磁扰动对这些原子(或离子)的影响,能以极高精度跟踪设备的运动状态。

(3)脉冲式量子定位。信号强相关性和高密集度,使得脉冲能定速、成束地到达检测点。

(4)量子惯性导航。利用敏感的量子态原子对外界的扰动进行测量,推算出物体运动。

将量子信息技术与卫星定位技术进行结合的方式仍需利用卫星定位信号,并借助量子纠缠特性提高信号精度和传播效率。2020 年 4 月,美国亚利桑那大学与几位中国学者合作,展示了射频光子传感和量子计量这两种技术的组合如何为 GPS 定位提供前所未有的精度水平[38]。研究人员使用光电转换器将电信号转换为光子信号,然后使用量子纠缠特性将光子信号同步,大幅提高传感器的灵敏度。

“量子罗盘”概念由英国国防科学与技术实验室(DSTL)和英国物理实验室(NPL)于 2014 年提出[39]。通过把一些离子囚禁于过冷状态,并减少外部电波造成的影响,使被囚禁离子仅对地球产生的电磁扰动敏感。通过测量地球产生的电磁扰动对这些离子的影响,就能以极高精度跟踪含有被俘离子的芯片的运动状况。

脉冲式量子定位由美国麻省理工学院(MIT)电子学研究实验室几位研究人员提出。在脉冲信号中,光量子可以被压缩,且这些处于纠缠态的光子的频率二阶关联,赋予了信号超乎想象的强相关性和高密集程度,使得脉冲能定速、成束地到达检测点,这为测时和测距提供了新方法,且对于测量精度的提高具有重要意义[29]。

量子惯性导航是利用了敏感的量子态原子对外界的扰动进行测量,从而实现超高灵敏度的惯性测量。量子惯性导航的结构与传统惯性导航系统基本一致,主要由原子陀螺仪、原子加速度计、原子钟和信号采集处理单元 4 个部分构成。原子陀螺仪取代了传统的陀螺仪、高精度原子钟代替了恒温晶振，这些都使得量子惯性导航具有比传统惯性导航更高的精准性和稳定性。理论上，量子惯性导航可以实现24h、1m以内的导航位置偏移误差，而使用传统加速度计的漂移误差达到1km。

3）量子定位导航的颠覆性影响

量子定位导航系统由于其不依靠接收卫星信号，属于无源定位系统，具有不向外辐射能量、隐蔽性好、不易受干扰、安全性高等优点。量子陀螺较传统机电式陀螺和光电式陀螺而言，在测量精度和小型化集成前景等方面都具有较大的优势。目前，核磁共振陀螺已经进入芯片化产品研发，原子干涉、超流体干涉和金刚石色心陀螺还处于原理验证和技术试验阶段，距离实用化较远。英国国防科学与技术实验室（DSTL）在研究一种以超冷原子为基础的加速计，导航精度比目前GPS最多高出3个数量级，利用这种量子系统对潜艇进行导航，可大幅提升潜艇隐蔽性。

量子定位技术极大地弥补了现有定位技术在精度、安全性等方面存在的短板，成为最有希望替代卫星定位的方案，极有可能在未来提供高精度、抗干扰的定位服务，在民用和军用领域产生颠覆性的影响。

4）量子定位导航的研究进展

本节将主要介绍量子惯性导航系统的原子干涉陀螺仪和原子干涉加速度计。

（1）原子干涉陀螺仪。原子干涉陀螺仪，又称冷原子陀螺仪，其工作原理不同于核磁共振陀螺仪，而是基于物质波萨格纳克效应。原子具有波粒二相性，其物质波属性经激光深度冷却后将变得明显，通过物质波的干涉现象，可以量测运载体的角速度。与传统的惯性测量技术相比，原子干涉陀螺仪会减少长期误差，并且在某些情况下最大限度地减少了对声呐或地理定位系统的需求。

由于原子的物质波波长远小于光波且速度远小于光速，原子干涉陀螺仪的理论精度可达光学陀螺仪的1×10^{-10}倍。1991年，美国斯坦福大学朱棣文小组，首次观察到了原子干涉仪的陀螺效应[40]。由于原子干涉陀螺仪的巨大精度潜力，引起了美国、法国和德国等发达国家的密切关注。

2003年，DARPA启动了“精确惯性导航系统”（Precision Inertial Navigation System，PINS）研究计划，“PINS”旨在研究不依赖于GPS信号，利用冷原子干涉仪实现自主惯性导航系统[41]。

在该计划的支持下，2019年，美国AOSense公司与斯坦福大学Kasevich小组联合研制了一套原子干涉陀螺仪，精度达5×10^{-6}(°)/h。2018年，德国莱布尼兹大学构建了包括冷原子干涉陀螺仪在内的超高精度惯性传感器仿真平台,展示了冷原子干涉传感器应用于惯性导航系统的潜力。近年来,我国也加紧了对原子干涉陀螺仪技术的研究,目前已有多家科研单位和高等院校开展了冷原子陀螺仪的技术研究工作,包括清华大学、中国科学院武汉物理与数学研究所、北京航天控制仪器研究所和华中科技大学等。

(2)原子干涉加速度计。原子干涉加速度计发展通常是伴随冷原子干涉陀螺仪。理论上,量子加速度计的精准度比传统惯性器件高几个数量级。2014年,英国国防科学与技术实验室(DSTL)开始研究一种以超冷原子为基础的加速计,该加速度计的原理是:激光捕获真空中的原子云,并使其冷却至绝对零度(-273.15℃)以上不到1℃的温度。超低温下,原子会变成一种量子态,这种量子态很容易受外力干扰。这时用另一束激光来跟踪监测干扰造成的变化,就能计算出外力大小。

2018年11月,伦敦帝国理工学院和M Squared公司推出英国第一个用于导航的量子加速度计,精确度比传统加速度计提高1000倍,将作为潜艇量子导航系统的一部分,体积只有一个鞋盒大小。在潜艇行驶中,利用传统的惯性导航系统一天偏移距离能达到1km左右,而QPS一天的偏移距离只有1m[1]。

图1-10　M Squared公司研发的冷原子量子加速度计

5)量子定位导航的发展趋势

量子定位技术将在未来凭借其高精度、抗干扰、保密性强和对场景的强适应性等特点在众多定位技术中脱颖而出,极大地弥补了现有定位技术在精度、安全性等方面存在的短板,在民用领域和军用领域展现出极大的应用潜力。量子定位导航技术前景可期,但道路漫长,未来仍然需要做的工作有以下几方面。

(1)构建完整的体系框架。量子定位和导航技术目前不具备完整的系统框架。完整的系统框架应包括量子纠缠态的制备方案、卫星基线对的设置、角反射器、HOM(Hong-Ou-Mandel)干涉仪、构象计数器、抗噪声仪措施、多用户协议等。

(2)维护量子信号的纠缠状态。要进行远距离的量子信号传输,如何在长距离下保持纠缠双光子的相干性,维持量子纠缠系统的稳定性都存在一定的局限性[42]。

(3)量子定位技术与经典定位技术的融合。现阶段卫星定位、惯性导航等技术经历较长发展过程已较为成熟,没有任何技术能够提供类似于 GPS 等卫星定位系统的精度和全天候、全地域工作能力,并在使用成本上与 GPS 相提并论,而量子定位系统的发展需要一定的时间,可与经典定位技术融合[29]。

1.2.5 量子目标识别

量子目标识别主要是利用量子成像进行目标的识别。量子成像则是利用光子相关性,允许抑制噪声并提高想象物体的分辨率。目前,技术路径有 SPAD (Single Photon Avalanche Detectors)阵列、量子幽灵成像、亚散粒噪声成像、量子照明等。量子成像应用场景可能为 3D 量子相机、角落后相机(Behind - the - corner cameras)、低亮度成像和量子雷达等。下面主要介绍量子目标识别的一个典型应用——量子雷达。

1)量子雷达的发展需求

雷达技术发展至今已经从军事应用走进人们生产生活的方方面面,正在地质勘探、气象预报、无人驾驶等领域发挥着不可替代的作用。日益复杂的应用场景对雷达性能提出了更高的要求。但是,目前雷达技术仍以经典电磁理论为基础,其探测性能已接近理论极限,要想进一步发展只能另谋出路。量子精密测量技术利用量子力学规律,可实现对时间、频率、距离等关键物理量远超经典方法精度的测量。由此发展起来的量子雷达近年来在理论框架、系统设计和实际应用方面不断取得突破性进展,引起社会各界的广泛关注[43]。此外,隐身战机给传统雷达带来巨大的压力,传统雷达无法探测隐身目标,而且发射功率大,信号处理复杂,成像能力极弱,非常容易受到敌方火力的针对。

2)量子雷达的基本原理和分类

量子雷达将传统雷达与量子技术相结合,采用微波量子或光量子进行探测(量子照明),利用电磁波的波粒二象性,通过对电磁场的微观量子态操控实现目标检测和成像,具有提高灵敏度、突破分辨率极限、增强抗干扰能力等优势。

目前,学术界尚未就量子雷达的分类方式达成统一意见,现有分类方式也难以对量子雷达技术的界限进行清晰划分。根据发射端和接收端工作模式的不同为三类:一是量子发射、经典接收,如单光子雷达;二是经典发射、量子接收,如量子激光雷达；三是量子发射、量子接收，如干涉量子雷达和量子照明雷达。依据量子技术在雷达中的不同实现方式，将量子雷达分为量子纠缠雷达、量子增强雷达和量子衍生雷达[44]。

量子纠缠雷达是量子雷达发射纠缠的量子态电磁波，发射机将纠缠光子对中的信号光子发射出去，“备份”光子保留在接收机中，如果目标将信号光子反射回来，那么，通过对信号光子和“备份”光子的纠缠测量可以实现对目标的检测。

量子增强雷达是雷达发射经典态的电磁波，使用光子探测器接收回波信号，利用量子增强检测技术以提升雷达系统的性能，目前，该技术在激光雷达中已取得较为广泛的应用。此外，量子增强雷达还包括基于高精度时频基准传递的量子增强阵列雷达。

量子衍生雷达是基于量子纠缠雷达的思想发展而来的，其性能的提升并不直接依赖于量子体系而是通过经典手段间接实现的。这类雷达借鉴了量子纠缠的思想，通过对回波信号与探测光场的关联实现对目标的成像。

表1－5是量子雷达与经典雷达的区别[43]。

表1－5　量子雷达与经典雷达的区别

类型	理论基础	信号发射与接收方式	信号处理对象	主要功能
经典雷达	经典电磁理论	经典光源＋经典探测	场振幅的时域、频域、相位	探测、定位、跟踪
量子纠缠雷达	量子力学	量子光源＋量子探测	系统密度矩阵与测量算子	强干扰探测、高精度跟踪、高分辨成像、识别
量子增强雷达	量子力学	经典光源＋量子探测	系统密度矩阵与测量算子	弱信号探测、高精度定位、成像
量子衍生雷达	量子力学	纠缠启发式经典光源＋经典关联探测	场时空变化、关联	抗干扰成像、定位、跟踪

3）量子雷达的颠覆性影响

量子雷达的具有以下特点。

（1）灵敏度极高，噪声基底极低，显著提升雷达测距、测角和成像分辨率。

（2）采用的量子芯片大幅提升信息处理速度、减小系统体积和发射功率，很难被探测。

（3）对隐身目标的侦测不受干扰。

（4）可对接收返回的量子信号清晰成像。

量子雷达是一款高清晰度的探测系统，能够提供更详细的目标图像，能够为用户提供足够的细节来识别飞机、导弹和其他特定型号的空中目标。同时，它们发射的能量很少,因此很难被对手探测。所有的现代雷达都发射电磁辐射来探测物体,辐射在探测对手目标的同时也会暴露自身位置。量子雷达可以在不暴露自身存在的情况下探测到敌机的飞行。这会导致敌方战机推迟对己方雷达和无线电信号的防御干扰。这对未来战争产生颠覆性影响。

4)量子雷达的研究进展

2008 年,麻省理工学院教授 Lloyd[45] 提出量子照明雷达概念。量子照明雷达利用纠缠信号源并结合量子最优接收策略提高信噪比,以判断在高耗散、强背景噪声下是否存在目标。2008 年,Tan 等[46] 在 Lloyd 的方案上进行分析,得出高斯纠缠态的量子照明发射机依然保持着相对经典相干态发射机的量子优势。2009 年,Guha 等[47] 提出了两种量子照明雷达接收机——光学参量放大接收机和相位共轭接收机,并分析了它们的目标探测性能。2017 年,Sanz 等[48] 从量子参数估计角度来测量目标的反射率,推导了量子照明雷达的探测误判率上限。2022 年,Shapiro 等[49] 推导了量子照明雷达测距精度的量子极限,并指出高时间带宽积的纠缠光源的量子脉冲压缩雷达(量子照明测距)可以达到此极限。

2002 年,NASA 设想将光子计数关联激光雷达引入火星探测任务中进行火星地貌获取,并在机载平台上进行了实验验证[50]。2015 年,美国哈里斯公司开发了第一款商用机载激光雷达系统,并进行了飞行测试[51]。2016 年,马里兰大学研究人员[52] 用机载高分辨量子雷达系统在 12h 内完成了 $1700km^2$ 的地形以及丛林结构的三维重建。2017 年,Pawlikowska 等[53] 使用 1550nm 波长的单光子探测器实现了对 10km 处山坡的三维重建。2020 年,中国科学技术大学 Z. P. Li 等[54] 设计了一种同轴单光子激光雷达系统,结合特定的远程探测算法实现了在城市环境中对 45km 处目标的三维重建。2021 年,该团队自行设计时间相关单光子计数系统,实现了在 100km 能见度条件下对 200km 外的山体结构的超远程三维成像[55]。2021 年,南京大学 B. Zhang 等[56] 利用超导纳米线单光子探测器对 100km 外的软、硬目标进行测距,实验结果表明,该系统具有全天候工作的潜力。

2001 年,Abouraddy 等[57] 指出,纠缠光子对所具有的非局域特性在量子关联成像中的作用无可替代。2002 年,Bennink 等[58] 将激光打在随机偏转的反射镜上再分束,并通过对两束光的强度分布关系进行关联,从而得到目标物体的结构,否认了纠缠光源的必要性。2004 年,Gatti 等[59] 给出了经典光源关联成像的理论基础。2005 年,史砚华团队[60] 用激光照射旋转的毛玻璃获得赝热光源,在实验中实现了经典光源关联成像。2013 年,上海光机所研究 M. L. Chen[61] 对比了 GISC 雷达系统与经典光学成像系统在不同天气条件下的成像效果。2016 年,上海光机所研究 W. L. Gong[62] 将时间分辨技术引入 GISC 雷达系统,实现了对 1km

处物体的三维成像。2018 年,上海交通大学和国防科技大学将首达光子成像方法引入关联成像[63],开展了相应的理论分析与实验验证,并于 2020 年研制出基于首达光子的远距离单像素激光成像雷达系统[64]。2022 年,上海光机所与国防科技大学将双快速转向镜复合轴的跟踪指向控制引入成像系统,并对无人机实现了跟踪与成像[65]。

5)量子雷达的发展趋势

当前,量子雷达工作体制、目标探测与成像等诸多机理性问题尚不明晰,相关理论、技术、系统的研究方兴未艾,理论研究成果到实际系统应用还存在很大的距离。

目前,量子雷达有待突破的关键技术包括以下几方面。

(1)非经典信号的调制。高质量性能稳定的纠缠源制备目前尚未实现突破。

(2)非经典信号的检测。高性能单光子探测技术瓶颈也制约其发展,单光子探测器的灵敏度、暗计数、时间抖动等性能参数直接决定了量子测量的精度,有待进一步改进和提升。

量子雷达的发展趋势包括以下几方面。

(1)微观量子操控与宏观应用的“接口”。微观量子操控与宏观探测应用的“接口”是量子雷达技术走向实际应用需要解决的一个重要问题。

(2)微观量子态制备与检测。量子雷达发射机和接收系统设计是量子雷达系统设计的核心,纠缠态的制备与检测是发射与接收系统研究的主要难题。

(3)量子系统信息获取。需要研究量子系统状态估计与检测理论,为量子雷达目标信息获取提供重要理论支撑。

(4)量子雷达目标特性研究。量子雷达信号与目标相互作用,不同目标对信号光子状态的“调制”作用以及传播信道对量子态的改变作用等问题是目标探测与识别的理论基础。

1.3 量子感知与测量技术全球发展形势分析

1.3.1 量子感知与测量技术发展总体情况

工业革命以来,欧美国家发展并引领着计量基准和信息时代应用最广泛的电磁测量技术。我国电子测量仪器行业受国外隐形技术壁垒等因素制约,高端产品依赖进口。2019 年，电子测量测试仪器市场中国产仪器收入不到 30%[66]。高精度的计量基准和电磁测量技术已成为我国自主创新“卡脖子”中的“卡脖子”。近 5 年来，量子传感与测量的国际竞争日趋激烈，主要科技强国推出了一系列创新举措，如强化量子传感技术的交叉研究、制定量子传感与测量路线图、出台量子传感国家战略等。目前，高精度的微观测量（量子传感与测量）正处于前沿突破期，是我国摆脱高精度测量技术受制于人的前所未有之机遇。

1.3.2 世界各国量子感知与测量技术发展分析

1）美国

量子信息技术被美国认为是引领未来军事革命的颠覆性、战略性技术，量子传感与测量技术是其重要组成部分。

从 2002 年起，美国多个部门和机构都制定了相关的战略规划，如 DARPA 的《量子信息科学与计划规划》，并发布了多个报告，如美国国家科学与技术委员会的《推进量子信息科学发展：美国的挑战与机遇》报告、美国能源部发布的《与基础科学、量子信息科学和计算交汇的量子传感器》报告，对量子传感与测量进行了补充[67]。

2018 年 9 月，美国国家科学与技术委员会在《量子信息科学国家战略概述》中提出，“量子测量有望为军事任务提供先进的传感器，需要发展新的测量科学和量子基准，改善导航和授时技术”[68]。

2018 年 12 月 21 日，美国总统特朗普签署《国家量子计划法案》（National Quantum Initiative Act），至此酝酿半年的《国家量子计划法》（NQI）正式生效。计划未来十年内向量子研究注入 12 亿美元资金，由美国能源部、商务部国家标准与技术研究院和美国国家科学基金会配合联邦政府共同落实量子计划项目。该法案旨在全方位加速量子科技的研发与应用，确保美国量子科技领先定位，开启量子领域的“登月计划”。该法案全力推动量子科学发展，将科研力量集中于 3 个方向：用于生物医学、导航的超精密量子传感器，能有效防止黑客侵入的量子通信，以及量子计算机[69]。

2019 年 12 月，美国防部国防科学委员会发布《量子技术的应用》报告的摘要。摘要概述了量子传感、量子计算，以及量子通信与纠缠分发领域的主要发现。摘要认为，量子传感、计算及通信系统的应用将为美国国防部开创量子使能能力的新时代[70]。

2020 年 2 月，美国白宫国家量子协调办公室发布《美国量子网络战略远景》

报告，提出美国将整合联邦政府、学术界和产业界的力量，构建量子互联网，确保量子信息科学研究惠及所有美国人。报告提出要发展处理小尺寸和大规模量子处理器之间远程纠缠的新算法和应用，包括量子误差修正、量子云计算协议和新的量子传感模式[71]。

2020 年 7 月 21 日，美国国家科学基金会（NSF）与白宫科技政策办公室（OSTP）合作，宣布拨款 7500 万美元资助 3 个量子跃迁研究所，旨在未来 5 年克服量子信息科学与工程领域的基础研究障碍。美国政府希望通过 3 个研究所的建设，使美国在未来继续成为量子信息科学（QIS）研究的聚集地。

2020 年 8 月，白宫科技政策办公室（OSTP）、美国国家科学基金会（NSF）和能源部（DOE）宣布，美国将斥资 6.25 亿美元建立 5 个量子信息科学中心，这些 QIS 中心将由 5 个不同的 DOE 国家实验室领导。私营部门和学术机构将另外提供 3.4 亿美元。这些投资将是 NSF 7 月份宣布为 3 所量子飞跃挑战研究所提供的 7500 万美元资金的补充。

2021 年 1 月，美国国家科学技术委员会量子信息科学小组委员会发布第 1 份《国家量子计划》预算相关的年度报告，介绍了该计划实施 2 年来组织管理、经费投入、实施进展等情况。

表 1－6 是美国涉及量子精密测量的主要报告，表 1－7 是美国主要量子精密测量研究机构[1]。

表 1－6　美国涉及量子精密测量的主要报告

时间	发布部门	主要内容
2016 年 2 月	美国能源部（DOE）	发布“*Quantum Sensors at the Intersections of Fundamental Science, Quantum Information Science & Computing*”报告，提及多个量子测量相关的前沿案例：①广泛应用于物理和生命科学的固态量子传感器；②量子传感器探测超出标准模型的物理；③用于增强量子传感器的先进材料；④用于暗扇区物理的量子传感器；⑤基于原子干涉测量和光学原子钟的精密时空传感器
2018 年 9 月	美国国家科学和技术委员会－量子信息科学小组委员会（NSTC－SCQIS）	发布“*National Stratrgic Overview for QIS baogao*”，提及用于生物技术和国防的新型传感器，用于均属和商业应用的下一代定位、导航和计时系统
2020 年 2 月	美国白宫国家量子协调办公室	发布《美国量子网络战略远景》报告，提出美国将整合联邦政府、学术界和产业界的力量，构建量子互联网，提出要发展处理小尺寸和大规模量子处理器之间远程纠缠的新算法和应用，包括量子误差修正、量子云计算协议和新的量子传感模式
2020 年 10 月	美国国家量子协调办公室（NQCO）	发布“*Quantum Frontiers*”报告，提及利用量子信息技术进行精密测量

续表

时间	发布部门	主要内容
2021年1月	美国国家科学和技术委员会－量子信息科学小组委员会(NSTC－SCQIS)	发布第1份《国家量子计划》预算相关的年度报告
2022年4月	美国国家科学和技术委员会－量子信息科学小组委员会(NSTC－SCQIS)	发布"*Bringing Quantum Sensors to Fruition*"报告,重点讲解原子钟、原子干涉仪、光泵磁力计等技术及其应用,并提出了一些发展建议

表1－7 美国主要量子精密测量研究机构

研究机构	主要内容
Q－SEnSE研究所	美国国家科学基金会为推进美国QIS研究,展开"Quantum Leap Challenge Institute"计划,建立了3个研究机构,其中与量子精密测量相关的Q－SEnSE,由科罗拉多大学博尔德分校领导,研究内容分为三大部分:①具有量子优势的超精密传感器和测量;②应用于量子信息科学的工程原理;③用于量子传感应用的国家基础设施
芝加哥大学、加利福尼亚大学洛杉矶分校、加利福尼亚大学圣芭芭拉分校、华盛顿大学、SomaLogic	由NSF Convergence Accelerator资助的"基于量子传感的高通量蛋白质组学技术"项目展开,联合研究团队将应用量子传感最新技术来改进蛋白质组筛选方法
下一代量子科学与工程中心(Q－NEXT)	美国能源部阿贡国家实验室领导,通过物理、材料和生命科学领域的变革性应用实现超高灵敏度的传感器
亚利桑那大学	2021年9月,在NSF支持下,开展量子传感器项目,利用量子态的优点构建超高灵敏度的陀螺仪、加速度计和其他传感器
美国国防部高级研究计划局(DARPA)	2022年1月,宣布了一项四年期光钟研发计划。该计划旨在开发具有低尺寸、重量和功率的时钟,可以提供比基于GPS的原子钟更好的计时精度和保持时间。如果成功,这些光钟将比现有的微波原子钟提供100倍的精度提高或计时误差减少,并展示改进的纳秒计时精度保持从几个小时到一个月
吉拉研究所(JILA)	由NIST与科罗拉多大学博尔德分校联合设立,主要探索量子测量技术的局限性,以及量子物理学在化学、生物学中的作用
量子信息与计算机科学联合中心(QuICS)	由NIST与马里兰大学合作建立,主要负责推进量子计算机科学和量子信息理论的研究和教育
联合量子研究所(JQI)	由NIST与马里兰大学合作建立,主要研究相干量子现象的基本理论,并为原子物理学、凝聚态物质理论和量子信息技术的融合研究提供基础
量子经济发展联盟(QEDC)	由NIST牵头成立,旨在提升美国在全球量子研发及新兴量子产业方面的领导地位

2）加拿大

数十年来，加拿大一直领跑世界量子科技投资，2012—2022 年的投入超过 10 亿加元。

国家研究委员会（NRC）是加拿大最大的研究和技术组织，2021 年以来先后推出“量子光子传感和安全（Quantum Photon Sensing and Security，QPSS）计划”“物联网：量子传感挑战计划”两项与量子精密测量相关的国家科技实施计划[1]，如表 1－8 和表 1－9 所列。

加拿大政府于 2023 年 1 月 13 日启动《国家量子战略》（NQS）。NQS 是加拿大一项投资 3.6 亿加元的计划，旨在利用其在量子科学领域的优势并推进具有巨大商业化潜力的量子技术。该战略将扩大加拿大在量子研究方面现有的全球领导地位，并发展加拿大的量子技术、公司和人才。

2023 年 3 月 28 日，加拿大国防部和武装部队（DND/CAF）发布量子科学和技术战略实施计划“Quantum 2030”，该计划旨在帮助加拿大国防组织在未来 7 年内提前做好准备，以应对量子技术可能对国防和安全带来的威胁。

表 1－8　加拿大主要量子精密测量研究项目

时间	发布部门	主要内容
2021 年 9 月	NRC	QPSS 计划侧重 2 个特定应用领域：用于超安全 IT 数据和网络的量子网络安全；用于自然资源提取和加工以及国防和安全传感的感激光学传感。目标行业：光子学、国防与安全、信息与通信技术、自然资源、能源、环境
2022 年 3 月	NRC	重点领域：量子光子学（在光子系统中创建、传输和检测量子信息）、基于芯片的量子系统（将量子系统转移到芯片上，以开辟商业化之路）、量子计量（为商业量子系统开发内在的、测量标准以及认证）
2023 年 1 月	NRC	NQS 由关键量子技术领域的 3 项任务驱动：计算硬件和软件，使加拿大在量子技术的持续开发、部署和使用方面处于世界领先地位；通信，为加拿大配备国家安全量子通信网络和后量子密码能力；传感器，支持加拿大和新量子传感技术的早期采用者
2023 年 3 月	DND/CAF	确定了 4 项在国防和安全方面具有应用前景的量子技术任务，分别是量子增强雷达、量子增强光探测和测距、用于国防和安全的量子算法、量子网络

表 1－9　加拿大主要量子精密测量研究机构

研究机构	主要内容
滑铁卢大学	量子计算研究所（Institute of Quantum Computing，IQC）下设 Quantum Sensors 研究方向，通过利用量子力学定律，量子传感器在灵敏度、选择性和效率方面达到了极限。量子传感器在材料科学、神经科学、个性化医疗、改进的癌症治疗、地质勘探、国防等领域发挥着至关重要的作用

续表

研究机构	主要内容
Quantum Alberta	由阿尔伯塔大学、卡尔加里大学、莱斯布里奇大学资助的联合研究团队,研究方向之一是 Quantum Sensing,挑战的是达到并超越设备的标准量子极限,实现超灵敏度传感器并展示在量子网络和量子计算中的应用。方法是以阿尔伯塔省在实验光力学、纳米光子学、单电子晶体管和相干红外激光器方面的卓越差异以及量子计量学和广义相对论的理论专业知识为基础,开发超灵敏的光机械传感器

3)欧盟

从2016年起,欧盟委员会连续发布多个量子计划,其中《量子技术旗舰计划》(Quantum Flagship)最为重要。该计划明确指出将斥资10亿欧元大力支持包括量子传感在内的五大量子技术领域,并于2018年正式启动首批20个研究项目,得到了《地平线2020计划》的1.32亿欧元支持[72]。如表1-10所列,在首批量子技术旗舰项目中,有4项是量子传感与测量项目,包括金刚石动态量子多维成像(MetaboliQs)、集成量子钟(iqClock)、微型原子气室量子测量(MACQSIMAL)和金刚石色心量子测量(ASTERIQS),经费共计3671.5万欧元。

表1-10 欧盟首批量子传感与测量资助项目

项目名称	项目内容	牵头国家	经费/万欧元	截至2020年10月取得的进展
金刚石动态量子多维成像(MetaboliQs)	利用室温金刚石量子动力学实现安全的多模式心脏成像,以改善心血管疾病的诊断	德国	666.7	通过使用5种不同类型传感器的微电子机械系统技术以及创新的集成和封装技术
集成量子钟(iqClock)	利用量子技术促进超高进度和可负担的光学时钟发展	荷兰	1009.2	在下一代集成型/紧凑型光学量子钟方面取得进展,比目前商用的标准微波原子钟稳定100倍
微型原子气室量子测量(MACQSIMAL)	开发用于测量物理可观测量的量子传感器,造福于自动驾驶、医学成像等诸多领域	瑞士	1020.9	开发出超浅金刚石氮-空位(NV)色心的均匀层,具有优秀的相干时间和传感/极化效率,提高成像灵敏度(7倍)
金刚石色心量子测量(ASTREIQS)	开发基于金刚石的高精度传感器,以定量测量磁场、电场、温度或压力等物理量	法国	974.7	在基于金刚石NV色心的量子传感器开发方面取得进展,可用于室温设备,如汽车工业和医疗仪器

2020 年，欧盟《战略研究议程》（SRA）报告为量子传感与测量设定了“三步走”战略[28]。

（1）3 年内开发出采用单量子比特相干且分辨率和稳定性优于传统对手的量子传感器、成像系统与量子标准，并在实验室中演示。

（2）6 年内开发出集成量子传感器、成像系统与计量标准原型，并将首批商业化产品推向市场，同时在实验室中演示用于传感的纠缠增强技术。

（3）10 年内从原型机过渡至商业设备。

4）英国

英国在 2014 年就开始实施国家量子技术计划。该计划在第一阶段（2014—2019 年），建立量子通信、量子传感、量子成像和量子计算四大研发中心，开展学术与应用研究。第二阶段（2019—2024 年）拟建设英国国家量子计算中心（NQCC）以及其他 4 个量子中心。2021 年，英国投资 9300 万英镑建立了英国国家量子计算中心，并在牛津大学（Quantum Computing and Simulation Hub）、伯明翰大学（UK Quantum Technology Sensors and Timing Hub）、约克大学（Quantum Communications Hub）和格拉斯哥大学（The UK Quantum Technology Hub in Quantum Enhanced Imaging Quantic）建立 4 个量子技术中心。

英国在 2015 年发布的《国家量子技术战略》和《英国量子技术路线图》[73]中确立了未来 20 年的发展愿景和目标，明确了推动量子技术发展的措施和建议，以及量子计算机、量子传感器和量子通信等量子技术可能的商业化时间与发展路线图。

英国技术战略委员会于 2015 年提出了英国未来 30 年量子技术商业化应用的初步路线图[73]。其中，对量子传感与测量的规划包括以下几方面。

（1）5 年内：制造英国自己的原子钟。

（2）10 年内：实现低成本的气体检测，研发非破坏性的生物显微镜。

（3）5 ~ 10 年：实现抗干扰 GPS 精度级水下导航，环境监测与地震预测等空间应用，为民用工程探测地下设施及废弃物。

（4）10 ~ 15 年：实现无 GPS 的军用车辆导航，更好、更安全的地下采矿导航。

（5）10 ~ 20 年：制造个人和专业的导航设备。

（6）20 ~ 30 年：制造高性能、低功耗量子化协处理器。

英国对量子传感和测量产业化已有了一些时间规划，如图 1 - 11、图 1 - 12 所示[74]。计划在 2030 年内完成量子传感和测量领域相关设备的研发生产，使其从实验室原型迈向小型、可靠、可部署的实用设备。

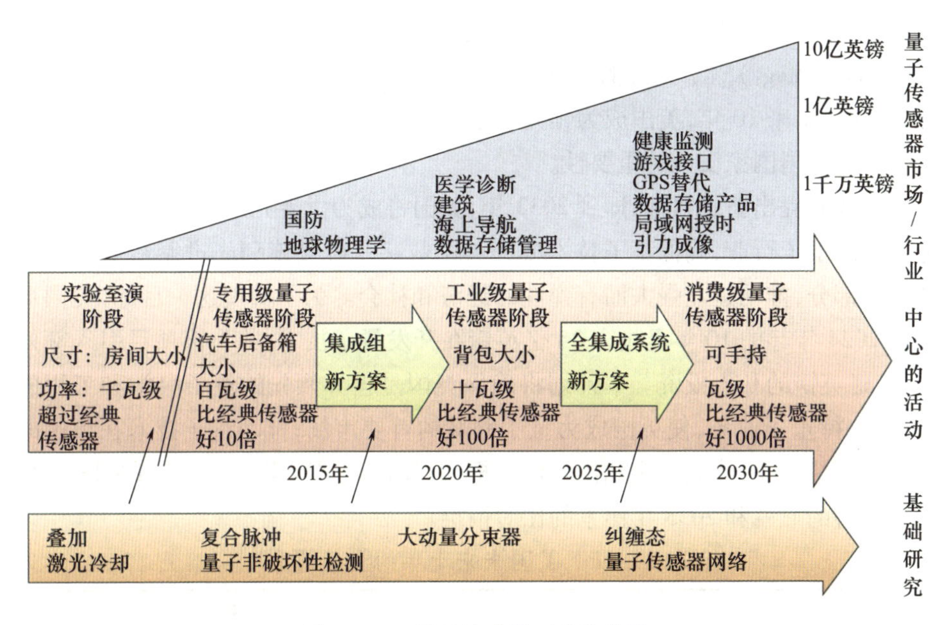

图1－11 量子传感器开发路线图

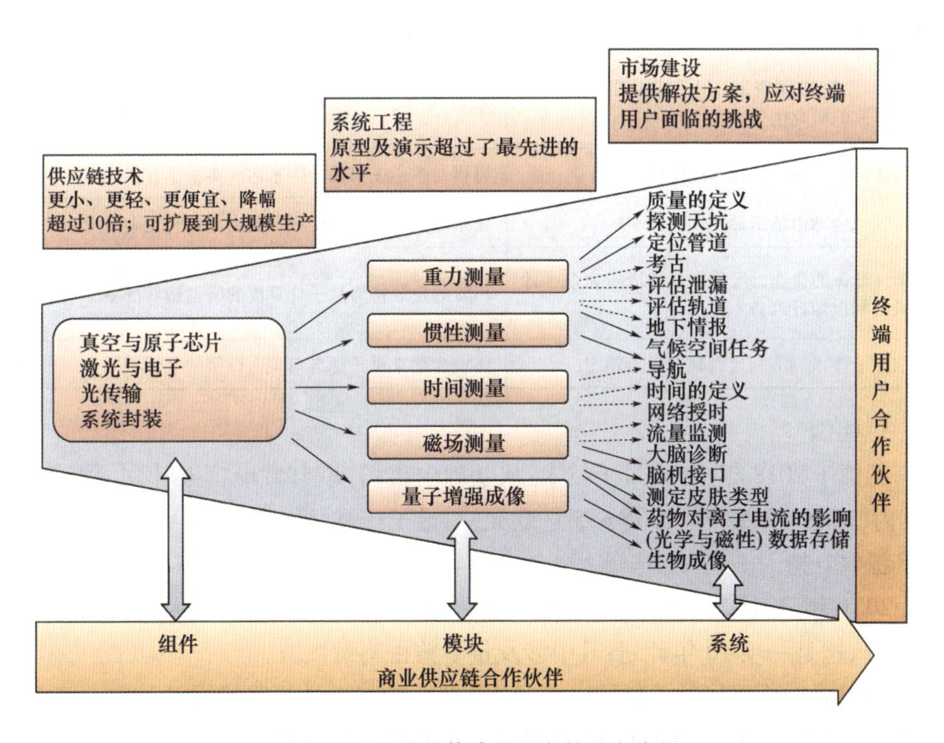

图1－12 量子传感器开发的3个阶段

2023 年 3 月 15 日，英国科技、创新与技术部发布《国家量子战略》（National Quantum Strategy）[75]。该战略回顾了过去 10 年，英国在量子科技领域的优势地位，描述了未来 10 年，英国成为领先量子经济体的愿景及行动计划，并阐述了量子技术对英国国家安全的重要性。

该战略提出新的目标，即到 2033 年，英国将成为世界先进的量子经济体，创造繁荣的量子行业，确保量子技术成为英国数字基础设施和先进制造业不可或缺的一部分，推动建立强大而有弹性的经济和社会。为了实现这一目标，英国承诺从 2024 年起的 10 年里投入 25 亿英镑在开发量子技术，并为该项目引入额外的 10 亿英镑的私人投资。本计划将确保英国是世界领先的量子科学和工程的基地；支持量子业务，使英国成为量子领域的首要市场；推动量子技术在英国的应用并创造收益；建立国家和国际监管框架，保护英国国家安全。表 1 – 11 是目前已取得的成就和 2033 年愿景的比对情况。

表 1 – 11　英国未来十年的量子愿景

当前成就	2033 年愿景
在零值领域学术产出方面，英国在质量与影响力方面排名第三	将学术出版文献保持质量影响力前三，并增加出版文献数量
2014 年以来，英国资助 470 多名从事量子相关科学研究的研究生	未来 10 年，将至少资助 1000 名
已与美国达成量子合作双边协议	将再与 5 个主要量子国家达成实质性合作
量子领域全球市场份额英国占比 9%	量子领域全球市场份额英国占比将升至 15%
25% ~33% 的企业已经采取具体措施为量子计算机的问世做好准备	75% 的企业将为量子计算机的问世做好准备
当前量子技术标准和监管框架尚未制定	将成为建立量子标准与监管框架的全球领导者

5）德国

德国于 2018 年推出《量子技术：从基础到市场》联邦政府框架计划，预计在 5 年内（2018—2022 年）斥资 6.5 亿欧元，对量子计算、量子卫星以及量子测量技术等提供支持[1]。

2021 年 3 月，德国发布《国家量子系统议程（Agenda Quantensysteme 2030）》，这是一项 10 年计划，其中涉及量子精密测量领域。

德国成立慕尼黑量子科技中心（MCQST），参与大学为路德维希马克西米利安大学（LMU）和慕尼黑工业大学（TUM），合作研究所为马克斯普朗克光学研究所（MPQ）、瓦尔特 · 迈斯纳研究所（WMI）和德国博物馆。

2023 年 4 月 26 日，德国政府通过了由联邦教研部（BMBF）提出的《量子技术行动计划》[76]，目的是使德国成为量子技术的世界领导者，并确保对这一重要未来技术的主权使用。该行动计划是联邦政府 2023—2026 年量子技术活动的新战略框架，制定了 3 个优先事项：将量子技术投入应用、有针对性地推动技术开发、为强大的生态系统创造良好条件。联邦政府将与科学组织一起，为此目的提供约 30 亿欧元（约合 227.46 亿元人民币），如表 1－12 所列。

表 1－12　德国主要量子精密测量研究项目

项目名称	主要内容
Quarate	项目周期为 2021 年 2 月—2024 年 1 月，经费为 310 万欧元，由德国联邦教育与研究部资助，主要研究量子雷达
QMag	费劳恩霍夫灯塔项目（Lighthouse Project），项目周期为 2018 年 4 月—2024 年 3 月，经费为 1000 万欧元，由费劳恩霍夫协会、巴登符腾堡州资助，主要研究金刚石氮空穴色心成像扫描探针磁力计、光泵碱磁强计（OPM），以及在室温下以高分辨率和高灵敏度测量最小磁场

6）法国

2021 年 1 月，法国宣布启动《国家量子技术战略》，并计划 5 年内投资 18 亿欧元促进量子计算、量子通信和量子传感研究。18 亿欧元投资中，10.5 亿欧元为国家公共资金，5.5 亿欧元将由私营部门提供，2 亿欧元来自欧盟信贷。法国政府提供的公共资金一半来自国家未来投资计划，另一半由量子技术开发相关研究机构提供。《国家量子技术战略》的总体目标是成为量子技术领域的领先国家，主要体现为 3 个方面。

（1）掌握关键量子技术，包括量子芯片、量子模拟器、量子计算机、专用量子计算软件等。

（2）量子计算是战略核心。

（3）建立完整的量子计算产业链。

除了法国政府支持的量子精密测量研究外，法国 Thales（泰雷兹）集团是法国在航空航天、国防、地面交通运输、安全和制造电气系统领域的供应商，每年向量子技术投资 10 亿欧元在量子传感器、量子通信和后量子密码领域[1]。在量子传感器领域的研究如下。

（1）超导量子干涉器件（SQUID）。

（2）固态量子传感器。

（3）利用稀土离子表征及处理射频和光信号。

（4）用于飞机的基于冷原子技术的量子惯性导航系统，如表 1－13 所列。

表1－13　法国主要量子精密测量研究项目

项目名称	主要内容
maxQsimal	由欧盟资助的“Horizon2020”研究项目，项目周期为2018年10月—2021年9月，预算1020万欧元。项目旨在设计、开发、小型化和集成具有出色灵敏度的先进量子传感器，以测量5个关键领域的物理课观测物：磁场、时间、回转、电磁辐射、气体浓度
QuEnG	项目预算820万欧元，其中量子传感项目有两大研究方向：①开发基于约瑟夫森结阵列的新一代参量放大器，工作在量子极限，具有大带宽和高饱和功率；②基于纳米机械谐振器中的自旋量子比特的新型量子传感器。氮空位缺陷的自旋具有超长的相干时间，因此可用光学和微波场对齐进行操纵，用于超灵敏的磁场和电场探针。纳米线振动可用作attoNewton范围内的矢量力场传感器
QuantAlps	格勒诺布尔量子科学与技术研究联合会2022年3月成立，制定了5个统一的项目：量子计算、量子模拟、量子传感器、量子通信和由量子技术的跨功能基础知识产生的新协同作用
PEPR	2022年，PEPR确定了涵盖4个主题的10个主要项目，开发了基于冷原子的量子比特和传感器是4个主题之一，设计2个主要项目：QubitAF和QAFCA

7）日本

日本于2018年3月30日发布量子飞跃旗舰计划（Q－LEAP）[77]，执行期是2018年至2029年。该计划旨在资助本国在光量子科学的研究活动，通过量子科学技术解决重要经济和社会问题。量子飞跃旗舰计划主要包括3个技术领域，每个技术领域都有2个旗舰项目和1基础研究项目。旗舰项目每年将获得3亿～4亿日元的资助，基础研究项目每年将获得2000万～3000万日元的资助。在量子精密测量领域，日本发布了2项旗舰项目（表1－14）和7项基础研究（表1－15）。

表1－14　日本Q－LEAP量子精密测量的旗舰项目

研发项目名称	研究机构
通过固态量子传感器的先进控制创建创新的传感器系统	东京工业大学
创造量子生命技术与创新医学与生命科学	美国国立量子放射科学与技术研究院量子生命科学研究所

表1－15　日本Q－LEAP量子精密测量的基础研究

项目名称	研究机构
利用高灵敏度重力梯度传感器建立地震预警方法	东京大学
创建光子数识别量子纳米光子学	东北大学
双压缩量子噪声的量子原子磁力计的开发	学习院大学
多维量子纠缠光谱技术	电气通信大学

续表

项目名称	研究机构
使用量子纠缠光子对的量子测量装置研究	京都大学
提高量子传感灵敏度的复合缺陷材料科学	国立材料科学研究所
开发下一代高性能量子惯性传感器	电信大学激光新一代研究中心

其中,通过固态量子传感器的先进控制创建创新的传感器系统项目的研发目标是:开发具有高灵敏度和高空间分辨率的脑磁图(MEG)原型;开发用于监控电池和功率设备中的电流和温度的系统的原型[77]。

Q-LEAP将量子测量与传感作为三大技术领域之一,目标是面向未来传感器市场小型化、低成本化的需求,研发先进的固态量子传感器和量子传感器技术,广泛应用于磁场、电场、温度、光等的测量活动。

日本岸政府有关量子技术的新国家战略草案于2022年4月6日公布,该新国家战略暂定为《量子未来社会展望》。该战略提出将在年内建成第一台"国产量子计算机",此外该战略还提出到2030年量子技术使用者达到1000万人的目标。该战略描述了未来社会对量子技术的基本愿景,并提出在量子计算机、量子软件、量子安全网络、量子测量和传感以及量子材料等技术领域进行研究和产业开发。

8)其他国家

2020年2月,荷兰宣布将在未来5年内对量子技术投资2350万欧元,在超冷原子源、光子源和光子检测器等技术优势领域推动进一步发展。2022年12月19日,为了应对欧洲在量子技术领域所面临的战略自主性挑战,并为未来的欧洲量子领导者奠定基础,荷兰、法国和德国政府代表签署了《量子技术合作联合声明》。合作目标是增加荷兰、法国和德国量子生态系统之间的协同作用,并达到帮助培养欧洲领导者和吸引最优秀国际人才所需的环境。

2020年5月,澳大利亚联邦科学与工业研究组织(Commonwealth Scientific and Industrial Research Organisation,CSIRO)制定并发布量子技术路线图——《增长的澳大利亚量子技术产业:争取40亿澳元的产业发展机遇》,明确支持量子生态系统建设。根据CSIRO的预测,量子传感与测量领域将在2040年为澳大利亚创造3000个职位以及9亿澳元的经济价值。澳大利亚将在军用及民用精确导航、地下环境量子重力测量、增强量子传感器、量子磁强计等优势领域开展攻关和商业化应用。2023年5月4日,澳大利亚发布《国家量子战略》。《国家量子战略》涉及量子技术的全部范围。它为接近商业化的应用提供了一条发展途径,如量子传感器;它还将为澳大利亚在量子计算等长期应用方面的成功奠定基础。

在未来10年及以后的不同时期，不同的技术将成熟并为商业应用做好准备。

1.3.3 世界各国量子感知与测量技术发展总结

1）全球科技大国均已制定量子科技国家战略，并已制定明确的实施计划

截至2023年10月，美国、中国、英国、法国、德国等近20个国家/地区发布了统一的国家量子科技计划或法案以支持本国量子科技发展，将量子科技上升至国家战略层面。每个国家的实施内容稍有不同，如美国发布了独立的量子传感器报告，并将美国过去和未来研究的量子传感器作一介绍，明确了美国量子传感器未来主要发展方向及其潜在价值。其他国家往往是将量子传感器相关的实施策略包含在整个量子科技报告（含量子计算、量子通信、量子精密测量）中。

2）量子精密测量领域发展潜力大、应用前景广阔

量子精密测量领域具有巨大的发展潜力和广阔的市场应用前景，各技术路径都有相应的研发进展。量子时钟源、量子磁力计、量子雷达、量子重力仪、量子陀螺、量子加速度计等量子传感器领域均有样机产品报道，主要为军事、航天航空、科学研究等领域应用。

3）量子精密测量领域下游民用市场有待挖掘

目前有原子钟在通信市场和电力市场运用。磁场测量在医疗与车载导航有相关报道，未来计量应用可能会更早进入民用市场。具体的应用结合点以及解决方案，有赖于量子测量企业与垂直行业用户深入交流合作才能明确。可通过在典型行业试点应用取得一定成果后，让更多用户了解量子测量技术优势，进一步开展跨行业领域推广。

1.4 关于量子感知与测量技术的相关建议

1.4.1 我国在量子感知与测量技术领域的政策支持

中国较早就将量子技术纳入重要战略规划。2006年发布的《国家中长期科学和技术发展规划纲要（2006—2020年）》中，就已经提出“重点研究量子通信的载体和调控原理及方法，量子计算，电荷-自旋-相位-轨道等关联规律以及新的量子调控方法”。

在2013年发布的《国家重大科技基础设施建设中长期规划（2012—2030年）》

中,首次部署了量子通信网络试验系统[78],并再次强调了“为空间网络、光网络和量子网络研究提供必要的实验验证条件”。

2015 年发布的《中国制造 2025》中,提出“积极推动量子计算”的规划。2016 年的“十三五规划”以及《“十三五”国家战略性新兴产业发展规划》中,均对量子计算、量子通信、量子密钥技术等研发和应用提出了要求,量子科技已经上升到国家战略。

2016 年,“量子调控与量子信息”重点专项成立,量子调控与量子信息技术被纳入国家发展战略,明确提出要在核心技术、材料、器件等方面突破瓶颈,实现量子相干和量子纠缠的长时间保持和高精度操控,并应用于量子传感与测量等领域。“地球观测与导航”重点专项部署了“原子陀螺仪”“空间量子成像技术”“原子磁强计”“芯片原子钟”等项目,为量子传感与测量的研发提供了重要支持。

《国家创新驱动发展战略纲要》(2016)[79]与《国民经济和社会发展“十三五”规划纲要》(2016)[80]把量子信息技术作为重点培养的颠覆性技术之一,同时提出围绕量子通信部署重大科技项目和工程。

2020 年 10 月 16 日,习近平总书记在中共中央政治局集体学习时强调要加强量子科技发展战略谋划和系统布局[80]。同月,中共中央关于制定《国民经济和社会发展第十四个五年规划和 2035 年远景目标纲要》的建议提出要瞄准量子信息等前沿领域,实施一批具有前瞻性、战略性的国家重大科技项目[81]。至此,中国实现了由重点发展量子通信向量子科技整体发展的转换。

2021 年设立的“智能传感器”重点专项将量子传感与测量作为重要内容。国家自然科学基金委数学物理科学部于 2014 年开始实施“精密测量物理(2014—2022 年)”重大研究计划,其中一项重要的研究内容就是量子传感与测量。

2022 年 1 月,国务院印发《计量发展规划(2021—2035 年)》,提出加强计量基础和前沿技术研究[82]。实施“量子度量衡”计划,重点研究基于量子效应和物理常数的量子计量技术及计量基准、标准装置小型化技术,突破量子传感和芯片级计量标准技术,形成核心器件研制能力。研究人工智能、生物技术、新材料、新能源、先进制造和新一代信息技术等领域精密测量技术。

2022 年 2 月,科技部发布《“十四五”国家重点研发计划“基础科研条件与重大科学仪器设备研发”重点专项 2022 年度项目申报指南(征求意见稿)》。2022 年 3 月,科技部发布《“十四五”国家重点研发计划“地球观测与导航”重点专项 2022 年度项目申报指南(征求意见稿)》,如表 1 - 16 和表 1 - 17 所列。

表 1-16 国家重点专项中的量子测量领域研究主题

专项名称	研究主题	主要内容
量子调控与量子信息	基于原子与光子相干性的量子精密测量	光子-原子耦合新机理，光子-原子关联量子干涉技术
	超越标准量子极限的量子关联精密测量	基于囚禁原子与离子的超越标准量子极限的新型原子频标，单量子与多量子关联高灵敏度测量与应用
	高精度原子光钟	基于囚禁离子和冷原子的高精度原子光钟、光钟比对及应用
量子调控与量子信息	基于少体量子关联态的精密测量	可控少体量子关联态的制备、表征及在突破标准量子极限精密测量中的应用
	基于金刚石色心的量子相干控制及应用	基于金刚石色心自旋的量子调控及其在量子计算与量子精密测量中的应用
	原子分子瞬态量子过程的精密测量	研发超宽频段超快光场技术及阿秒时间分辨测量技术，发展光子、电子和离子的多维关联谱学新方法，开展原子分子飞秒、阿秒瞬态过程和量子多体过程的精密测量，解释原子分子多体关联动力学规律和调控机理
"地球观测与导航"重点专项	空间量子成像技术	面向同时兼顾高空间分辨率、夜间弱光成像和全天时对地观测能力的各类区域性检测任务需求，开展基于激光、太阳光、自发辐射等光量子探测技术的空间量子成像技术
	高精度原子自旋陀螺仪技术	针对海洋资源勘探对水下探测器长航时高精度导航技术需求，开展高精度原子自旋陀螺的理论与方法研究即关键技术攻关，研制原理样机；同时，探索面向便携式自主导航的金刚石色心原子陀螺的理论与方法，研制原理验证样机
	高精度原子磁强计	针对我国导航系统对高精度地磁测量的亟须，开展高精度原子磁强计的理论与方法研究及关键技术攻关，研制三轴矢量高精度原子磁强计原理样机，实现我国高精度导航技术的跨越式发展
	芯片原子钟技术	针对我国导航系统对小型化高精度授时器件的亟须，开展芯片原子钟的理论与方法研究及关键技术攻关，研制芯片原子钟原理样机，提高我国高精度导航技术的跨越式发展

续表

专项名称	研究主题	主要内容
智能传感器	高精度力学量的量子传感技术研究	面向高精度、小体积力学量的量子传感应用需求，探索高精度力学量的量子传感新机制；研究微观尺度下量子调控及增强机理；研究量子传感结构跨尺度可控制造方法；研究噪声抑制及传感信号高效提取方法；研制高精度、小体积力学量子传感器样机，开展试验验证
	深地特侧极高灵敏度电磁传感器技术及深部探矿示范	针对当前金属矿资源勘察中传感器探测深度、分辨率不足以及勘探准确度低等问题，研究高精度、高线性度宽频磁场/电磁传感器等新型传感器材料和工艺；研究高精度、高分辨率的电场、磁场和电磁场传感器设计制造技术与测试标定方法；研究新型传感器的抗干扰技术；研制核心部件国产化的高精度电场、磁场和电磁场传感器系列产品，开展找矿示范应用

表 1－17　国内主要量子精密测量研究机构

研究机构	量子精密测量领域的主要研究内容
中国计量科学院	微波频率标准（喷泉钟）实验室、重力基准实验室、量子器件实验室、核磁共振实验室等，如芯片级量子计量标注与量子传感实验室研究基于微型原子气室及硅基光子学器件的芯片计量标准、基于原子分子物理的量子传感技术以及相关微纳技术及工艺。研制芯片原子钟等一系列芯片尺度、低功耗、可嵌入式计量标准和量子传感系统
中国科学院量子信息与量子科技创新研究院	量子精密测量研究部，研究原子精密测量、分子精密测量、光钟与时频传输、量子导航、光量子雷达
中国科学院精密测量科学与技术创新研究院	设有精密测量物理研究部、原子频率标准研究部、精密科学仪器研究部、测量与导航研究部、精密重力测量技术研究部、大地测量研究部等，根据不同方向开展量子精密测量相关研究
中国科学院上海光学精密机械研究所	中科院量子光学重点实验室，研究冷原子频标、原子频标新原理和新方法、空间原子频标、光纤时频传递、冷原子物理、量子简并气体、原子芯片及其应用、超冷极性分子的物性及调控、量子光力学、冷原子体系中的量子信息物理、超冷强耦合等离子体、主动激光强度关联成像、被动多光谱成像、X 射线强度关联成像、生物医学中的强度关联成像
中国科学院武汉物理与数学研究所	原子频标研究部，目前高精度铷原子频标性能达到世界先进水平，实现了在卫星工程中的应用，并研制出中国首台光频标，即钙离子光频标；波谱与原在分子物理国家重点实验室，开展冷原子物理、原子分子结构与动力学、精密谱测量的研究；中国科学院原子频标重点实验室，围绕国家重大工程应用需求和精密测量物理研究需求，针对原子频标关键科学问题和系统集成，开展应用基础研究和高技术创新研究

续表

研究机构	量子精密测量领域的主要研究内容
中国科学院微观磁共振重点实验室	研究量子精密测量，主要实验手段为核磁共振、电子顺磁共振、光探测磁共振、力探测磁共振等
合肥微尺度物质科学国家研究中心	尖端测量仪器研究部，研究热力学阐述的原级光学计量、痕量同位素原子分子探测、基于原子的磁与惯性测量、基于量子霍尔效应的电阻原级测量、微纳尺度单颗粒物分析、微纳结构表面处理新技术、单光子探测大气遥感和目标成像
北京量子信息科学研究院	整合北京现有量子物态科学、量子通信、量子计算、量子材料与器件、量子精密测量等领域骨干力量，建设顶级实验支撑平台，力争在理论、材料、器件、通信与计算及精密测量等基础研究方面取得世界级成果
之江实验室	量子传感研究中心，研究量子精密操控、敏感源制备、精密检测、极限物理量测量等技术，研发极弱力与加速度、极弱磁场、超高灵敏惯性等测量装置
中国科学技术大学	激光痕量探测与精密测量实验室，研究放射性气体同位素测量、氦原子精密光谱测量、大气分析的激光光谱与检测、量子计量、氢分子精密光谱、时间反演对称性的实验检测、原子器件
清华大学	物理系，研究领域涉及量子物态与材料、量子计算与通信、量子精密测量、量子器件等多个方面；低维量子物理国家重点实验室，研究低维量子系统和材料的生长动力学和制造、极端条件下的精密测量、低维量子系统中的新量子现象研究、低维量子系统的理论与设计；精密测试技术及仪器国家重点实验室，研究激光即光电测试技术、传感及测量信息技术、微纳制造与测试技术以及制造质量控制技术
北京大学	量子电子学研究所，研究冷原子与精密测量、光钟、原子钟和精密测量、核磁共振成像；前沿交叉学科研究院－磁共振成像研究中心，研究脑成像技术在脑科学和临床医学的应用
	新型原子钟与量子精密测量研究中心，已建立起了与国际接轨的高性能原子钟及其精密测量关键技术的研究平台，在高性能原子钟（星载铷钟和光轴运小铯钟）方面达到国际先进水平，还建立起了研究超高精度原子钟的精密测量基础研究平台
浙江大学	光学研究所，研究冷原子物理与量子光学、激光物理及应用、光信息传输与处理。实验室以微波量子和光子为载体，建立从量子材料合成、微纳器件设计制备、全光量子模块开发，到量子计算和模拟云平台实现的全链条实验平台
国防科技大学	量子信息学科交叉中心，研究量子关联成像、量子频标、激光陀螺仪、新型惯性器件等，有半导体泵浦高能激光技术国防科技联合重点实验室、高能激光技术湖南省重点实验室

续表

研究机构	量子精密测量领域的主要研究内容
北京航空航天大学	大科学装置研究院,量子精密测量与传感方向,研究基于原子自旋 SERF 效应的超高灵敏度磁场测量、基于原子自旋 SERF 效应的极弱人体磁源成像、基于原子自旋 SERF 效应的超高灵敏惯性测量、基于金刚石色心的量子精密测量技术;惯性导航与智能导航方向,研究原子自旋陀螺仪技术、核磁共振陀螺仪技术、机载高精度 POS 与惯性稳定平台技术
华中科技大学	引力中心发展精密扭秤、空间惯性传感器、冷原子干涉、激光测距、微机电系统(MEMS)和超导等精密测量实验技术。研究领域和方向有引力理论和实验、引力波探测、原子分子光学与精密测量物理、精密重力测量与地球物理等
北京邮电大学	理学院,研究新型光子学材料与器件、低维纳米材料制备与光电性能、半导体低维结构中的光学性质、纳米复合材料的光电性质等方向
华东师范大学	精密光谱科学与技术国家重点实验室,研究光场时频域精密控制、原子分子精密光谱与精密测量、超灵敏精密光谱与传感、超快物性精密测量与调控研究、微纳光子器件制备与集成、片上精密时频与量子测量集成
山西大学	光电研究所设量子测量和通信实验室,开展空间和实践多模非经典太光场的产生及量子精密测量研究,包括连续变量超纠缠态的产生,空间压缩纠缠态的产生,空间位移、倾斜及光束轨道角动量及空间转角精密测量,时域飞秒脉冲压缩纠缠态的产生及时间精密测量研究,波粒二象性与不确定性原理的实验证明

1.4.2 促进量子感知与精密测量技术发展的建议

量子传感与测量是量子信息领域重要研究方向之一,也是有望最先实现应用和产业化的方向之一,在地质勘测、空间探测、惯性制导和材料分析等重要领域具有广阔的发展和应用前景。欧美一直致力于量子传感与测量领域的产学研深度融合,在某些领域实现了量子传感与测量产品的小型化、集成化和商品化。目前,中国在量子传感与测量领域走在国际前列,不过在个别领域与欧美国家报道的技术水平还有一定的差距。与欧美国家相比,国内研究机构和企业之间的合作交流有限,成果转化困难。因此,提出以下建议。

(1)制定量子感知技术发展路线和相关标准,明确重点研发方向,加快核心技术协同攻关。

目前,量子信息技术还主要处于基础研究时期,研究投入大、短期回报率低。量子感知与测量领域相较于量子计算和量子通信等技术来说,应用成熟度相对较高。建议发挥我国举国体制的优势，在研判量子传感与测量未来发展趋势的基础上，制定量子感知技术发展路线和相关标准，明确重点研发方向，同时联合相关企业，加快核心技术的协同攻关，并及早布局关键性空白技术领域，全面推动量子传感与测量的原始创新和产业化进程。

（2）从国家战略、技术引领、产业推动，多维度支持量子技术产业化发展，构建量子创新生态系统，加速量子感知技术商业化应用。

量子感知与测量领域的应用涉及面广、优势明显，但目前其应用方向和应用场景还有待开发，技术转化为实用性产品还有很大的距离。然而，我国目前研究的主力军仍以科研院校为主，企业参与度不高，合作交流形式较为单一。

建议从国家层面建立合作平台与机制，加强产学研间的沟通交流，对应用发展方案和产业推动路径等问题进行研究部署，加速科研成果转化，推进量子感知与测量领域产业化发展；同时建议联合各行业，包括传统工业领域的力量，在若干重要行业建立以产业发展为主导的创新联盟，推进量子传感与测量产业生态环境建设。

（3）加强量子感知和精密测量相关的早期教育与培训，储备人才。

量子信息技术多学科深度融合多的技术，需要各式各样的复合型人才。建议加强电子、材料、器件研发、算法设计等多个方向加强相关学科和课程体系建设，加速培养量子科技领域的专业人才和后备力量，为量子感知与测量领域提供有效支撑，为应用转化奠定基础。吸引和汇聚国内外量子科技领域的优秀人才，加强高层次学术交流。针对基础理论研究，加大长期可持续的经费投入，建立高效的运行管理模式，改进不合理的绩效考核和人才评价机制，激励科研人员潜心基础研究，以创造出一系列原创性重大科研成果。

参考文献

[1] ICV 光子盒研究院．2022 全球量子精密测量产业发展报告[R]．2022,5.

[2] 孙浩林，苑朋彬，杨帅．德国联邦政府量子技术发展规划研究[R]．科情智库，2021.

[3] 张萌．量子测量技术与产业发展及其在通信网中的应用展望[J]．产业与政策，2020，4：66－71.

[4] 郭光灿．量子十问之九量子传感刷新测量技术极限[J]．物理，2019，48(6)：397－398.

[5] 张萌,赖俊森. 量子测量技术进展及应用趋势分析[J]. 信息通信技术与政策,2021,47(9):72-78.

[6] 张欣. 大脑的量子传感技术[J]. 物理,2021,50(3):195-196.

[7] 翁堪兴,周寅,朱栋,等. 小型化量子重力仪高精度重力测量[J]. 中国科学:物理学力学天文学,2021,51(7):40-53.

[8] HOU Z B, TANG J F, CHEN H Z, et al. Zero-trade-off multiparameter quantum estimation via simultaneously saturating multiple Heisenberg uncertainty relations [J]. Science Advances, 2021, 7(1): eabd2986.

[9] XIE T Y, ZHAO Z Y, KONG X, et al. Beating the standard quantum limit under ambient conditions with solid-state spins [J]. Science Advances, 2021, 7(32): eabg9204.

[10] 智东西. 全景解密量子信息技术:高层集中学习,国家战略,三大领域一文看懂[EB/OL]. (2020-10-20). https://baijiahao.baidu.com/s?id=1681070124811288498&wfr=spider&for=pc.

[11] 新华网. 大国"钟"匠——记中科院国家授时中心首席科学家张首刚和他的"时间团队"[EB/OL]. (2022-02-11). https://baijiahao.baidu.com/s?id=1724428404179808365&wfr=spider&for=pc.

[12] ICV Tank. Quantum Clock market research report[R]. 2023,3.

[13] 黄垚,管桦,高克林. 高精度可搬运钙离子光钟[J]. 物理,2021,50(3):149-154.

[14] IVAYLO S M, ALEXANDRE C, ADAM L S, et al. An atomic-array optical clock with single-atom readout[J]. Physical Review X, 2019, 9(4): 041052.

[15] NAKAMURAT, DAVILA-RODRIGUEZ J, LEOPARDI H, et al. Coherent optical clock down-conversion for microwave frequencies with 10-18 instability [J]. Science, 2020, 368(6493): 889-892.

[16] LIANG S Y, LUQ F, WANG X C, et al. A low-energy compact Shanghai-Wuhan electron beam ion trap for extraction of highly charged ions[J]. Review of Scientific Instruments, 2019, 90: 093301.

[17] ZACHARY L N, VINCENT M, TARA D, et al. Architecture for the photonic integration of an optical atomic clock [J], Optica, 2019, 6(5): 680.

[18] ALLRED J C, LYMAN R N, KORNACK T W, et al. High-sensitivity atomic magnetometer unaffected by spin-exchange relaxation[J]. Physical Review Letters, 2002, 89(13): 130801.

[19] KOMINIS I K, KORNACK T W, ALLRED J C, et al. A subfemtotesla multichannel atomic magnetometer[J]. Nature, 2003, 422(6932): 596 – 599.

[20] DANG H B, MALOOF A C, and ROMALIS M V. Ultrahigh sensitivity magnetic field and magnetization measurements with an atomic magnetometer[J]. Applied Physics Letters, 2010, 97: 151110.

[21] 国家自然科学基金委．我国学者在基于原子自旋效应的超高灵敏磁场与惯性测量研究中取得重要进展[EB/OL]．(2020 – 03 – 16). https://www.nsfc.gov.cn/publish/portal0/xx/info77558.htm.

[22] JIANG M, SU H, GARCON A, et al. Search for axion – like dark matter with spin – based amplifiers[J]. Nature Physics, 2021, 17: 1402 – 140.

[23] BEN S, ANDREW L, AISHA K, et al. Quantum sensing for gravity cartography [J]. Nature, 2022, 602: 590 – 594.

[24] WU X, PAGEL Z, MALEK B S, et al. Gravity surveys using a mobile atom interferometer[J]. Science Advances, 2019, 5(9): 1 – 9.

[25] 中国青年网．华科研制并交付我国首台高精度量子重力仪[EB/OL]. (2021 – 1 – 5). https://baijiahao.baidu.com/s? id = 1687993567612173632&wfr = spider&for = pc.

[27] 李嘉华，姜伯楠．原子干涉重力测量技术研究进展及发展趋势[J]．导航与控制，2019，18(3)：1 – 6，81.

[28] 徐婧，唐川，杨况骏瑜．量子传感与测量领域国际发展态势分析[J]．世界科技研究与发展，2022，44(1)：46 – 58.

[29] 全球技术地图．量子定位技术能否取代 GPS？[EB/OL](2020 – 06 – 01). https://baijiahao.baidu.com/s? id = 1668225286435929321&wfr = spider&for = pc.

[30] 新闻动态．GPS 欺骗与干扰——致命侵入！[EB/OL](2021 – 01 – 12). http://www.txkj021.com/news/1066.html.

[36] 张奋，贾小林，姬剑锋，等．北斗系统应用趋势分析[J]．卫星应用，2021(8)：43 – 47.

[37] GIOVANNETTI V, LLOYD S, MACCONE L. Quantum – enhanced positioning and clock synchronization[J]. Nature, 2001, 412(6845): 417 – 419.

[38] DUAN S Q, CONG S, SONG Y Y. A survey on quantum positioning system[J]. International Journal of Modelling and Simulation, 2020, 41, 4: 265 – 283.

[39] PAUL M. Quantum positioning system steps in when GPS fails[J]. NewScien-

tist,2014,222(2969):19.

[40] KASEVICH M, CHU S. Atomic interferometry using stimulated Raman transitions[J]. Physical Review Letters,1991,67:181 - 184.

[41] 张国万,李嘉华. 冷原子干涉技术原理及其在深空探测中的应用展望[J]. 深空探测学报,2017,4(2):14 - 19.

[42] 宋媛媛,丛爽,尚伟伟,等. 量子导航定位系统国内外研究现状及其展望(下)[C]//第 36 届中国控制会议论文集,大连,2017.

[43] 刘伟涛,聂镇武,孙帅. 量子雷达技术的发展现状及趋势[J]. 国防科技,2023,44(4):5 - 22.

[44] 王宏强,刘康,程永强. 量子雷达及其研究进展[J]. 电子学报,2017,45(2):492 - 500.

[45] LLOYD S. Enhanced sensitivity of photodetection via quantum illumination[J]. Science,2008,321(5895):1463 - 1465.

[46] TAN S H, ERKMEN B I, GIOVANNETTI V, et al. Quantum illumination with gaussian states [J]. Physical Review Letters,2008,101(25):253601.

[47] GUHA S, ERKMEN B I. Gaussian - state quantum - illumination receivers for target detection[J]. Physical Review A,2009,80(5):052310.

[48] SANZ M, LAS H U, GARCIA - RIPOLL J J, et al. Quantum estimation methods for quantum illumination[J]. Physical Review Letters,2017,118(7):070803.

[49] ZHUANG Q, SHAPIRO J H. Ultimate accuracy limit of quantum pulse - compression ranging[J]. Physical Review Letters,2022,128(1):010501.

[50] DEGNAN J J. Photon - counting multikilohertz microlaser altimeters for airborne and spaceborne topographic measurements[J]. Journal of Geodynamics,2002,34(3 - 4):503 - 549.

[51] CLIFTON W E, STEELE B, NELSON G, et al. Medium altitude airborne Geiger - mode mapping LIDAR system [C]. Laser Radar Technology and Applications XX, and Atmospheric Propagation XII. Washington D. C., SPIE,2015:9465.

[52] SWATANTRAN A, TANG H, BARRETT T, et al. Rapid, high - resolution forest structure and terrain mapping over large areas using single photon lidar[J]. Scientific Reports,2016(6):28277.

[53] PAWLIKOWSKA A M, HALIMI A, LAMB R A, et al. Single - photon three - dimensional imaging at up to 10 kilometers range[J]. Optics Express,2017,25(10):11919 - 11931.

[54] LI Z P, HUANG X, CAO Y, et al. Single – photon computational 3D imaging at 45 km[J]. Photonics Research, 2020, 8(9): 390091.

[55] LI Z P, YE J T, HUANG X, et al. Single – photon imaging over 200 km[J]. Optica, 2021, 8(3): 344 – 349.

[56] ZHANG B, GUAN Y Q, XIA L H, et al. An all – day lidar for detecting soft targets over 100 km based on superconducting nanowire single – photon detectors [J]. Superconductor Science and Technology, 2021, 34(3): 034005.

[57] ABOURADDY A F, SALEH B E, SERGIENKO A V, et al. Role of entanglement in two – photon imaging[J]. Physical Review Letters, 2001, 87(12): 123602.

[58] BENNINK R S, BENTLEY S J, and BOYD R W. Two – photon coincidence imaging with a classical source [J]. Physical Review Letters, 2002, 89 (11): 113601.

[59] GATTI A, BRAMBILLA E, BACHE M, et al. Correlated imaging, quantum and classical[J]. Physical Review A, 2004, 70(1): 013802.

[60] VALENCIA A, SCARCELLI G, D' ANGELO M, et al. Two – photon imaging with thermal light[J]. Physical Review Letters, 2005, 94(6): 063601.

[61] CHEN M L, LI E, GONG W L, et al. Ghost imaging lidar via sparsity constraints in real atmosphere[J]. Optics and Photonics Journal, 2013(3): 83 – 85.

[62] GONG W L, ZHAO C Q, YU H, et al. Three – dimensional ghost imaging lidar via sparsity constraint[J]. Scientific Reports, 2016(6): 26133.

[63] LIU X L, SHI J H, WU X Y, et al. Fast first – photon ghost imaging[J]. Scientific Reports, 2018(8): 5012.

[64] LIU X L, SHI J H, SUN L, et al. Photon – limited single – pixel imaging[J]. Optics Express, 2020, 28(6): 8132 – 8144.

[65] CAO Y, SU X Q, QIAN X M, et al. A tracking imaging control method for dual – FSM 3D GISC lidar[J]. Remote Sensing, 2022, 14(13): 14133167.

[66] 北京普华有策信息咨询有限公司 . 2021—2027 年无线电测量仪器行业细分市场研究与发展趋势预测报告[R]. 2021, 6.

[67] U. S. Department of Energy, Office of Science. Quantum sensors at the intersections of fundamental science [J]. Quantum Information Science & Computing. 2021, 5.

[68] National Science & Technology Council. National strategic overview for quantum information science[R]. 2021.

[69] U. S. Senate Committee on commerce, science & transportation. Congressional science committee leaders introduce bill to advance quantum science[R]. 2019,10.

[70] Department of Defense, Defense Science Board. New device accelerates development of extraordinary quantum networks[R]. 2021,5.

[71] The White House, National Quantum Coordination Office. A strategic vision for America'S Quantum Networks[R]. 2021,5.

[72] European Commission. Quantum technologies flagship kicks off with first 20 projects[R]. 2018,10.

[73] UK Technology Strategy Board. A roadmap for qutantum technologies in the UK [R]. 2015,9.

[74] BONG S, BOYE R, CRUISE A, et al. The UK ational quantum technology hub in sensors and metrology[R]. 2019,1.

[75] Department for Science, Innovation & Technology. National quantum strategy [R]. 2023,3.

[76] Handlungskonzept quantentechnologien beschlossen[EB/OL]. (2023-04-23). https://www.bmbf.de/bmbf/shareddocs/kurzmeldungen/de/2023/04/230425-handlungskonzept-quantentechnologien.html#searchFacets.

[77] Japan Science and Technology Agency. Mext Quantum Leap Flagship Program (MEXT Q-LEAP)[R]. 2018,3.

[78] 国务院关于印发国家重大科技基础设施建设中长期规划(2012—2030年)的通知(国发〔2013〕8号)[EB/OL]. (2013-02-23). http://www.gov.cn/zwgk/2013-03/04/content_2344891.htm.

[79] 中共中央国务院印发《国家创新驱动发展战略纲要》[EB/OL]. (2016-05-19). http://www.gov.cn/xinwen/2016-05/19/content_5074812.htm.

[80] 人民日报. 习近平:加强量子科技发展战略谋划和系统布局[N/OL]. (2020-10-17). https://baijiahao.baidu.com/s? id=1680785672151785379&wfr=spider&for=pc.

[81] 新华社. 中共中央关于制定国民经济和社会发展第十四个五年规划和二〇三五年远景目标的建议[EB/OL]. (2020-11-03). http://www.gov.cn/zhengce/2020-11/03/content_5556991.htm.

[82] 新华社. 国务院印发《计量发展规划(2021—2035年)》[EB/OL]. (2022-01-28). http://www.gov.cn/xinwen/2022-01/28/content_5670997.htm.

[69] [illegible] Congressional [illegible] 2019.

[70] [illegible] Defense [illegible] New [illegible] Journal of [illegible] 2021.5.

[71] [illegible] Quantum [illegible] Action to [illegible] Quantum Networks[J]. 2021.3.

[72] [illegible] [J]. 2019.

[73] [illegible] the EN [illegible]

[74] [illegible]

[77] [illegible] Quantum [illegible] 2015.

[78] [illegible] 2016—2030 [illegible]

[79] [illegible]

[80] [illegible]

[81] [illegible] 2030 [illegible]

[82] [illegible] 2021—2035 [illegible] 2021 [illegible] http://www.gov.cn/zhengce/content/2021-11/[illegible].htm

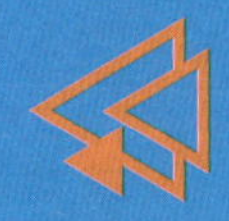

第 2 章

多电子体系电池材料技术

本章作者

陈人杰　吴　锋

02

2.1 技术说明

2.1.1 技术内涵

随着电化学储能技术的发展,基于高价载流子、价态跃迁变化、宽电化学窗口、特殊的阴离子氧化还原等类型的多电子反应机制得到了更深入系统的研究分析。基于该机制的新电池体系虽然具有高能量密度的优点,但仍需改善离子转移和储存过程中的热力学特性和动力学过程,以获得长循环寿命和高倍率性能的提升。此外,多电子反应的界面相容性、结构稳定性、工作条件和安全性也同样重要。另一方面,当高性能的金属阳极作为多电子电极的对电极时,有利于高比能电池体系的设计构筑。因此,高比能电池的动态优化和稳定性提升应综合考虑阴极的多电子反应和金属阳极的电镀/剥离过程。

多电子反应是实现高比能电池体系的有效途径,电极材料的质量能量密度(E_D)可根据扩展的能斯特方程计算得到:

$$E_D = \frac{\Delta_r G^\theta}{\sum M_i} = -\frac{nFE}{\sum M_i} \tag{2-1}$$

式中:n 是每摩尔反应过程中转移的电荷数;F 是法拉第常数;E 是热力学平衡电压或通常意义上的电动势值(emf);$\sum M_i$ 是反应物的摩尔质量或摩尔体积之和。反应物的吉布斯生成能可以通过第一性原理计算得到的频率特性来计算。可以看出,电池的高能量密度与反应中涉及的电子数直接相关。同时,高的工作电位和较轻的摩尔重量对于获得高的能量密度也同样重要,深入了解多电子反应机理和电化学过程,对设计具有高氧化还原活性和稳定主体结构的电极材料具有重要的指导意义。

2.1.2 技术发展脉络

北京理工大学吴锋院士作为首席科学家的 973 项目团队,最早在 2002 年国家基础研究计划支持的新型绿色二次电池基础研究项目中提出了多电子反应概念。相比较于早期水系 Zn/MnO_2 和铅酸电池,基于高铁酸盐电极材料在一个电化学反应中可以提供 3 个电子转移,获得较高的能量密度,验证了多电子反应材料在未来电池领域中应用的可行性。在水系电池中,高铁酸盐电极材料中的六价铁离子作为氧化还原中心位点起到至关重要的作用，尽管高铁酸盐的摩尔质量相对较重，但多电子反应材料通过高价铁离子可以获得较高容量的潜力，理论容量可以超过 300mA·h·g^{-1}。但是高铁酸盐在碱性电解质中会生成 Fe(Ⅲ)氧化物钝化层，降低材料的电子电导性。由于高铁酸盐在大多数有机溶液中（如乙腈、丙烯和碳酸乙烯酯）的溶解度有限，因此，高铁酸盐在非水系锂离子电池体系中具有重要应用价值。

2009 年，国家基础研究计划支持的新型绿色二次电池及相关能源材料基础研究项目对能量密度提出了更高的要求，因此，基于轻元素、多电子反应机制的新型电池体系以其更高的能量密度引起了人们的广泛关注。通过引入硼化物、硅、硫和氧等具有更高容量的轻元素，由水系电池系统转换到有机电池体系，能量密度实现质的飞跃，达到 300～350W·h·kg^{-1}。硼(B)是一种轻质元素，由于其具有多价态，可以发生多电子反应，但其电导率较低，不易被电化学氧化。在多电子反应原理的指导下，传统的惰性元素可以通过相互合金化而被激活，TiB_2或 VB_2等材料的电化学容量可以分别通过六电子转移和十一电子转移达到超过 1600mA·h·g^{-1}和 3100mA·h·g^{-1}，当和高铁酸盐阴极材料耦合，高铁酸盐/TiB_2或高铁酸盐/VB_2阴极放电容量可以达到 3800mA·h·g^{-1}。金属氟化物(MF_x)由于其多电子反应、金属价态的充分利用和轻质特性而具有极高的理论容量，得到广泛的研究。

2014 年，新型高性能二次电池基础研究计划聚焦多电子反应材料体系中多离子效应，通过离子插层反应、阴离子氧化还原反应和转化反应等多电子反应机制，开发出更高容量的多电子反应材料体系，将多电子阴极和阳极应用于未来先进电池技术，希望可以开创一条未来能实现 450～500W·h·kg^{-1}高能量密度的多电子电池技术。多价电荷载体如 Mg^{2+}、Ca^{2+}和 Al^{3+}由于具有高理论容量、低成本、资源丰富和环境友好等特点，它们可以通过多价载流子的传输实现多电子转移，在高比能电池技术方面显示出巨大的潜力。金属 Al 可以提供 2980mA·h·g^{-1}超高容量，与 LIB 的插层机理相似，AIB 的典型电化学反应涉及多价 Al^{3+}离子嵌入到主体材料晶格结构的过程。具有多离子效应的富锂层状氧化物(LLOs)，由于其特殊的结构，可逆活性氧的得失电子与 Li^+的嵌入/脱出实现了多电子的转移，使其比传统的层状阴极材料具有更高的容量。近年来，富锂层状锰氧化物的出现也引起了人们对 LLOs 的极大兴趣，其中大部分 LLOs 由于阳离子和阴离子氧化还原过程中的多电子转移，可提供超过 200mA·h·g^{-1}的高比容量。

2.1.3 技术当前所处的阶段

近年来,多电子反应机制已被广泛应用于传统的锂离子电池(LIBs)和其他新型二次电池的领域,如 Na^+、K^+、Mg^{2+}、Al^{3+} 等新型电荷载体,特别是涉及阴离子(O^{2-}、S^{2-})氧化还原的化学反应。其中,锂空气电池(5217W·h·kg^{-1})和锂硫电池(2567W·h·kg^{-1})的阳离子储存过程相比一般的合金化电极复杂,研究人员认为这两种电池是具有不同电子转移数量的多重反应,有望实现比当前 LIB(<500W·h·kg^{-1})高 2~10 倍的能量密度的突破。根据对可行电池体系和先进储能材料能量密度的热力学计算,这些多电子电池体系的理论能量密度极限明显大于传统的单电子电池体系。特别地,由金属锂和具有高电负性且重量轻的转化/合金型电极组装的全电池具有成为高比能存储体系的巨大潜力。

硫是一种典型的多电子反应机制材料,每个硫分子在发生反应时涉及 16 个电子的转移,可以提供 1675mA·h·g^{-1}的超高理论比容量,与锂负极匹配而成的锂硫电池可突破 500W·h·kg^{-1}的能量密度。基于硫电极的组成和结构,Li-S电池体系包括 S_8、短链硫、Li_2S 以及 Li_2Sn 等几类。由于高比容和高载量等特点,S_8 正极是研究最广泛的体系。对于短链硫,包括小的硫分子($S_{2\sim4}$)和硫化碳材料,它们可以通过固-固相变而不是固-液-固相实现 S_8 的二电子转移,因此,可以与碳酸酯基电解质体系相兼容。就 Li_2S 而言,虽然可以与更安全的无锂负极配对,有效提高电池的安全性能,但其较大的初始电荷屏障($\approx$1.0V)需要 3.8V 的高截止电压来激活。最后,由于活性物质分布更均匀且液态多硫化物较固态硫的反应活性更高,Li_2Sn 可以表现出更好的氧化还原动力学,从而有效提高了活性物质的利用率。尽管 Li-S 电池具有能量密度高、资源丰富、成本低廉等诸多优点,但锂硫电池体系还需要解决硫正极体积膨胀效应、穿梭效应、锂枝晶生长等诸多技术难题。

与 S 元素相似,Li-O_2 电池中的元素氧(O)参与二电子转移的电化学反应,可以实现 3623W·h·kg^{-1}的超高理论能量密度。与其他电池体系不同,氧气来自空气环境,放电时,正极侧的 O_2 通过催化剂还原形成 Li_2O_2,在充电时又被氧化成 O_2 并释放。由于氧气还原反应(ORR)和氧气析出反应(OER)都涉及固态电极-液态电解质-气态 O_2 分子的三相边界发生,因此,Li-O_2 电池中实际的电化学氧化还原过程很复杂。在实际电池体系当中,ORR 电位比平衡电位低 0.3V,而 OER 电位比平衡电位高 0.5V,这导致了 Li-O_2 电池 75% 的低库仑效率,意味着在整个充放电过程中 25% 的充电能量会损失,这种低库仑效率会致使电池较差的循环寿命,催化剂微结构的调整被认为是降低电池过电位,提高

Li－O_2电池库仑效率的有效途径。

2.1.4 对经济社会影响的分析

多电子体系电池材料将聚焦下一代长续航、高安全致密储能技术，通过多变量协同效应，拓展电池材料研究的范畴，实现能量密度的显著提升，支持清洁能源行业新型电池的变革发展。21世纪以来，全球能源与环境影响严峻，我国经济快速增长与资源环境的矛盾日益尖锐，转变经济发展方式、调整经济结构、创新经济发展模式、加快新能源和新材料等战略性新兴产业的发展成为我国未来经济工作的重大任务和主攻方向。在交通领域，发展节能与新能源汽车、大规模储能体系、多能源互联系统已成为政府关注的焦点和相关企业研发的重点。新能源汽车和储能等技术的应用，可降低我们对石油等化石燃料的过度依赖，减少二氧化碳排放，取得节能与环保效益。绿色能源及应用行业的产业化和商业化的发展，也为发展如电动汽车关键零部件产业、电池和材料产业以及储能和电力资源的合理利用提供了发展机会。

2.1.5 对当今中国的意义

能源是事关国家发展和安全的战略必争领域，低碳技术创新与颠覆性能源技术突破是推动能源革命与工业革命、落实国家“碳达峰、碳中和”战略最关键的核心动力。当前，全球能源生产与消费革命不断深化，能源系统持续向绿色、低碳、清洁、高效、智慧、多元方向转型。在国家需求导向和碳中和战略引领下，开发超越传统体系的多电子新材料与电池体系，发展新型电化学能量储存与转化机制，重点推进大规模长寿命致密储能技术，全球能源体系将从化石能源绝对主导向低碳多能融合方向转变，新一轮能源革命呈现出“低碳能源规模化，传统能源清洁化，能源供应多元化，终端用能高效化，能源系统智慧化”的特点，新能源技术和一系列新兴技术的发展和深度融合，推动能源生产、转化、运输、存储、消费全产业链发生深刻变革。

2.2 技术演化趋势分析

2.2.1 重点技术方向可能突破的关键技术点

目前，由多电子正极和金属负极构建的高能量密度多电子电池体系，由于其富阳离子结构和复杂多电子反应路径，导致较差的倍率性能、较大的体积膨胀效应、较低的反应活性。多电子电池体系中阳离子的转移动力学过程涉及金属剥离/沉积、离子溶剂化效应、离子迁移率、电解质降解、离子去溶剂化效应、赝电容效应、离子在电极体相中的扩散和相转化过程。针对阳离子转移过程中的产生的问题，可以通过复合材料的制备、结构的设计、形貌的控制、电解质的设计、储能机制的优化及外加因素的调控等手段来改善多电子反应体系动力学性能。

复合材料设计可为多电子电池材料提供高电子电导率和离子电导率。以高导电率、不同尺寸的石墨烯、碳纳米管、碳量子点等作为复合材料，在增强反应活性的同时也减轻了体积膨胀效应。碳材料具有较大的尺寸和多维结构，可以在分散粒子之间形成离子和电子的快速转移路径。先进的导电聚合物可以提供可观的电导率以及与多电子电极的有效相互作用，提高电池的循环稳定性。离子导体作为一种新型复合材料，不仅提高了阳离子的传递速率，而且防止了电极和电解液的持续降解。除了多电子正极外，复合材料还可作为基底材料，以诱导金属负极的均匀沉积。另一方面，复合结构中有序和无序模式也对电池性能产生影响，如分层结构通常可以实现离子导电性、界面相容性、安全性和结构稳定性等多种功能。

晶体结构设计是降低扩散势垒并增强结构稳定性的有效途径，通过材料层间距的拓宽设计，可以实现单个大离子或多个小离子的快速转移，降低扩散势垒。两种多电子材料的动力学优势也可以在异质结构中相结合，从而产生协同效应，在充放电过程中，这两种材料的可逆中间相通常在加速离子/电子传输和增强结构稳定性方面发挥重要作用，特别是异质结构可以形成一个内置的电场来促进电荷的迁移。金属离子掺杂是调节原子排列和电子结构的有效途径，当将活性金属离子引入到宿主材料中时，双氧化还原中心可以提供高容量和快速的反应动力学。除了本体相中的扩散动力学外，界面处的转移动力学对多电子反应电池体系也十分重要，优势晶面对阳离子具有较低的吸附能，因此，采用诱导生长法使其充分暴露，为阳离子的嵌入/脱出提供了开放的路径。

多电子电极的形貌控制可以实现不同的尺寸和结构，提高活性材料和电解质之间的接触面积和反应位点，增强反应动力学和稳定性。合理的形态学参数可以平衡阳离子存储和电解质分解的反应活性。纳米尺度或多孔材料在不显著降低体积能量密度的情况下为减缓体积膨胀效应预留了缓冲空间。具有优异机械性能和均相成核位点的代表性阵列和笼状结构也广泛应用于金属负极的宿主材料，改善了其沉积动力学特性。

电解质的化学组成和溶剂化结构是影响阳离子传递的重要因素，在插层反应、双离子电池和金属空气电池中，具有低黏度和高离子电导率的水性电解质可以在适宜工作电压范围内实现快速的阳离子储存。随着固体电解质的发展，电解质和界面的动力学问题也引起了人们的广泛关注，复合固体电解质可以通过有机和无机固体电解质的结合来平衡离子迁移和界面相容性。溶剂化结构不仅影响电解质中阳离子的迁移速率，而且对多电子电极的反应动力学也有很大的影响，对于半径较大的阳离子，阳离子和溶剂的共嵌入可促进宿主材料中离子的快速转移。近年来，高锂盐浓度液体电解质由于其特殊的溶剂化结构、优化的界面性质和较高的化学稳定性，被认为是改善高能量密度电池体系中反应动力学的有效手段。然而，其离子电导率低、润湿性差、电化学窗口窄等技术难题还需要突破解决。

构建多电子存储新机制，增强反应动力学，在具有各向异性通道的特殊材料中，多离子的协同转移效应对阳离子扩散也起到了积极的作用。通过杂原子掺杂、等离子体诱导和刻蚀等方法，在氧化物、硫化物、聚阴离子化合物和碳基材料电极本体或表面上构建丰富缺陷，提高电导率，增强阳离子的扩散和迁移率。二维异质结构中的范德华力是一种弱的相互作用，通过设计特殊三明治状结构可以获得具有突出动力学特性的弱相互作用层，有效调整离子的扩散通道并增强电荷的快速转移能力。高能量密度电池体系动力学性能的提高不仅取决于多电子正极，还受到金属负极的影响，对于金属负极来说，金属亲和性骨架可以提供成核位点，以降低过电位并诱导均匀沉积，这些亲和性骨架通常由贵金属、氧化物或碳基材料组成，它们在形成锂化化合物时，表现出较低的反应壁垒。

界面相容性决定了电解质与电极之间的离子转移能力。因此，可以通过原位和非原位的方法构建人工界面相来增强离子转移并改善其循环稳定性。其中，添加剂、快离子导体和聚合物等都可作为可行的人工界面材料。对于 Li－S 和 $Li-O_2$ 电池，可以通过催化助剂来实现反应动力学和反应可逆性的改善。金属氧化物和硫化物是催化多硫化物氧化还原动力学的非常有效的催化剂，可实现可溶性多硫化物和 Li_2S_2/Li_2S 之间的快速、充分转化。此外，温度调节和磁场控制对高能量密度电池的反应动力学有着重要影响。例如，在高温条件可以增强的亲锂性，提高 Li 离子扩散系数，降低锂枝晶沉积行为。此外，磁流体力学效应可以通过洛伦兹力促进离子的快速转移和均匀分布。这些关键材料和技术的突破不仅对多电子材料的反应动力学起到了积极的作用，而且有效地促进了解决电解质稳定性、界面相容性和离子传输等问题。

2.2.2 未来主流技术关键技术主题

多电子反应机制电极材料的研究对高能量密度电池新体系的开发具有重要意义。基于插层反应、化学键合反应、阴离子氧化还原反应、转化反应、合金化反应等多电子反应机制，越来越多的高能量密度电池体系被开发。特别地，阴离子氧化还原反应和转化反应被认为是实现正极材料中多电子存储的可行途径。将多电子阴极和阳极应用于未来先进电池技术，可以提供比商用锂离子电池更高的能量密度，达到350W·h·kg^{-1}。其中，金属电极、硅和磷被认为是理想的阳极材料。如果将金属阳极应用于下一代多电子电池体系，实际能量密度将超过500W·h·kg^{-1}，Li-S和Li-O_2电池具有超高能量密度和低成本等优势，越来越引起人们的关注，有望作为下一代储能技术得以应用。层状金属氧化物（TMO）具有工艺成熟度高、循环寿命长等优点，可作为高能量密度电池体系的正极材料。当这些正极与合金化的Si或P负极组装在一起时，全电池可以在高工作电压下获得可观的能量密度。虽然阴离子氧化还原反应（ACR）可以提高TMO的容量和电压，但中间产物的反应动力学和氧化还原可逆性限制了它们的功率密度。而且，基于ACR的TMO的制造成本将成为其能否大规模应用的决定性因素。相比之下，即使在高温和高倍率条件下，基于转化反应（CC）的无阳离子正极材料也具有出色的电化学性能和较低的制造成本。与上述电池体系相类似，CC电极上的正极电解质中间相也具有稳定性差和离子转移势垒高的缺点。幸运的是，可以通过赝电容效应和协同转移效应来增强其反应动力学。

2.2.3 技术研发障碍及难点

近年来，越来越多的新型阳离子和宿主材料被用于构建多电子体系，如Fe-S电池（$S_8 \leftrightarrow FeS_2 \leftrightarrow Fe_3S_4 \leftrightarrow FeS$）、Cu-S电池（$S_8 \leftrightarrow CuS \leftrightarrow Cu_2S$）、钠-层状富钠氧化物电池（$O^{2-} \leftrightarrow O_2^{2-}$）和双碳电池（$K^+/PF_6^- \leftrightarrow K_xC/[PF_6]_xC$）等。这些多电子反应通常在高压甚至接近5V的条件下进行，因此，电极和电解液的不稳定性是一个重大挑战，这也对电解液提出了更高的要求。所以，水系电解质不能用于转化和合金化反应。相应地，在提高固态电解质的安全性和兼容性等方面也受到了越来越多的关注。作为固态电池的核心组件，固态聚合物电解质具有易加工、柔软且与电极接触良好的显著优点，但其热稳定性差、机械强度低、室温下离子电导率低等缺点也极大地限制了其应用。除此之外，电极/电解质界面的物理接触、化学稳定性及锂枝晶的生长等问题面临许多技术挑战，需要逐一克服。

2.3 技术竞争形势及我国现状分析

2.3.1 全球的竞争形势分析

锂硫电池是使用金属锂负极和硫基正极的电化学储能电池,理论上是质量比能量最高的凝聚态电池体系。在高比能致密储能技术方面具有巨大应用前景。美国 Sion Power 公司研制的 20A · h 锂硫电池,能量密度达到 400W · h · kg^{-1},1C 放电条件下可循环 350 周,已在"西风"无人机得到实际应用。美国 Poly Plus 公司基于锂电极保护技术(PLE)研制的 2.1A · h 锂硫电池能量密度达到 420W · h · kg^{-1},循环寿命超过 200 次。英国 Oxis Energy 公司开发的能量型锂硫电池单体容量 19.5A · h,比能量达到 300W · h · kg^{-1},80% 单次循环放电深度(DOD)循环周次约 100 次。日本新能源与工业技术发展机构(NEDO)设立产学研合作研究开发联盟,共同实施"革新型蓄电池尖端科学基础研究"项目,希望在 2030 年实现以锂硫电池为代表的新一代电池实用化,能量密度突破 500W · h · kg^{-1}。

全固态锂电池在体积比能量、极端环境适应性、安全性、循环寿命等方面体现出比锂硫电池更大的潜力,可应用于航空航天和深海环境的动力电源,且有望作为高比能常储存寿命可充电电池使用。法国 Bolloré(博洛雷)公司开发了基于聚氧化乙烯(PEO)固态电解质的金属锂固态电池技术,能量密度 100W · h · kg^{-1},已应用于 Bluecar 电动车实现了 250km 续航历程。巴黎汽车共享服务"Autolib"使用了近 4000 辆 Bluecar,这是世界上首例用于电动车的商业化全固态动力锂电池。日本将固态电池研发提升到国家战略高度,2017 年 5 月,日本经济省宣布出资 16 亿日元,联合丰田、本田、日产、松下、GS 汤浅、东丽、旭化成、三井化学、三菱化学等国内顶级产业链力量,共同研发固态电池。日本丰田公司研发的硫化物固态电解质实现了 25 mS/cm 的室温离子电导率,基于此类电解质开发的固态锂离子电池实验室样品比能量可达 400W · h · L^{-1};同时,还研制出平均电压为 14.4V 的双极性固态电池,预计于 2022 年推出搭载固态电池的首款电动汽车。美国 Sakti3 采用基于薄膜技术的 LiPON 基超薄无机氧化物固态电池技术,实验室样品单体电池比能量为 220W · h · kg^{-1},体积能量密度高达 1162W · h · L^{-1},电池组比能量可达 130 ~ 150W · h · kg^{-1}。

2.3.2 我国相关领域发展状况及面临的问题分析

由科技部国家重点研发计划“新能源汽车”重点专项规划 2020 年实现动力电池电芯比能量突破 300W · h · kg^{-1}。科技部“新能源汽车”定点专项在 2025 年前研制出比能量达 400W · h · kg^{-1}的新型锂离子电池样品。在上述计划支持下，宁德时代新能源、天津力神、合肥国轩等团队对新型正极材料、硅基负极材料等开展深入研究和技术攻关。宁德时代新能源采用高镍正极材料匹配硅基负极材料实现单体的电池能量密度达 304W · h · kg^{-1}，循环寿命 1000 次左右，安全性全部通过考核。2017 年，北京理工大学陈人杰教授团队通过“双费歇尔酯化”反应得到的微米碳结构作为活性物质硫的良好载体，显著提高了正极的硫载量，组装的 18.6A · h 锂硫二次电池能量密度达到 460W · h · kg^{-1}。中国科学院大连化学物理研究所研制的锂硫电池 0.02C① 倍率下能量密度达到 500W · h · kg^{-1}。2019 年，北京理工大学陈人杰教授团队开发出 651W · h · kg^{-1}的锂硫二次电池样品，实现了能量密度的显著提升和突破。我国在全固态锂电池技术实用化方面呈现出较好的发展态势，众多应用技术产业化项目已取得标志性进展。清华大学孵化的清陶能源已实现全固态锂电池产线技术演示，样品比能量达到 430W · h · kg^{-1}。北京卫蓝新能源科技有限公司基于中国科学院物理所技术开发的全固态电池样品比能量为 350W · h · kg^{-1}左右。

目前，我国超高比能量电池方面目前仍处于实验室技术向产线技术转化的阶段，我国整体技术水平与国际领先水平基本持平，未来需重点关注的问题有以下几方面。

(1) 自主知识产权关键材料和制备技术占比较小，我国超高比能量电池，尤其是固态锂电池的负极和固体电解质材料体系与界面处理技术部分沿用了国外提出的技术路线。这些关键材料存在一定核心知识产权受控风险。

(2) 对核心装备的关注度不足，技术研发工作主要关注电芯样品的性能，有可能导致在未来再次陷入锂离子电池目前面对的产线装备困境。

---

① C 为电池放电倍率，指电池在单位时间内的放电能力，C 代表电池容量的倍数。如额定容量为 100A · h 的电池，以 2A 的电流放电时，其放电倍率为 0.02C。

2.3.3 对我国相关领域发展的思考

首先，加强顶层设计，健全产业创新体系。针对不同应用场景进行技术评估，制定多电子电池技术及新材料开发全景图，在核心关键技术上集中力量攻关突破。

其次，突破核心技术，打通产业化道路。强化基础研究，通过国家重点研发计划、地方重点科技项目等引导高校及科研院所加强对多电子电池反应新机制、新材料、新技术等基础研究。

最后，加快标准建设，增强国际影响力。引导鼓励企业加强新体系电池标准的国际交流与合作，推进优质标准国际化，为全球锂电池标准建设贡献自己的力量和智慧。

2.4 相关建议

2.4.1 加强新能源材料创新技术方向总体布局

新能源材料的发展，不能只靠单一领域努力，必须和应用需求、标准规范、人工智能、控制管理等多方面交叉融合，所以要加强顶层设计，开展国家清洁能源战略、经济发展战略、教育研发战略等的全面协调合作。加大财政、金融、税收等政策对新能源材料的技术创新链、应用产业链的扶持力度，建立和完善规范化的运行机制，促进新能源材料的健康有序发展。

2.4.2 加强专业人才培养和交叉创新团队建设

人才是新能源材料要获得长远发展的必要支撑，因此，国家应出台一系列的鼓励措施，鼓励高校积极开设相关专业，加强高校和企业的合作，培养具有前瞻性的、专业知识扎实的、丰富实践经验的新型人才，为新能源材料的研发创新和产业发展提供更多的优质高层次人才。加强对现有基础人才的技能培训，提高其在多学科交叉融合方面的专业技能和综合素养，更好地服务于新能源材料的颠覆创新。

2.4.3 促进提质增效高水平产学研用协同发展

提升关键能源材料的科研创新水平和应用产品质量,实现颠覆性创新,增强应用支撑能力。围绕国家重大工程建设需求,加强产学研用协同创新,提高关键能源材料的一致性和服役可靠性。推动优势新能源材料的研发团队、企业与高端装备制造企业建立供应链协作关系,优化未来高性能电池体系种类,促进新技术、新材料、新器件等融入全球高端制造业供应链,提高我国关键新能源材料的国际竞争力。

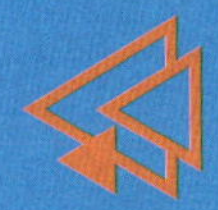

第 3 章

超材料技术

本章作者

文永正 周 济

03

3.1 技术说明

3.1.1 技术内涵

超材料(Metamaterials)是世纪之交诞生的一个新的科学概念。基于这一概念,在过去的十几年中发展出了一系列具有奇异特性的新型人工材料系统,可望在诸多领域产生颠覆性技术。“超材料”一词最初由美国得州大学奥斯汀分校Rodger M. Walser 教授提出,用来描述自然界不存在的、人工制造的、三维的、具有周期性结构的复合材料。尽管各种科学文献给出的定义也各不相同,但一般都认为“超材料”是具有通过人工结构作为基本功能单元、能够实现自然材料不具备的超常物理性质的人工材料。超材料研究的重大科学价值及其在诸多应用领域呈现出革命性的应用前景得到了密切关注。发达国家政府都投入了大量的财力开展相关的研究。其中美国军方(包括美国国防部、美国空军、美国海军等)在该领域的投入最为引人注目,并将其列为“六大颠覆性基础研究领域”之一。超材料先后被评选为材料科学领域“50 年中的 10 项重大成果”之一(*Materials Today* 杂志)和 21 世纪前 10 年 10 项重大突破之一(*Science* 杂志)[1-2]。图 3-1为几种典型的超材料。

超材料是一项意义深远的科学技术。当代科学技术进步和经济发展越来越依赖材料性能的提高。常规材料的性能主要取决于材料的自然结构,包括原子结构、电子结构、分子结构、化学键结构、晶体结构、晶粒-晶粒晶界结构等。随着材料科学和技术的进步,对这些结构操控能力逐渐增强,材料的性能不断提高,越来越趋近于材料的自然极限。因此,探索突破常规功能材料自然极限的新途径已成为材料科学发展中迫在眉睫的问题。“超材料”的重要意义不仅仅体现在几类新奇的人工材料,它更提供了一种全新的思维方法,为新型功能材料的设计提供了一个广阔的空间:昭示人们可以在不违背基本的物理学基本规律的前提下,获得与自然材料具有迥然不同的超常物理性质的“新物质”,这为发展新型功能材料提供了一种新的途径,更为诸多技术领域形成颠覆性技术提供可能。

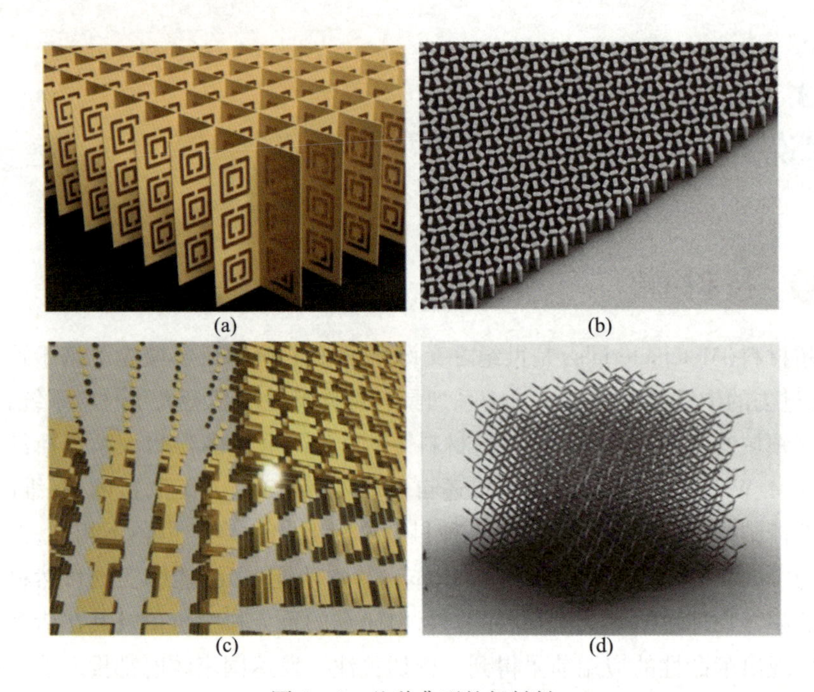

图 3-1　几种典型的超材料

(a)微波隐身超材料;(b)可见光超表面透镜;(c)红外全息超材料;(d)力学五模超材料。

3.1.2 技术发展脉络

1967 年,苏联科学家维克托·韦谢拉戈(Victor Veselago)提出,如果有一种材料同时具有负的介电常数和负的磁导率,电场矢量、磁场矢量以及波矢之间的关系将不再遵循作为经典电磁学基础的“右手定则”,而呈现出与之相反的“左手关系”,并且在许多方面表现得有违常理的行为[6]。然而,众所周知,同时具有负介电常数和负磁导率的材料在自然界中是不存在的,因此,韦谢拉戈的预言未能得到当时的科学界重视。

20 世纪 90 年代末期,英国伦敦帝国大学的 John Pendry 教授先后分别提出了实现低频负有效介电常数和负有效磁导率的金属线(Cut Wire)及开口谐振环(Split Ring Resonator,SRR)周期性人工材料模型,使实现韦谢拉戈的左手材料成为可能,并导致了超材料这一新概念的形成。在 Pendry 教授等提出的金属线及 SRR 模型的基础上,美国加州大学圣迭戈分校 Smith 课题组利用印制电路板加工方法,制备了金属线与 SRR 结构阵列复合材料并测试了其微波透射行为,在金属线阵列与 SRR 阵列分别单独形成禁带的频段观察到了复合材料形成的电磁波透射通带，从而实验验证了左手材料的存在。此后，该课题组利用金属线与SRR阵列构成的棱镜形样品成功验证了微波波段左手材料的负折射行为。左手材料的成功促进了超材料研究设想的形成，昭示人们可以在不违背基本的物理学基本规律的前提下，人工获得与自然界中的物质具有迥然不同的超常物理性质的"新物质"。从材料科学的角度看，超材料的意义远远超越了左手材料等几种人工材料本身，它提供了一种全新的材料获取方法，即针对需求进行逆向设计，通过设计"人工材料基因"来构建材料的功能。

基于超材料的设计思想，科学家在过去20多年里研制出了一系列具有超常特性的新型电磁材料，其中备受关注的是电磁隐身材料。超材料将隐身技术带入了新的技术领域：超越让电磁波反射和吸收的隐身手段，通过制备超材料覆盖物，引导被覆盖物阻挡电磁波绕着其走，达到隐身目的。2006年，Pendry等在*Science*上撰文发表关于设计电磁隐身衣的新方法[11]。他们指出，具有特定磁导率和介电常数分布的超材料可以控制电磁波传播，并干扰电磁波的传播轨迹，使其发生弯曲。利用电磁超材料制备的套型装置，可以使放置在其内部的物体"隐身"，不被外界探测到，这种装置称为电磁隐身衣(Electromagnetic Cloak)。在Pendry提出利用变换光学理论制备电磁隐身衣后，杜克大学Schurig等对材料的参数进行了简化，实验验证了世界上首个超材料隐身衣，从隐身衣外部无法探测到隐身衣内部物体的信息，实现了完美隐身[12]。图3-2为电磁隐身超材料原理及首个超材料隐身衣结构。与传统隐身技术相比，超材料隐身的特点是靠导引电磁波，而不是像传统隐身技术那样靠吸收电磁波，因此没有目标影子，是国防军工领域的一项颠覆性技术，得到了世界各国的广泛重视。

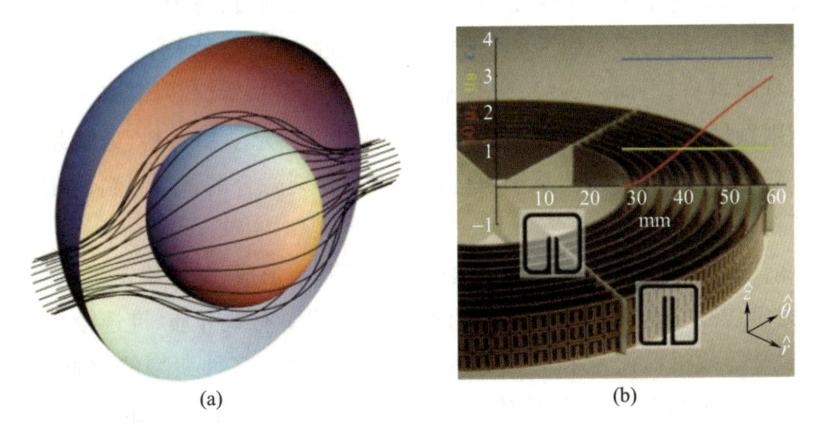

图3-2 电磁隐身超材料的原理图(a)及首个隐身超材料结构(b)

经过20年的发展，超材料技术的研究和生产应用已不断拓展深入，通过将微纳加工技术引入到了超材料的制备，发展出了可在光学频段下工作的各种超材料和器件；通过引入不同物理场及其耦合效应，超材料也从电磁领域逐渐走向了力学、声学、热学以及传质等领域。在此期间，我国从事超材料研究开发的队伍也从屈指可数的几个课题组发展到相当庞大的规模，涉及材料、电子信息、光学与光电子、物理、力学、声学等领域，并取得了多项突出成果，如基于负介电常数的无绕线电感、人工非线性超材料、信息超材料、拓扑声学超材料等。近年来，我国超材料发展呈现出迅猛势头，逐渐开始进入了工程应用的轨道。

3.1.3 技术当前所处的阶段

经过20多年的发展，超材料技术的研究和生产应用已不断拓展深入，广泛涉及电磁、光、热、力、声、量子、传质等多物理维度。超材料的重大科学价值及其在诸多应用领域呈现出的革命性应用前景也得到了世界各国科技界、产业界、政府以及国防部门的密切关注。美国国防部及其下属的国防部高级研究计划局（DARPA）、陆军和海军研究部等部门均将超材料列为重点支持方向，并专门启动了关于超材料的多项研究计划；美国最大的6家半导体公司，包括英特尔、美国超威半导体（AMD）和国际商业机器公司（IBM）等，也成立了联合基金资助相关研究。欧盟组织了50多位顶尖的科学家聚焦这一领域的研究，并在跨世纪科技计划“地平线－2020”中给予高额经费支持。日本在经济低迷之际出台了一项研究计划，支持至少两个关于超材料技术的研究项目，每个项目的研究经费约为30亿日元。超材料的研究和工程化应用在近年来也得到了迅速发展，典型的电磁隐身超材料、平面超透镜、磁共振成像增强超材料等已在国防、光学、医疗健康等应用领域渐露头角。为数众多的电磁超材料、光学超材料、力学超材料、声学超材料、热学超材料以及基于超材料与常规材料融合的新型材料的相继出现，形成了新材料的重要生长点。

目前，超材料的理论方法和基础模型已经基本形成，基本确定了电磁、光学、声学、力学、热学等方面超材料的设计方法，构建了有效介质、准连续域束缚态、变换光学、等效机械模量和五模等理论体系，梳理出多种典型的超材料结构单元，即人工原子和人工分子；明确了金属、高分子、陶瓷、半导体、晶体、二维材料、量子材料等基本材料体系在构造超材料时的作用及利用方法；建立了基于常规材料机械加工、印制电路板、低温陶瓷、先进微纳加工、三维（3D）打印等超材料制备技术及适用场景。在应用基础研究方面，相继出现了平面透镜、人工光学非线性材料、反常力学参数材料、轻质吸隔声超材料、热幻象超材料等多种应用潜力和场景明确的超材料。同时，以超材料与常规材料融合理念为基础，多种可突破常规技术瓶颈、多物理场耦合的新型超材料系统也不断涌现，如光电转换超材料、介质表面波超材料、时空多域超材料、量子超材料等。

作为一种颠覆性前沿新材料，在世界范围内，超材料作为一个独立的研究方向已经被人们广泛认同和接受，其基础研究和应用基础研究已经形成规模，并进入积极发展轨道。在国防军工、信息技术、精密仪器、生命健康等领域，超材料的应用潜力、应用前景和应用方向也已在国际上达成一定共识，并进入了工程应用轨道，如英特尔、三星、洛克希德 · 马丁等跨国综合性企业均开始涉足并发力超材料领域，并诞生了诸多超材料初创企业。然而，不可否认的是，目前大部分超材料器件尚停留在实验室级原理样件阶段，总体技术成熟度略显不足，在生产制造及系统级应用方面仍有诸如批量生产工艺及成本、与现有系统兼容、复杂应用场景适配、原材料供应链、上下游产业链等问题。有效提高超材料的工业制造成熟度，是目前超材料工程化应用方面国际共同面临的核心问题，在未来还需进一步探索加强。

3.1.4 对经济社会影响分析

新材料的诞生和发展，必然会推动产业和技术的重大变革。超材料作为一种多学科深度交叉的新材料，有望对通信、信息、能源、国防等多个重要产业的发展起到颠覆性作用，势必会对经济社会产生重大影响。

在通信技术领域，目前以 5G 通信为代表的新型无线通信技术在传输速度、数据带宽等方面展现出了相较传统技术的巨大优势，开辟了移动通信发展的新时代，同时也对关键通信元件性能提出了更高的要求。目前，通信系统中的天线、滤波器和基板等主要依托传统电磁理论和功能陶瓷材料，面临高频性能退化、损耗高、集成度差等问题，造成了 5G 系统目前工作频段低、能耗高、大体积等一系列性能瓶颈。超材料具有易集成、可按需灵活设计及控制等方面的突出优势。目前，已经实现的超材料无绕线电感和超材料电磁基板，大幅提高了通信元件的高频响应，粗略估计可降低元件尺寸 50% 以上。未来，随着超材料集成滤波器、超材料高增益天线等高性能核心元件的实现和产业化，必将极大地压缩甚至取代传统元器件的市场，提高 5G/6G 无线通信技术及工业互联网等相关领域的综合性能，带动价值万亿的应用市场大规模发展。

在信息技术领域，随着半导体集成电路技术走向物理极限，利用光子取代电子作为信息载体已经成为共识，光信息技术成为突破“摩尔定律”物理极限的主要途径。当前，光信息技术原理已基本完善，但是在实际应用中仍有许多器件的实现问题需要解决，其中逻辑光路的核心部件全光开关以及光路和电路连接的光电转换是光信息的核心技术与主要难点。目前，全光开关依赖自然非线性材料实现，其响应速度慢，且毫米级尺寸无法做到芯片化集成；依赖半导体 PN 结的光电器件，由于半导体本征寄生效应的影响，难以获得高响应速度，是光信息系统中的主要速度瓶颈。超材料的出现，为这些关键问题提供了新的解决方案。利用超材料结构耦合产生的人工光学非线性，不依赖自然非线性材料，响应速度快，功能和性能可按需设计，与现有芯片工艺完全兼容，器件集成度得到数量级的提升。光电直接转换超材料（图 3－3），其光电转换过程摆脱了对 PN 结的依赖，不仅达到飞秒级超快响应，而且适用于太赫兹等传统器件无法响应的波段[13]。可以看出，超材料技术可望为解决光信息技术中的重要问题提供一个突破口，为其全面应用打开大门，也将在人工智能、大数据等将对人类社会产生深刻变革的新型信息技术领域产生深远影响。

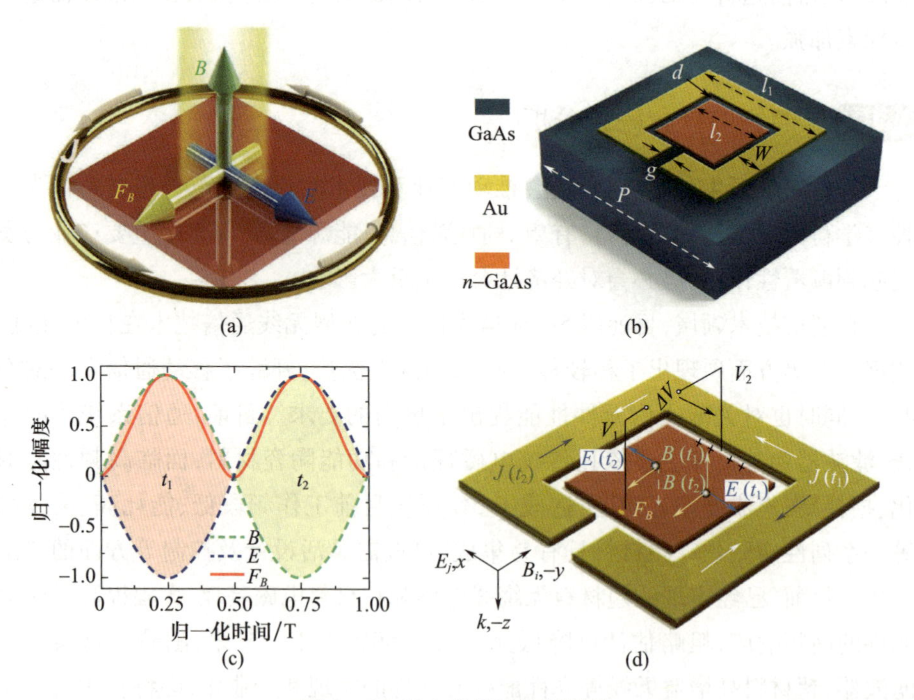

图 3－3　光电直接转换超材料

在能源环境领域，随着人口增长、工业发展以及人们对舒适性环境的追求不断提高,21 世纪对于制冷空调领域的能源需求急剧增长。目前,传统的蒸汽压缩式制冷技术面临着诸如能源消耗大、制冷剂的使用引发温室效应等问题。辐射制冷可以将物体的热量通过大气的红外窗口传送到低温的宇宙中,从而实现被动降温。然而,常规材料辐射率不高,且在大气窗口波段之外也有明显的吸收,因此,一般只能工作在夜间,且效果不佳。超材料的出现,给辐射制冷材料设计带来新的思路。经过设计的超材料可以克服自然材料的原有问题(图 3 -4),可以实现可见光波段低吸收、大气窗口波段高发射的辐射制冷效果,在被动条件下实现了相对环境温度的有效降温,显著节约了能源[14]。辐射制冷超材料的发展,突破传统制冷方式,开辟了新型制冷技术,在建筑节能、大型电厂应用、液体冷凝等方面蕴藏着巨大的潜力,随着能源形势和环境问题的日益严峻,这一技术有望在缓解城市热岛效应,解决水和环境问题,甚至应对全球变暖效应等方面发挥重要作用。

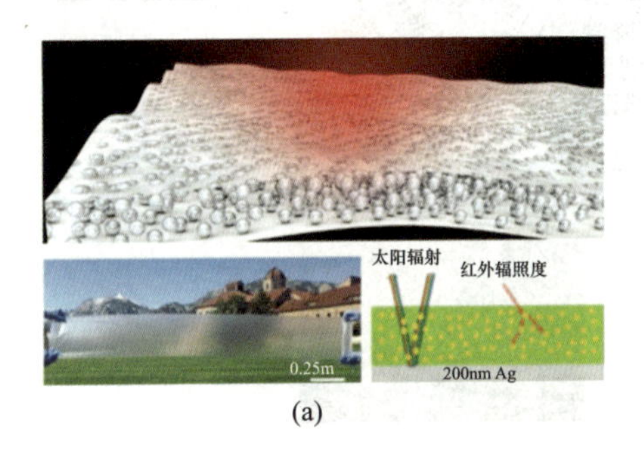

(a)

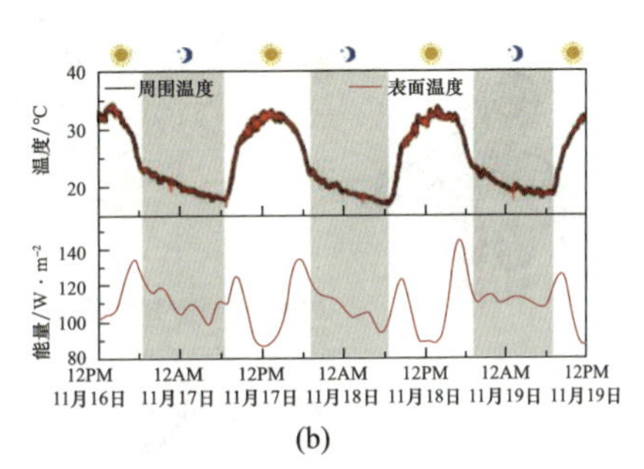

(b)

图 3 -4　辐射热制冷超材料

在精密机械领域,材料的力学性能一直是最基础和研究最广泛的领域之一,力学超材料通过特定的人工结构设计可展现出均匀材料所不具备的超常规力学性能或特殊的功能,如负泊松比、轻质超强、负刚度/准零刚度、负热膨胀/近零热膨胀、五模式反胀、机械运算等。力学超材料凭借其具有一个或多个反常的等效力学参数和巨大的可设计空间,在生物医疗、精密仪器、吸能隔振、自动化控制等领域都有着广泛的应用前景。声波属于机械波,因此,与力学超材料类似,人工设计的声学超材料可以根据需求实现对声波的任意调控,超材料吸声体、超材料声绝缘体、可编程声学超材料、水声超材料以及拓扑声学、声学超表面等各种类型的声学超材料蓬勃涌现,极大地丰富和提高了人们对声波和声场的操控手段和能力,促进了声学隐身、声学透镜、声学吸收、降噪和超常声音传输等领域发展。各类声学超材料性能及应用示意图如图 3 -5 所示。利用声学超材料,人们有望实现医疗上的高清超声成像、水中舰艇的声呐隐身、城市噪声污染的有效控制等优异性能,在通信、医学成像、新能源汽车、高铁、飞机等领域发挥重要作用。

图 3-5　声学超材料的一般分类和应用示意图

在国防装备领域，超材料不同于常规材料的特异性能，在新型国防系统和武器装备的多个方面已经展示出重要价值，有望催生现有装备的升级换代，并促进一批基于超材料的新型装备系统。例如，超材料在军用隐身方面，因其轻量化、薄型化、共形化等特点，已经初步实现对传统隐身材料的替代性应用；超材料天线罩，可以在不破坏飞行器整体结构的前提下，提高雷达天线性能，对变革异形飞行器的侦察和反侦察性能起到决定性作用；超材料小型化平面天线，有效降低军用雷达和通信系统体积和转载难度，增加整体有效载荷，提升打击能力。“一代材料，一代装备”，超材料的跨学科、高兼容、颠覆性特点，使得它在现代国防装备发展中的作用愈发突显。

3.1.5　对当今中国的意义

超材料作为一个前沿颠覆性新材料领域，其所展示出的与常规材料截然不同的超凡特性及在军事、航空航天、新能源等高尖端领域的重要应用，使得超材料的研究为各国所重视,并投入大量资源推进基础研究和应用产业发展。目前,总体来说,在超材料的基础研究、技术支撑、产业应用等方面,美国、德国、英国、澳大利亚等发达国家仍是主要的引领者,具有相对明显的竞争优势和创新能力,并形成了有规模的尖端科研队伍和一批初创企业。

我国超材料发展仅略晚于欧美等国,在国家多项重大科研项目支持和各级政府的政策扶持下,我国超材料经过十几年的发展也已取得了一系列卓有成效的成果,相关产业也已经有一定的基础。我国在国际上较早推动超材料从物理学和纯粹的模型化电子学领域研究走向了材料科学与技术轨道,明确了超材料是一种特殊材料的理念,这一理念已逐渐成为国际材料学界的共识。目前,我国已形成了独具特色的超材料研发生态,近年来,具有国际影响力的原始创新工作也逐渐开始涌现。值得注意的是,当前超材料技术尚属于国际科学前沿研究领域,各国之间水平差距存在但并不明显。大部分已开发的、具有特异物理性能的超材料,距离形成对应的产业技术还需要一段发育期,同时还有诸多新型超材料,特别是基础“超原子”“超分子”结构还有待进一步研究开发。可以说,目前尚未有国家在超材料领域形成绝对的领先优势,也还未形成明显垄断的技术和市场壁垒。这为我国在超材料领域形成发展强项,也为创建并占据以超材料为中心的新型创新链和产业链话语权提供了机会。与此同时,超材料的颠覆性特征有望为某些“卡脖子”材料和技术提供换道超车的可能。但是,必须正视的是,超材料作为一种多学科交叉的前沿新材料,在研发、设计、原材料、加工、工程应用等产业化过程中,仍极大的依赖当前技术能力与产业链。在这些通用关键核心技术和环节方面,我国与西方发达国家相比,仍具有较大差距,例如在研发设计环节的仿真软件平台、在原材料方面的高端半导体晶圆、在加工制备领域的微纳加工技术、在工程应用方面与现有系统装备的兼容性等。下面以超材料透镜这一典型超材料器件为例进行分析。

透镜作为最基础的光学元件,其应用遍及工业生产、国防科技、生物医药、能源环境、日常生活等各个方面。国产透镜由于光学材料、加工工艺等问题,仅能满足中低端应用产品需要,高性能光学透镜及镜头长期以来都被蔡司、施耐德等欧美大型公司所垄断,是一个典型的核心技术“卡脖子”问题。超材料透镜是超材料的一个重要应用,它利用高度在百纳米级的介质“纳米砖”块堆出了一块完全平面,并且纤薄如纸的聚光镜片,这块超材料镜片的有效放大倍数、分辨率和透光率等关键参数能完全媲美甚至超越常规的玻璃透镜。其平面、轻薄的特性,有望给光学仪器和光学成像领域带来革命性的突破,给手机、医疗设备、科研仪器等在内的几乎所有领域,带来更为便宜、更为轻巧的相机。我国科学家在这一方向取得了国际瞩目的科研成果,在设计方法、原理模型和样品实现等方面与国外并没有明显差距,甚至在部分性能方面为世界领先。同样,在应用产业发展方面,我国也出现了一些基于超材料透镜技术的初创企业,在产业化探索方面与国外基本并驾齐驱。与常规透镜在技术和产业上的巨大差距不同,超材料透镜领域我国当前的技术储备和产业发展趋势与国外不相上下。考虑到国内巨大的市场和相对完善的应用产业链,超材料透镜技术极有可能成长为我国未来的发展长板。

如果考虑超材料透镜的整个科研和可能的工业生产过程,必须面对目前仍存在的诸多短板和缺陷问题。在基础研究阶段,超材料性能仿真和计算是设计超材料的关键阶段,通常使用的 CST Microwave Studio(法国)、COMSOL Multiphyics(瑞典)、Ansoft HFSS(美国)等全波仿真软件,Matlab(美国)、Mathematica(美国)等数学建模软件均为国外公司产品,且国内暂时尚无可替代的软件平台。在加工生产阶段,需要先进微纳加工技术实现大批量的生产制备,然而,目前工业用的几乎所有微纳加工设备及相关耗材,均依赖进口,如光刻机(荷兰、日本)及光刻胶(日本)、原子层淀积设备(美国、日本)、反应离子刻蚀设备(美国、英国)、高纯度工业用气体(日本)等。在性能表征和检测阶段,需要各种电子显微镜及高端光谱仪,目前主要由日本、德国等国家垄断。在原材料方面,不同应用波段和场景需要用到高平整度、高均一性、高纯度玻璃、石英、蓝宝石、硅、锗、砷化镓等大尺寸、高质量晶圆,主要被美国、日本、德国等垄断。所涉及的“卡脖子”问题汇总如表 3-1 所列。可以看出,上述各个关键环节所涉及的技术和装备,由于具有明显的技术门槛,被少数企业和国家垄断,一旦出现断供,短时间内无法找到替代品,对我国超材料产业发展会造成巨大影响。

表 3-1　超材料透镜涉及“卡脖子”问题列表

重点领域	卡脖子问题(环节)	卡脖子属性			卡脖子程度			控制方
		原材料	软件	装备	危险	很危险	极度危险	
超材料透镜	仿真设计		√			√		美国、法国、瑞典
	加工	√		√			√	美国、日本、荷兰、英国
	表征			√			√	日本、德国
	基础材料	√					√	美国、日本、德国

超材料作为一种前沿材料,其颠覆性特征毋庸置疑,我国目前在这一领域也取得了一系列创新科技成果,已初步显现出形成技术长板的发展趋势。然而,新材料和新技术的发展并不是孤立的。过去的发展经验证明,国家的总体牵引和

大力支持,国防工业、地方政府、大型企业等多级持续投入,上下游相关产业链同步发展,众多科研人员的不懈努力等诸多因素,都是我国超材料发展形成真正的颠覆性技术优势的重要支撑和有力保障。

3.2 技术演化趋势分析

3.2.1 重点技术方向可能突破的关键技术点

超材料作为一种具有"颠覆性"特征的前沿新材料,有望从物理层面打破常规材料的自然极限,在材料技术、信息技术、精细成像、能源环境、精密机械等方向均有望产生重大突破。

1)超材料与常规材料融合技术

超材料功能主要源自人工结构,易于设计与剪裁,但不易获得;常规材料源于自然,易于获得,但难于设计和剪裁。超材料与常规材料融合技术将两者的优势相互融合,不仅可有效突破现有材料体系的功能极限,发展出诸多新材料,同时也可更好地借助已有的工业技术系统,加速超材料的工程化应用,成为促进超材料产业技术发展的一个捷径。

2)超材料基无线通信元件

超材料基无线通信元件主要用于满足以5G移动通信为代表的新一代无线通信网络在宽带宽、高容量、低时延、低能耗、小型化等方面的诸多要求。利用超材料在高频段、低损耗、高增益、小体积、按需灵活设计及控制等方面的突出优势,打破传统通信元件在新一代通信基础设施中的性能瓶颈,建立包括超材料高增益5G天线阵列、超材料小型化可调滤波器、超材料低损耗电磁基板等一系列基础性关键通信元件,加速5G通信、工业互联网等新型无线通信技术的性能提升和大规模应用。

3)基于超材料的集成光学系统

当前,光信息技术成为突破"摩尔定律"物理极限的主要途径,利用超材料超高人工设计自由度的特点,有望解决当前光子芯片和集成光路中由于光电材料微纳工艺兼容性差导致的无法集成问题。在片上光源和光调制方面,通过超材料人工结构实现各类光学非线性功能,摆脱了对自然非线性材料的依赖,可在硅等通用半导体平台上实现谐波源、电光调制等各类光学非线性功能,具有可芯片化集成和性能按需设计等优点，并可填补自然非线性在太赫兹等特殊频段的空白。在片上光通信方面，双曲超材料已经证明可以形成无损耗、低色散以及方向性传输的 Dyakonov 表面波，可以作为集成光路的主要传输材料，且与硅基半导体工艺兼容；通过与液晶等材料的融合，还可以实现光路动态调控[16]。上述技术给当前光计算和光通信系统面临的体积大、与芯片制程不兼容、适用波段窄、功耗高、功能单一、可调性差等多个问题提供了根本性解决方案，可满足新一代激光技术、光芯片和光信息技术的发展要求。

4）成像增强超表面

超表面通过设计特定二维亚波长的电磁结构能极大增强和改变空间电磁场分布，进而从物理层面突破各类成像技术的分辨极限和尺寸极限。重点研究内容包括双曲超材料、梯度变换超表面、多阶电磁模态设计、智能场控技术以及柔性自适应表面等。对光学成像，它可实现亚波长分辨率及微米－纳米级超高集成的光学显微成像系统，并消除传统透镜成像技术固有的各类像差；对采用静磁场和射频磁场的磁共振成像，超表面可实现不同静磁场条件下的磁共振成像信噪比提高，突破低静磁场与高信噪比的矛盾，为提高图像分辨率和降低扫描时间提供有效途径。这一新技术将对医学影像、无衍射光刻、微区光学操控、纳米显微成像等领域产生巨大促进作用。

5）辐射热制冷超材料技术

辐射热制冷超材料通过超材料人工结构设计，可同时获得在红外大气窗口的高辐射率和太阳黑体辐射峰值波段的低吸收率，以宇宙空间为热沉，实现被动的制冷效果。该技术在近几年发展迅速，先后与聚合物、纤维织物、金属等不同基底结合，实现了优秀的日间制冷效果；进一步与相变材料结合，实现了对周围环境温度智能感知的制冷功能。这一新技术可应用于建筑物节能、大型数据中心降温、人体舒适度改善等多个领域，促进“双碳”目标实现。

6）超材料声波调控技术

超材料声波控制技术主要用于对声波传输过程的高自由度人工调制。声学超材料通过对等效密度和等效模量的人工设计，可实现声波在其中传播时的任意调制，进而获得声波滤波、负折射、聚焦、隐身、超分辨等多种特异控制功能。该技术有望促进新型声呐、高速轨道交通噪声防护、超声波探测及成像等领域的发展。

7）超材料减振技术

超材料减振技术通过将超材料所能获得的拉胀、反胀、剪切消隐、负热膨胀等多种超常力学特性相结合，控制机械波其绕开物体或抑制不同频率振动，实现高性能振动消减。这一新技术具有适用范围广、自适应、高精度等优势，可满足精密仪器、重症病人防护、高铁车体、大型建筑抗震、地震波防护等新型基础工程领域的迫切需求。

3.2.2 未来的主流及关键技术

超材料的设计思想导致诸多具有自然材料所不具备的新型功能的出现,因此,可望在诸多技术领域产生颠覆性技术。其中3个具有代表性的例子是超表面增强成像技术、基于超材料的光信息技术和超材料赋能的人工智能。

1)超表面增强成像技术

不同电磁波段的成像技术是医学诊疗、军事探测、微纳加工等多个关键工程领域的核心基本需求。但是受限于国内技术水平,高端成像市场多被国外公司占据,如光学成像的卡尔·蔡司公司、核磁成像的布鲁克公司、光刻机厂商ASML等。限于传统材料的物理属性,各类电磁或光学成像技术在图像分辨率这一共同核心指标上,均已逐渐逼近物理极限。超材料可以让人们不再依赖天然材料的固有属性而是通过人工设计的方法创造具有所需物理属性的新材料,在技术上打破物理极限,使传统成像技术得到极大的提升。

光学成像领域,传统的阿贝成像受到衍射极限的约束限制,使得光学器件无法对尺度小于半个工作光波长的物体成像,超材料透镜打破了这种限制。2000年,Pendry在理论上提出了负折射材料可以用于制作超材料透镜的想法,并证明了当介质的介电常数为负数时,电磁波中的倏逝波成分会被放大,而倏逝波成分中部分携带的信息就可以在负折射率介质材料中传播,常规介质中的倏逝波就会衰减。超材料透镜的成像分辨率远大于传统透镜,因而受到了广泛关注。2005年,Fang等在实验上证实了金属在其等离子共振频率下会呈现负介电常数,所以金属薄板在特定波段可以制作成超材料透镜。2015年,美国纽约州立大学布法罗分校Litchinitser等设计并研制出了一种可进行单个分子成像和癌细胞检测的透镜—超材料透镜。这种由微小的黄金薄片和透明聚合体超材料制成的透镜能在可见光下工作,并解决传统光学透镜的折射问题(图3-6)。实验显示,在可见光下,光学内视镜仅能成像10000nm左右的物体,而使用超材料透镜后,分辨率可提高至250nm或更好。

2016年,美国哈佛大学Capasso教授研制出了一种仅有纳米厚度的超材料透镜,工作发表在*Science*杂志上,并被该杂志评选为年度十大科学进展之一[4]。该超材料透镜利用高度约为600nm的二氧化钛“纳米砖”块堆出了一块完全平面,并且纤薄如纸的聚光镜片(图3-7)。这块超材料透镜的有效放大倍数高达170倍,并且放大后的图像分辨率能完全媲美常规的玻璃透镜。这种新型透镜

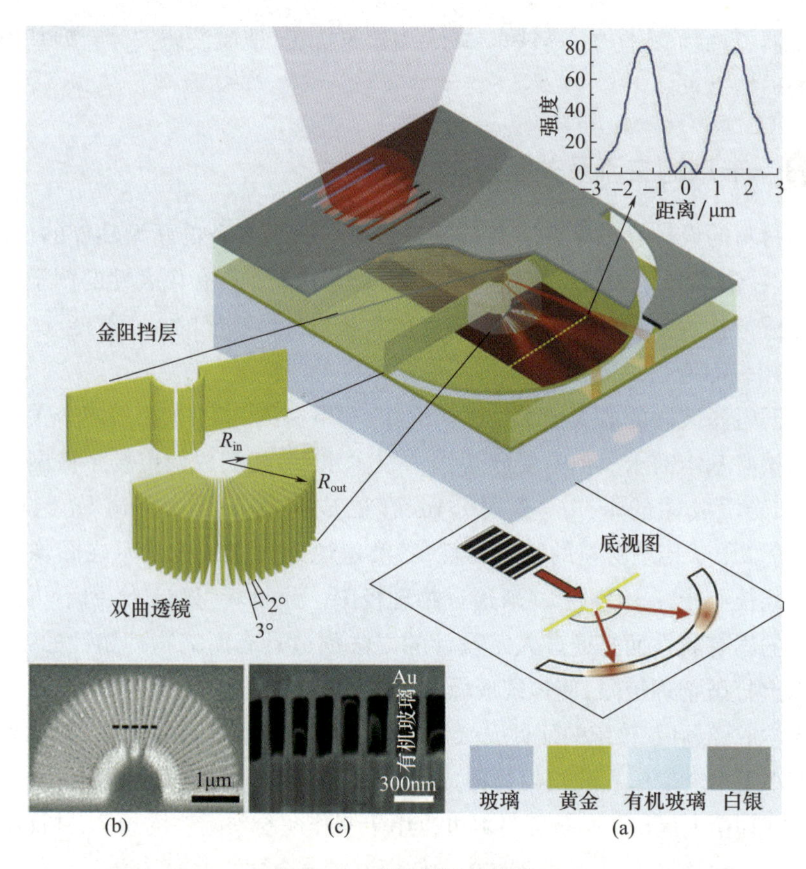

图 3－6　超材料透镜结构

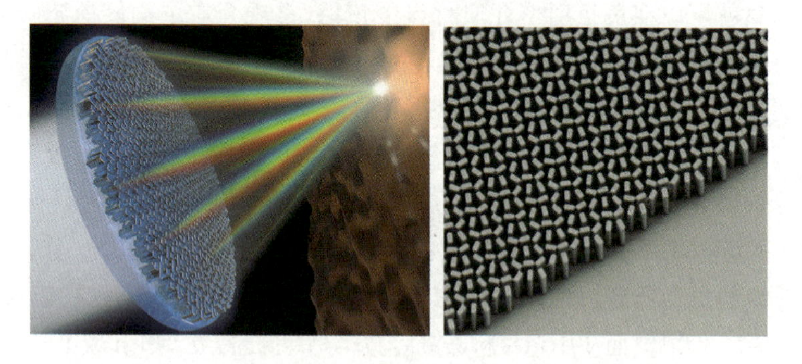

图 3－7　平面超材料透镜示意图及电子显微镜照片

由于其超轻、超薄的性质，有望给光学仪器带来革命性的变化。由于超表面打造的透镜与 CMOS（互补金属氧化物半导体）图像传感器使用相同的材料与制造技术，因而两者还能实现无缝集成。这些镜头集成到小型化的相机和显微镜中，并扩展其功能和操作方式。

超表面透镜有望在材料、生物医学、信息技术等领域获得应用。在材料显微研究方面,目前在可见光衍射极限以下的尺度观察材料的显微结构主要通过电子显微镜、离子显微镜等手段,这些手段均需要在真空下、粒子辐射的状态先实现观测,不仅过程复杂,且需要在辐射状态下观测,而利用超材料透镜打破衍射极限,则可望实现利用光学显微镜直接观察亚波长、甚至纳米尺度对材料显微结构的直接观察。在安全检测和光学仪器等领域,超材料透镜也呈现出令人鼓舞的应用前景;在微纳加工领域,基于超材料的完美透镜可实现亚波长尺度的光刻,一旦实现将使微电子加工技术水平大幅度提高,从而进一步延续集成电路的摩尔定律,推动信息技术的不断发展。

磁共振成像(Magnetic Resonance Imaging,MRI)是现代医疗领域最重要的影像诊断技术之一。图像信噪比(Signal - to - Noise Ratio,SNR)是评价图像质量的最重要指标,它直接决定了图像质量和诊断准确性,并且只有高信噪比 SNR 才能支持高分辨成像和快速成像。因此,提高图像信噪比是磁共振成像领域最主要的任务之一。传统提高信噪比主要依赖于增加静磁场强度,但是高场强下的驻波效应和人体神经的不自主运动等问题,极大地限制了高场核磁设备的临床应用。因此,如何进一步提高现有的中高场(1.5T 和 3T)核磁设备的信噪比,具有广泛的学术研究意义和临床应用价值。

基于超表面的微结构单元及其空间排布方式设计可以操纵和改变电磁波的分布,因此,在高分辨成像、电磁隐身和量子通信等领域极具应用前景。Pendry 教授于 2001 年使用具有负磁导率的“瑞士卷”单元阵列增加了表面线圈的成像距离,首次提出超表面在 MRI 中的应用前景,但是随后未继续该领域研究。2019 年,美国波士顿大学研究者设计出非线性响应平面电磁超表面,实现了 MRI 图像增强,但仍存在磁场分布不均匀的固有缺陷。磁场分布均匀且结构紧凑的超构表面设计是该领域的一个技术难题。因此,如何设计适合临床应用的、磁场分布均匀且可精确调控非线性的超表面,是该研究领域的核心技术难题。针对上述问题,我国研究团队在 2021 年通过单元结构的对称排布和一体化谐振设计,设计并实现了 MRI 图像增强超表面,可以获得最优的灵敏度,并且减小超表面的空间占用率。临床验证结果显示,在不改变任何扫描参数的情况下,超表面的图像信噪比是商用线圈的 2 倍以上(图 3 - 8)[17]。这一成果突破了 MRI 成像低静磁场与高信噪比矛盾,在低场条件下实现快速高精度成像,有望使我国在传统领域为国外技术垄断的情况下,另辟蹊径,打开缺口,在高分辨医学影像等领域换道超车,促进相关领域加速发展。

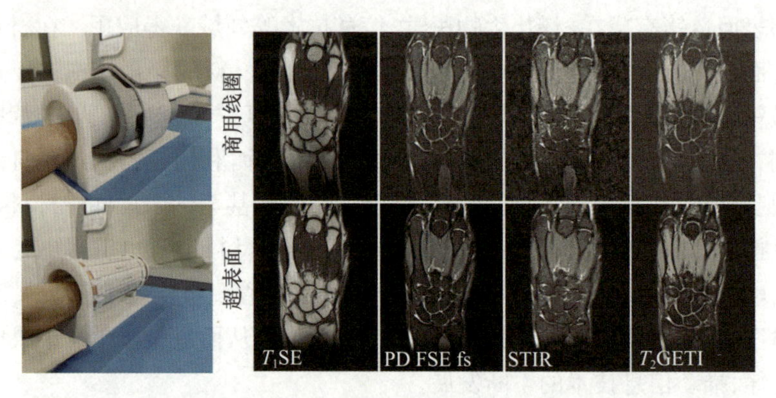

图 3－8　超表面与商用线圈在不同序列下的成像效果对比

2）基于超材料的光信息技术

信息技术是信息化社会的主要技术支撑。目前，信息技术的核心是建立在半导体材料基础之上的微电子技术，其飞速发展已经逼近了物理和技术上的极限，这些不可逾越的技术极限对信息技术的进一步发展提出了重大挑战。以光子代替电子作为信息的载体是长期以来人们的共识，因为光子技术具有高传输速度、高密度及高容错性等优点，光信息技术成为突破电子技术“摩尔定律”物理极限的主要途径。光信息技术的原理已趋完善，但在实际应用中面临着一系列器件的实现问题，特别是如何实现光信息技术的芯片级集成，成为其走向应用的主要障碍。利用超材料的高设计自由度、相对较低的材料组分依赖性等优势，可在非线性光学、光表面波等光子芯片和集成光学中起到核心作用但长期难以突破的领域提供新的技术路径，促进光信息技术的集成化发展。

非线性光学方面，自 1961 年相关现象被发现以来，人们对其研究已经有近 60 年的历史，作为其关键的光学非线性材料也受到了重点关注，并研发出了一批实用化的非线性晶体材料，促进了如光参量放大器、光梳激光器等一系列对人们生产生活产生重要影响的光学仪器和诺贝尔奖成果的诞生。然而，尽管如此，由于非线性过程的复杂性，使得人们迄今仍然无法在物理上充分认识和理解材料的光学非线性，无法对非线性光学材料性质的实现精准预测、精确设计和精细调控。这给实际应用发展带来了一系列难以解决的问题，其中最为突出的就是材料集成性差、均一性低和响应时间长等问题。由于非线性材料在相干光源、光调制器等集成光学技术基础器件中起到核心作用，因此，上述问题也成为基于自然非线性材料的光芯片技术发展的主要瓶颈。

2017 年，我国科研人员等在国际上首次提出基于超材料的、无自然非线性材料参与的人工光学非线性的设计思想。利用超材料的局域电磁场增强和重构特性，激发洛伦兹力的本征非线性，进而在宏观表现出光学非线性，如图 3－9 所示。由于这一光学非线性完全由超材料结构耦合实现，物理过程清晰明确，因此，通过改变超材料结构，可以对其进行超高自由度的按需设计和操控。同时，由于其由磁电场耦合激发的洛伦兹力这一基本电磁力产生，因此，适用于从微波到可见光非常宽的频率范围，且可以达到电磁周期级超快响应。考虑到它不需要特殊的自然非线性材料参与，故利用现有的通用微纳加工技术可以轻易地完成批量化、集成化、均一化制备。这一全新的人工光学非线性超材料有望从根本上解决制约非线性光学系统在芯片级集成所面临的集成性、均一性和响应时间问题，从而突破全光信息技术瓶颈（图 3－9）。

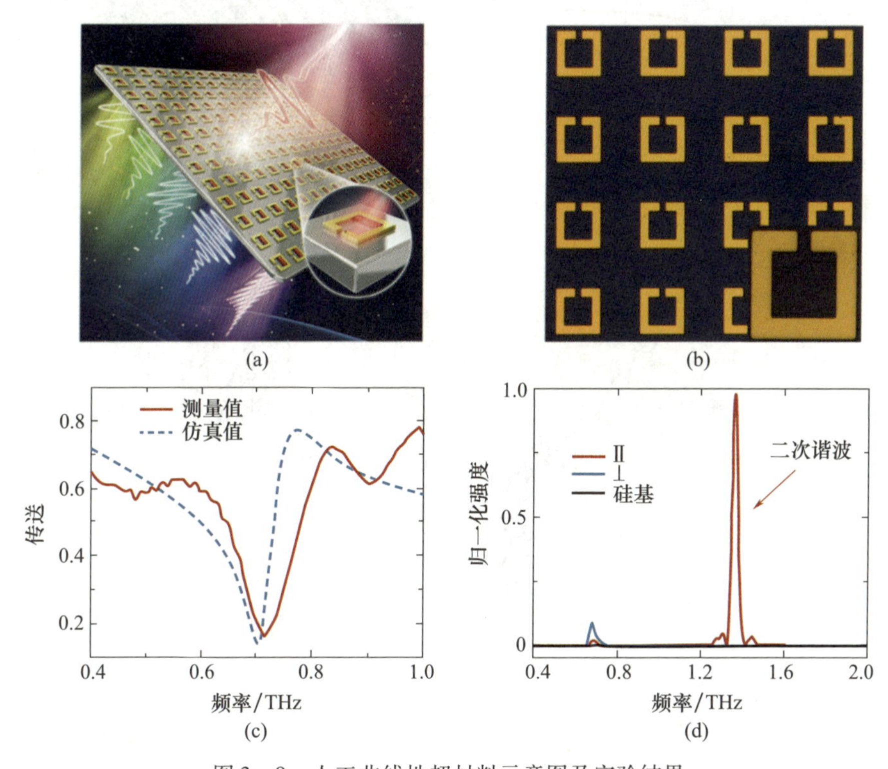

图 3－9 人工非线性超材料示意图及实验结果

另一方面，相较于通常在材料体内的光传播波，光表面波极大地增强了电磁场能量密度、降低光学器件维度，在光信息传输、存储和精密计量等领域有重要的研究价值和应用潜力。常规基于金属/介质界面的等离激元表面波损耗大，难以实现长距离传输。Dyakonov 表面波可以在透明各向异性介质界面传输，具有无损耗、低色散、高方向性等特点，但是其苛刻的激发和传输条件在自然材料中较难满足，长期以来发展缓慢。超材料的出现，为 Dyakonov 表面波的实用化发展提供了全新的设计思路(图 3－10)。Takayama 团队在太赫兹波段和中红外波段,分别从理论和实验方面研究了超材料体系下的 Dyakonov 表面波[20]。2022 年,我国研究团队基于超表面思想设计双界面耦合,首次在光频段实现 Dyakonov 表面波的方向性传播[16]。从太赫兹波段到光波段,基于超材料结构实现的 Dyakonov 表面波模式为未来集成光路设计提供了重要的研究思路和方法。

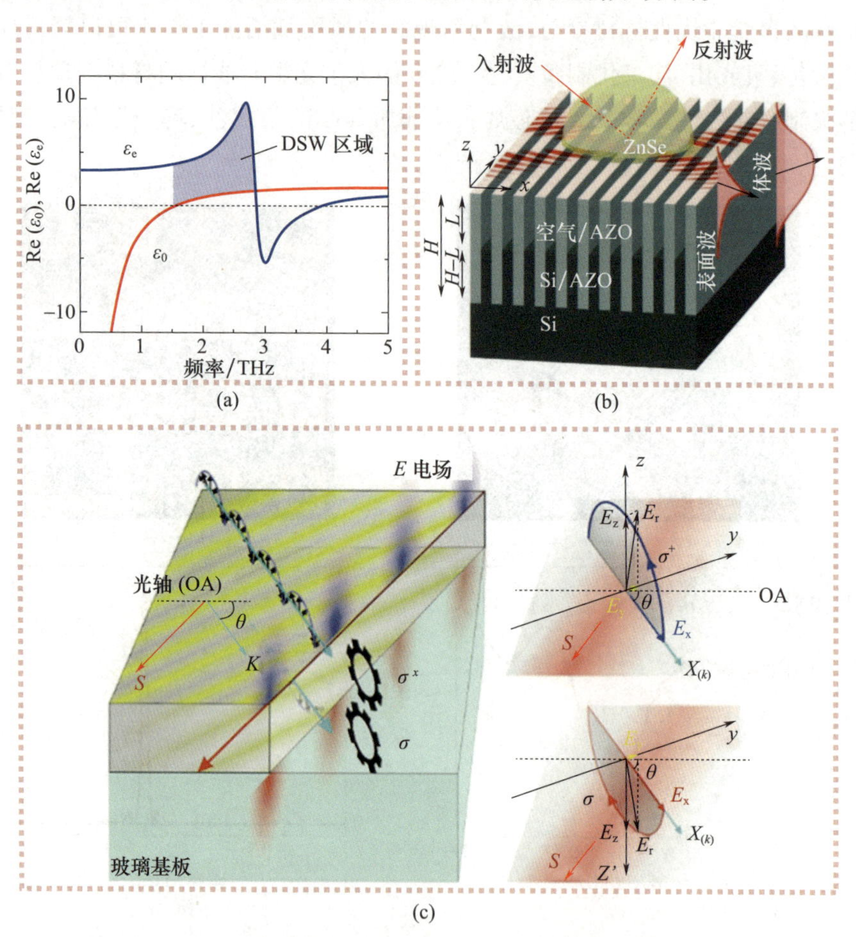

图 3－10　基于超材料的 Dyakonov 表面波示意图

(a)太赫兹波段;(b)中红外波段;(c)可见光波段。

基于超材料的各类新型光学材料及器件的出现,为新光源、全光人工智能、光子芯片等领域的发展开辟了新的路径。依托超材料超高的设计自由度和芯片化集成能力,使得全光计算和通信芯片突破全芯片级集成这一核心瓶颈问题成为可能。同时,对于各类常规光学材料较为匮乏的太赫兹和中远红外波段,超材料可以通过结构设计,突破自然材料在等特殊波段的本征性能限制,促进新一代光学器件的产生，对于新兴的全光人工智能芯片及网络具有重要意义，可指数级提升计算和传输能力，推动信息技术跨时代发展。

3）超材料赋能的人工智能

计算机的发展大大地提高了我们处理数据的能力，计算机技术在交叉学科的应用也能够带来诸多方便。近年来，以深度学习为代表的当代人工智能技术通过基础单元的堆叠组合形成层级结构，从而可以处理诸多抽象复杂的任务，给交通、医疗、生物、能源等众多行业带来了根本性变革。得益于现代社会运算能力的大幅度提升，人工智能方能显示其巨大的潜力，而随着电子器件性能逐渐逼近物理极限，单纯靠减少器件尺寸已经难以大幅度提高运算能力。依托电子学的人工智能在运算速率、运算能耗等方面的缺陷愈发凸显。

利用光计算可以规避传统电子计算机的限制，通过电磁波载体将算法功能与材料性质结合，具有速度快、功耗低、并行性能好的特点，有望实现高速度、低功耗的并行计算。但是，由于光计算需要透镜和滤波器等一系列器件组成系统，因此，在现有的光学模拟计算系统通常体积巨大且功能简单，导致目前主流计算仍然不得不选择电子计算机。利用超材料的高定制性，基于超材料的硬件平台可直接将计算过程嵌入到材料的设计中，有望解决目前光计算的限制。当前，利用超材料结构已经可以实现一些人工智能所必需的基本运算，如求导、微分、积分、卷积等，初步应用于图像处理和一些简单的光学信息处理系统之中。例如，国内外多个团队已经在实验上验证，利用新型超表面图像微分器件可以实现图像边缘的直接提取（图3-11）[21]。相比较常规利用计算机大量数据计算或传

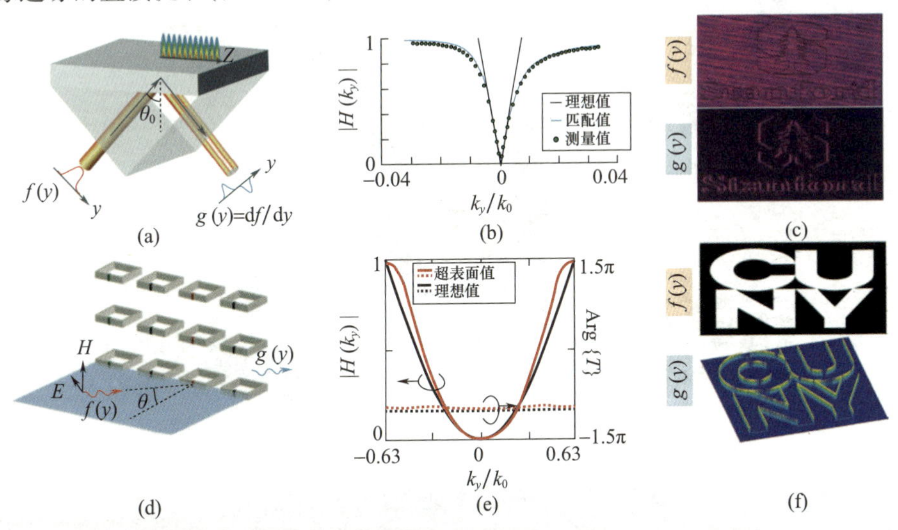

图3-11 基于超表面图像微分器件和边缘提取

统光学的多透镜图像差分等方法，基于超表面的边缘提取技术具有高分辨率、超薄尺寸和几何形状简单的优点，能够直接提取目标的边缘信息而不需要其他输入功耗，能够大大减小成像系统尺寸，有望为生物成像和计算机视觉等应用打开新的大门。可以看出，超材料赋能的算法平台设计理念突破了常规基本逻辑运算的范式，有望在全光条件下解决如图像识别、目标检测、时序信号处理等复杂模式识别和机器学习任务。

另一方面，人工智能技术本身也可极大地提高超材料的设计效率。目前，超材料的通用设计方法是基于简化的物理解析模型及相关的专家经验。尽管可以得到所需的物理响应，但这种方法本质上仍是基于物理原理反复试错尝试，并且通常依赖于耗时的数值计算来完成的，除了效率低下外，还很有可能错过最佳的设计参数，而且主要仿真设计平台及软件技术基本上被国外垄断，短期内难以形成自主知识产权力量。将人工智能应用于超材料的设计之中，可显著提高设计效率。通过训练产生基于深度学习超材料模型和反向设计方法，可以同时实现给定结构的正向光学响应预测和所需光学响应的逆向结构设计。图 3－12 是一种典型的人工智能辅助设计超材料结构的框架，可以从设计目标出发，产生大量可供选择的超材料结构，并快速准确评估所选超材料结构的光学响应[22]。利用这一方法，设计者可以在不到 1s 的时间内，完成过去几天到几个月不等的超材料结构设计和优化过程，对设计效率有着数量级的提高，且摆脱了对数值仿真软件的依赖。

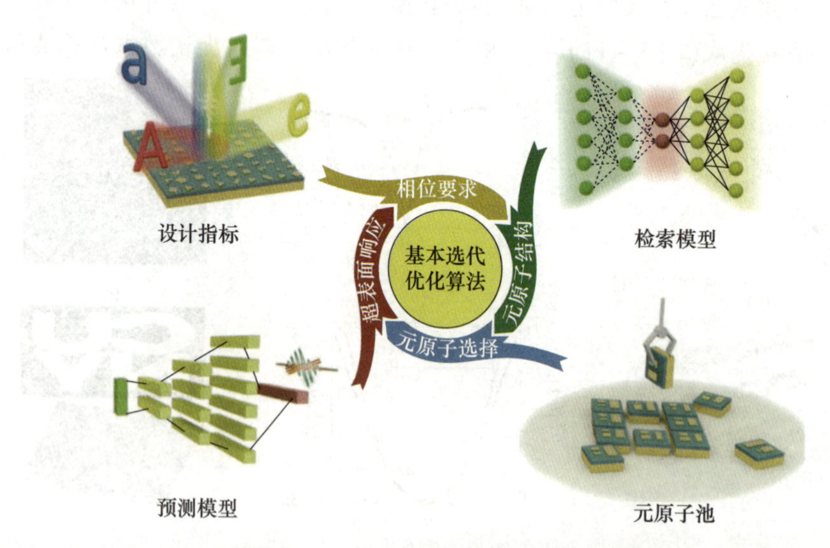

图 3－12　基于人工智能的超材料设计框架

3.2.3 技术研发障碍及难点

超材料的应用可能导致众多领域的技术变革，目前，这一技术尚处于“风起于青萍之末”阶段，值得密切关注和期待。作为一大类全新的材料系统，从超材料的研发到产生颠覆性技术需克服一系列技术和非技术障碍。

1）具有应用价值的超材料的模拟设计技术

目前，超材料的研究以原理性探索为主，模拟仿真技术基于简单模型和通用的模拟软件，而实际应用的器件设计需要考虑多种因素、多场耦合和海量计算。当前，人工智能技术在一定程度上对超材料设计问题有所缓解，但也面临训练时间过长、通用性差、复杂物理场难以处理、功能单一等问题，各种超材料的专用设计技术尚需进一步发展。

2）超材料制备及表征技术

超材料制备需要精密的材料加工技术，特别是一些超材料（如太赫兹以上频率的电磁超材料）的制备需要微纳加工技术，这些技术的发展依赖于相关加工技术的进步。同时，超材料的超常特性决定了其表征方法及系统与传统材料并不完全相同，“负性”“近零”“超薄”“多物理场”等一系列超材料独具的物理特性需要新型测试技术实现高效、精准的性能表征，而相关技术目前尚不完善。

3）超材料制备关键原材料

超材料通过特殊设计的人工结构可以获得各种特异的物理特性，但其本身构成仍基于常规材料。超材料的多学科交叉特性决定了其发展需要综合性原材料支撑。以光学和电磁超材料为例，常需要基于高纯硅、砷化镓、铟镓砷磷、石墨烯等半导体晶圆或新型二维材料方能获得最优性能；新型多物理场耦合超材料，则需要与铁电、热电等材料相结合。但是目前高性能材料的获得和稳定制作仍有诸多问题有待解决，我国在此方面较西方发达国家差距更为明显。特别是考虑到超材料与常规材料的融合是加速超材料工程化应用的捷径，使得此问题的重要性更加突显。

4）具有应用价值三维大尺寸超材料的工程可行性和服役性能

超材料由大量的人工结构单元构成，这种单元阵列的可工程化及其服役性能（如机械性能、热性能等）是其应用的难点，例如，利用电磁 Cloak 实现军事目标在微波频段的完美隐身需要在其外面包覆较厚的超材料“铠甲”，如何将其减薄是一个重要难题。

5）非技术障碍

在一些已经形成技术系统的领域，超材料的应用可能遭遇技术标准的制约，需找到打破“在位者困境”的有效方法；在一些尚未形成技术系统的领域，亟待建立相应的技术标准体系。此外，超材料概念近年来出现泛用和滥用趋势。一方面，一些人将部分明显不属于超材料概念的自然材料纳入超材料范畴，引起混淆；另一方面，一些人过渡拔高超材料，认为其可全面取代自然材料，引起不必要的困扰和争论。

3.2.4 面向2035年对技术潜力、发展前景的预判

1）新材料产业

新材料产业是新工业和新技术产业发展的基础和先导，其发展面临的一个重要难题是如何突破常规材料的自然性能极限。常规材料的性质主要决定于构成材料的基本单元及其结构——原子、分子、电子、价键、晶格等。这些单元和结构之间相互关联，相互影响。因此，在材料的设计中需要考虑多种复杂的因素，这些因素的相互影响也往往是决定材料性能极限的原因。将“超材料”与常规材料相融合，以超材料作为结构单元，充分发挥超材料易于设计调控、常规材料易于获得的优势，可望简化影响材料的因素，打破制约自然材料功能的极限，发展出自然材料所无法获得的新型功能材料，并加速新材料的工程化应用和产业发展。

2）无线通信

以5G移动通信为代表的新一代无线通信网络在宽带宽、高容量、低时延、低能耗、小型化等方面提出了很多新的技术要求。电磁介质是通信元件的材料基础和技术核心。传统的通信元件基于常规介质材料，介电常数和磁导率均为大于1的正值，且难以特别高。超材料技术可以实现具有负值、超低或超高介电常数或磁导率的人工电磁介质，为一些具有变革性的新型元器件的出现提供了条件。天线是超材料应用的较为成功的一类器件，利用超材料超常的电磁性质和高度可设计的特点，可开发出具有小型化、高效、高增益等优势的多种新型天线，解决包括5G通信中大规模天线阵列间存在严重互耦效应和通信干扰在内的多个关键技术问题。超材料通信元件不仅可显著缩小器件体积，提升物理性能，并且能够按需灵活设计以及实现多功能集成，有望突破传统通信元件在新一代通信基础设施中的性能瓶颈，在大规模数组天线技术（Massive MIMO）、滤波器、功率放大器、射频元器件以及一体化解决方案等方面都具有重要应用需求。

3)光信息技术

信息技术是信息化社会的主要技术支撑。目前,信息技术的核心是建立在半导体材料基础之上的微电子技术,其飞速发展已经逼近了物理和技术上的极限,这些不可逾越的技术极限对信息技术的进一步发展提出了重大挑战。以光子代替电子作为信息的载体是长期以来人们的共识,因为光子技术具有高传输速度、高密度及高容错性等优点,光信息技术成为突破电子技术“摩尔定律”物理极限的主要途径。但是常规光学非线性材料与半导体微电子工艺不兼容,使得光信息技术的核心——非线性光学系统——难以实现芯片级集成,成为其走向应用的主要障碍。超材料为构筑芯片级非线性光学系统提供了新的可能性,通过超材料结构实现各类光学非线性功能,不仅可摆脱对自然非线性材料的依赖,实现各类非线性光学系统的芯片化集成和性能按需设计,还可填补自然非线性在太赫兹等特殊频段的空白,满足光信息和光芯片技术及产业的发展要求。

4)精细成像

不同电磁波段的成像技术是医学诊疗、军事探测、微纳加工等多个关键工程领域的核心基本需求。限于传统材料的物理属性,各类电磁或光学成像技术在图像分辨率这一共同核心指标上,均已逐渐逼近物理极限。超材料可以让人们不再依赖天然材料的固有属性,而是通过人工设计的方法创造具有所需物理属性的新材料,在技术上打破物理极限,使传统成像技术得到极大的提升。例如,在光学成像领域,超材料可以打破衍射极限,实现深亚波长成像;在核磁成像领域,超材料可以突破低静磁场与高信噪比矛盾,在低场条件下实现快速高精度成像。利用超材料这一新技术,可以使我国在传统领域为国外技术垄断的情况下,另辟蹊径,打开缺口,在无衍射光刻、超分辨纳米显微、高分辨医学影像等领域换道超车,促进相关领域加速发展。

5)人工智能

以深度学习为代表的当代人工智能和类脑计算技术,需要物理性质灵活、可设计性强的材料作为载体,从而进行复杂抽象信号的处理和传播。超材料的基本组成单元(即超原子)虽然由自然材料构成,但其物理性质主要取决于超原子的设计和排布,可以突破自然材料的性能限制。这种高定制灵活性,可以高效、自由地调制电磁波的幅度、相位、偏振等特性,并根据不同人工智能算法的特点,准确构建相应的硬件平台,突破常规人工智能平台以电学逻辑运算为基础、运算与存储分离的冯·诺依曼计算机体系,在全光条件下解决如图像识别、目标检测、时序信号处理等复杂模式识别和机器学习任务,可极大地提高人工智能计算的处理速率并降低功耗,满足智能制造、物联网、工业互联网、国防军工等产业应用需求。

6）高端精密装备制造

在高端精密装备中，实现高效减振和降噪是提高装备整体性能的核心关键之一，工程需求明确且迫切。力学/声学超材料可以对材料等效质量密度和模量实现人工设计，进而得到拉胀、反胀、剪切消隐、负热膨胀等多种超常力学特性。利用这些超常力学性质，可以实现高性能减振和降噪，调控和抑制不同频率的机械/声波和机械振动，满足精密仪器、医疗设备、高铁车体、高速轨道噪声防护、军事装备等新型工程领域的关键需求。

7）国防装备

新材料的诞生与发展，必然会推动武器装备甚至作战形式的重大变革，超材料不同于常规材料的特异性能，在新型国防系统和武器装备的多个方面均已显示出重要的工程需求。例如，在军用隐身方面，超材料隐身技术具有厚度小、质量轻、吸收性能高、吸收频带宽等优点，并具有优秀的力学性能和加工一致性，其加入对复合材料体系基本无影响。利用超材料构造的天线罩，具有高透过、低插损、大方向角、频带可定制、特种环境耐受等独特性能，还可以通过结构设计增强天线的聚焦性和方向性，提高雷达性能，其薄型化和共形化特性，还可以增加弹体载荷，提升打击能力。除此之外，超材料在小型化平面天线、军用载具智能蒙皮、电子干扰等方面也已展现出重要的应用价值。超材料的跨学科、颠覆性特点，使得它在陆、海、空、天、电、磁六维一体的现代国防装备发展中的需求愈发凸显。

3.3 技术竞争形势及我国现状分析

3.3.1 全球的竞争形势分析

超材料作为一个前沿颠覆性新材料领域，其所展示出的与常规材料截然不同的超凡特性及在军事、航空航天、新能源等高尖端领域的重要应用，使得超材料的研究为各国所重视。目前，在超材料的基础研究、技术支撑、产业应用等方面，美国、德国、英国、澳大利亚等发达国家仍是主要的引领者，具有相对明显的竞争优势和创新能力，并形成了有规模的尖端科研队伍和一批初创企业。我国超材料发展仅略晚于欧美等国，在国际上较早推动超材料从物理学和纯粹的模型化电子学领域研究走向了材料科学与技术轨道,明确了超材料是一种特殊材料的理念,这一理念已逐渐成为国际材料学界的共识。目前,我国已形成了独具特色的超材料研发生态,近年来,具有国际影响力的原始创新工作也逐渐开始涌现。值得注意的是,当前超材料技术尚属于国际科学前沿研究领域,各国之间水平差距存在但并不明显。大部分已开发的、具有特异物理性能的超材料,距离形成对应的产业技术还需要一段发育期,同时还有诸多新型超材料,特别是基础"超原子""超分子"结构还有待进一步研究开发。可以说,目前尚未有国家在超材料领域形成绝对的领先优势。

在基础研究和应用基础领域,超材料对光学和电磁波的调控作用催生出一系列新器件,如隐身衣、电磁黑洞、雷达幻觉器件、远场超分辨率成像透镜、新型透镜天线、隐身表面、极化转换器、人工超表面等离激元器件及混合集成电路等,其研究和应用范围越来越广泛。在研究团队方面,美国杜克大学 D. R. Smith 团队在光电磁隐身、雷达成像等方面处于领先水平,并积极投身产业转化;加州大学伯克利分校的张翔团队在超分辨成像、纳米激光、可见光隐身等方面的超材料研究水平处于国际前列;美国哈佛大学 F. Capasso 团队是超表面概念的提出者,其在平面光学超材料及光学显微镜等方面的研究特色优势明显,且平面超材料透镜器件已实现初步量产。除此之外,美国宾夕法尼亚大学的 N. Engheta、澳大利亚国立大学的 Y. Kivshar、德国卡尔斯鲁厄理工大学的 M. Wegener 等课题组在近零折射超材料、非线性超材料及超材料先进加工技术等方面的研究水平均为国际前列。

在新产品的工业应用方面,超材料所展示出的与常规材料截然不同的超凡特性必然使其具有巨大的产业价值,美国 Kymeta 公司、分形天线系统公司、超材料技术公司、工业企业 Haris 公司、Kyocera 无线公司、大型航空航天和国防承包商(包括洛克希德·马丁公司)、波音公司和雷声公司,还有消费电子巨头三星公司等均有涉足。早在 2013 年,位于美国华盛顿州位的 Kymeta 公司已研发出一系列基于超材料结构的天线产品,采用独特的波束控制技术,应用于卫星通信的终端产品上。其特色即是天线的机构是固定的平板式,不借助于旋转轴或惯性导航,即可自动调整天线辐射方向及追踪卫星,得到最佳的信号接收。加拿大的 Metamaterial Technologies Inc.(简称"MTI")是全球智能材料和光电领域的佼佼者。在能源领域,MTI 利用超材料纳米复合材料的薄膜技术收集更宽角度的入射光线并吸收其中的可用频谱,从而制备出可以商业化的高效率太阳能转化薄膜。在航空航天领域,MTI 与航空业巨头空中客车合作,将超材料薄膜应用于飞行器的挡风玻璃及护目镜,选择性地增强对眼睛有害的特定频谱激光的反射,以保护飞行员的视力。在传感器市场，丰田、宝马等著名汽车生产商积极开展毫米波及微波超材料的开发和技术储备。美国公司 Plasmonics 与美国 Sandia 国家实验室利用超材料的非龙伯辐射特性来进行热量定向辐射的控制，以期应用于卫星的热量控制。

3.3.2 我国相关领域发展状况及面临的问题分析

我国的超材料研究起步于 21 世纪初。在过去的十几年中，从事超材料研究开发的队伍从屈指可数的几个课题组发展到相当庞大的规模，涉及材料、电子信息、光学与光电子、物理、力学等领域。我国在“超材料”领域也进行了大量布局：“863”“973”、国家重点研发计划、国家自然科学基金等都对该领域的研究进行了大力支持。清华大学、浙江大学、东南大学、中国科学院等高等院校和研究机构，在该领域进行了卓有成效的研究，基本确定了超材料的设计方法、基本构造材料体系及制备技术。近年来，我国超材料发展呈现出迅猛势头，开始进入了工程应用的轨道。

在基础研究方面，我国科学家在国际上率先研制出基于介质材料的电磁超材料，从根本上解决了基于金属谐振结构的传统电磁超材料所遇到的高电磁损耗、各向异性、难于调控以及结构复杂的难题，开辟了实现超常电磁介质的新路线[23]。率先提出了编码超材料和可编程超材料的概念及其调控电磁波和太赫兹波的新机制，从“信息”的角度研究超材料，实现了对电磁波的实时操控，在 FPGA（现场可编程门阵列）的实时控制下，单一超材料能拥有多种完全不同的功能，如单波束辐射、多波束辐射、波束扫描、电磁隐身等，开启了超材料研究的新方向[24]。图 3－13 为介质基各向同性电磁超材料和数字编码超材料结构。

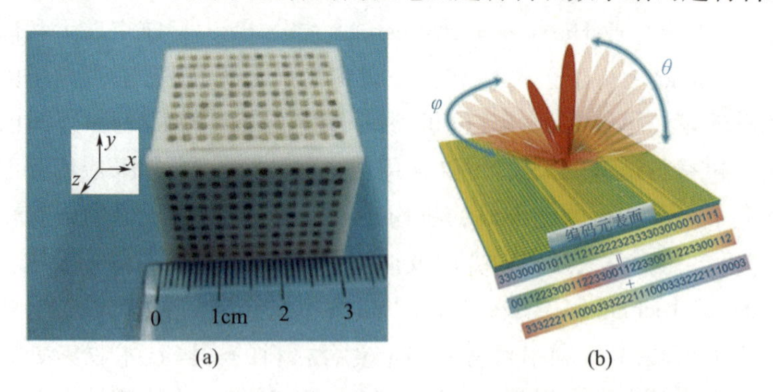

图 3－13　介质基各向同性电磁超材料（a）和数字编码超材料（b）

在应用领域，由我国自行研制、具有完全自主知识产权的新一代航空航海产品大型超材料隐身军事装备,包含超材料复杂曲面多功能电磁罩,超材料隐身天线、超材料隐身机翼/尾翼和超材料隐身进排气系统在内的一系列超材料尖端军事装备取得重要技术突破,并在新一代空军装备上得到大范围应用,成功地将我方新一代飞行平台被敌方发现距离缩短为不到原来的1/3,同时,将我方雷达探测距离在原有的基础上提高了1/3强,为实现国防军事装备更新换代做出了贡献。超材料产品研发方面比较具有代表性的机构是光启高等理工研究院,其超材料技术已经延伸到邻近空间通信、卫星通信、机载/车载射频系统和地铁系统无线覆盖等诸多领域。除此之外,以中国电子科技集团有限公司和中国航天科技集团有限公司等为代表的一系列国防、航天企业和研究所也针对超材料的产业化开始发力,开发出一系列高性能特种电磁超材料器件和超材料天线等产品。

在国家多项重大科研项目支持和各级政府的政策扶持下,我国超材料技术经过十几年的发展已取得了一系列卓有成效的成果,相关产业也已经有一定的基础,但在原始创新、技术支撑、应用产业发展及产业链等方面仍与发达国家有较大差距。当前发展的主要问题梳理如下。

(1)基础研究和原始创新薄弱。国内从事超材料研究开发的队伍已初具规模,其中绝大多数人员集中在高校和科研机构,从事基础和应用基础研究。但从研究论文反映出的情况看,国内超材料研究主要以跟踪为主,大量研究工作是在国外学者提出的超材料构建思想的基础上进行技术上的优化和改进。超材料的研究中还有许多理论问题和难题需要探索和突破,但是目前国内“从0到1”的关键原创性工作屈指可数,粗略估计,基础研究成果产出全球占比不足5%,大大落后于欧美等国。原创基础成果是产业创新的源头,而它的缺失势必导致产业发展的缓慢和落后。

(2)关键原材料和技术支撑环节薄弱。超材料的多学科交叉特性决定了其发展需要综合性原材料及制备表征条件。在原材料方面,超材料通过特殊设计的人工结构可以获得各种特异的物理特性,但其本身构成仍基于常规材料,以光学和电磁超材料为例,大部分基于硅、石英、砷化镓、铟镓砷磷等半导体晶圆,而我国高质量的半导体晶圆目前仍大量依赖进口,部分异质材料100%进口。超材料的研究开发离不开材料基因——介观(微)结构的设计与评测,而精确且高效的海量仿真及计算是其中至关重要的环节,但目前其几乎全部被国外计算软件平台垄断,高性能自主知识产权的计算仿真平台已成为超材料设计的关键性“卡脖子”问题。此外,制备技术,如大规模、高精度的微纳加工及光刻,高品质异质材料的批量化生产,高通量3D打印等技术及关键设备是超材料器件产业化生产的核心,也需要进一步提高。

(3)应用研究产业化及产业链完整度有待提高。虽然我国在超材料的应用研究领域已经取得了一定成绩,但如何将成果产业化、做好超材料和自然材料的融合,将最新的研究成果应用在军工装备、民用产品中,提升产品性能,仍是超材料产业化进程中的重要挑战。与此同时,怎样研发控制和评价超材料的性价比、怎样规范材料制备过程、怎样从不同层次评价和检测超材料的性能等都亟待完善。这需要形成完整的超材料产业链,建成用于无线通信、人工智能、光电子芯片、精密机械、高端医疗等工程的各类主流超材料产业生产体系,带动大规模的产业集群。我国产业基础完善,超材料应用领域广阔,有形成完整产业链的基础。但产业链的基础是产品,因此,该目标的实现还需我国各类超材料器件在国际上占主导地位。

3.3.3 对我国相关领域发展的思考

超材料的设计理念是通过人造的功能单元实现超常特性或优异性能,为新材料和颠覆性技术的产生提供了一个新途径。用超材料的方法重构材料,不仅能发展出常规材料所不具备的超常性质,也为常规材料的改进和提高提供了一种有效手段,为材料设计提供了广阔的空间,可有效简化材料设计,回避常规材料因其自然结构的复杂性造成设计困难,打破现有材料的性能极限;超材料技术作为具有颠覆性的材料技术,已得到了发达国家的高度重视。

我国在超材料的研究、开发方面已经有了一定的基础,形成了独具特色的超材料研发生态,近年来,具有国际影响力的原始创新工作也逐渐开始涌现。当前,应当立足我国建设材料强国及产业应用和发展需求,结合超材料的整体发展趋势,充分发挥其“前沿性”和“颠覆性”特征,打破自然材料的功能极限。加强超材料基础研究的支持力度和统筹布局,重点鼓励具有前瞻性、突破性的原始创新研究,促进“从0到1”的探索和突破,提出国际领先的超材料原理和新概念超材料,开辟新领域,从源头建立优势。

同时,突出需求牵引、问题导向,重视基础理论与重大应用需求结合,从国家战略需求出发,利用超材料多学科深度交叉的特点,把握超材料的崛起对科学、技术、经济发展带来的新机遇,以超材料与常规材料融合为抓手,进一步组织力量,开展具有一定规模的重大工程研究,突破国家在信息技术、国防军工、高端装备等关键技术和产业发展的材料瓶颈问题。注重产学研协同和成果转化,通过政策和资金引导,逐步建立完善的超材料产业链和有国际竞争力的若干产业集群,推动我国成为超材料强国,引领世界范围内的相关高技术产业体系发展。

3.4 相关建议

（1）加强超材料基础研究。鼓励"从 0 到 1"的原创性研究工作，在国家和地方各类科研计划中，强化基础研究导向，提高对具有颠覆性、前瞻性的超材料基础研究投入，面向重大科学问题和重要原创方向实行统筹布局，并给予稳定长期支持。

（2）鼓励跨学科的合作交流。加强基础研究和工程应用研究的统筹布局，整合物理学、电子学、材料科学、工程科学的研究力量和平台资源，通过项目牵引，发挥中国材料研究学会超材料分会等学术共同体的作用，推动超材料领域跨科学研究。

（3）加强超材料工程产业化发展。加强产学研协同发展，促进科研成果转化，面向技术路线清晰的重大需求，启动相关研究专项，通过示范性研发，带动通用技术的完善。注重政府对超材料产业战略引导，营造以企业为主体的超材料成果应用和产业发展环境，发挥市场的资源配置作用。

（4）加强支撑系统建设。积极鼓励科研单位和企业在超材料领域构建自主知识产权系统。搭建知识产权交易平台，将超材料知识产权产品按产业化的不同阶段分类，及时发布相关交易信息，让处于技术端、产品端、商品端的知识产权产品都能进行方便及时的交易。推进超材料产品的标准化。

（5）通过政策引导推动超材料产业链的形成。将超材料应用列入国家产业发展计划，培育基于超材料的新型高新技术产业的形成和发展，鼓励超材料向通信技术、芯片技术、人工智能、常规材料、能源环境、国防军工、精密仪器等领域渗透。

参考文献

[1] WOOD J. The top ten advances in materials science[J]. Materials Today, 2008, 11(1): 40-45.

[2] 佚名. Cover stories: making the breakthrough of the year cover[J]. Science, 2016, 354(6319): 1497.

[3] VALENTINE J, et al. Three-dimensional optical metamaterial with a negative refractive index[J]. Nature, 2008, 455(7211): 376-379.

[4] KHORASANINEJAD M, et al. Metalenses at visible wavelengths: diffraction – limited focusing and subwavelength resolution imaging[J]. Science, 2016, 352 (6290): 1190 – 1194.

[5] NI X, et al. An ultrathin invisibility skin cloak for visible light[J]. Science, 2015, 349(6254): 1310 – 1314.

[6] VESELAGO V. Electrodynamics of substances with simultaneously negative electrical and magnetic permeabilities[J]. Physics – Uspekhi, 1968, 10(4): 504 – 509.

[7] PENDRY J B, et al. Extremely low frequency plasmons in metallic mesostructures [J]. Phys. Rev. Lett, 1996, 76(25): 4773 – 4776.

[8] PENDRY J B, et al. Magnetism from conductors and enhanced nonlinear phenomena[J]. IEEE Transactions On Microwave Theory and Techniques, 1999, 47 (11): 2075 – 2084.

[9] SHELBY R A, SMITH D R, SCHULTZ S. Experimental verification of a negative index of refraction[J]. Science, 2001, 292(5514): 77 – 79.

[10] SMITH D R, et al. Composite medium with simultaneously negative permeability and permittivity[J]. Phys. Rev. Lett., 2000, 84(18): 4184 – 4187.

[11] PENDRY J B, SCHURIG D, SMITH D R. Controlling electromagnetic fields[J]. Science, 2006, 312(5781): 1780 – 1782.

[12] SCHURIG D, et al. Metamaterial electromagnetic cloak at microwave frequencies[J]. Science, 2006, 314(5801): 977 – 980.

[13] WEN Y, ZHOU J. Metamaterial route to direct photoelectric conversion[J]. Materials Today, 2019, 23: 37 – 44.

[14] ZHAI Y, et al. Scalable – manufactured randomized glass – polymer hybrid metamaterial for daytime radiative cooling[J]. Science, 2017, 355(6329): 1062 – 1066.

[15] CHEN W T, et al. A broadband achromatic metalens for focusing and imaging in the visible[J]. Nat. Nanotechnol., 2018.

[16] LI Y, et al. Spin – dependent visible Dyakonov surface waves in a thin hyperbolic metamaterial film[J]. Nano Lett., 2022, 22(2): 801 – 807.

[17] CHI Z, et al. Adaptive cylindrical wireless metasurfaces in clinical magnetic resonance imaging[J]. Adv. Mater., 2021, 33(40): 2102469.

[18] WEN Y, ZHOU J. Artificial generation of high harmonics via nonrelativistic thom-

son scattering in metamaterial[J]. Research,2019:8959285.

[19] WEN Y,et al. A universal route to efficient non – linear response via Thomson scattering in linear solids[J]. National Science Review,2023,10(7).

[20] TAKAYAMA O, et al. Midinfrared surface waves on a high aspect ratio nanotrench platform[J]. ACS Photonics,2017,4(11):2899 – 2907.

[21] KWON H,et al. Nonlocal metasurfaces for optical signal processing[J]. Phys. Rev. Lett. ,2018,121(17):173004.

[22] MA W,et al. Pushing the limits of functionality – multiplexing capability in metasurface design based on statistical machine learning[J]. Adv. Mater. , 2022,34(16):2110022.

[23] ZHAO Q,et al. Experimental demonstration of isotropic negative permeability in a three – dimensional dielectric composite[J]. Phys. Rev. Lett. ,2018,101(2): 027402.

[24] CUI T J,et al. Coding metamaterials,digital metamaterials and programmable metamaterials[J]. Light: Science & Applications, Original Article, 2014, 3:e21810.

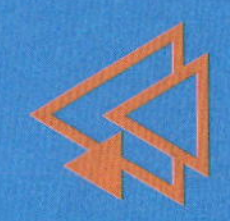

第 4 章

硅光子技术

本章作者

蔡 艳 汪 巍 王书晓
涂芝娟

4.1 技术说明

4.1.1 技术内涵

硅光子集成技术，是以硅和硅基衬底材料作为光学介质，通过互补金属氧化物半导体（CMOS）兼容的集成电路工艺制造相应的光子器件和光电器件（包括硅基发光器件、调制器、探测器、光波导器件等），并利用这些器件对光子进行发射、传输、检测和处理，以实现其在光通信、光互连、光计算等领域中的实际应用。图4-1所示是使用3D集成电路的硅光子技术。硅光子技术结合了以微电子为代表的集成电路技术的超大规模、超高精度的特性和光子技术超高速率、超低功耗的优势。硅光子技术的实现可以利用大规模半导体（如CMOS）制造工艺平台，在硅衬底或者绝缘体薄膜硅（Silicon-on-Insulator，SOI）片上集成硅光子元器件，配合高速驱动、读出、放大和时钟电路等，通过高精度、高可靠性的光电耦合封装技术，形成功能模块或子系统，在光通信、数据中心、超级计算机，以及汽车自动驾驶等领域有着巨大应用潜力。

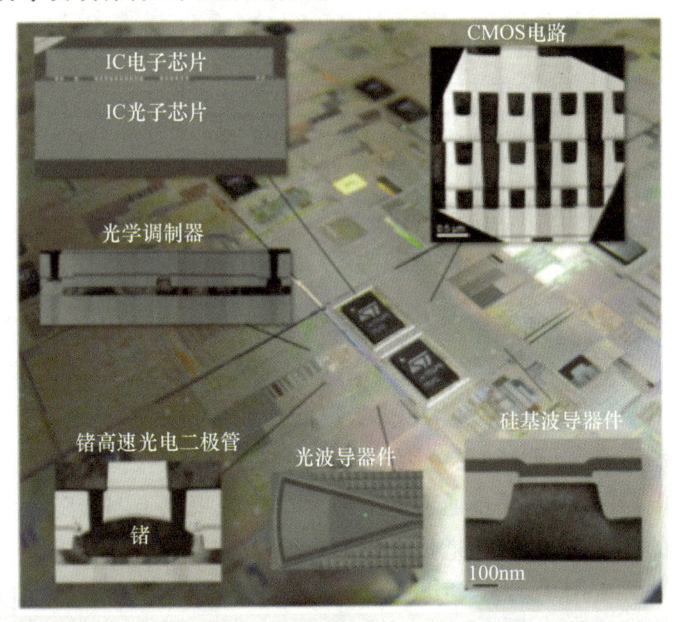

图4-1　使用3D电子集成电路（IC）的全集成硅光子技术

目前，硅光器件/模块产品主要用于芯片间和芯片外的高速光互连和数据通信：主要包括长距离光纤通信、移动基站数据回传和数据中心等。这一领域市场明确，产品形式清晰，即利用硅光子器件集成实现高速的光收发芯片，形成高速光模块、有源线缆和子系统。与集成电路取代分立电子元器件类似，硅光子技术用低成本的集成光芯片取代现有的分立光器件，大幅度降低系统的尺寸、重量和功耗。图 4－2 所示是硅光子集成电路在几代小规模、中等规模、大规模和超大规模集成（即 SSI、MSI、LSI 和 VLSI）上的组件数量时间表。采用硅基光电集成工艺平台，有着以下优势。

（1）硅片尺寸大，机械性能好，加工方便，相比其他材料成本低。

（2）折射率大，具有良好波导特性。

（3）通信波段传输透明。

（4）硅光子芯片工艺与先进 CMOS 工艺兼容，具有丰厚的工艺技术积累。

（5）SOI 在光学上具有很好的导光性质，在电学上具有很好的抗辐射性能。

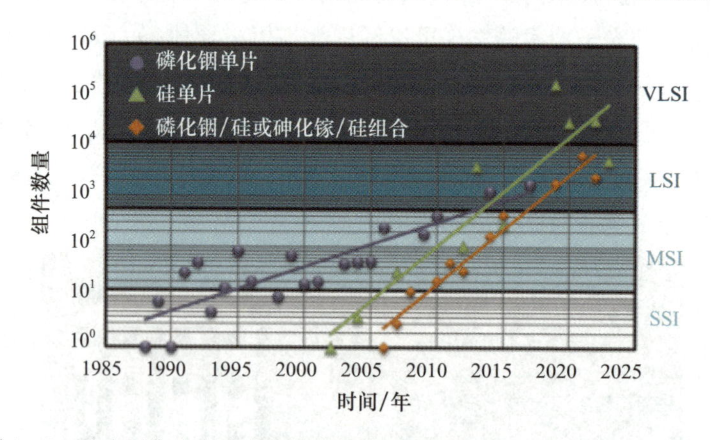

图 4－2　硅光子集成电路在几代小规模、中等规模、大规模和超大规模集成（即 SSI、MSI、LSI 和 VLSI）上的组件数量时间表

从技术来说，在不同速率和不同传输距离下，硅光技术相比Ⅲ－Ⅴ器件在演进的过程中具有竞争优势。在单通道波特率低于 25G，短距离传输（ < 10km）中，Ⅲ－VDML（直调激光器）的性价比较优；随着传输速率及距离增加，激光集成电吸收调制激光器（EML）芯片因其优异高速调制频响，低驱动电压，低啁啾，成为主要光电器件，特别是单通道速率到 50G 波特率以上时。随着大数据中心对连接带宽的不断升级，多通道技术成为必须，高集成高速硅光芯片成为性价比更优越的选项。从用 4×25G 为代表、100Gb/s 大数据中心光互连时代开始，以 Intel、Luxtera 的硅光产品开始崭露头角，开始规模化进入市场。当前，100G 已

进入成熟应用,400G(4×100G)正在进入规模商用,800G(8×100G)也已开始在大规模人工智能及高密度交换机互联开始试商用。硅光解决方案因其高集成度、低功耗、小型封装,大规模可生产性的强劲竞争优势,承载着业界的期望。在高速(100Gb/s)长距(>80km)传输应用方面,相干检测因其不可替代的抗色散特性成为主流技术解决方案。相干检测需要更复杂的多通道调制解调平衡探测组合,硅光集成技术成为相干检测大规模商用的重要技术基础。目前,100G 相干硅光方案已经规模商用多年,多厂家正在角逐 400G ZR 相干技术在数据中心互联(DCI)规模商用。同时,800G 相干方案也已开始进入预研阶段。

4.1.2　技术发展脉络

在 20 世纪中期,半导体产业刚兴起时便有人提出过在硅材料上制作波导等光学结构的想法,但真正对于硅基光子的研究可追溯到 20 世纪 80 年代。受限于当时的硅基制作工艺,硅基光子学的发展较为缓慢。硅光子基于 IC 技术的特点使它很早便进入了一些 大型 IC 公司的视野。在 21 世纪初,IBM、Intel、Sun Microsystems(后并入 Oracle)、NTT/NEC 等公司便设立独立硅光子部门并投入大量资源,和学术界齐头并进地进行硅光子科研,这种情况以往并不常见。和资源有限的学术界不同,这些公司本来就处于 IC 生态系统的领导地位,能利用更多工艺和配套的资源,以独立或与学术界合作的形式为很多重要的结果做出了巨大的贡献,包括高速调制器、锗探测器、低损耗光波导和混合集成。最近 10 多年来,该领域呈现出爆炸式增长,并被视为一个颠覆性的平台技术,目前首先聚焦在数据中心、高性能计算和传感等领域。微电子的发展得益于微电子工艺和集成电路设计的发展,其中的一个关键是设计与制造的分离。研究人员利用多项目晶圆(MPW)服务,可以很快地通过大规模集成电路实现前沿开创性工作,这有力地推动了微电子技术的发展和应用。集成光子技术从提出至今已近 50 年,与微电子与集成电路不同,一直以来集成光子技术主要还是针对特定的运用,需要采用不同的光电材料和精细化的工艺。由于主要应用于光纤通信,集成光子器件实际可以说还处于分立元器件状态,每个器件被单独地封装,然后通过光纤连接起来。通常可以看到一个通信系统使用的光电器件由多种不同的材料系统组成,如用于实现光学复用和无源器件的玻璃基上扩散波导、用于实现调制器的铌酸锂材料、用于实现激光器的磷化铟材料、用于实现光探测器的锗材料等。每一个光电器件制作的工艺与其他器件的制作工艺无法兼容。每一种光电材料的选取都依赖于器件的性能要求。这些光电器件都需要特定的制作设备,与微电子互补金属氧化物半导体相比，这些光电器件还远远无法进行大批量生产，制作成本相当高。硅基光子技术潜力巨大，首先便在于其可以将多功能光子器件集成在单个芯片上，并通过先进的 CMOS 工艺进行大批量生产。这使得高度复杂的光子集成系统通过较合理的成本生产出来成为可能。近些年来，随着 CMOS 工艺发展逐步成熟，硅基光电子技术可以充分利用原有的微电子工艺基础，将工艺进行开发和改善从而制造硅基光子器件与系统。基于 CMOS 工艺已制造出能够实现光的产生、探测、调制和其他操控功能的硅基光子芯片。图 4 – 3 所示是典型的硅光子集成电路（PIC），展示了高水平的集成密度。此外，通过结合光学和电学的优势，在硅材料上同时制造光子器件和集成电路，实现片上混合集成系统也是目前的发展趋势之一。

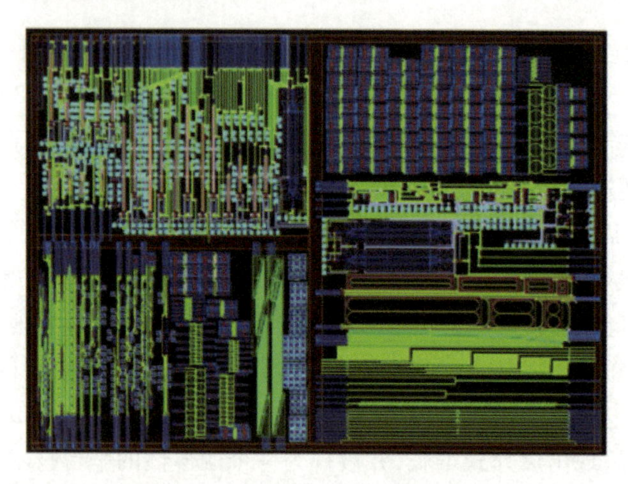

图 4 – 3　典型的硅光子集成电路设计

4.1.3 技术当前所处的阶段

1. 核心硅光器件设计与制备

硅光核心有源无源器件性能的不断提升，是实现面向 5G 高速低延迟应用硅光器件/模块的重要保证。在学术界和产业界的不断推进下，硅基光电子集成的关键材料和器件研究取得了突破性进展，目前已经形成了完备的无源器件和有源器件库。其中无源器件包括波导及耦合器件、振荡器、滤波器、复用器和解复用器等。有源器件包括硅基光源、探测器、调制器和放大器等。

在调制器研究方面，2004 年和 2005 年，美国 Intel 公司和康奈尔大学的研究人员分别在《自然》杂志上报道了基于马赫 – 曾德尔（MZ）结构和微环谐振腔结构的高速硅基调制器，其结构示意图如图 4 - 4 所示，开启了硅光子研究的新时代。之后各种基于等离子色散效应的硅基调制器层出不穷，调制速率由 1Gb/s 发展到 60Gb/s，调制码型由简单的二进制振幅键控（OOK）发展到复杂的四相相对相移键控（DQPSK），功耗也由数十 pJ/bit 降低为几个 fJ/bit，为高速、可靠、低功耗电光信号转换打下了坚实的基础。

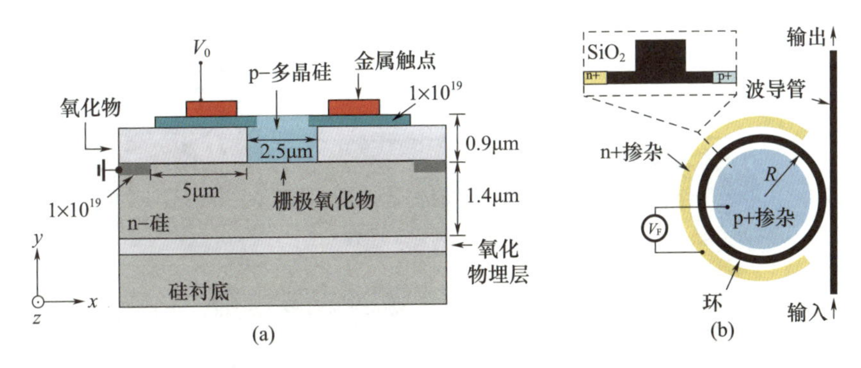

图 4 - 4 Intel 公司报道的 MZ 调制器（a）和康奈尔大学报道的微环调制器（b）

在探测器研究方面，主要有Ⅲ - Ⅴ族与硅基混合集成探测器和 Ge 探测器两种，考虑到 Ge 的加工工艺与 CMOS 兼容，因此受到更加广泛的关注。2009 年，Intel 公司成功实现了一种超高速硅基光电雪崩探测器，该探测器达到了有史以来最高 340GHz 的"增益带宽积"，10Gb/s 的速率工作时灵敏度为 - 28dBm，1310nm 波长的响应度 0. 88A/W，这使硅光子器件性能首次超越同样功能的传统材料光电子器件（图 4 - 5）。

2010 年，IBM 发布了史无前例的 40Gb/s 的 Ge 波导型雪崩探测器，这一器件工作电压可低至 1. 5V，与 CMOS 电压兼容，雪崩增益能够达到大于 10dB，器件噪声降低 70 %，对于硅基片上光互连和高灵敏度光接收机的应用来说都具有不可估量的意义。之后，美国 Kotura 公司、甲骨文公司、法国巴黎第十一大学、新加坡微电子研究院都有关于高速硅基锗探测器的报道，带宽高达 60GHz，速率高达 40Gb/s，完全能够满足目前各种应用场合。

硅光子实用化面临的一大技术难题在于光源，由于硅是间接带隙材料，发光效率低，带边吸收系数低，难以实现硅发光器件。除了利用耦合器将外部光源的光引入芯片以外，另一种方法采用的是Ⅲ - Ⅴ族混合集成。2006 年，Intel 公司和加州大学圣巴巴拉分校合作，首次成功将Ⅲ - Ⅴ族发光材料与 SOI 衬底键合，实现了硅基键合电泵浦激光器。2007 年，比利时根特大学的研究人员成功研制了硅基键合微盘激光器，随后，又将 4 个激光器级联耦合到同一硅波导中。之后，这两所大学还有很多关于混合集成激光器的报道，包括分布布拉格反射式、分布反馈式等，继续推动着混合集成激光器由研究迈向实用。尽管混合集成激光器可能是片上光源的最有潜力的实用方案之一，但是以 Intel 公司为首研究的全硅拉曼激光器和以美国麻省理工学院为首研究的硅上锗激光器也在近年取得了一系列突破，为未来实现完全 CMOS 工艺兼容的硅基光互连提供了前期的技术储备(图 4 -6)。

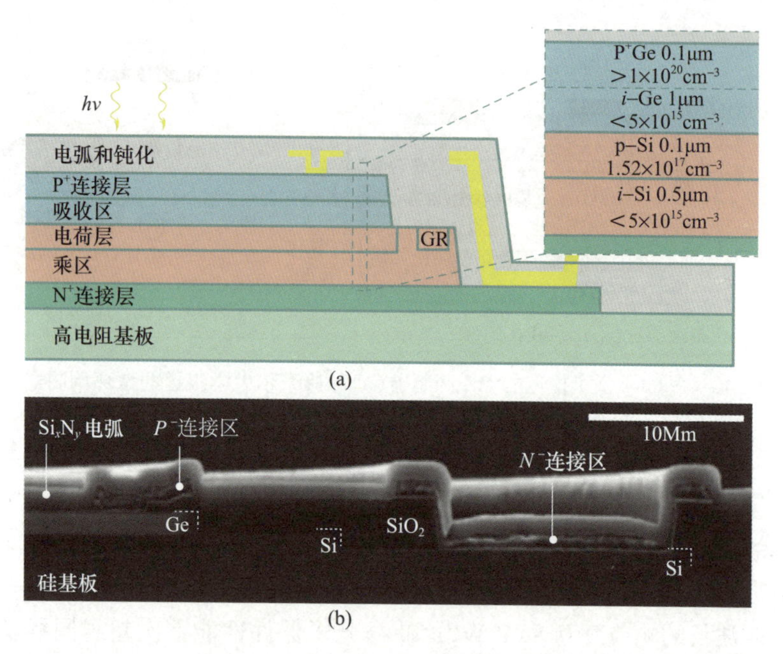

图 4 -5　Intel 公司制作的超高速硅基光电雪崩探测器结构示意图(a)和扫描电子显微镜截面图(b)

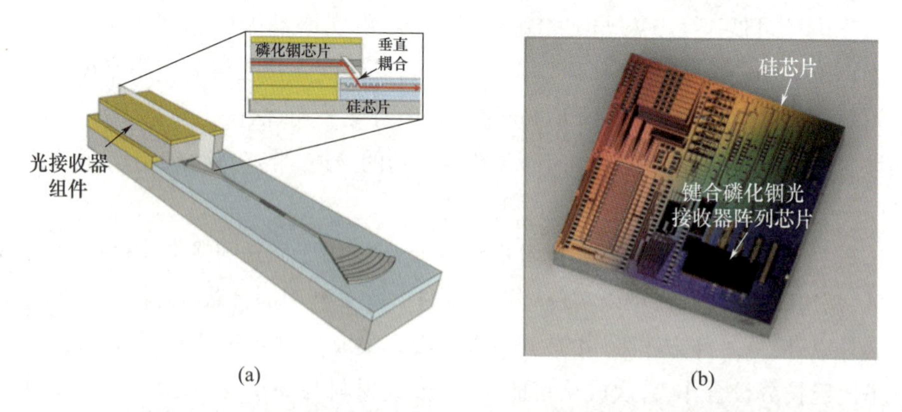

图 4 -6　三维混合集成硅激光器的正视图和侧视图原理图(a)和与硅片结合的磷化铟光接收器阵列芯片的光学显微镜图像(b)

在无源器件方面，以硅纳米线波导阵列波导光栅为代表的波分复用器件在单纤三向复用、密集波分复用和粗波分复用等应用方面的原型器件已经实现，甚至通道数为512、通道间隔为0.2nm的原型器件也已经被报道。通过优化设计和工艺，比利时根特大学在2014年报道了目前性能最好的阵列波导光栅器件，通道间隔1.6nm/3.2nm的器件损耗为2nm/1.5dB，串扰为-22.5/-26dB。同时，他们采用聚合物覆盖窄阵列波导、二维光栅偏振分集机制、多模干涉耦合器产生双峰等手段，分别实现了温度不敏感、偏振不敏感和平坦化频谱的新型器件，为实现实用化片上波分复用/解复用奠定了坚实的基础。其他重要的硅光子无源器件，如低损耗光波导、刻蚀衍射光栅、锥形模式转换器，定向耦合器、多模干涉耦合器、Y分支波导、光栅耦合器、反向锥形耦合器、偏振分集机制器件和模分复用器件，也在近年取得了一系列进展。但是，也必须看到近几年来再无纯硅基光互连的重要器件在高水平论文上出现，这也标志着硅基光互连的基本结构和功能种类已经定型，硅基光互连逐步由研究迈向实用化（图4-7）。

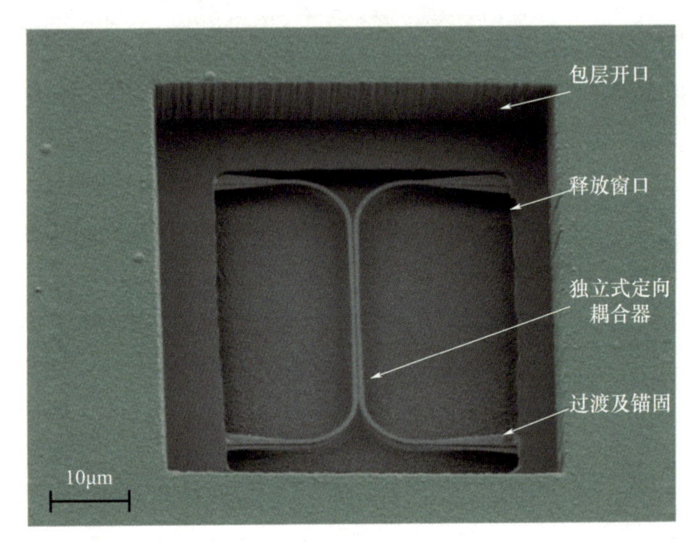

图4-7 独立式定向耦合器的扫描电子显微镜显微照片

2. 多材料体系融合集成

充分利用现有的或者改造的硅光子工艺平台，打造硅/先进光电材料（Ⅲ-Ⅴ族、$LiNbO_3$等）混合集成工艺平台（Si Photonics Plus），充分发挥CMOS超大规模、超高精度制造特性，并结合各材料光电特性优势，实现高性能混合光电集成芯片制备技术突破，是硅基集成光电子器件/模块的重要研究方向。

由于硅为间接带隙半导体，载流子直接跃迁复合的发光效率很低，利用硅材料制备高效发光器件极具挑战。通过近30年研究，尽管人们在硅材料与其他硅基单片集成四族材料（Ge和GeSn）上实现了硅基激光器的制备，其性能与基于Ⅲ-Ⅴ族、Ⅱ-Ⅵ族直接带隙材料激光器相差甚远，没有得到实际的应用。另外，硅具有中心反演对称的晶格结构，不存在直接的电光效应，且其载流子迁移率比Ⅲ-Ⅴ族材料低很多，这限制了硅基光电子器件向更高的工作频率和速度发展。目前，全硅调制器主要依赖于自由载流子等离子体色散效应，通过控制掺杂硅波导中的自由载流子浓度实现折射率的调制，但是也同时引入了光吸收（高损耗）。受限于低的调制效率与低的载流子迁移率，全硅调制器的极限带宽约为60GHz。铌酸锂材料（$LiNbO_3$）线性电光系数大（30pm/V），是制作高性能电光调制器的首选材料。2018年，哈佛大学报道了基于新型绝缘体上$LiNbO_3$薄膜（LNOI）电光调制器，其3dB电光带宽高达100GHz，如图4-8所示。

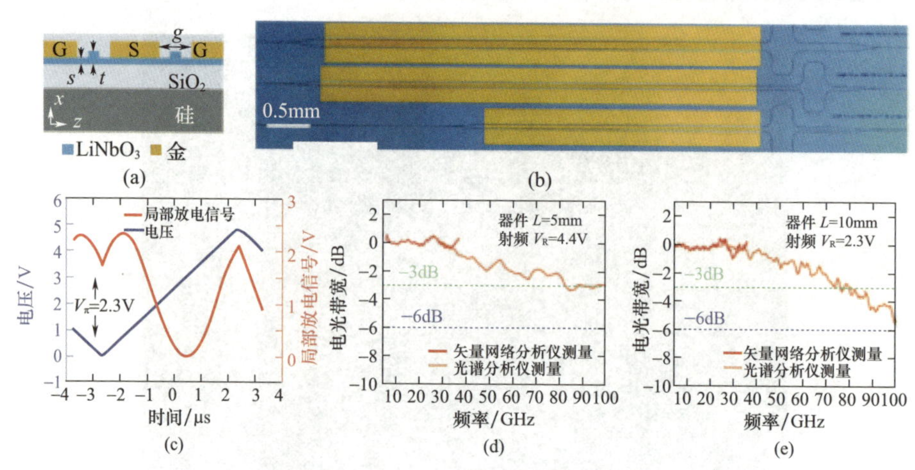

图4-8　哈佛大学2018年报道的$LiNbO_3$薄膜电光调制器

（a）共传播LN波导和射频传输线的横截面示意图；（b）显微镜图像显示集成在同一芯片上的3个LN调制器，具有不同的器件几何形状；（c）10mm长器件在100kHz处的实时调制信号，显示射频$V\pi$=2.3V；（d），（e）5mm长器件（d）和10mm长器件（e）的电光带宽测量结果，显示3dB E/O带宽分别为100GHz和80GHz。

3. 2.5D/3D集成

未来硅光子模块将持续向更高集成度、更高性能、更高工作频率等方向发展，传统的集成封装技术逐渐难以满足要求。为解决有机基板布线密度不足的问题，带有硅通孔（TSV）垂直互连通孔和高密度金属布线的硅基板应运而生，这种带有TSV的硅基无源平台称为TSV转接板（Interposer），应用TSV转接板的封装结构称为2.5D Interposer。在2.5D Interposer封装中，若干个芯片并排排列在Interposer上，通过Interposer上的TSV结构、再分布层（Redistribution Layer，RDL）、微凸点（Bump）等，实现芯片与芯片、芯片与封装基板间更高密度的互联。采用TSV、晶圆级封装（WLP）技术的2.5D/3D封装已经在微机电系统（MEMS）、影像传感器（CIS）以及存储器（FLASH、DRAM）等产品中实现工程化应用，并延伸至绘图芯片、多核处理器、电源供应器和功率放大器、FPGA等芯片产品领域。在硅光子领域，先进2.5D/3D封装技术还未出现系统性工程化应用，但相关应用研究报道已经越来越多。

4.1.4 对经济社会影响分析

光电子器件的制造技术正在逐渐由分离元件组装走向芯片集成，因为光电子集成芯片技术具有高速率、大带宽、低损耗、远距离传输、并行处理和高智能化等优势，这些优势使得未来信息技术发展在速率带宽、能耗体积、智能化与可重构等方面的瓶颈突破成为可能，支撑前沿信息技术研究与创新的发展。光电子集成芯片技术包括芯片设计、芯片制造、芯片测试与封装这3项共性平台技术，无论产品面向何种应用，其开发过程都要涉及这3项技术。

硅光子芯片设计仿真、工艺、封装共性平台的建设将涉及政府、大学和研究所以及企业，通过集中优势资源，在芯片设计、芯片制造、芯片测试与封装方面，整合最先进的技术并将之继续发展，并作为开放平台为学术界和工业界提供服务，进而使企业在最短的时间内开发出高性价比的产品，进而加速提高光件与模块企业的核心竞争力。

国外几个主要国家都已经积极开展了类似的大型项目来鼓励创新和提高制造技术平台。美国的AIM平台项目、比利时的IMEC、新加坡IME、德国的Fraunhofer Gesellschaft、英国的Catapult、法国的Carnot、中国台湾地区的工业技术研究所和加拿大的工业研究资助项目，都已经开始启动和运行。关于硅基光电子晶圆的研发设计，欧洲是以ePIXfab为主，InP基光电子则以JePPIX设计平台为基础，然后EUROPRACTICE机构为大学和研究所提供中介和协调工作。美国一直作为集成光电子芯片的领导者，目前通过AIM项目来全面整合各大学、公司与国防部对于光集成平台的各种资源，来提高已有成果的共享和集合，为潜在的各晶圆厂用户和国防部各相关分支提供使用权限，从而能够把过去在基础研究领域的优势转变成商业化成品的制造能力优势。

芯片间和芯片外的应用主要包括光纤通信、移动基站数据回传和数据中心等，这一领域市场明确，产品形式清晰，即利用硅光子器件集成实现高速的光收发芯片，形成高速光模块、有源线缆和子系统。长距离光纤通信和数据中心市场迫切需要高密度的高速集成收发器，包括超级计算机的机柜间连接、电信设备和数据中心等，也是目前硅光子公司涉足最多的领域，在这一领域硅光子技术凭借集成、性能和成本优势开始逐步替代分立器件的相关产品。在建立 5G 网络的驱动下，这一领域成为未来最有前景的增长点，市场需求旺盛，包括 Intel、IBM、Google、Apple 等在内的公司都在大力推动消费电子的高速光互连解决方案。2016 年全球链接器市场达到近 600 亿美元。以高清电视为例，电视行业制定的新的 SuperMHL 标准替代 HDMI 应对未来的 8K 以上的海量数据传输，数据率要高达 270Gb/s，电缆和分立器件光互连都难以支撑。这些市场迫切需要低成本的光收发模块，对硅光子的要求在于成本足够低，这正是 CMOS 工艺批量制造的优势，也正是硅光子之于分立器件的优势所在。

硅光子现阶段最迫切客户与市场需求来自于光通信与数据中心。5G 技术将带来全球流量和带宽的不断增长，硅光模块将充分受益于 5G 承载网和数据中心的建设。根据市场研究机构 Ovum 的数据，2016 年全球硅光元件的市场规模还只有区区 4000 万美元，且拥有相关产品的公司不过 Cisco、Intel、STMicroelectronics 等寥寥几家。但到了 2018 年，硅光器件的市场规模快速增长至超过 10 亿美元，其中以光通信应用为主。到 2024 年，预计硅光器件的市场规模将快速增长至 50 亿美元，2018 年至 2024 年均复合增长率超过 45%，其中近 80% 应用市场来自于数据中心。如前所述，微软、亚马逊和 Facebook 等互联网巨头之所以一直在大力推动该技术的发展，就是因为其数据中心每时每刻都在处理海量数据，其数据中心的性能被传统铜绞线数据传输带宽所限制。因此，这些互联网巨头希望硅基光电子技术能解决数据传输带宽问题从而提升数据中心的效率。短期内，硅基光电子芯片将被部署在高速信号传输系统中，替换现有的铜绞线。

随着互联网的蓬勃发展，越来越多视频、图像（包括 AR/VR）以及物联网传感器数据流在互联网及数据中心中汹涌流动。在 20 世纪 90 年代，人们就已经使用基于光纤的光基通信来实现互联网长距离通信。在今天，数据中心中服务器间的互联也在越来越多地使用光电子通信。数据中心需要多台计算机协同工作。每台计算机的性能越强，较低的互联带宽就越容易成为性能提升的障碍。我国研制的天河 2 号超级计算机，已经连续五次获得世界计算机 Top500 的第一名，其柜与柜所有的连接都通过光信号进行通信。传统的铜绞线传输不仅带宽提升困难，功耗和发热也不可小视/忽视，由此还会带来数据中心温度控制的附加成本。同时相对于电磁波易干扰易窃听的问题，光信号在安全性上得到了巨大提升，因此业界对硅基光电子技术寄予了厚望。

除了解决未来数据中心长距离数据传输的带宽需求，光电子还可以实现短距离芯片内/间数据传输。随着数据处理的需求越来越大，对芯片内/间信号传输速度的要求也越来越高。在数据传输能力上，光信号拥有远超电信号的高带宽。在先进制程，金属连线变细，金属层间通孔变小，这都会导致传统的芯片铜互连 RC 延迟越来越大而无法满足大数据的需求，继续提高带宽变得越来越困难且会消耗很大功耗。同时云计算产业却对数据交换能力提出了更高的要求：数据中心、超级计算机通常会安装数以千计的高性能处理器，可这些芯片的协同运算能力却受到芯片互连带宽的严重制约。在使用传统铜互连的今天，一个 Intel Xeon CPU 从与自己直接连接的内存中读取数据的带宽高达 40GB/s，但如果是从另一颗 Xeon 芯片控制的内存中读入资料，带宽就会下降 1/2甚至 2/3。

为了顺应大数据时代的潮流，解耦式数据中心，或者说，将每台服务器里面自带的内存或硬盘组成存储池，以虚拟化的形式提供数据中心所需要的计算以及存储等数据中心基础架构，是未来大数据的发展方向。硅基光电子技术在解耦式数据中心中有着不可或缺的重要作用。首先，硅基光互连是数据中心解耦的关键技术，只有高密高带宽的硅基光互联技术才能满足数据处理单元与数据存储单元之间的高带宽低延时数据传输需求；只有数据传输需求得到了满足，数据中心解耦才能成为可能。其次，硅基光电集成是解决微观硬件层面高密集成的关键技术，只有负责传输的光子芯片与负责存储和计算的电子芯片真正集成到单芯片中，片上服务器、片上集群才能成为现实。未来 5 年，数据中心的光收发模块的数量将以亿计。目前，现有的光通信 100Gb/s 光收发模块主要以混合集成为主。数据中心的光模块以 VCSEL（垂直腔面发射激光器）为主，但要实现 20GHz 以上高速 VCSEL 激光器还比较困难；另外，VCSEL 技术也无法波分复用。这就给基于硅基光电子技术的光模块提供了宝贵的发展机遇。国外一些大公司，Intel、IBM、Luxtera 等厂商也都在积极开发这类产品，这些新厂商进入这一领域证明了这是一个技术拐点和商业机会。

4.2 技术演化趋势分析

4.2.1 重点技术方向可能突破的关键技术点

1. 硅光集成工艺与有源无源器件库开发

1）核心硅光器件库

硅光核心有源无源器件性能的不断提升，是实现面向5G高速低延迟应用硅光器件/模块的重要保证。在学术界和产业界的不断推进下，硅基光电子集成的关键材料和器件研究取得了突破性进展，目前已经形成了完备的无源器件和有源器件库。其中无源器件包括波导及耦合器件、振荡器、滤波器、复用器和解复用器等。有源器件包括硅基光源、探测器、调制器和放大器等。

在调制器研究方面，调制速率由1Gb/s发展到60Gb/s，调制码型由简单的OOK发展到复杂的DQPSK，功耗也由数十pJ/bit降低为几个fJ/bit，为高速、可靠、低功耗电光信号转换打下了坚实的基础。

在探测器研究方面，主要有Ⅲ－Ⅴ族与硅基混合集成探测器和Ge探测器两种，由于Ge的加工工艺与CMOS兼容，因此受到更加广泛的关注。美国Kotura公司、甲骨文公司、法国巴黎第十一大学、新加坡微电子研究院都有关于高速硅基锗探测器的报道，带宽高达60GHz，速率高达40Gb/s，完全能够满足目前各种应用场合。

硅光子实用化面临的一大技术难题在于光源，由于硅是间接带隙材料，发光效率低，带边吸收系数低，难以实现硅发光器件。除了利用耦合器将外部光源的光引入芯片以外，另一种方法采用的是Ⅲ－Ⅴ族混合集成。

简单总结就是有源器件未来的突破主要在光源集成方面，调制器未来实现更高带宽可能依赖不同材料体系，如铌酸锂。探测器的主要突破有两个方向：一个是向长波方向发展覆盖L波段；另一个是探测器性能的提升，提高增大倍数的同时降低暗电流噪声，主要面向激光雷达相关的应用。

在无源器件方面，以硅纳米线波导阵列波导光栅为代表的波分复用器件在单纤三向复用、密集波分复用和粗波分复用等应用方面的原型器件已经实现。甚至通道数为512、通道间隔为0.2nm的原型器件也已经被报道，其结构的金相显微镜图像如图4－9所示。通过优化设计和工艺，比利时根特大学在2014年报道了目前性能最好的阵列波导光栅器件，通道间隔 1.6nm/3.2nm 的器件损耗为 2nm/1.5dB，串扰为 −22.5/−26dB。同时，他们采用聚合物覆盖窄阵列波导、二维光栅偏振分集机制、多模干涉耦合器产生双峰等手段，分别实现了温度不敏感、偏振不敏感和平坦化频谱的新型器件，为实现实用化片上波分复用/解复用奠定了坚实的基础。其他重要的硅光子无源器件如低损耗光波导、刻蚀衍射光栅、锥形模式转换器，定向耦合器、多模干涉耦合器、Y 分支波导、光栅耦合器、反向锥形耦合器、偏振分集机制器件和模分复用器件也在近年取得了一系列进展。但是，也必须看到近几年来再无纯硅基光互连的重要器件在高水平论文上出现，这也标志着硅基光互连的基本结构和功能种类已经定型，硅基光互连逐步由研究迈向实用化。

目前，无源器件的瓶颈在于片上集成的 CWDM（粗波分复用）滤波器，虽然已经有很多相关研究并取得了一定的进展，但是距离商用标准仍有距离，且没有看到在现有方案能够完全解决这一问题的潜质，这一问题的解决可能依赖未来全新的设计理念或者工艺突破。

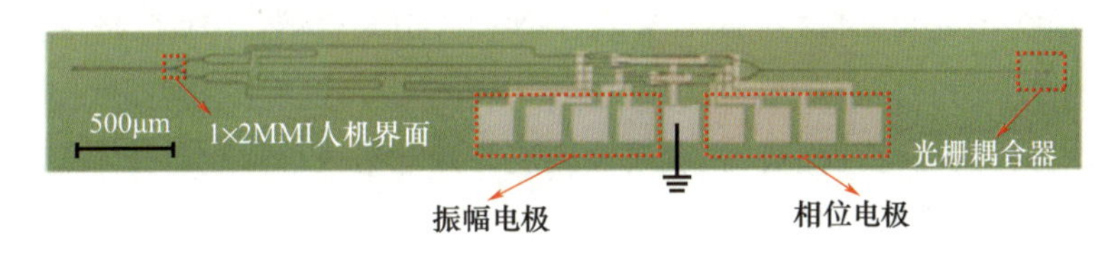

图 4-9 可编程滤波器的金相显微镜图像

2）硅光集成工艺开发

（1）2.5D/3D 集成。未来硅光子模块将持续向更高集成度、更高性能、更高工作频率等方向发展，传统的集成封装技术逐渐难以满足要求。为解决有机基板布线密度不足的问题，带有 TSV 垂直互连通孔和高密度金属布线的硅基板应运而生，这种带有 TSV 的硅基无源平台称为 TSV 转接板（Interposer），应用 TSV 转接板的封装结构称为 2.5D Interposer。在 2.5D Interposer 封装中，若干个芯片并排排列在 Interposer 上，通过 Interposer 上的 TSV 结构、再分布层（Redistribution Layer，RDL）、微凸点（Bump）等，实现芯片与芯片、芯片与封装基板间更高密度的互联。采用 TSV、WLP 技术的 2.5D/3D 封装已经在微机电系统（MEMS）、影像传感器（CIS）以及存储器（FLASH、DRAM）等产品中实现工程化应用，并延伸至绘图芯片、多核处理器、电源供应器和功率放大器、FPGA 等芯片产品领域。在硅光子领域，先进 2.5D/3D 封装技术还未出现系统性工程化应用，但相关应用研究报道已经越来越多，典型的硅光子转接板 3D 集成结构示意图如图 4-10 所示。

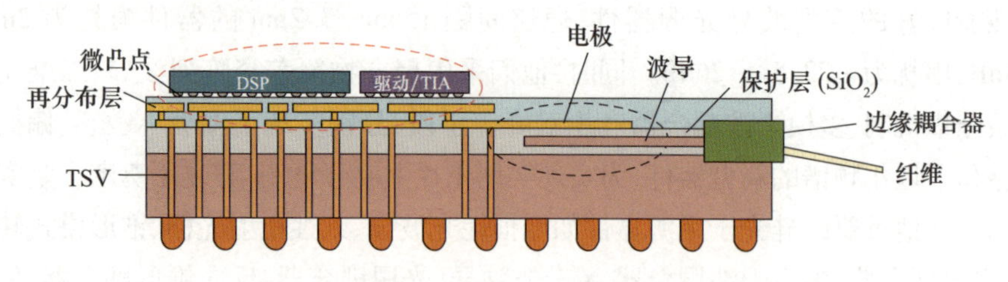

图 4-10　硅光子转接板 3D 集成结构示意图

(2)光源集成相关工艺的开发。目前,主流的技术包括基于现成激光芯片的倒装焊、基于芯片键合的混合集成以及基于外延的单片集成。这 3 种技术中,倒装焊相对简单,对硅光芯片的加工工艺要求不高,难点在于定制激光器以及倒装焊对准工艺,目前被采用较多。后两种方案对工艺要求更高,是未来技术突破的重点。

2. 硅基多材料体系融合集成

打造硅/先进光电材料(Ⅲ-Ⅴ族、$LiNbO_3$、相变材料、二维材料等)混合集成工艺平台(Si Photonics Plus),充分发挥 CMOS 超大规模、超高精度制造特性,并结合各材料光电特性优势,实现高性能混合光电集成芯片制备技术突破,是硅基集成光电子器件/模块的重要研究方向。

1)硅/Ⅲ-Ⅴ族化合物半导体材料混合集成

由于硅为间接带隙半导体,载流子直接跃迁复合的发光效率很低,利用硅材料制备高效发光器件极具挑战。硅基集成芯片与Ⅲ-Ⅴ族芯片的混合集成技术是在硅光模块中集成光源的关键技术和难点。硅/Ⅲ-Ⅴ族材料单片集成示意图如图 4-11 所示。硅基集成芯片由于硅材料折射率高,波导结构尺寸小,采用无源集成或有源集成方法都存在对准精度要求极高,对准工艺复杂,封装速度慢,良率较低等问题,不利于混合集成芯片的规模量产。目前也尚未有唯一最佳的光源集成解决方案。因此,建立硅基/化合物半导体混合集成光电子芯片制造与封装平台、着力解决混合集成技术中的关键技术问题、为硅基与半导体激光器的混合集成提供可行的解决方案是重要研究方向。

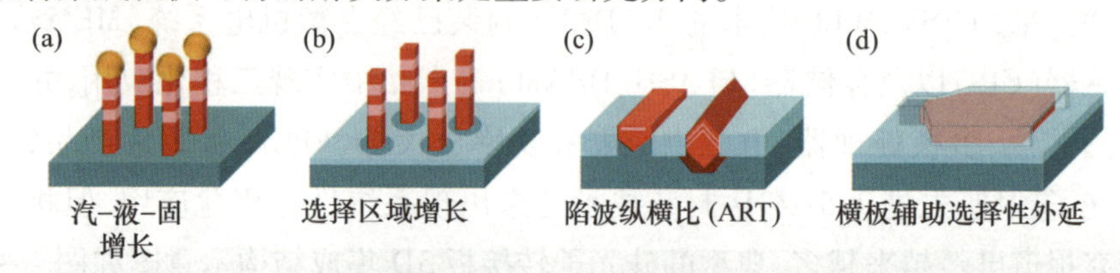

图 4-11　硅/Ⅲ-Ⅴ族材料单片集成示意图

2)硅/铌酸锂材料($LiNbO_3$)材料混合集成

全硅调制器主要依赖于自由载流子等离子体色散效应,通过控制掺杂硅波导中的自由载流子浓度实现折射率的调制,但是也同时引入了光吸收(高损耗)。铌酸锂材料是理想的电光调制器材料,铌酸锂中的线性电光效应基于铌酸锂材料在电场作用下的极化过程,该极化过程响应时间在 fs 量级,因此,基于铌酸锂的电光调制器具有极高的理论带宽极限(106GHz)。传统基于铌酸锂体材料的电光调制器具有高线性度、高可靠、较高带宽等优势,已在光通信和微波光子学等领域得到广泛应用和验证。然而,基于铌酸锂体材料的电光调制器有尺寸大(~10cm)、无法集成、驱动电压高等缺点。

近几年,通过将铌酸锂体材料薄膜化并键合到硅衬底上,制备出绝缘体上铌酸锂薄膜(LNOI)材料,解决了铌酸锂体材料的缺点,使其成为极有竞争力的新材料平台。图 4-12 展示了基于 LNOI 平台制备的 MZI 型电光调制器。值得指出的是,迄今为止,LNOI 为我国独有材料,国外的 LNOI 研究工作也基于从我国购买的 LNOI 材料。国内的济南晶正公司和中国科学院上海微系统所均具备生产 LNOI 材料的能力。

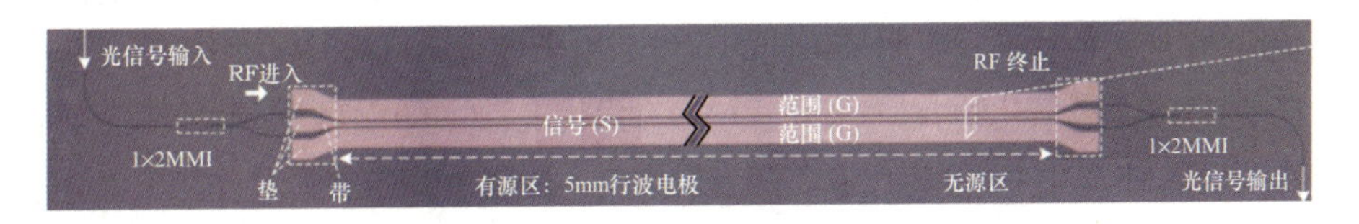

图 4-12 基于 LNOI 平台制备的 MZI 型电光调制器

3)硅/二维材料混合集成

除了薄膜铌酸锂调制器,石墨烯等二维材料光调制器件也因具有宽波段可调、调制速度快、有源区尺寸小等优势而备受关注。研究表明,在合适的结构下,该类器件的最大调制深度与速率分别能够达到 5.05dB/μm 和 510GHz。发展以石墨烯等为代表的新型二维原子晶体材料在新型光电子信息器件上的应用;发展构筑二维材料-硅基微纳米光电器件的新方法和新技术,图 4-13 为石墨烯/Te-Si杂化光电探测器结构示意图;解决目前二维材料与硅基材料的关键界面科学问题,同时研究该复合材料体系中光-物质相互作用的新机制;提出控制光场大小与控制材料吸收相结合的办法,降低复合波导的传输损耗;基于光纤与纳米波导耦合原理,提出了控制复合波导本征模式,通过与光纤模式模场匹配的方法降低耦合损耗;在此基础上,构建出新型高速光调制及探测等关键器件并实现片上互连。

4)硅/相变材料混合集成

相变材料传统意义上主要应用于光盘和相变存储器。近些年,随着光电子

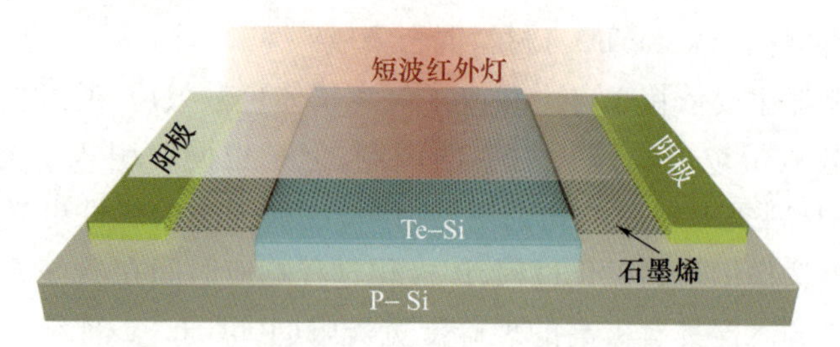

图 4-13　石墨烯/Te-Si 杂化光电探测器结构示意图

技术的飞速发展，相变材料和光电子器件混合集成产生了诸多新型应用，目前已经有波束调控、光开关、光调制器、非易失性二进制和多级存储器、算术和逻辑处理单元以及全光脉冲神经网络等技术报道。然而，以上绝大多数研究主要基于相变材料和 Si_3N_4 波导的混合集成。虽然 Si_3N_4 波导在低损耗方面表现出一定的优势，但其尺寸较大，不利于芯片的大规模集成化发展。相比而言，硅波导的尺寸更小，集成度更高，且很多硅基光电子无源、有源器件的研究趋于成熟。因而，研究相变材料和硅基光电子的混合集成是当前及未来的主流发展趋势。

相变材料能够可逆地在两种不同的原子排布或状态（非晶态和晶态）之间快速切换，并且两种状态具有明显不同的光学和电学性质。目前，最常用的两类相变材料是：过渡金属氧化物，以二氧化钒（VO_2）为代表，如图 4-14 所示；硫系金属化合物，以 $Ge_2Sb_2Te_5$（GST）为代表。两者最大的不同就是 GST 在脉冲作用下发生非晶态-晶态的转变，而 VO_2 发生的是金属-绝缘体的转变。当 GST 发生相变后，在无外界能量维持的情况下，当前的状态可以自动保持，直到下一次相变被触发。GST 的非易失性特点使得材料本身只在状态切换时消耗能量，而且 GST 薄膜的制备工艺较为简单，非常适合现阶段低功耗、小体积的硅基光电子技术的发展需求。

图 4-14　VO_2/Si 混合集成波导泵浦探针实验的示意图

4.2.2 未来的主流技术和关键技术主题

1. 硅光集成工艺与有源无源器件库开发

(1)硅光有源无源器件库:硅基光电子芯片与器件设计仿真平台开发。硅基光电子芯片与器件设计仿真包括多物理场仿真、光路级联优化、掩模版绘制与布线、规则验证以及器件库等,是光子器件设计的基础,也是加工制造的前提,因此,在最初就应该具有完整的设计能力。这就需要建立一个无缝集成,高度自动化、参数化器件库(拥有知识产权的已验证单元器件模块库 Cell Library),搭建一个丰富的对外开放的软件设计平台,为光电集成器件和系统的设计生产提供高效准确的设计以及仿真和优化工具。具体的器件库方面如前所述,主要包括基于芯片键合的激光器、基于外延的激光器、硅光集成铌酸锂薄膜的高速调制器、覆盖 L 波段的高速探测器、高速低噪声 APD 以及 CWDM 滤波器等。

(2)硅基光电子芯片与器件制造工艺是硅光子产业得以开展的基本要求和前提条件,属于国内亟待发展的领域。目前,国内大量的流片工作几乎完全依托国外的硅光平台,进度和质量都得不到保障。虽然硅光子和传统半导体集成电路工艺有接近的地方,并且目前多数厂商研发过程中都在借用 CMOS 的平台,但实际上硅光子的一些加工步骤跟 CMOS 是有区别的,特别是在混合集成之后。硅光子产品若要真正的实现高性能,就必须借助专门的生产线,开发面向特定应用的硅光子集成工艺。

与传统的微电子芯片不同,硅光子芯片元器件结构与工艺还没有完全固化,需要设计人员与工艺人员进行充分的沟通,才能开发出高性能硅光芯片。按照定位与功能的不同,硅光工艺平台可以分为科研线、中试线和量产线三类。其中科研线可定制性强,主要用于研发工作、功能性实验及单元器件/模块的快速验证,但存在稳定性和重复性问题;中试线主要用于硅光关键技术研发、产品前验证及小批量生产,但存在 IP、工艺自由度问题,流片周期问题;量产线则主要用于大批量生产。

2. 硅基多材料体系融合集成

1)硅/Ⅲ－Ⅴ族化合物半导体材料混合集成

(1)激光器－硅基纳米线波导模斑耦合器的研究。边发射激光器的输出光斑和发散角较大,其模场尺寸与纳米线波导(波导厚度为 220nm)模斑尺寸不匹配,耦合损耗高。同时,倒装封装技术对准精度要求高,尤其是垂直方向的对齐问题，因为它不仅取决于对准工艺过程的准确性，还对硅光芯片和激光芯片制造过程中的层厚度控制提出了很高的工艺要求。

（2）激光器定位结构及封装方法研究。边发射激光器发光点离激光器上表面距离约为几微米，离激光器下表面距离约为几百微米。纳米线波导的光场在垂直方向耦合容差小，为实现激光器与硅基纳米线波导精密耦合，本项目将采用倒装焊的耦合方法。硅基芯片上刻蚀激光槽，通过定位桩的精确设计和工艺控制，降低激光器封装过程中垂直方向的精度控制要求。基于激光器的特征参数，对激光器定位结构进行优化设计，使得激光器输出光能有效耦合进入耦合器，同时激光器的电极能够有效地与芯片电极进行连接。通过二氧化硅/硅刻蚀技术，形成激光器槽、定位桩等激光器定位结构。通过金属溅射和 lift - off 工艺形成 UBM（凸点下金属）结构；通过激光器对准、金属焊接等工艺实现激光器片上集成。

（3）适用于大规模激光器生产的高产量晶片键合技术。从技术上来说，有两种不同的技术可以实现硅基异质集成激光器，即异质结外延以及晶片键合。异质结外延是通过直接在硅片上外延生长Ⅲ/Ⅴ族材料而实现的。然而，由于 InP 和硅具有 7% 的内在晶格失配，这种外延生长技术很难得到高质量的Ⅲ/Ⅴ族量子阱材料。

晶片键合技术可以得到高质量、高产量的硅上Ⅲ/Ⅴ族材料。具体来说，又有两种不同的晶片键合方法，即黏合键合以及分子键力键合。通过 BCB 等材料的黏合键合方法对键合表面的要求比较低，容差比较大。但是，它需要非常精确地控制 BCB 等聚合物黏合剂的厚度以及平整度。同时，BCB 等聚合物材料的导热性能比较差，会对激光器的性能产生很大的影响。相反地，基于分子键力的键合技术可以通过沉积氧化硅对其进行化学机械抛光，从而得到非常光滑的键合界面，以及相对可控制的氧化硅中介层，因此是一种更加适宜的方法。

（4）适用于异质集成激光器的Ⅲ/Ⅴ族量子阱材料及光学机构设计。硅基异质片上激光器由Ⅲ/Ⅴ族外延层结构和硅波导组成，它是一种通过电/光注入Ⅲ/Ⅴ族增益区并从硅波导发射激光束的器件。因此，为了达到高性能的片上激光器，我们需要对光增益材料结构以及波导结构进行数值模拟以及优化。

（5）晶圆级别硅基异质集成激光器的研制，晶圆级别的 InP 衬底去除方法的研发。晶片键合以后，需要将 InP 衬底移除才能进行激光器的制作。衬底移除传统上是通过手动逐个涂蜡保护Ⅲ/Ⅴ族晶片的四周。然而，这种方法效率低下，不适用于大规模激光器的生产。因此，在该项目中，研发晶圆级的 InP 衬底去除方法，比如，使用晶圆级光刻胶涂层来保护用于去除衬底的Ⅲ/Ⅴ族管芯侧壁，或者通过衬底减薄技术等；晶圆级别的Ⅲ/Ⅴ族激光器加工工艺研发，依赖于

CMOS 兼容工艺线，进行晶圆级别的Ⅲ/Ⅴ族激光器的制作，研发一整套Ⅲ/Ⅴ族激光器加工的工艺流程，包括Ⅲ/Ⅴ族激光器的图案化、蚀刻、钝化、金属化到最终测试。

(6)硅基异质集成激光器的良率及性能的稳定性研究。异质光电集成技术在进入实际生产之前需要解决的关键问题之一是对器件进行热管理，以获得热稳定和可靠的操作。这被认为是直接影响器件产量和长期稳定性的瓶颈问题。

2)硅/铌酸锂材料混合集成

(1)LNOI 低损耗波导制备。在 LNOI 平台上通过干法刻蚀制备的纳米波导器件可以提供较强的光学限制能力和小波导弯曲半径，使器件尺寸大幅缩小。由于铌酸锂材料极难刻蚀，低损耗铌酸锂波导的加工制备是 LNOI 光电子器件研究及产业化应用的瓶颈。2017 年，哈佛大学报道了基于常规半导体工艺制备的超低损耗铌酸锂亚波长波导，破除了人们对铌酸锂材料难以加工的固有认知。直波导损耗为 2.7dB/m 并实现了超高 Q 值(本征 107)脊波导微环谐振器。另外，2016 年，California 大学 Chang Lin 等通过 LPCVD 沉积工艺在 LNOI 平台上制作了氮化硅 strip - loaded 波导，传输损耗仅为 0.3dB/cm，如图 4 - 15 和图 4 - 16 所示。

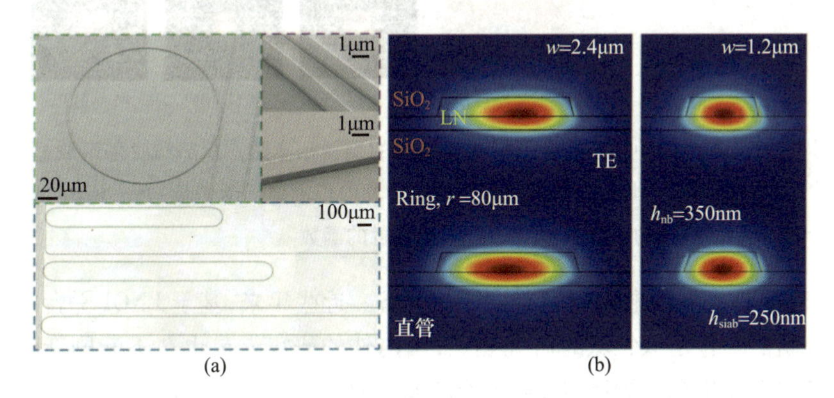

图 4 - 15 不同长度的微环谐振器和微跑道谐振器的扫描电子显微镜(上)和光学显微镜(下)图像(a)，以及模拟直波导和弯波导的光学模式(b)

(2)LNOI 波导与光纤的高效耦合器件设计与制备。LNOI 平台上纳米波导的导模模斑尺寸与光纤模斑尺寸之间存在严重失配，直接耦合损耗大，因此要研究 LNOI 片上调制器与单模光纤的高效耦合方案。2019 年，墨尔本理工大学将束腰直径 2.5μm 的拉锥透镜光纤与铌酸锂脊形倒锥耦合，实现了最低 2.5dB/facet[①] 的耦合效率。2019 年，哈佛大学使用束腰直径 2μm 的拉锥透镜光纤与双

① facet，端面。

层铌酸锂倒锥结构耦合，实现了最低 1.7dB/facet 的耦合损耗。2020 年，浙江大学同样使用拉锥光纤进行波导耦合，实现了每端面 1.32dB/1.88dB(TE/TM)的耦合损耗，不过器件制备工艺比较特殊。然而，能够直接与单模光纤高效耦合的 LNOI 水平端面耦合器仍有待研究(图 4－17)。

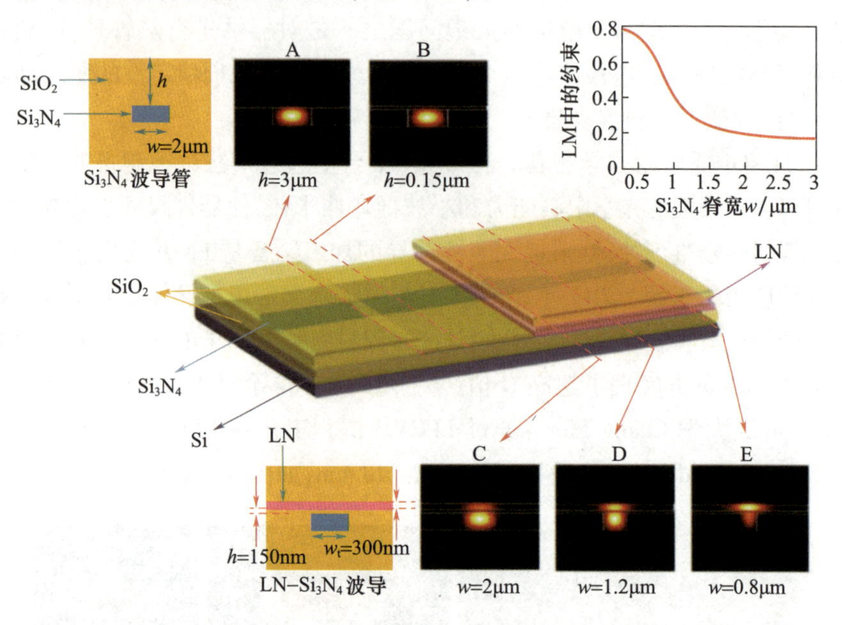

图 4－16　连接两种波导的锥形模式转换器的结构示意图。顶部和底部区域显示了 1540nm 处基本 TE 模式的波导截面示意图和模拟剖面。图中是 LN－Si_3N_4 混合波导 LN 层的模拟约束因子，计算为 Si_3N_4 脊宽的函数

(3)薄膜铌酸锂电光调制器设计与制备。近些年来，基于 LNOI 平台的高速电光调制器一直是该领域的研究热点，国内外的研究人员也在不断刷新该类器件的各项性能指标。2018 年，美国哈佛大学的研究人员在 *Nature* 上报道了基于 LNOI 材料的薄膜锂铌酸电光强度调制器，其带宽达 100GHz，数据传输速率 210Gb/s，大小仅为传统电光调制器的 1/100，可在小于 1V 电压下工作，说明基于 LNOI 的低功耗、超高速的调制器的可行性。2018 年，国内中山大学的余思远教授团队也报道了 SOI 与薄膜铌酸锂材料键合制备的 MZI 结构高速电光强度调制器，该器件的插入损耗仅有 2.5dB，半波电压与长度的乘积仅为 1.35V · cm，电光带宽≥70GHz。2019 年，中山大学又报道了基于 LNOI 平台的高速电光调制器，3dB 带宽 56GHz，半波电压 2.6V，PAM4 传输速率达到了破纪录的 220Gb/s，如图 4－18 ~ 图 4－20 所示。

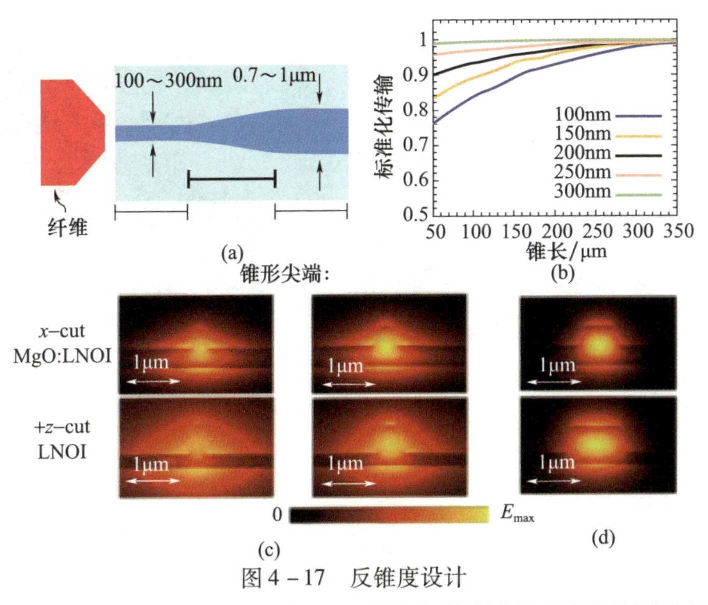

图 4-17 反锥度设计

(a)通过反锥度耦合到波导中光的示意图；(b)模拟了不同锥度尺寸下通过波导的总透射量随锥度长度的关系；(c)基宽为 200nm 和 300nm 的锥体模拟模态曲线，x-切割 MgO：LNOI 和 z-切割 LNOI 显示了 MFD 的增加；(d)x-切割 MgO：LNOI 和 z-切割 LNOI 中非锥形波导的模拟模廓

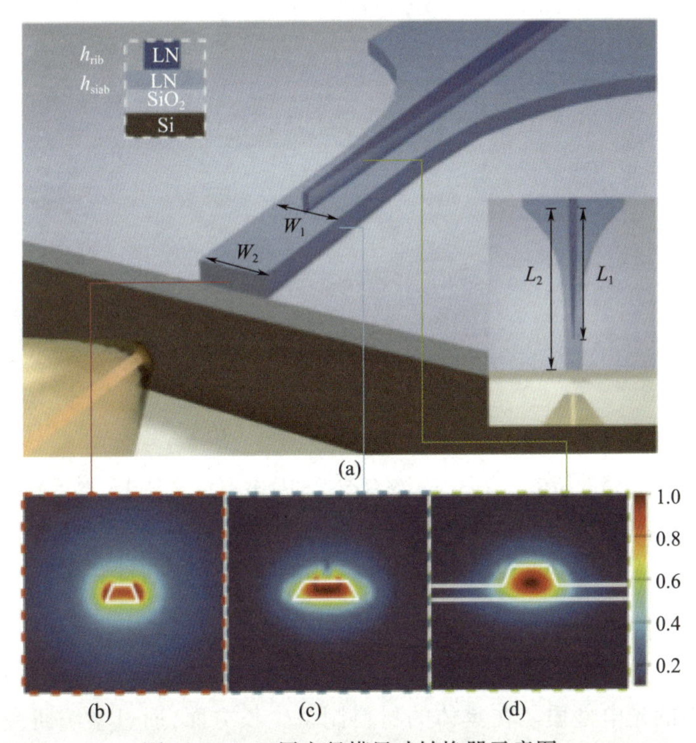

图 4-18 双层变径模尺寸转换器示意图

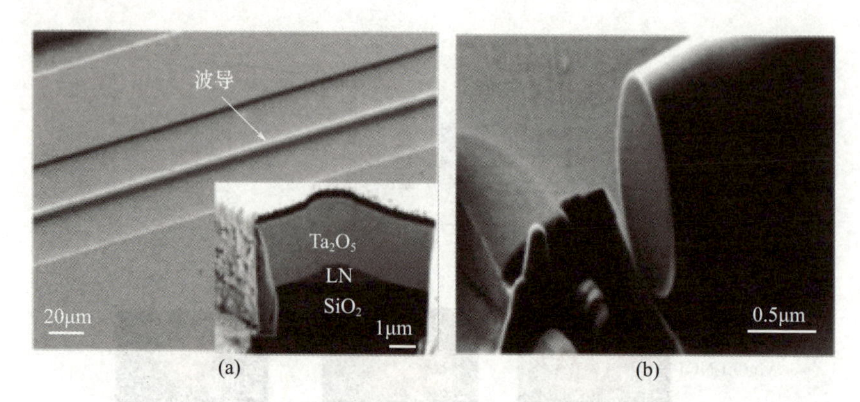

图4-19 倾斜视角下LNOI波导的SEM图像(a)，以及FIB处理后纤维锥度尖端的SEM图像(b)

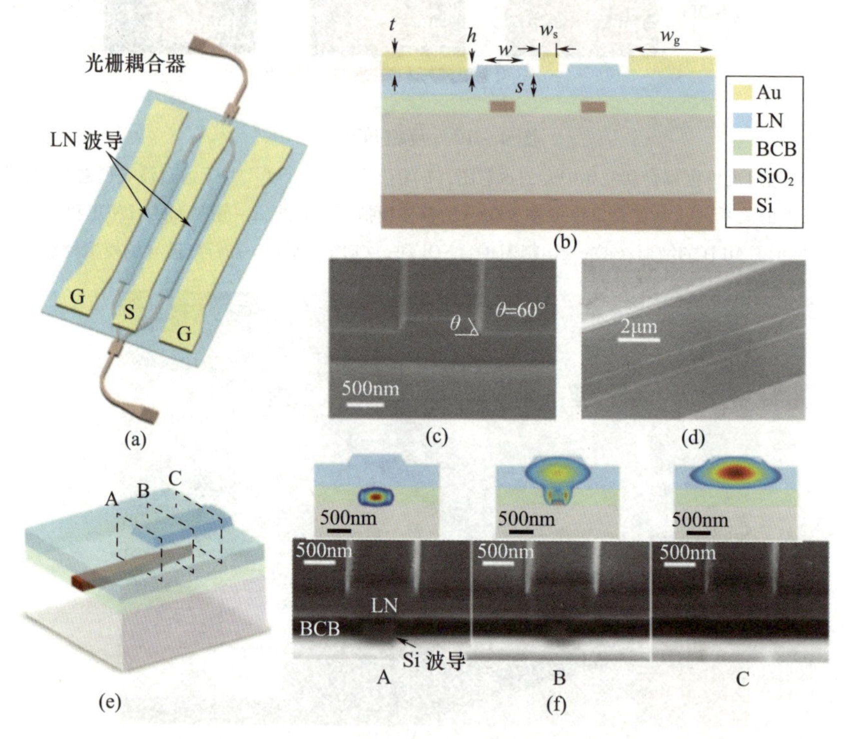

图4-20 整个电路的结构示意图(a)，混合波导的横截面示意图(b)，波导横截面的扫描电子显微镜(SEM)图像(c)，金属电极和光波导的SEM图像(d)，VAC示意图(e)，VAC在不同位置(A、B、C)横截面的SEM图像，以及与横截面相关联的计算模式分布(f)

3)硅/二维材料混合集成

发展在介质材料上直接低温制备高质量的新型二维原子晶体材料的技术，以获得预期的光电性质。在具体的材料制备生长方面，通过系统研究化学气相沉积方法，研究二维原子材料和各种异质结构在绝缘材料、介电材料、半导体材料、聚合物材料、基体上的低温外延生长，系统考察衬底结构、过渡金属和硫源种类等生长条件对材料结构和质量的影响。解释石墨烯和过渡金属硫化物的制备规律和结构控制关键因素，实现对其结晶质量和异质结构复合的控制，阐明其原子尺度的生长机制和异质结构复合机制。

对硅基直波导模场和石墨烯的耦合区域进行分析，通过不同的二氧化硅包层厚度控制光与石墨烯的相互作用强度大小。在此基础上，利用 FDTD 方法仿真分析石墨烯材料吸收对硅基石墨烯复合纳米波导有效折射率和传输损耗的影响。求解复合波导中本征模式的光场分布，计算其与光纤模式的模场交叠，以此评估光纤与复合波导的耦合大小。通过硅基波导结构参数设计控制光与石墨烯相互作用强度，并通过控制石墨烯材料吸收达到减小复合波导传输损耗的目的。综合考虑硅基直波导结构、二氧化硅包层厚度和石墨烯材料吸收等因素，得到传输损耗低、与光纤耦合损耗小的硅基石墨烯复合纳米波导设计。通过设计复合波导结构使其中传播的本征模场与光纤模场尽可能匹配，从而实现高效率的光纤与波导之间的耦合（图 4－21）。

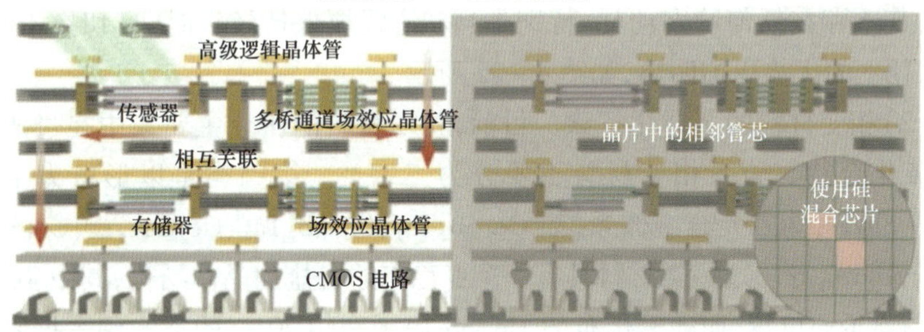

图 4－21 单片硅混合 2D IC 管芯示意图

4）硅/相变光电子材料混合集成

（1）新材料硅基混合集成器件的研究。为克服硅材料本身热光效应响应速度慢、载流子色散效应较弱的缺点，国内外在材料和器件的混合集成及探索器件结构创新方面做了很多工作。第一种是使用高对比度的介质材料或利用金属和介质界面上表面等离子元来增强光与物质的相互作用，以此来增加调制效率。这样虽然可以有效地将器件的横截面减小到数百平方纳米，但仍然需要器件有源区长度达到数百微米。另一种方法是利用谐振结构，使光多次循环进入高 Q 值谐振腔以增加光与传输介质的有效作用长度。虽然采用高 Q 值谐振结构可以将器件尺寸降到微米量级，但工作带宽通常很小，导致采用这些结构的器件对环境变化非常敏感，且波长的调谐还会引入额外的功耗。需要寻找一种可以实现折射率大幅度且高速调节的材料，与硅混合集成，以此来弥补硅材料的不足，从而进一步减小硅基器件的尺寸和功耗。折射率变化较大的替代材料体系包括铌酸锂（$LiNbO_3$）、铟磷（INP）、锗硅复合材料（Ge－Si）、石墨烯（Graphene）、氧化铟锡（ITO）、相变材料（Phase Change Material，PCM）等。InP 等Ⅲ－Ⅴ族化合物半导体的折射率随注入载流子浓度的变化而变化，通常是利用能带填充、带隙收缩和等离子体色散效应来实现的。虽然Ⅲ－Ⅴ族化合物半导体折射率的改变量大于硅，但是仍然不足以实现亚微米量级的器件长度。$LiNbO_3$ 薄膜折射率调制可以非常快（>50GHz），但 $LiNbO_3$ 薄膜不能用传统的沉积技术沉积，因此，现有的 $LiNbO_3$ 薄膜都是通过键合加刻蚀的方法与硅基器件集成，不利于与传统 CMOS 工艺的兼容。相变材料具有在不同状态之间灵活切换的性质。以 GST 为例，首先，GST 是一种公认的且已被广泛研究的相变材料，这使得我们可以直接利用其光学以及电学特性来探索其在新领域的应用；其次，它易于制备，利用蒸发或者溅射等方法就可以获得材料薄膜，且材料组分可灵活调配；再次，GST 的非易失性使其在神经形态计算、光存储等领域具有重要的研究前景；最重要的是，由于 GST 的非易失性，相比于传统采用热光效应或载流子色散效应实现的器件，其不存在任何静态功耗，特别是当状态需要保持较长时间（切换不频繁）时，功耗上的优势更加明显，如图 4－22 所示。

（2）相变材料的多样化探索。目前，相变材料的研究主要集中在过渡金属的硫族化合物。硫系相变材料主要分为三大类。第一类是以形核为主导的 $GeTe-Sb_2Te_3$ 伪二元合金体系，如 $Ge_1Sb_4Te_7$、$Ge_1Sb_2Te_4$、$Ge_2Sb_2Te_5$、$Ge_3Sb_2Te_6$ 和 $Ge_8Sb_2Te_{11}$ 等。这一类材料具有一个亚稳态的岩盐型晶体结构，其中 Te 原子占据阴离子的位置，而随机排布的 Ge、Sb 原子和约 20% 的空穴则占据阳离子位置。其中 $Ge_2Sb_2Te_5$（GST）因具有晶化速度快、非晶态稳定性好、两状态间电学和光学差异大等优点而备受关注，如图 4－23 所示。

第二类是对以生长主导型的 Sb_2Te 基材料进行掺杂，掺杂元素一般为 Ag、In、Ge、Ga、W 等。其中 $Ag_4In_3Sb_{67}Te_{26}$（AIST）是最具有代表性的一种材料，其较快的相变速度和较大光学差异使得这种材料在相变存储光盘领域成功的商业化。第三类是 Sb 基材料，如 $Ge_{15}Sb_{85}$、GaSb、AlSb 等。这类材料不含有毒的 Te 元素，因此，近几年也受到较多关注。

（3）高性能相变材料薄膜的制备。高质量相变材料薄膜的制备是实现高性能相变材料硅基混合集成器件的前提。以 GST 薄膜为例，目前的制备方法主要有蒸发法、溅射法、激光脉冲沉积法、化学气相沉积法等。研究不同的制备方法和工艺条件对所形成的GST薄膜纯度、稳定性、相变效率等参数的影响,通过多种材料特性表征方法来获得薄膜物理和化学信息,从而制备出纯度高、稳定性好、厚度均匀的高质量相变材料薄膜(图4-24)。

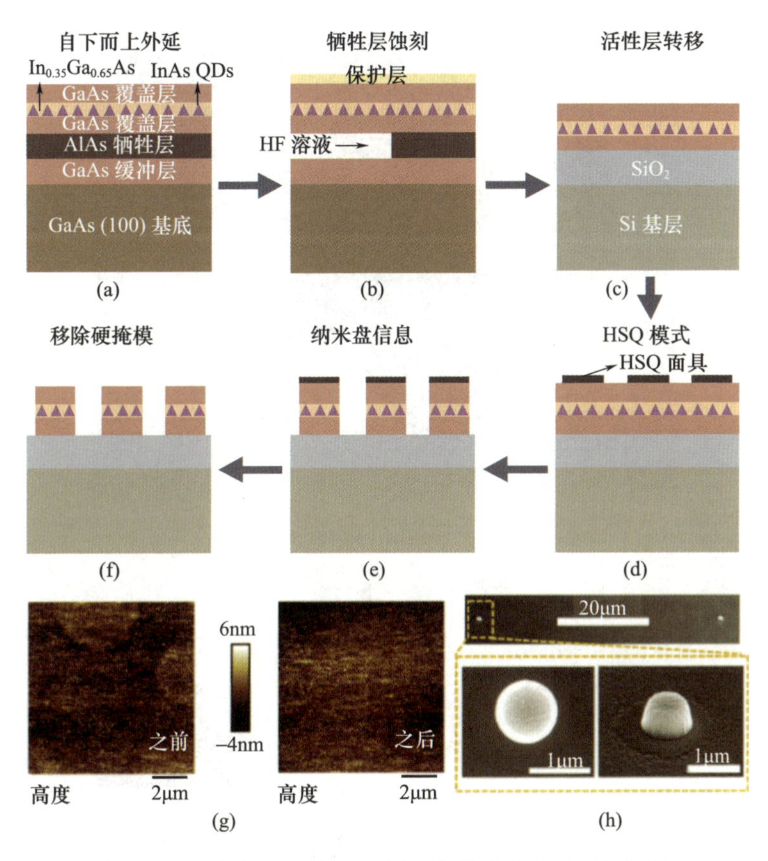

图4-22 异质集成的InAs量子点发光器件的工艺流程

(4)相变材料的相变方式探索。探索低功耗、快速实现相变的方式也是当前主要的研究方向。相变方式主要分为光致相变和电相变两种。光致相变是现有的非易失性光学数据存储技术的基础,同时它也提供了一种研究相变机理的新方法,为相变材料在光学等领域的应用打开了大门。假定初始沉积的GST薄膜处于非晶态,从非晶态相变到晶态进行光致相变,需要施加具有适当能量密度且持续时间较长的激光脉冲,该脉冲可以将材料加热到玻璃化转变温度(T_g)以上。在从晶态转变为非晶态的过程中,需要施加一个能量密度高且持续时间短的光脉冲。该脉冲先将材料加热到熔化温度(T_m)以上,使晶态GST材料中的化学键被打断,再经历一个快速的冷却淬火过程(冷速率109K/s),使处于熔融状态下的原子来不及重新排列成键，因此形成了短程有序但长程无序的非晶态。光致相变需要对光脉冲进行调制、放大、滤波等系列操作，因而系统较为复杂，不利于大规模器件的集成。

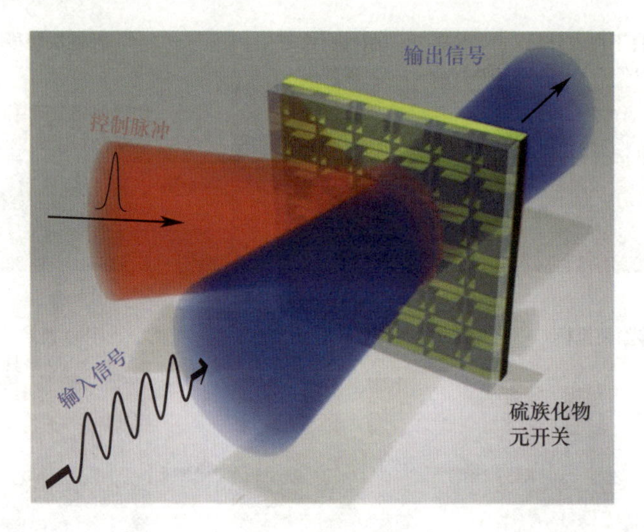

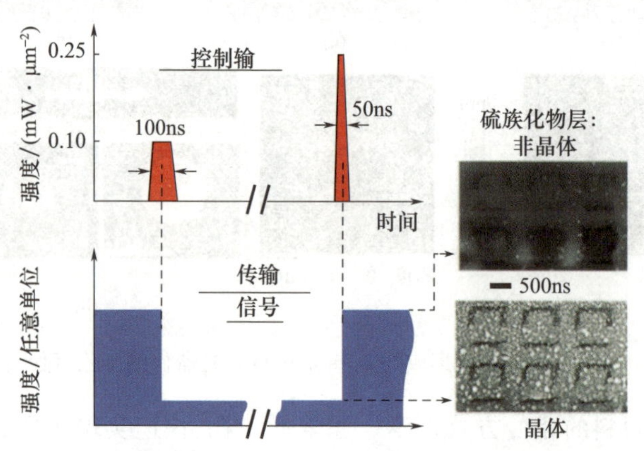

图 4-23　相变全光开关

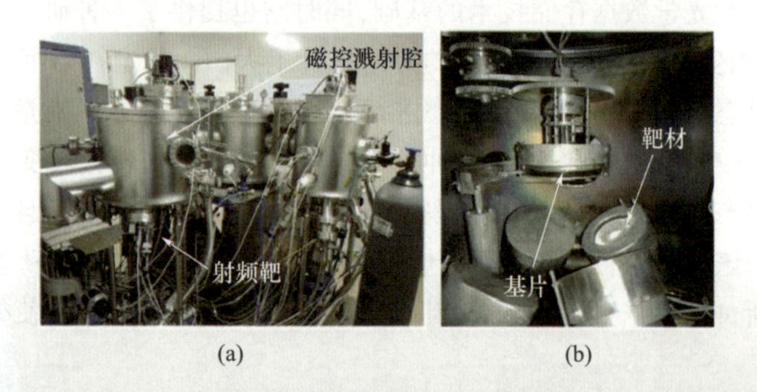

(a)　(b)

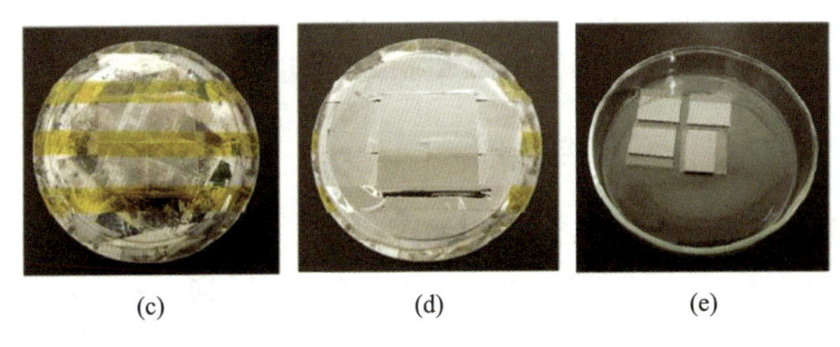

图4-24 中国科学院沈阳科学仪器公司生产的MS8000型多功能真空镀膜机(a),磁控溅射腔体内部(b),清洗完毕后固定在基片盘上的玻璃基片(c),镀膜后的基片盘(d),以及最终得到的GST薄膜,薄膜呈现银金属光泽(e)

4.2.3 技术研发障碍及难点

1. 硅光集成工艺与有源无源器件库开发

在硅光器件与芯片设计仿真上,国外电子设计自动化(EDA)厂商与工艺厂“合纵连横”,并且,随着EDA公司的介入,已经逐渐发展为全链条的联合仿真平台。反观国内,与微电子EDA类似,在光电子仿真EDA领域基本空白,前期缺乏微电子EDA的相关技术积累,这种缺失在光电子仿真领域得到放大,与国外相关公司的技术差距进一步拉大。由于国外的先发优势以及用户的认可度,而这种差距不止体现在技术上,很难在短期内缩小,追赶的过程注定是一个漫长而痛苦的过程。

在集成工艺平台与工艺开发上,我国近几年才开始投资建设硅光子工艺平台,落后国外至少10年时间,同微电子工艺领域一样,工艺设备多采用进口设备,同时也是资金密集型领域,需要大量的投资才能看到成效,这也决定了这一领域的准入门槛较高。工艺人才的缺失是另一个限制因素,除了高端研发人员,有经验的高级技工同样缺乏且同样重要,国内没有建立起完善的人才培养机制,而由于供需关系所引起的人才培养体现的变化需要较长的反馈时间,短期内不能解决人才缺乏的问题。

在硅光子的关键元器件领域,包括硅基高速调制、探测、复用、耦合、偏振等等硅基器件,国内的科研院所在这些硅基器件上都有与国际前沿接轨的科研成果,然而,相关工作基本基于国外工艺平台实现,需要在国内工艺平台上进行全面的器件库和标准设计工具开发,为产品开发提供支持。目前,基于国内工艺平台开发的硅光有源无源器件性能与国际先进水平仍然存在较大差距,且稳定性与重复性没有经过验证。另外，国内工艺平台缺乏对特色工艺和先进工艺技术的布局与支持，如混合集成、2.5D/3D 集成、光电集成技术等。

2. 硅基多材料体系融合集成

1）硅/Ⅲ－Ⅴ族化合物半导体材料混合集成

激光器与光波导之间的高效耦合技术。在水平方向，用对准标记来完成对准，用于激光器对准的标记与硅光波导在同一工艺过程中成型，具有十分高的精度，可以满足激光器与光波导之间的对准要求，且由于是纯视觉对准，这有利于大规模量产的需要。垂直对准也可以通过精确控制垂直对准停止层的高度来达到精确地对准。

适用于大规模激光器生产的高产量晶片键合技术。进行多晶片转移键合技术的研发，进一步优化键合技术，使良率达到 90% 以上；进一步缩小晶片尺寸至 mm 量级，以达到更大程度地利用Ⅲ－Ⅴ族晶片从而降低成本；优化Ⅲ－Ⅴ族量子阱结构的设计和异质集成激光器的垂直波导结构，实现高性能的片上激光器制备；研发一整套Ⅲ－Ⅴ族激光器加工的工艺流程，包括Ⅲ－Ⅴ族激光器的图案化、蚀刻、钝化、金属化到最终测试；如图 4－25 所示，最终的目标是在 SOI 基础设施上建立热稳定的Ⅲ－Ⅴ族器件，在室温下工作寿命为 24h 以上。

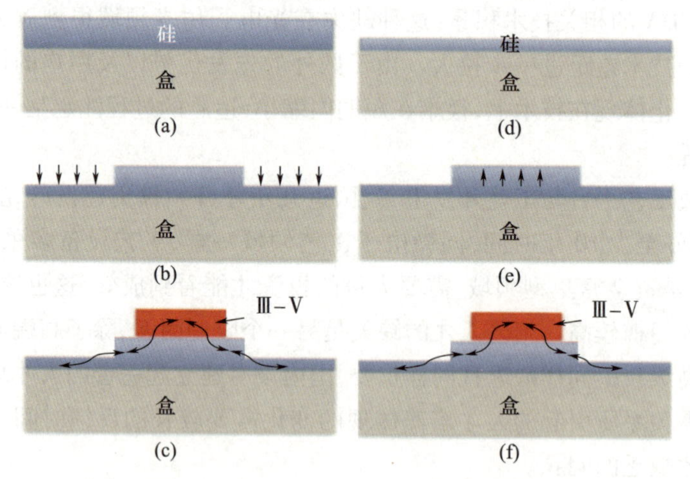

图 4－25　薄硅/Ⅲ－Ⅴ族波导耦合的常规刻蚀工艺

2）硅/铌酸锂（$LiNbO_3$）材料混合集成

难以实现片上集成光源。可以通过片上混合集成（键合），或者高性能封装将外部激光光源耦合进入 LNOI 光子集成芯片。由于 LNOI 的衬底材料为硅，理论上有通过选区外延生长Ⅲ－Ⅴ族材料实现片上光源的可能性。

(1)难以实现片上探测。可以通过片上混合集成(键合),或者高性能封装将探测器与 LNOI 光子集成芯片高效耦合从而实现光探测。由于 LNOI 的衬底材料为硅,理论上有通过选区外延生长锗材料实现片上探测器的可能性。

(2)与 CMOS 兼容性一般。可使用常规的半导体工艺(光刻 à 干法刻蚀)制备 LNOI 光子集成芯片,从广义上将具有一定的 CMOS 工艺兼容性,适合大规模生产。通过将现有的集成光子 Foundry 平台小规模改造即可进行 LNOI 光子芯片的流片生产,如图 4-26 所示。

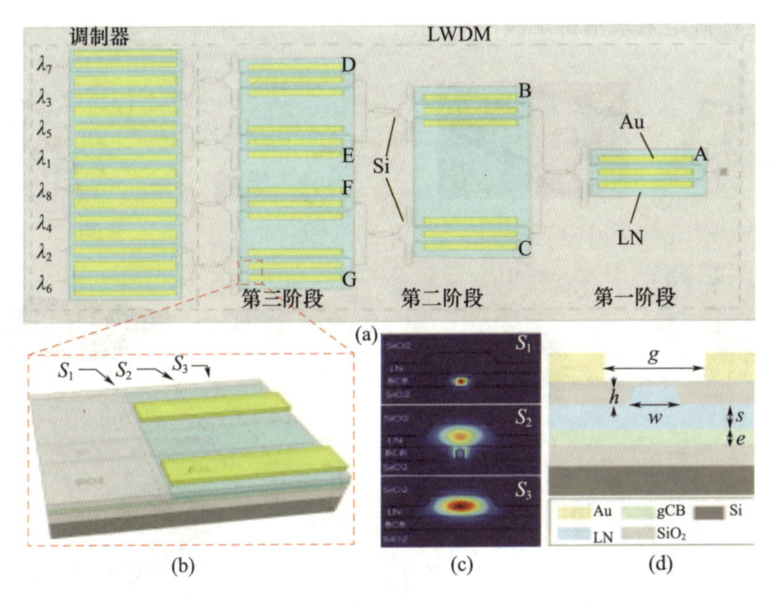

图 4-26 波分复用器-硅-铌酸锂混合集成平台

3)硅/二维材料混合集成

缺乏稳定的材料生长/沉积技术,需要研究优化化学气相沉积等方法,系统考察衬底结构、过渡金属和硫源种类等生长条件对材料结构和质量的影响;与 CMOS 兼容性一般。可使用常规的半导体工艺(光刻干法刻蚀)制备硅基二维材料混合集成光子芯片,从广义上讲具有一定的 CMOS 工艺兼容性,适合大规模生产。需要利用现有的集成光子 Foundry 平台,针对工艺特性进行小规模改造,并开发成套硅基二维材料集成工艺,进而研究优化混合集成工艺的稳定性与一致性,如图 4-27 所示。

4)硅/相变光电子材料

硅基光电子中光路重构离不开硅波导折射率调节,主要通过热光效应或者载流子色散效应来实现。然而,热光效应响应比较慢,最快在 s 量级,折射率变化也只有 0.01 量级；载流子色散效应虽然响应时间快，但其折射率调节范围更小，在 0.001 量级。因此，为了达到相位的变化，通常需要百微米长度，不利用大规模高密度集成。这两种调节方式都是易失性的，状态的保持需要功耗来维持，尤其是当芯片集成规模增大时，整体功耗以及由此带来的热串扰问题会进一步恶化。采用相变材料和传统硅基光电子混合集成可以实现对光传输介质折射率较大的调节，如图 4－28 所示。然而，相变材料如 GST 在非晶态的损耗仍然很大，在大规模集成时面临损耗严重的问题。因此，探索具有低损耗、高折射率的新型相变材料是未来亟待解决的难题。

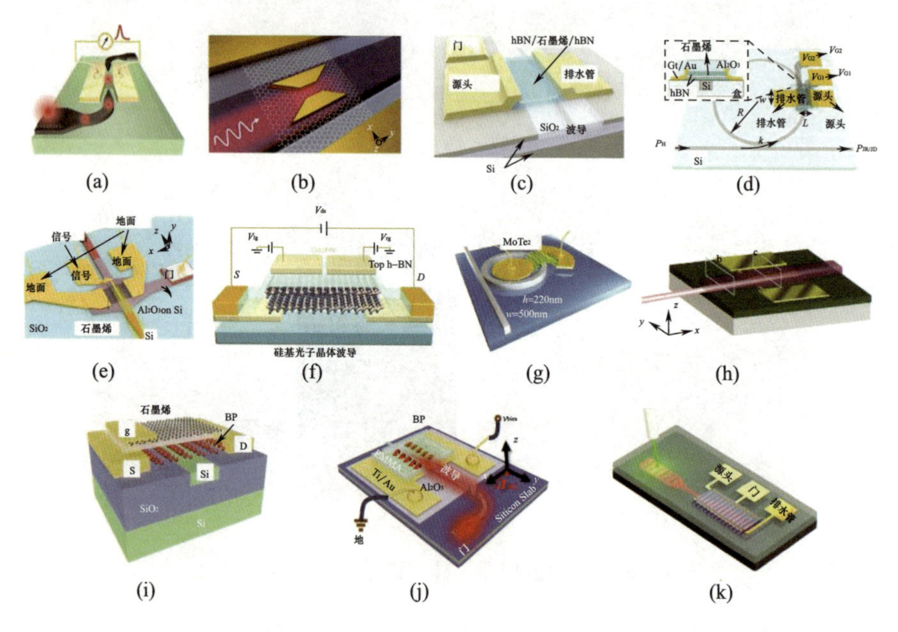

图 4－27　具有金属－2DM－金属结构的波导集成 Si/2DM pd

4.2.4　面向 2035 年对技术潜力、发展前景的预判

随着光纤传输容量的迅速增长以及光传输网络的日益复杂，光通信市场对于光模块的尺寸和性能提出了越来越高的要求。以往用分立器件能实现的功能，现在必需要用集成的器件来完成。光子集成电路（PIC）相对于传统分立的光－电－光处理方式降低了复杂度，提高了可靠性，能够以更低的成本构建一个具有更多节点的全新的网络结构，被认为将会重现电子集成摩尔定律的飞速发展。PIC 分为单片集成和混合集成：单片集成是在单一衬底上实现预期的各种功能，结构紧凑、可靠性强、技术难度大；混合集成则采用不同的材料实现不同器

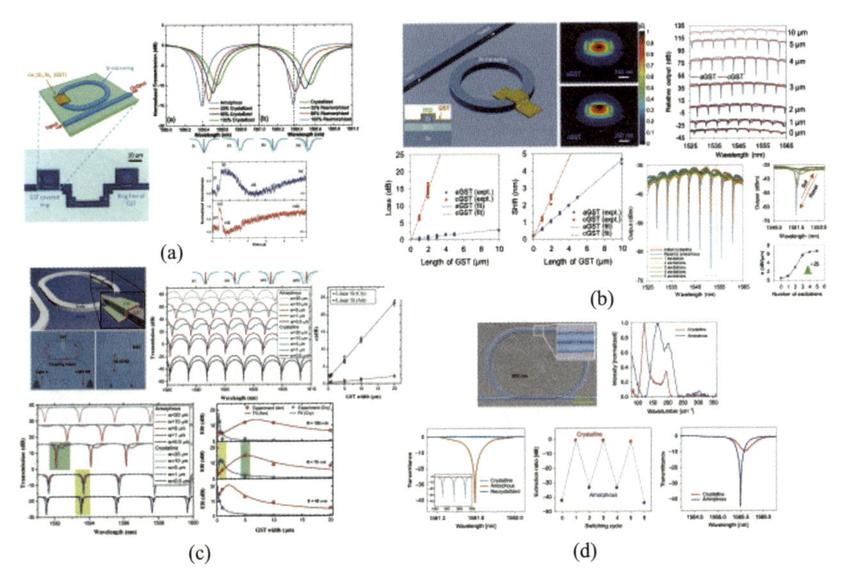

图 4-28　具有 GST 的硅微环谐振器实验数据示意图

件，而后将这些不同的功能部件固定在一个统一的基片上。混合集成中每种器件都由最合适的材料制成，性能较好，但元器件集成时需要精密的位置调整和固定，封装复杂。

充分利用现有的或者改造的硅光子工艺平台，打造硅/先进光电材料（Ⅲ-Ⅴ族、$LiNbO_3$ 等）混合集成工艺平台，充分发挥 CMOS 超大规模、超高精度制造特性，并结合各材料光电特性优势，实现高性能混合光电集成芯片制备技术突破，是进一步提升光电芯片性能、拓展光电芯片应用领域的技术保障。

另外，硅光子技术在扫描测距、医疗传感、人工智能以及在模拟电子系统等领域也有着广泛的应用前景。最具代表性的是车用固态激光雷达。基于硅光子的激光雷达可以用在汽车自动驾驶、家用和商用机器人、无人机、智能家居等影响人民日常生活的，具有巨大市场潜力的方向。举例来说，固态激光雷达的初创公司 Quanergy 获得了近一亿美元的投资，而 Mobileye 最近被 Intel 以超过 150 亿美元收购。美国市场研究机构估计固态激光雷达每年将有 26% 的增长，而到 2022 年将有 52 亿的直接市场。基于硅光子的固态激光雷达有很强的竞争力，因为可以通过光学相控阵实现光束扫描，而不需要任何移动部件，如旋转的镜子；同时，重量和功耗也是各项技术选项中最小的。在汽车自动驾驶方向，重量和功耗并不是最重要的考量，但在低速无人机、家用和商用机器人等领域，硅光子可能是唯一的激光雷达选项。

4.3 技术竞争形势及我国现状分析

4.3.1 全球的竞争形势分析

1. 全球硅基光电子技术的发展现状与挑战

硅基半导体是近代微电子技术的基石，“摩尔定律”逐步放缓，它的结束已然可见，但是光电子技术却正处在蓬勃发展的阶段。随着微处理器性能的快速增长，计算机系统内部的通信速度和带宽落后于处理器芯片运算速度的趋势在逐渐增大，铜互连已经成为计算机系统性能提升的一大瓶颈，利用光传输能够消除带宽和距离的限制，是解决计算机内部通信带宽限制的一种有效方法。硅基光电子科学与硅微电子技术兼容，将二者结合在一起，发展硅基光电子科学具有十分重要的意义。近些年来，硅基光电子学的研究不断取得突破性的进展，世界各个发达国家都把硅基光电子学作为发展的重点及长远的目标。

硅基光电子集成主要材料为绝缘体上的硅（SOI）及氮化硅，SOI 是光电子集成领域未来应用最广的材料。目前，SOI 晶圆主要生产厂商有日本信越、日本 SUMCO、中国台湾环球，此外，还有法国 Soitec、中国台湾台胜科、合晶、嘉晶等企业。中国大陆主要生产厂商为上海新昇。SOI 晶圆衬底主流尺寸为 8 英寸（1 英寸 = 25.4mm）。

硅基光电子集成芯片主要由硅基光电子器件和微电子器件两大部分组成。硅基光电子器件分为无源器件和有源器件。其中无源器件包括波导及耦合器件、振荡器、滤波器、复用器和解复用器等。有源器件包括硅基光源、探测器、调制器和放大器等。硅基光子集成芯片制备工艺相对成熟，但受限于材料性质，目前尚难以实现硅基有源（发光）器件，成为制约硅基光电子学发展的瓶颈。硅的间接带隙本质给高效硅基光源的实现带来很大困难，实用化的硅基激光是半导体科学家长期奋斗的目标。

近十年来，硅基光电子集成的关键材料和器件研究引起了科学界（如美国麻省理工学院、哈佛大学、加州大学）和工业界（如英特尔、IBM、意法半导体）的广泛关注，仅英特尔公司对硅基光电子的研发投入就高达数十亿美元。2015 年，IBM 宣布已成功研制出实用化的硅基光学芯片，将一个硅基光集成芯片封装到了与 CPU 大小相同的尺寸中，这无疑将硅基光子技术提升到了更高的层次。

此外,英特尔和加州大学圣巴巴拉团队于 2016 年末实现了 100G 硅基光收发器的产品研发,目前已进入服务器和数据中心市场。我国在硅基集成芯片的研发领域紧跟世界发展,在单一硅光器件如片上光源、光调制器、探测器以及无源硅光集成芯片如光开关等领域均有突破性研究成果发表。

随着用户和数据中心之间通过互联网的数据交互持续增长,数据中心内的数据通信量越来越高。现有数据中心的数据交换和互联设备,无论是性能还是成本已经越来越难以应对如此庞大的数据流量增长,急需新的解决方案。作为一种基于半导体的技术,得益于规模经济,硅光子技术随着出货量的增长成本将大幅降低。因为硅光子器件更高的集成度、更高的互连密度、更低的功耗以及更高的可靠性,越来越多的厂商进入硅光子产业。经过 16 年的开发,Intel 已经成功实现了硅光子应用,并和该领域的领导厂商 Luxtera 抢夺市场份额。还有许多新的初创公司带着新产品不断进入该市场,目前大多为 100G 数据传输速率产品,很快市场上需求量最高的 400G 产品也将陆续登场。除了 Luxtera,另外一家 2016 年在数据中心内部互联市场取得佳绩的 Acacia 公司,其大城市应用的单芯片硅光子 100G 相干收发器获得了市场应用,为硅光子技术在电信领域的应用开辟了道路。硅光子芯片级市场预计到 2025 年将达 5.6 亿美元,收发器级市场预计将增长至 40 亿美元,这意味着,硅光收发器市场占比将达到整体收发器市场的 35%,大部分用于数据中心之间的互联。

2. 硅基光电子技术的各国做法

硅基光电子技术的发展不但是民用经济市场需求的选择,更是国家战略和国家安全的要求。光电子技术对信息产业的影响已获得各国的重视。美国国家科学委员会在白皮书 *Optics and Photonics: Essential Technologies for Our Nation* 中指出,“光子学是重拾美国竞争力和维护国家安全的关键。”欧洲 21 世纪光子咨询专家组在 *Towards 2020 – Photonics Driving Economic Growth in Europe* 中着重强调了光子学在欧洲经济增长中的重要作用。

除了信息产业的战略安全,国防安全和航天事业也离不开硅基光电子技术的帮助。现代军事国防系统基于微电子技术建立而成,随着武器的更新换代,武器、控制系统对电子器件的重量以及体积要求越来越高,为了满足中国武器和航天技术轻量化、小型化、高速化的发展需求,包括机载武器、航天卫星、相控阵雷达的传输和控制模块都已经向光子化发展。

国外从 20 世纪 80 年代开始在光子学领域投入了大量精力。美国国防部和能源部把光子学列为美国 20 项关键技术之一,2014 年 10 月美国总统奥巴马宣布光子集成技术国家战略（AIM Photonics），投入6.5亿美元打造光子集成器件研发制备平台，其中包括以南加州大学为核心的光子工艺中心；日本目前正在实施First Program（先端研究开发计划），部署了“光电子融合系统技术开发项目”；德国政府将光子学确定为21世纪保持其在国际市场上先进地位的九大关键技术之一，投入35亿欧元用于红外监测、激光表面处理等与光电子技术相关的产业与研发，其中“地平线2020”计划更是集中部署了光电子集成研究项目，旨在实现基于半导体材料和二维晶体材料的光电混合集成芯片。

我国也对硅基光电子技术和产业进行了政策重点布局。2011年科技部《国家重大科学研发计划》对高性能纳米光电子器件进行重点支持；2017年发布的《“十三五”材料领域科技创新专项规划》指出，大力研发新型纳米光电器件及集成技术，加强示范应用；2017年工业和信息化部正式公布智能制造试点示范项目名单，加快发展光电子器件与系统集成产业，推动互联网、大数据、人工智能和实体经济深度融合；2018年3月科技部“十三五”《国家重点研发计划》在光电子领域进行部署。

此外，硅基光电子是个技术高度密集的领域，从器件的设计到工艺开发、芯片生产，都需要掌握了高端核心技术的人才，才能在短时间内迅速发展，在世界范围内抢占制高点。硅光子技术人才，特别是有产业界经验的高端硅光子技术人才，在全球范围内都是比较紧缺的。国内硅光子相关技术起步较晚，与国外已经积累了相当丰富的经验相比，国内相关技术的发展仍然需要很长的学习曲线；贸易战已经影响到了相关技术经验的正常交流，如果缺乏沟通，需要自行摸索发展，将直接导致研发难度增大、投入增加、周期延长，使得产品的推出错失良机，并且丧失市场竞争力。例如，之前的中兴、现在的华为，由于被列入了美国的实体清单，直接导致美国所有的技术交流的中断，包括美国的供应商甚至其在美国的分公司。

因此，迫切需要通过相对比较安全稳妥的方式引进关键人才，加强与美国以外的其他国家与地区的技术团队的沟通与交流，建立充分发挥人才作用的环境。除此以外，更重要的是要加强国内的人才培养，完善从研发、设计、转化、生产到管理的人才培养体系，鼓励企业与学校合作，培养急需的科研人员、技术技能人才与经营人才，完善硅光子产业人才库。

4.3.2 我国实际发展状况及问题分析

1. 我国硅基光电子技术实际发展状况

在硅基光电子技术研究方面，我国较早开展了相关研究，如中国科学院半导体研究所的王启明院士近年来专心致力于硅基光电子学研究，主持了国家自然科学基金重点项目“硅基光电子学关键器件基础研究”，在硅基发光器件的探索、硅基非线性测试分析等方面取得了许多进展。

华为与欧盟合作紧密，在欧洲现有 17 个研发中心。在硅光器件解决方案上，华为主要是通过与 IMEC、Ghent 大学等进行合作以及收购来增强其在欧洲的研究和开发能力。2012 年华为收购英国 CIP Technologies 以及 2013 年收购比利时 Caliopa，在硅光方面技术上增加了不少业务，包括制造光收发器、Ⅲ－Ⅴ族设计、外延生长、芯片制造、可靠性和失效分析。华为目前在硅光子方面的投入具有战略意义，已经有硅光产品批量供货给华为内部的光通信系统使用。

集成光电子学国家重点联合实验室（清华大学、吉林大学和中国科学院半导体所联合组建）主要研究：①硅基纳米光电子材料和器件；②基于 SOI 技术的光波导、微环谐振腔滤波器、高频调制器和高速光开关；③硅基光子集成芯片技术等。2006 年，创新性地研制出双生长室超高真空化学气相淀积系统，实现低温生长锗硅材料。2007 年研究出的 4×4 亚微秒 SOI 热光开关阵列，是当时国际上报道的最快热光开关。2010 年，首先成功实现了 Ge/Si 异质结二极管室温电流注入发光。2012 年，采用 InAlGaAs 量子阱为有源层，制备了亚波长和亚微米的圆柱形微腔激光器，实现连续激光输出。2014 年，采用自主首创的插指型反向 PN 结光电结构研制成功马赫－曾德尔干涉器（MZI）型和 MRR 微环共振腔型两种全硅波导调制器。图 4－29 为 MZM 和具有周期错 PN 结的移相器。

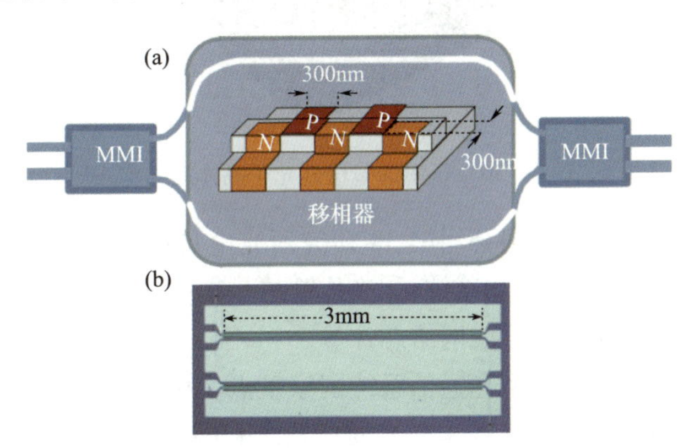

图 4－29　MZM 和具有周期错 PN 结的移相器

中国科学院物理研究所光物理重点实验室主要研究方向是光与物质相互作用的基础研究，同时开展新型人工结构和材料在光学，尤其是在光子学领域的应用基础研究。李志远研究员的团队在全光二极管、超快光开关、光调控方面取得可观的研究成果。2012 年，利用空间对称破缺的原理，在硅基上制造了一种易于大规模集成的全光二极管。2014 年，成功制备了高质量的复合材料非线性光子晶体结构和器件。2015 年，制备了硅光子晶体微腔－石墨烯复合结构，可用以研究光泵浦下载流子对光子晶体微腔的共振波长和品质因子的调制作用等光电响应特性。图 4－30 为石墨烯包覆硅光子晶体腔结构。

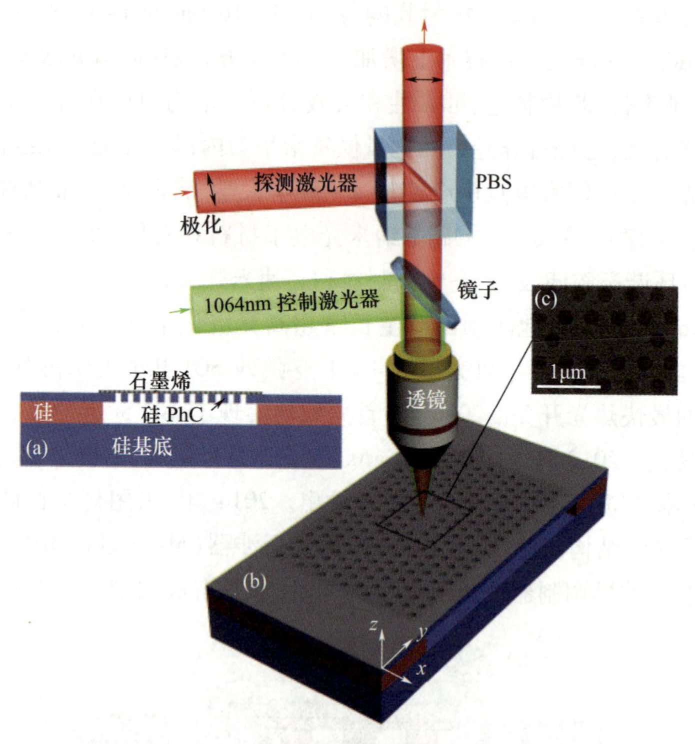

图 4－30　石墨烯包覆硅光子晶体腔结构

中国电子科技集团有限公司第 38 研究所光电集成研究中心业务主要分为三大板块：①集成光子器件和系统；②光传输与互联；③硅光子多晶圆流片服务。该所已开发出相控阵波束形成网络芯片等。

区域光纤通信网与新型光通信系统国家重点实验室（上海交通大学和北京大学联合组建），重点研究支撑未来光通信系统和网络的光电子器件、光子传感器件等。在硅基无源器件方面主要开展光栅、光子晶体和微环谐振腔等方面的研究。例如，提出一种新型的啁啾光子晶体耦合波导，有效地解决了硅材料光信号调制能力低效率的难题；采用在硅基微环谐振腔中形成 fano 谐振的方法，提高器件强度传感灵敏度。在硅基集成高速相干接收及传输芯片、硅基发光以及硅基表面等离子激元器件等方面取得了一定进展。在硅基发光方面，开创性地研究了高铒化合物材料的结构、光学和电学特性以及优化材料光学和电学特性的途径,探索了铒镱、铒钇之间的能量转换机理。在硅基光电集成方面设计了基于浅刻蚀亚波长光栅和二元闪耀光栅的偏振分束器,获得了较好的分束效果。

浙江大学硅基光电子技术研究所在光电子方面,主要发展了光子晶体的新型计算方法,使光子晶体的计算效率、收敛性极大提高;设计出了多种禁带宽度更宽、性能更好的光子晶体结构,将光子晶体应用于光波导、谐振腔及其通信技术。

华中科技大学武汉光电实验室重点研究硅基光互连和应用于相干光通信网络的关键光电子器件方面。硅基光电子技术方面,王健教授研究团队在硅基光互连、光信息处理等领域取得了成果,成功地研制出基于硅基狭缝光波导的 Tb/s 高速片上光互连。图 4-31 为太比特级超宽带宽 WDM OFDM 16-QAM 数据的实验装置。在光信息处理等领域,王健教授研究团队取得的成果包括:成功实现了高阶 OFDM m-QAM 信号的波长转换、实现了集成多信道 Nyquist 信号波长转换、提出了一种全光控制的微波光子滤波器。

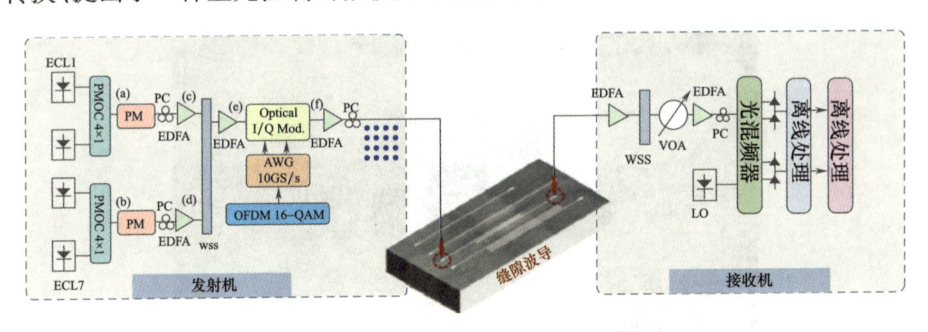

图 4-31 太比特级超宽带宽 WDM OFDM 16-QAM 数据的实验装置

中国科学院上海微系统与信息技术研究所依托信息功能材料国家重点实验室,并与上海科技大学物质学院等合作单位深入合作,开展硅光基础研究和产品技术开发。目前正在开展的基础研究包括片上光源、片上光操控、片上光量子集成、集成光检测技术、片上超构材料;产品技术包括调制器、探测器、集成收发芯片等。

可以看到,在硅基光电子的关键元器件领域,包括硅基高速调制、探测、复用、耦合、偏振等等硅基器件,国内的科研院所在这些硅基器件上都有与国际前沿接轨的科研成果。然而,相关工作基本基于国外工艺平台实现,需要在国内工艺平台上进行全面的器件库和标准设计工具开发,为产品开发提供支持。目前,基于国内工艺平台开发的硅基有源无源器件性能与国际先进水平仍然存在较大差距,且稳定性与重复性没有经过验证。

2. 我国在技术、产业、创新能力方面的差距

硅基光电子技术基于1985年左右提出的波导理论，2005年至2006年前后开始逐步从理论向产业化发展，Luxtera、Kotura、Intel、IBM等先行者推动了硅光技术和产业链的初步发展。然而，此时，硅光子的产品还以分立器件为主，只有少量供货。国内则只有为数不多的科研单位（如北京大学、中国科学院半导体所、浙江大学）参与到硅光子器件的研究与设计中，没有相关产品发布。

2010年到2017年，硅光器件技术逐步走向成熟，越来越多的公司开始介入硅光子器件、芯片及集成模块产品的研发工作（图4－32），同时，Intel、Acacia、Luxtera等都实现了硅光子产品的批量供货。此外，国外硅光子工艺平台也逐步建立与完善，如IMEC、IME、ST、Global Foundries等都具有了成熟的硅光子流片服务能力，使得硅光子产业链得到了进一步完善。在此期间，国内也开始有一些企业参与到硅光技术的研发中，如华为、中兴等进行了硅光子器件和模块的研

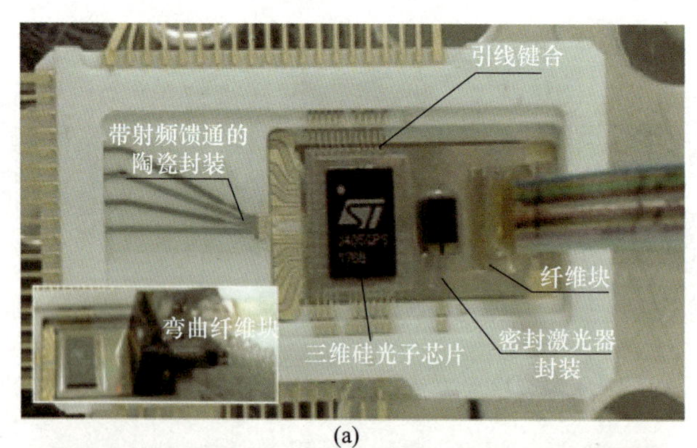

(a)

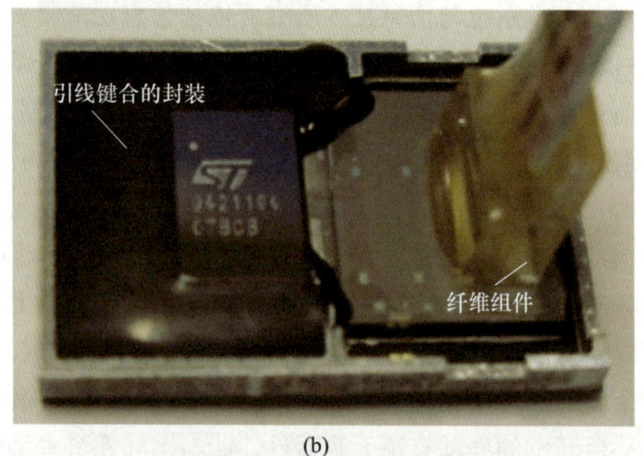

(b)

图4－32 硅光子芯片封装平台

发,但由于相关硅光子芯片的流片加工严重依赖欧美、新加坡等国家,且配套高速电芯片几乎全部由美国、日本厂商主导,国内企业研究进展缓慢,迟迟未有硅光子产品发布,国内外的硅光子产业差距在增大。

2017 年,上海市开始布局硅光重大专项。上海微技术工业研究院在上海市科委的支持下着手搭建了 8 英寸硅光工艺平台,与 CMOS 代工厂生产线相同的前道和后道工艺开发设备,保证在研发中试线上获得的技术成果与生产线无缝转移,从而加速国内硅光子产业进展。近年来,国内越来越多的公司如海信、光迅、华为海思、亨通光电、光梓、硅涞加大了对硅光子产品及配套高速电芯片的研发投入。2018 年,光迅对外发布 100G 硅光模块产品,标志着国产硅光产品开始步入高端光通信/数据中心市场阶段。然而,国内与国外的硅光产品差距依然巨大。

总体来说,我国硅基光电子技术的发展整体还处于跟跑阶段,制约我国硅基光电子技术发展的突出问题包括硅基光电子器件加工设备研发实力薄弱,缺乏标准化和规范化的硅基光电子器件工艺平台以及芯片模块化封装和测试分析技术落后等。高校和研究院所因缺乏系统性的投入,不得不将主要精力放在基础研究上;由于硅基光电子芯片具有研发周期长、投入大、风险高、收益低等特点,国内大部分设备制造商在硅基光电子器件研发和加工设备投入严重不足,导致国内自主芯片和工艺装备一直处于十分落后的状态,差距有逐渐扩大的风险。

4.4 相关建议

聚焦光电集成中芯片设计、制造工艺和封装测试 3 项关键共性技术,实现光电芯片全产业链自主可控,引领行业标准制定。

(1)聚焦硅基集成光电芯片集成工艺与器件库开发,建设面向前沿研究的纳米级硅基光电子芯片加工工艺平台,具备中试工艺能力,实现稳定的工艺流程,并基于平台开发硅光有源和无源器件库,器件性能达到国际先进水平。

(2)聚焦硅基多材料体系融合关键技术,研发成套硅/先进光电材料(Ⅲ-Ⅴ族、$LiNbO_3$、二维材料、相变材料等)集成工艺,实现硅/先进光电材料混合集成芯片制备;提升混合集成工艺稳定性和一致性,具备流片能力,满足未来高速、低功耗、小尺寸、高集成度光芯片应用需求。

(3)聚焦光电芯片高密封装测试技术,形成晶圆级封装测试与 3D 封装技术的系统性工程化应用。

第 5 章

生物医用材料技术

本章作者

杨　立　王云兵　张兴栋

05

5.1 技术说明

5.1.1 技术内涵

1. 组织诱导性生物材料的设计和工程化制备技术

当代生物医用材料产业正在发生革命性变革,对于人体组织或器官的修复,正在从恢复被损坏的组织或器官的形态和力学功能,向可刺激或诱导人体组织或器官再生,并实现被损坏组织永久康复的方向发展。常规生物材料的时代正在过去,可诱导组织再生修复的材料将成为未来产业的主体。组织诱导性生物材料[1](Tissue Inducing Biomaterial),即"通过材料自身优化设计,而不是外加活体细胞和/或生长因子,诱导被损坏或缺失的组织或器官再生的生物材料",明确了生物医用材料发展的新方向,被国际同行评价为"突破了材料不可能诱导组织再生的教条""再生复杂组织的革命性途径"和"下一代生物材料的概念"。在生物材料骨诱导理论成果独创出骨诱导人工骨后,进一步的研究表明,材料不仅可诱导骨组织形成,也可以诱导非骨组织形成,如材料诱导血管、皮肤、角膜、神经等形成的研究已获重大进展,为生物材料科学的发展开拓了新方向。组织诱导性生物材料主要有骨诱导人工骨、天然高分子、软骨诱导再生材料、血管支架材料、神经诱导再生材料以及膜诱导修复材料等,主要应用在临床骨科、神经外科、烧伤科、心外科、整形外科等各个手术科室。

2. 人源化胶原蛋白生物分子材料设计与合成技术

重组人源化胶原蛋白材料是依据人体胶原结构单元和排列序列设计并合成的生物分子材料,是由DNA重组技术制备的人胶原蛋白特定型别基因编码的全长或部分氨基酸序列片段,或是含人胶原蛋白功能片段的组合。其氨基酸序列与人体胶原蛋白一致,可划分出不同功能区,定制化满足不同人体组织修复性能的要求。国内相关单位于全球首次合成出重组Ⅲ型人源化胶原蛋白原材料并投入批量生产,我国迄今仍是全球唯一可提供这种新材料的国家。该胶原蛋白原子结构解析有精确的三螺旋结构,具有水溶性强、活性高于人体自身胶原蛋白、无免疫原性及病毒污染等特点,安全性高。目前,在工业化生产中大肠杆菌表达系统应用最为广泛，其具有发酵成本低、生产周期短等优势，可快速实现大规模生产且质量稳定，有可能替代市场上大部分动物源胶原蛋白，并扩大其临床应用范围，具有广泛的发展前景。利用生物合成技术工业化生产重组人源化胶原蛋白包括了蛋白质理性设计、生物计算、高清晰度 X 线晶体结构解析、基因工程及蛋白纯化技术等综合技术集成（图 5－1）。

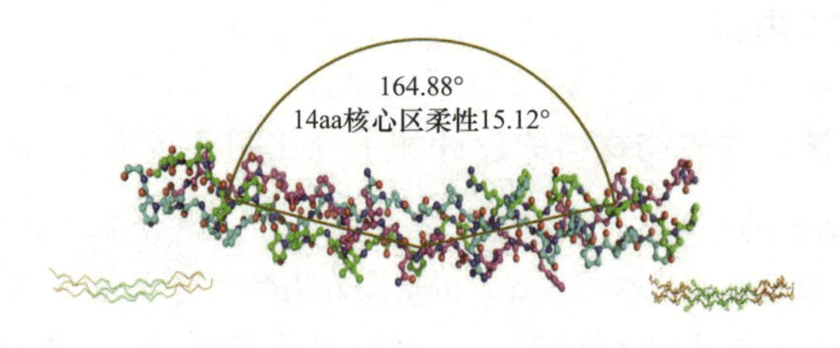

图 5－1　人源化Ⅲ型胶原蛋白

3. 生物 3D 打印技术

3D 打印技术是利用离散－堆积原理将三维计算机数值模型用增材制造技术分层制造出三维实体结构，是“第三次工业革命”先进制造的重要技术手段。生物 3D 打印技术是将生物材料和/或生物单元（细胞/蛋白质/DNA 等）按仿生形态学、生物结构或生物体功能、细胞特定环境等要求，用“三维打印－3DP”的技术手段制造出个性化的体外三维结构模型或体外三维生物体。也就是说，生物 3D 打印是以按需设计的三维模型为基础，通过软件分层离散和数控成型的方法，定位装配生物材料（活细胞亦可混合在定制的生物材料中），以制造人工植入支架、组织器官和医疗辅具等生物医学产品的快速成型技术。生物 3D 打印是快速成型技术中颇具发展潜力的应用领域之一。每个人的身体构造、病理状况都不完全相同，存在个性化、差异化的特性，而 3D 打印技术具有快速、准确、个性化、差异化且特别适合制造复杂形状实体的特性，因此，3D 打印可以与生物材料、细胞培养、医学成像和软件辅助技术相结合，针对患者特定的解剖构造、生理功能和治疗需求来设计和制造人工植入支架、组织器官和医疗辅具等医学产品，为个性化医疗及精密医疗提供突破性的治疗新技术。例如基于生物 3D 打印技术，应用 CAD 等三维设计软件，按需设计和定制用于组织器官修复、药物控释和科学研究的生物材料支架[2]，支架的外形可以自由设计，而支架内部可以具备复杂的微观结构以满足细胞生长需要。通过调整生物打印材料的成分，可以将活细胞混合在生物打印材料中，并通过专用生物打印机打印出仿真的生物组织和器官单元结构，经过培养，细胞可以生长分裂并形成自体生物组织和器官单元结构（图 5－2）。

图 5－2　3D 打印组织工程支架

5.1.2　技术发展脉络

1. 组织诱导性生物材料的设计和工程化制备技术

1990 年，我国科学家于国际率先发现并确证无生命的 Ca－P 材料通过自身优化设计，而不是外加活体细胞或生长因子，可以诱导有生命的再生骨，建立了生物材料骨诱导理论雏形，由此“划时代地用于再生医学的骨诱导生物材料到来”，是“骨骼－肌肉系统治疗的突破性贡献，引领生物材料的研发”（NAE，USA，2014）。应用阶段性理论成果独创骨诱导人工骨，取得国家药监局医疗器械注册证，并推广应用于临床。进一步又研究确证了胶原基水凝胶材料可诱导细胞沿成软骨细胞系分化，可诱导软骨形成，以其作为软骨组织工程支架，目前，该研究已进入临床试验，并已获得国家药监局创新医疗器械特别审批（图 5－3）。继而又发现材料可诱导神经、肌腱、血管、皮肤等形成，在上述研究基础上提出了“组织诱导性生物材料”的概念，即不添加活体细胞和（或）生物活性因子，通过材料自身优化设计，用于诱导受损或缺失的组织或器官再生的生物材料。国外大量研究也证明材料学因素（信号）可调控细胞分化方向和行为，并被用于心血管、韧带、中枢神经等修复的生物材料研究所证实。

2016 年 5 月，我国科学家张兴栋院士当选国际生物材料科学与工程学会联

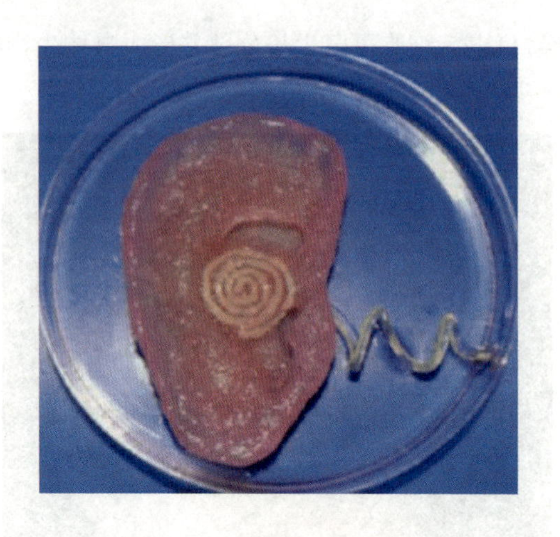

图 5－3　软骨组织工程支架

合会主席，这是该联合会成立以来，首次由我国科学家担任主席。这表明，我国原创性的发现已获国内外认可，中国生物材料科学与工程不仅成功登上了世界舞台，而且进入了舞台的中央。由于未来发展前景好，可诱导组织再生的新一代生物材料已被列为国家“十三五”重点专项“生物材料研发与组织器官修复替代”的重点和核心。2018 年，“组织诱导性生物材料”这一我国原创成果，作为新定义于全球生物材料定义共识会上被列入“21 世纪生物材料定义”，被认为是“下一代生物材料新概念”，“如何再生复杂组织的革命性途径”，这是中国提出的第一个被国际认可的定义，具有里程碑式的意义，并将促进组织诱导性生物材料相关产品获得 FDA（美国食品与药品监督管理局）认证，走向更广阔的全球市场。同时，该项成果被列入国家博物馆“伟大的变革——庆祝改革开放 40 周年大型展览”，获国际评价：“促进临床组织器官修复发生重大变革”“无生命的生物材料介入生物系统参与生命过程是对人类认识论的一次伟大挑战”“当代生物材料发展的新方向和前沿”。由此，组织诱导性生物材料已成为国内外生物材料领域的研究热点，已在骨、软骨、神经、血管内膜及心肌等多种组织开展再生诱导作用方面的机制研究，并形成生物材料组织诱导性理论框架（图 5－4）。

2. 人源化胶原蛋白生物分子材料设计与合成技术

胶原蛋白（简称胶原）是组成人体结构组织的主要蛋白，占人体蛋白总量的 30%～40%，是构成人体器官、组织的主要部分，又称为“生命之架”。胶原易于为人体所接受，是一类典型的生物分子材料，已广泛应用于人体皮肤、骨、软骨、心血管系统、口腔及管腔组织的修复以及医疗整形等行业。目前，国内外市场的

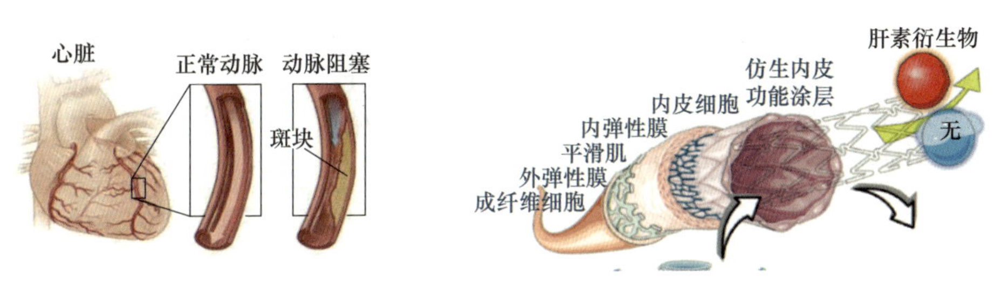

图5-4 再生修复心血管材料及器械

胶原产品主要来源于动物组织,其主要问题是免疫原性难以消除,同时可能存在病毒污染(如疯牛病)等,因此,胶原及胶原基医疗器械始终是监管的重点对象。目前已知的人体胶原有28种类型,构成不同组织的胶原类型不同,功能亦不同,动物源胶原是多种类型胶原的混合物,难于纯化以发挥不同类型胶原的特性,限制了其用途的扩大。近几年,利用生物合成技术制备的人源化胶原蛋白发展迅速,已成为具有良好发展前景的生物医用新材料。区别于动物胶原,重组人源化胶原蛋白是综合利用前沿的结构生物学、合成生物学、蛋白质工程、基因工程等技术,以人胶原蛋白功能区基因序列为模板,由DNA重组技术制备的与人体胶原蛋白结构和特定氨基酸序列100%一样的胶原蛋白特定型别基因编码的全部或部分氨基酸序列片段,或是含人胶原蛋白功能片段的组合。作为一种可定制并筛选得到的与人体天然胶原蛋白类似,且拥有我国原创知识产权的重组人源化胶原蛋白新材料,这类材料结构功能性质明确,不含非人体天然胶原蛋白的序列片段,免疫原性风险低,在生物医学工程领域具有广阔的发展前景。

基因重组技术制备蛋白起源于1972年,已大量用于蛋白药物研制。人体共有28种类型胶原蛋白,其家族十分庞大,如何寻找并验证其功能区十分困难,因此发展较为缓慢。山西锦波生物与中国科学院等机构首次从结构层面精确揭示了人源化胶原蛋白的作用原理,创新性地构建了胶原蛋白高通量功能区筛选系统,继2018年年初成功地制备出基因重组Ⅲ型人源化胶原蛋白以来,近年来又研发出Ⅰ型、Ⅱ型、Ⅴ型、XVⅡ型等具有特定功能区或其组合的人源化胶原蛋白合成技术。目前已完成5个型别人体胶原蛋白的原子结构解析,均被国际蛋白结构数据库(PDB)收录,系统性地创建了人源化胶原蛋白数据库和菌种体系,成果居世界领先水平。近年来,中国领先于全球进行了较为深入而广泛的医用研究,发现了一系列意想不到的功能,重组人源化胶原蛋白已经在血管、心脏、妇科、骨科、皮肤、口腔、眼科、肿瘤等取得了重要研究进展。特别是定制化重组人源化胶原蛋白构建的心血管支架涂层可取代传统药物涂层,具有优异的促内皮化、抗血栓形成及抗增生的作用，有望成为国际首创的下一代心血管支架产品。构建的心脏瓣膜材料具有优异的促内皮抗凝血作用，显示出稳定长效抗血栓形成能力，可应对复杂血液环境，为心血管植介入器械功能改性打开了新的窗口；同时，还发现人源化胶原蛋白具备改善组织微环境，诱导心脏组织修复再生的功能，可用于心力衰竭及先天性心脏病治疗，打破了心血管组织不可能再生修复的传统观念。此外，发现人源化胶原蛋白还可用于瘢痕组织消除及皮肤再生、口腔黏膜溃疡治疗及牙龈组织再生、关节软骨再生、促进成纤维细胞及脂肪组织增殖等性能。在妇产科领域，也成功用于阴道黏膜、盆底功能障碍、阴道萎缩、压力性尿失禁等疾病的治疗。重组人源化胶原蛋白全方位参与人体组织再生修复，应用前景广阔。

3. 生物 3D 打印技术

3D 打印技术是一种“从无到有”的增材制造方法。3D 打印技术将三维实体加工变为由点到线、由线到面、由面到体的离散堆积成形过程，极大地降低了制造复杂度。生物 3D 打印技术发展迅速，其发展之初首先突破了传统制造技术在形状复杂性方面的技术瓶颈，能快速制造出传统工艺难以加工甚至无法加工的复杂形状及结构特征。从最初的打印体外医疗器械与医学模型开始，到打印生物相容性较好、不能降解的永久性植入材料，到打印材料性能更优，既具有良好的生物相容性，又可被降解吸收，打印产品植入后还能促进组织再生修复。到现今，被称为“细胞打印”或“器官打印”的全新生物 3D 打印技术正在崛起，技术发展经历了 4 个大致阶段，具体分为：1995—2000 年（第一阶段），利用 3D 技术打印无生物相容性要求的材料，以制造医疗模型和体外医疗器械等产品，如用于外科手术设计的辅助模型、牙科手术导板等；2000—2005 年（第二阶段），利用 3D 技术打印具有生物相容性但非降解的材料，以制造永久植入物等产品，如不降解的假肢移植物、假耳移植物等；2005—2009 年（第三阶段），利用 3D 技术打印具有生物相容性且可以降解的材料，以制造组织工程支架等产品，如骨组织工程支架、皮肤组织工程支架等；2009 年至今（第四阶段），利用 3D 技术打印活性细胞、蛋白及其他细胞外基质，以制造体外仿生三维生物结构体，如细胞模型、类肝组织模型、类肿瘤组织模型等。

通过 3D 生物打印技术，可以将材料、细胞、信号因子进行合理的分布和定位，打印得到的最终产品质量受到材料生物相容性、生物降解性以及组织微环境的影响。不同于传统 2D 细胞培养方法获得的组织工程产品，3D 生物打印技术获得的产品能够模拟复杂的 3D 微观组织环境。3D 打印过程中采用的原材料称为“生物墨水”,装载了所需生物材料的溶液或水凝胶。目前,利用无细胞的 3D 生物打印技术,在骨科、牙科领域中有很多临床试验。3D 生物打印技术产品在外科手术中的优势包括改进对解剖变异的预测、准确的引导和模板、增加在手术过程中的时间效率并改善美观的结果。此外,3D 生物打印技术在术前计划中,特别是在复杂的情况下,在解剖可视化方面具有较好的应用价值。

5.1.3 技术当前所处的阶段

1. 组织诱导性生物材料的设计和工程化制备技术

四川大学张兴栋院士国际首创组织诱导性生物材料新学说,引领生物材料科学的发展,首创骨诱导人工骨等系列产品,取得国药局Ⅲ类医疗器械注册证 5 项,并实现产业化生产,应用于 1000 余所医院。后期研究进一步发现Ⅰ型胶原基水凝胶可诱导干细胞向成软骨细胞分化并诱导软骨再生,首创软骨诱导性支架[3]及组织工程化关节软骨修复植入体[4],通过国家药监局创新医疗器械特别审批申请,有望破解关节软骨不能再生的难题。继之首都医科大学发现一种材料可诱导中枢神经形成,进入临床试验阶段。上海松力生物研发出了软组织诱导性人工韧带,该产品主要是由可降解高分子材料与生物材料经过静电纺技术制成的类似细胞外基质的纳米级纤维膜状材料。首创的组织诱导性生物人工韧带,部分性能超越了国际上最先进的人工韧带。基于该技术开发生物补片、可再生人工韧带、可再生人工肩袖等多款产品,在上海建立了生产基地,通过国际标准化组织美国材料试验协会(ASTM)制定了系列材料的国际标准,有力地推动了全球产业化进程。

我国 1/4 的成年人均存在卵圆孔未闭症状,卵圆孔未闭有可能导致偏头痛和脑卒中等发生。四川大学与上海乐普心泰医疗研发的全降解卵圆孔封堵器于 2023 年 9 月成为全球首个获批临床大规模应用的产品,促进卵圆孔缺损部位自身修复闭合;同时开发出用于先天性心脏病治疗的全降解心脏封堵器,儿童患者植入全降解心脏封堵器后 3 个月完成内皮化、6 个月内初步完成心肌缺损部位的结构及功能重建,实现了封堵器动态力学支撑性能和组织修复良好匹配,可引导心脏组织再生修复缺陷后完全降解,恢复正常原生心脏功能,不影响儿童的正常发育、生长和生活,开创先天性结构性心脏病治疗的新时代。此外,四川大学与乐普(北京)医疗突破传统心血管材料及器械无法诱导心血管及心肌组织结构、功能再生的难题,采用特定结构的生物可吸收材料作为本体材料并调控其机械性能和降解速率,使其与血管及心肌再生生理过程相匹配,实现心血管及心肌组织的再生修复[5]。基于此开发出的国内首款全降解血管支架于2019年获得国家药监局批准上市,目前已在500多家医院大规模使用,标志着我国在该领域的研发能力已达到国际领先水平,引领经皮冠状动脉介入治疗技术进入“可降解时代”,该成果也被科技部选为“十三五”国家重大专项标志性成果,入选国家“十三五”科技创新成就展。近日,国家药品监督管理局颁布2022年第30号公告,对《医疗器械分类目录》部分内容进行调整,“组织诱导性植入器械”,作为新添加的子目录(13－11－04)被正式列入。这是张兴栋院士及其团队继2018年将“组织诱导性生物材料”经国际生物材料定义共识会投票通过,被列入“21世纪生物材料定义”;2021年通过立项申请、形成报批稿并已在批准过程中的“骨诱导磷酸钙生物陶瓷”国家推荐标准后;在“组织诱导性生物材料产品”监管科学领域中再次取得的国际原创成果,这一成果必将促进包括组织诱导性生物材料在内的一批创新生物材料产品的技术转化与临床应用,为生物材料科学的发展开拓了新方向,预计经5～10年组织诱导性生物材料及植入器械将陆续上市(图5－5)。

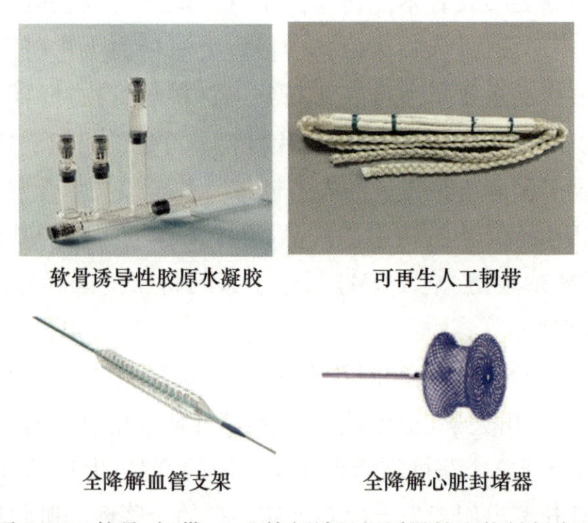

图5－5　软骨、韧带、心血管领域组织诱导性生物材料产品

2. 人源化胶原蛋白生物分子材料设计与合成技术

2018年,山西锦波生物医药股份有限公司与四川大学、复旦大学、中国科学院生物物理所于全球首次合成重组Ⅲ型人源化胶原蛋白原材料并投入批量生产,我国迄今仍是全球唯一可提供这种新材料的国家。该胶原蛋白原子结构解

析有精确的三螺旋结构，具有水溶性强、活性高于人体自身胶原蛋白、无免疫原性及病毒污染等优点，安全性高。2021年，全球首款重组Ⅲ型人源化胶原蛋白冻干纤维获得国药局批准上市。目前已完成在研重组人源化胶原蛋白（Ⅰ型、Ⅲ型等）小试及中试工艺研究[6]；已完成6个型别人体胶原蛋白的原子结构解析，被国际蛋白结构数据库（PDB）收录。构建了胶原蛋白高通量功能区筛选系统，首次从结构层面精确揭示了人源化胶原的作用原理，成果达到世界领先水平。建立了数据库和人源化胶原蛋白菌种体系，首次利用生物发酵技术，于国际率先生产出了高活性人源化胶原蛋白，并实现工业化生产。特别是工业化生产中大肠杆菌表达系统目前应用最为广泛，其具有发酵成本低、生产周期短等优势，可快速实现大规模生产，具备规模化生产人源化胶原蛋白的潜力，可以规模生产且质量稳定，有可能替代市场上大部分动物源胶原蛋白，并扩大其临床应用范围，具有广泛的发展前景。国内目前已经完成了人源化胶原蛋白小试、中试及产业化整条产业链的配置。目前正在建设人源化胶原蛋白产业园，努力实现全产业链集群建设。

到21世纪中叶，将是人源化生物高分子基因工程合成技术迅速发展和日臻完善的时期，也是其产生巨大效益的时期。由于基因工程运用DNA分子重组技术，因此，可以在分子水平上对人源化生物高分子结构进行合理的设计及控制，将极大地促进人源化生物高分子生成的产量和质量，同时也可结合计算机辅助筛选技术设计出符合人们预期且能对其优化设计的人源化生物高分子，从而实现对人源化生物高分子的个性化定制，这将对在人类疾病的精准诊断、个性化治疗等方面具有革命性的推动作用，其应用前景十分广阔。因此，目前全球都十分重视人源化生物高分子基因工程合成技术的研究与开发应用。我国人源化生物高分子基因工程合成技术目前虽然处于世界领先地位，但是如何实现其高质量的快速发展还面临挑战。利用基因工程技术制备人源化重组胶原蛋白材料具有巨大的研究潜力，需继续加大研发投入和应用转化研究，充分利用我国独特技术的自身优势设计，合成一系列定制化的人源化重组胶原蛋白新材料，并积极推动其向临床应用转化。相信未来具有可调、可控、可定制化特性的人源化重组胶原蛋白作为安全的生物医用功能材料会在生物医学工程领域得到更广泛的应用。

3. 生物3D打印技术

由于3D打印具有个性化特点，可广泛应用于生物医学材料领域，具体包括组织工程支架和植入物、假体、手术器械等。生物材料3D打印研究和应用获得显著进展，骨科植入物[7]是其中最重要的应用领域。美国 Renovis Surgical Technologies 公司的 3D 打印多孔钛颈椎椎间融合系统 TeseraSC 已获得 FDA 批准上市，TeseraSC 融合系统中的多孔表面结构，可以使骨骼在生长时深入植入物，从而最大限度地提高强度、稳定性和稳固性。澳大利亚医疗器械公司 Oventus Medical 研发的 3D 打印钛金属材料下颌推进器 O2Vent 已获得美国 FDA 批准上市。日本采用 α 相磷酸三钙为基材，3D 喷印方式打印人工骨已被批准上市。北京爱康医疗开发的 3D 打印钛合金人工椎体系统已获 NMPA（国家药品监督管理局）批准，并为患者定制了 19cm 的钛合金脊柱，已完成世界上最长 3D 人工脊椎置换手术。此外，爱康医疗研发的 3D 打印脊柱椎间融合器也正式获得 NMPA 批准，这也是中国首例获得 NMPA 上市许可的金属材料 3D 打印椎间融合器产品。广州迈普医学 3D 打印颅颌面修补系统获得 NMPA 注册证，可用于各种原因导致的颅颌面骨缺损需修补的手术。

3D 打印技术目前还处在早期产业化阶段，但其在创伤修复（如皮肤、骨、软骨、血管、气管等）、功能重建（如面部、耳、鼻等修复体及假肢、支具等）、实体器官再造（如人工肝、肾、心脏等）、工程化组织构建（如胚胎干细胞、成体干细胞、生物活性因子、酶、多糖、蛋白、药物等）、人体疾病模型用于模拟手术训练以提高手术精度及医患沟通、个性化美容美体等领域都有成功的临床应用或研究成果，3D 打印生物材料技术是一项发展迅速、十分值得期待的技术，必将对整个医疗卫生领域产生深远影响（图 5 – 6）。

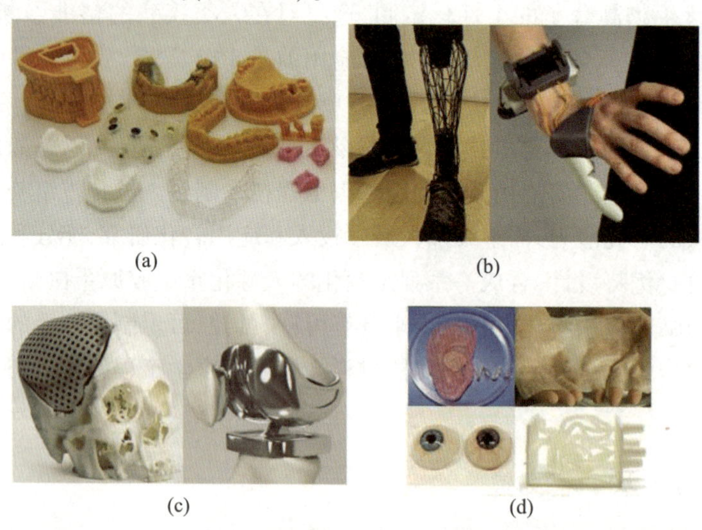

图 5 – 6　生物 3D 打印技术应用现状

（a）口腔修复产品；（b）定制化假肢；（c）骨科植入物；（d）人工耳、皮肤、眼球、血管。

5.1.4 对经济社会影响分析

1. 组织诱导性生物材料的设计和工程化制备技术

随着全球生物医学材料技术的快速进步和人类对健康及生命的重视程度越来越高，全球各国竞相争夺生物医学材料领域的制高点。目前，国际上骨诱导材料、血管支架材料已有多款产品面世，组织诱导性生物材料所蕴含的巨大应用前景和商业价值也促使一些国家的企业界投资参与了材料的开发、研究。目前，全球生物医用材料市场被美国的强生、捷迈邦美、美敦力等为代表的行业巨头所垄断。总体来说，组织诱导性生物材料属于生物医用材料的前沿分支，目前全球组织诱导性生物材料的研究与开发尚处于成长阶段，我国组织诱导性生物材料的研究处于国际领先地位，相关初级产品已经进入市场。进一步解决材料的设计及组织诱导性的优化，以及实现设计的制备工艺技术研发和稳定等主要技术问题可极大地促进组织诱导性生物材料的顺利发展和产业化进程。

预计未来 10 年内，组织诱导性材料产业将初步形成，将萌生一个可达 500 亿美元的市场。颠覆性完成现有产业各领域产业替代，可形成组织诱导性新材料、新技术、新标准、新领域、新学科，领跑国际生物材料领域，是我国未来国际战场的主要入口。鉴于骨、软骨、皮肤等组织诱导性生物材料的技术成熟度和广泛的市场需求，该类生物材料将会成为产业化发展的主体力量。组织诱导性材料是生物医学材料领域发展史上的一个里程碑，标志着生物医用材料已向可再生或重建组织或器官的材料和植入器械方向发展，不仅将对整个生物材料产生巨大的影响，而且将改善人类生活的质量与寿命。

2. 人源化胶原蛋白生物分子材料设计与合成技术

2020 年 5 月，习总书记视察山西时指出，“人源化胶原新材料在人体修复上用处很大，需要大力发展”，刘鹤副总理指示发了专题简报，国家相关部委陆续做了现场考察。国家药监局高度重视重组胶原蛋白生物材料产业创新发展，为促进该产业体系的建立，保持我国该材料国际领先地位，第一时间即着手监管体系的创建，推动了人源化胶原蛋白的发展。2019 年 4 月，国家药监局把重组人源化胶原蛋白纳入了首批医疗器械新材料监管科学研究重点项目。2020 年 6 月，国家药监局召开重组胶原蛋白生物材料专题会议，围绕重组人源化胶原蛋白科研成果转化部署相关工作。2021 年 3 月，国家药监局发布《重组胶原蛋白类医疗产品分类界定原则》,为重组胶原蛋白类医疗产品分类界定工作和创新产品研发合规提供指南性文件,将助推重组胶原蛋白类医疗器械产业高质量发展。同时,国家药监局于2021年12月召开会议讨论建立该材料产业的监管体系。我国在重组人源化胶原蛋白监管科学研究已处于国际领先。

胶原易于为人体所接受,是一类典型的生物分子材料,已广泛应用于人体皮肤、骨、软骨、心血管系统[8]、口腔及管腔组织的修复以及医疗整形等行业。胶原蛋白在医疗健康领域中的应用是未来市场增长的主要驱动力,全球年均复合增长率为5.4%左右。我国胶原蛋白市场在全球范围内所占的份额较小,约为6.40%,但年均复合增长率达到6.54%,表现出良好的增长态势和发展空间。预计2027年世界市场可达226亿美元。2020年,我国胶原市场规模约10亿美元,虽然近几年增速较快,预计2027年可达15.76亿美元,但在国际市场占比仍不足7%,高端产品仍需进口。在这种情况下,人们考虑通过多途径的寻找、设计、优化并合成可能具有生物活性或者特异性亲和能力的多肽片段,依靠化学合成或基因重组技术实现胶原多肽或蛋白的人工合成,获得高稳定性的具有特定功能的胶原蛋白取代部分或者全部动物源胶原,进而更好地构建组织诱导性生物材料及医疗器械,从而为更加理想地实现组织修复与再生开辟新的途径。近几年,对天然胶原蛋白的功能解析并以此为基础构建组织工程支架材料[9]的研究逐渐受到关注,相关的重组人源化胶原蛋白产业也得到了迅猛的发展。可以预计,重组人源化胶原蛋白的上市,将逐步取代并占领部分原有动物胶原蛋白市场。

3. 生物3D打印技术

3D打印技术可满足个性化、小批量、大规模的医疗需求,已经广泛应用在体外医疗器械制造领域,现正向着个性化永久植入物、临床修复治疗和药物研发试验等领域扩展,未来将致力于生物组织、器官的直接打印。SmarTECH预计,在2024年医疗3D打印机的硬件市场将达到5.48亿元、材料市场将达到7.08亿美元、软件市场将达到0.3亿美元,共计约13亿美元。生物3D打印尚在小众探索阶段,总市场金额较低,但随着临床应用的深入,未来十年将会有显著增长。世界各国纷纷将生物3D打印技术作为未来战略发展的重点方向,抓紧布局。2011年,美国国防部高级研究计划局(DARPA)立项支持工程制造三维人体组织结构的体外平台,包括循环、内分泌、胃肠道、免疫、外皮、肌肉骨骼、神经、生殖、呼吸、泌尿系统十大生理系统,并计划将其用于体内。2016年,日本厚生劳动省下属的中央社会保险医疗理事会提出,用于辅助医疗和手术的3D打印器官模型的费用将属于标准医疗保险支付范围，推动3D打印技术在医疗领域的应用。我国高度重视生物3D打印技术与产业的发展。《国家增材制造产业发展推动计划(2015—2016年)》将医疗领域增材制造作为重要发展方向。科技部首先启动的“十三五”国家重大科技专项中，将生物3D打印列入生物医用材料研发与组织器官修复替代、干细胞及转化研究、增材制造与激光制造3个专项。

3D生物打印技术是继切削和成型技术后，近20年来飞速发展的一项技术，它以点、线、面、体的叠加法最柔性地制造任意复杂形状的零件，最适合个性化的制造，同时也极大地降低了制造复杂度。3D打印技术可以用于个性化治疗，降低治疗成本，将来开发更多的生物相容性和生物降解材料，与3D打印技术相结合可以减轻因材料的不足而对人体产生的伤害，这样一来，3D打印技术必将引领医疗领域的革命潮流。

5.1.5 对当今中国的意义

1. 组织诱导性生物材料的设计和工程化制备技术

传统的生物医用材料时代正在过去，可再生人体组织和器官的新一代生物医用材料已成为未来发展的方向和前沿，并正处于实现重大突破的边缘。我国的组织诱导性生物材料技术已经处于全球领先地位，并且已经开始产业化，在我国高技术生物医用材料市场和关键技术已被外商控制的情况下，组织诱导性生物材料是进一步发展我国生物材料产业的最佳途径，也是改变以低、中端产品为主，提升产业技术水平和产业链价值的方向。

当代生物材料科学与产业正在发生革命性变革，用于再生医学的可刺激人体组织和器官的生物材料——组织诱导性生物材料和组织工程化制品——将成为未来20年左右生物医用材料的主体。组织诱导性生物医用材料指仅通过材料自身优化设计，可刺激细胞沿特定组织细胞系分化，诱导组织再生的新一代生物医用材料；组织工程化制品是应用组织工程技术发展的可再生组织或器官的活体(含活体细胞等)植入器械。两者正在引导当代生物医用材料科学与产业的发展，是其战略制高点。本项目产业国际起步不久，我国此方面的科学研究已居国际前列，其研发将引领我国生物材料产业实现跨越式的发展，并在不久的将来位居国际先进水平。

2. 人源化胶原蛋白生物分子材料设计与合成技术

重组人源化胶原蛋白是一种全新的蛋白质设计策略，利用合成生物学获得各类别胶原蛋白，避免了传统动物组织提取胶原蛋白的风险，可以大规模工业化生产，同时已率先在心血管系统修复、骨科、牙科、皮肤、妇产科等领域进行了较为广泛的医用研究。因氨基酸序列与人胶原分子一致，无免疫原性及病毒污染，可划分出不同的功能区，因此能全方位参与人体组织修复再生，应用前景广阔。中国是首个实现重组人源化胶原蛋白量产的国家，完全是中国自主知识产权，目前处于国际领先水平。从长远看，低成本获得高纯度、高活性的胶原蛋白，使中国可以全面颠覆性替代传统的动物胶原蛋白市场（试剂耗材、化妆品产业、高端医疗器械、高端药用敷料）等；从新增市场来看，该技术路径不仅可实现规模化生产，还能实现低丰度胶原蛋白（这类胶原蛋白的含量在人体内非常低，但作用很大，且动物体内无法提取）工业化生产，这些技术的变革使人源化胶原蛋白技术充满了无限的应用可能。

当今世界竞争格局明显，生命科学发展正在颠覆传统医疗行业，人源化胶原蛋白是我国原创的生物新材料，既是创新链又具有全产业链优势，中国可以形成上游、中游、下游分工协作的价值链。对于我国优势材料需立足创建该材料相关的整个产业体系，全面推进相关材料的研发及生产，开发系列化医用产品，建立完整的监管体系，开展临床应用技术研发及临床应用推广，维护我国原始创新产品技术领先优势及国际的市场，抢占国际标准制高点，推动产品走向国际，这样不仅可突破国外对我国生物材料的“管制”，还可形成强有力的“反制”。

3. 生物 3D 打印技术

近年来，我国生物 3D 打印成果不断获得突破。3D 打印个性化手术导板的应用提高了治疗成功率和手术精度，个性化矫形器械提升了矫正的效果。3D 打印人工髋关节植入体、脊柱椎间融合器等产品获得国家药监局批准上市。3D 打印肱骨、肋骨、关节补片等体内植入物[10]成功应用于临床，患者术后恢复情况良好。针对关节软骨损伤治疗，基于低温沉积三维制造的骨软骨一体化支架在山羊体内进行了 6 个月的动物实验，修复效果良好；可降解冠状动脉支架的 3D 打印技术实现了血管支架的个性化定制，已进入临床试验；目前，利用无细胞的 3D 生物打印技术，在骨科、心血管及牙科领域中很多全球创新的产品陆续进入临床试验。

在未来，3D 打印技术的进一步成熟势必将为未来的医疗模式带来颠覆性的改变，生物材料和 3D 打印技术的结合可实现体外打印个性化形状的受损组织或器官，该组织或器官由生物打印技术实现复合细胞，且具有和本身器官相同的细胞分布、细胞外基质成分及分布，与原有器官实现完美结合。未来，通过生物材料本身的设计及个性化3D打印技术可实现诱导特定组织或器官的再生修复和功能重建,甚至可以实现复杂器官的体外"克隆"。对人体损伤组织或器官的治疗将由"修复"治疗转变为"替换"治疗,器官替换就像汽车更换零件一样简单。

5.2 技术演化趋势分析

5.2.1 重点技术方向可能突破的关键技术点

1. 组织诱导性生物材料的设计和工程化制备技术

生物医用材料内涵的改变,以及组织诱导性生物材料定义的提出,导致该领域前沿基础研究亦发生相应的变化,研究者更加关注材料如何主动刺激机体特定反应,调动其自我修复和完善功能;材料如何干预机体修复微环境,募集内源性信号分子刺激干细胞的级联基因表达和特定方向分化;材料及其降解产物如何介导机体免疫调控,影响组织再生修复的进程;在这些前沿基础研究不断取得进展的基础上,生物医用材料及制品产业也得以不断进步。当前组织诱导性生物材料研究的热点主要为骨诱导人工骨、天然高分子及软骨诱导再生材料、诱导血管内膜修复的全降解血管支架材料、诱导神经再生材料、组织诱导修复膜材料等高端植介入组织诱导性生物材料。其中,仿生体内微环境的三维培养技术、复杂组织或器官工程化制品的构建技术、动物源性生物材料免疫原性消除技术等还有待突破。一大批世界领先的高端生物材料制品,如骨诱导磷酸钙生物陶瓷、软骨诱导性胶原基质、可再生人工韧带、可再生人工肩袖、中枢神经再生修复材料、心脏组织缺损修复材料等已经或即将上市,将继续推动生物医用材料革命性变革的进程。

将我国独创的骨诱导性生物材料及其制备技术发展扩大到非骨组织诱导性材料的设计及其制备技术,开创生物材料发展的新阶段——不外加细胞与生长因子的生物材料诱导有生命的组织或器官形成。突破骨、软骨、肌腱、角膜、神经、血管、心脏等组织工程化制品的设计和制备技术。争取未来10年左右,初步形成我国组织再生材料新产业。发展表面改性技术及表面改性植入器械。生物材料植入体内后首先在表面/界面与机体发生反应,表面的结构和性质、对材料和机体的反应及特定组织的形成有决定性影响。表面/界面研究及表面改性，成为提高常规生物材料和植入器械生物学性能的关键，也是发展新一代生物材料的基础。

2. 人源化胶原蛋白生物分子材料设计与合成技术

目前，国内有多个科研团队正在利用基因重组技术制备胶原蛋白并进行不同应用的探索研究。概括而言，现有的重组胶原蛋白主要有两种类型：类胶原多肽和人源化胶原。类胶原多肽是基于天然胶原的氨基酸序列特征（Gly－X－Y）而人工合成的多肽/蛋白，但是其一级结构又不完全与人的某种胶原亚型相同；人源化胶原则立足于人体天然胶原蛋白的原始基因序列，其一级结构与人某种亚型胶原的片段完全相同。由于一级结构存在差异，有些重组胶原蛋白不能进一步形成稳定或与天然人胶原近似的二级结构，从而不具备进一步结合蛋白并与细胞产生相互作用的能力，最终不能起到预期的组织修复与再生作用。因此，氨基酸的种类和排列顺序是否与人胶原存在差异，正是这两种不同类型重组胶原的性能与应用效果产生明显差异的根本性原因。鉴于此，以人体天然胶原蛋白的原始基因序列为依据，筛选、分析获得具有特定功能的功能区并通过发酵工程技术实现人源化胶原的制备与优化，是具有极大发展空间和良好前景的重大研究方向，不仅为组织工程和组织诱导性生物材料的研发提供强大支撑，也将为人源化胶原产业的发展奠定坚实基础。

同时，鉴于未来生物医用材料和植入器械科学与产业的发展将以具有组织诱导性的生物材料为主体、表面改性植入器械为辅，具有生物安全性保障、特定生物学功能的人源化胶原蛋白将在生物医用材料和植入器械领域占据十分重要的地位，不仅可以部分或者完全替代现在应用广泛的组织提取胶原蛋白材料，甚至可以合成自然丰度较低难以提取的胶原，或根据特定的功能需求筛选并定制多功能的人源化胶原蛋白，有利于在医疗器械植入后营造更好的局部微环境，促进组织的修复与再生，最终获得更理想的治疗效果。心血管组织再生修复、创面皮肤再生、软骨修复基质的构建与应用、妇产科领域组织修复再生等临床应用领域述及人源化胶原蛋白在组织或器官修复材料研发中的战略意义和紧迫性。

通过生物发酵技术成功制备人源化胶原使得重组胶原蛋白及相关器械的研发已进入一个新的阶段，国际化竞争也日趋激烈。鉴于国际社会特别是美国FDA对动物源胶原及相关医疗器械产品审评审批的严格控制，人源化胶原将在很大程度上替代或有希望取代动物源胶原，极大地推动与扩展组织诱导性生物材料的研发与应用。因此，推进人源化胶原蛋白产业的快速健康发展将有助于占据该领域的国际先行优势，为我国医疗行业和国民经济的壮大积蓄更大力量，任务紧迫且十分重大。

3. 生物3D打印技术

生物3D打印可能突破的关键技术点在于开发更多可打印的生物材料。3D打印生物医用材料包括医用金属材料、医用无机非金属材料、医用高分子材料、复合生物材料等，理论上来讲，所有的材料都可以打印，但实际上现在用于生物医学领域的打印材料还相当有限。部分具有优异性能的材料由于打印前后收缩率大、残留有害物质、打印后强度下降等原因，无法满足生物材料的使用要求，开发出更多性能优异的3D打印生物材料尤为重要。在材料的选择方面，性能越接近细胞外基质的材料越受青睐，因此，开发更多可仿生、可降解且具有生物活性的3D打印组织工程支架材料是可能突破的关键技术点。3D技术与组织工程的结合将为生物组织与器官的重建开辟崭新的研究领域。实现组织与器官的原位3D打印是科学家们的梦想，通过3D打印设备将生物相容性细胞、支架材料、生长因子、信号分子等在计算机指令下打印，形成有生理功能的活体器官，达到修复或替代的目的，在生物医学领域有着极其广泛的用途和前景。近年来，3D打印技术发展迅速，已在骨骼、血管、肝脏、乳房构建等方面取得了一些成绩，但离复杂器官的功能实现还有很长一段距离。开发出具有适当力学性能、良好生物相容性、具有生物活性的生物打印材料，将它与活细胞、生物交联剂（法）、信号分子组成"生物墨水"，力争将目前3D打印器官存在的诸多问题攻破。另外，打印材料与细胞、组织以及血液之间的相容性研究也是重点之一。随着材料学的日益发展，对生物打印材料的要求日渐严苛，打印材料不仅仅要安全无毒，还要起到支架的作用，更要求其具有一定的生物功能，能够保证物质能量自由交换、细胞活性和组织的三维构建。因此，对打印材料的生物相容性的研究也是必不可少的。

5.2.2 未来主流技术及关键技术研究

1. 组织诱导性生物材料的设计和工程化制备技术

组织诱导性材料未来主流技术主要集中于以下关键技术研究。

（1）生物材料诱导组织再生的分子机制及科学基础。

（2）组织（软、硬）诱导性材料合成和制备的新工艺。

（3）评价组织诱导性材料长期生物安全性和有效性的科学基础。

（4）新一代骨骼－肌肉（可承力的第二代人工骨、关节软骨、生物活性脊柱修复体等）和心脑血管系统（具有血管自修复功能的可降解血管支架、介入治疗人工心瓣膜、心肌补片、心衰治疗水凝胶等）及医用高端耗材（管腔再生材料、盆底再生材料、功能敷料等）的研发。

（5）兼具治疗（肿瘤、骨质疏松等）和组织再生功能的生物材料研发。

（6）组织诱导性生物材料的临床及临床应用技术研究。

（7）组织诱导性生物医用材料基因组研究。

2. 人源化胶原蛋白生物分子材料设计与合成技术

以人体内28种不同型别胶原蛋白的结构与功能研究为基础，根据临床实际需求，如皮肤再生功能、心血管再生修复功能、软骨修复功能、妇科组织修复功能、抗炎功能等，这些生物学功能都与人体胶原蛋白不同型别不同功能区的特定氨基酸序列和特定的三维结构密切相关。通过计算机辅助结构模拟和生化试验检测相结合的方式快速筛选得到人体胶原蛋白的特定功能区。通过广泛调研确定特定生物学功能对应的人体胶原蛋白相互作用蛋白，如细胞黏附功能对应的人体细胞整合素蛋白等，通过计算机辅助结构模拟不同氨基酸序列的人体胶原蛋白结合目的蛋白的效率和亲和力，快速筛选得到候选的胶原蛋白功能区序列。将这些胶原蛋白功能区序列依次合成多肽，进行体外组装三螺旋结构之后，利用细胞实验或生化实验手段确定这些多肽序列的生物学功能，最终获得低抗原性、可生物降解性、高生物相容性、高细胞黏附活性和适应性等具有优良生物材料特征的人源化胶原蛋白原材料，并实现这些胶原蛋白功能区的大规模产业化制备。同时，基于此开发系列用于皮肤、心血管、软骨、神经、妇科的新型生物医用材料及器械产品。

3. 生物3D打印技术

基于细胞3D打印技术，利用胚胎干细胞、诱导性多能干细胞（iPS细胞）、新型生物墨水等细胞和生物活性材料，构建心脏、肝脏、胰腺、子宫、肺等大型功能性组织及器官，是目前研究的前沿和热点。这项技术为生物制造复杂组织结构来模拟病理微环境带来了新的机会。被称为“细胞打印”或“器官打印”的生物3D打印技术正在崛起。人体的组成细胞多样复杂，包含血管、神经等，组成细胞超过250种以上。如此复杂多变的体系目前仅有生物3D打印技术可能是实现方法。例如，组织血管工程制造，血液循环是人体营养物质运输和代谢废物排出的重要循环系统，而血管作为人体循环系统运输物质的主要器官之一，能够成功地利用生物

3D 打印技术,完美地制造出人工血管。这一案例成功将为制造其他组织和器官奠定基础。生物 3D 打印技术未来有可能为再生医学、肿瘤治疗研究、新药研发等领域带来颠覆性的影响。

5.2.3 技术研发障碍及难点

1. 组织诱导性生物材料的设计和工程化制备技术

生物医用材料是涉及材料、机械、生物、医学等多学科交叉融合的领域,纵观历史,任何一种新材料的出现及相关新临床医疗技术的诞生和临床手术的进步,都将可能推进生物医用材料颠覆性技术的产生和发展。生物医用材料最终是应用于临床,临床与研究相结合才能促进生物医用材料的发展。但生物材料领域颠覆性技术因研发周期长,涉及领域广,研发经费投入大,需经历长期的培育过程,具有不确定性。如较为完整的组织诱导性生物材料的科学基础尚未形成,材料诱导非骨组织再生的研究尚在进行或探索中,材料骨诱导作用机理也仅提出了一个定性的雏形,难于指导大量的非骨组织诱导性材料的研发。深入研究材料、生物环境和细胞相互作用及其诱导组织再生的分子机制,构建较完整的科学基础体系,对组织工程、生物材料甚至生命科学的发展均具有重大的意义。

2. 人源化胶原蛋白生物分子材料设计与合成技术

目前,我们还难以解析全长胶原蛋白原子结构,对表达全长胶原蛋白仍然有很大挑战。同时,人源化胶原蛋白的核心要素之一是其氨基酸序列与人胶原蛋白氨基酸序列的同源性,因此,需要对同源程度及相应的基因重组技术做出必要的评价。目前的科学水平对蛋白材料植入后与人体组织、细胞相互作用的认识有局限性,以人胶原蛋白序列为模板重组的胶原蛋白材料的安全性风险可能更加可控、可预测,因此,有必要明确叙述人源胶原蛋白氨基酸序列与人胶原蛋白的同源性,并从技术原理的角度介绍基因编辑与转染、宿主体系蛋白表达、目标蛋白浓缩纯化等制备过程中,人源胶原蛋白保持人胶原蛋白同源性的可行性与技术保障。必要的情况下,可对目标人源胶原蛋白的高级结构进行分析、鉴定。从理论讲,人源化胶原蛋白可以为受损组织提供良好的局部微环境,有利于调控细胞行为和功能表达,最终实现受损组织的修复和再生。因此,在根据现有标准进行理化指标和生物安全性评价的基础上,还需要进一步建立人源化胶原蛋白功能性评价的方法和标准。如何通过体外细胞培养实验或短期动物体内植入实验验证人源化胶原蛋白产品的安全性和有效性将是未来需要解决的关键科学技术问题之一。

3. 生物3D打印技术

生物3D打印技术存在如下问题：第一，目前的3D打印器官或组织缺乏可与人体组织相融合的活性因子，为了满足这一需求，开发新的3D打印生物材料是一个难点；第二，为微观结构打印，生物3D打印不仅仅需要提供宏观的器官构建，还需要组建模拟单细胞生长，涉及微观结构，提高3D打印分辨率和组织构造研究是主要的研究方向；第三，为复合生物材料打印，生物打印已经可以完成心脏、肝脏等生物组织的原型打印，但是，这些组织或器官还应具备一定的创伤部位修复能力，同时避免排斥反应，需要植入同等位置细胞实现这一功能，需要多种生物材料复合打印营造其生长环境。器官远比人们想象的要复杂得多，很多内在的发育机理机制在生物学上还有待更深入的研究，重现体内的精细结构对制造而言也是一大难题。生物3D打印成为体外构造活性的三维细胞结构最为理想的手段，但是生物3D打印不是无所不能，不是什么材料都能被打印，尚不能基于这一技术打印出心脏、肝、肾、肺等器官并实现器官移植。目前可以打印出含细胞的结构，但是打印的结构仅在外形及结构上类似体内组织器官，结构内的细胞只具有简单的协同功能，与真实器官的复杂生理功能还有很大差距。这也是目前生物3D打印面临的最大难题。

5.2.4 面向2035年对技术潜力、发展前景的预判

1. 2023—2030年

生物医用材料领域颠覆性技术以组织诱导性生物材料的设计和工程化制备技术、人源化胶原蛋白生物分子材料设计与合成技术及生物3D打印技术为重点，研发可用于承力部位的新一代骨诱导性人工骨及其系列化制品为发展重点，突破骨诱导再生材料的设计和制备技术，实现骨诱导性人工骨主导国际市场，组织工程化软骨、肌腱等实施产业化；突破新型医用高分子合成和医用金属制备及加工技术，高分子及金属表面新型抗凝血及抗组织增生涂层技术，动物源组织及材料的抗钙化及免疫原性消除技术等，实现组织诱导性生物3D打印口腔修复、植入物等产品产业化，特别是系列骨科植入物产品实现大规模产业化；开发新一代具有优良诱导血管组织修复功能的全降解支架及具有防周漏、抗凝血、可预装的新一代微创介入式心脏瓣膜，抗心衰水凝胶，可降解心脏封堵器等产品，实现

我国在心脑血管疾病介/植入产业领域的阶段性跨越式发展。

从人体胶原蛋白的原始序列出发，以研制功能定制化的Ⅰ型、Ⅱ型、Ⅲ型等28型人源化胶原蛋白新材料为导向，通过综合采用高通量计算、原子结构解析、动态结构分析、定制活性测定、大数据分析等材料基因工程技术，制备不同特定功能区的人源化胶原蛋白材料并应用于制备不同临床需求的医疗器械产品，加速人源化胶原蛋白新功能区的“发现－研发－生产－应用”全过程，并实现具有定制化功能的人源化胶原蛋白原材料的大规模产业化应用。实现系列无细胞生物3D打印产品的研发。同时，在生物医用材料颠覆性技术产业领域中培育高集中度、多元化生产的示范性大型企业或企业集群，带动行业发展，提升产业进入国际先进、部分领先水平，成为国民经济新的增长点。

2. 2030—2035年

研发系列化的骨和非骨组织诱导性材料和植入器械的新产品和工程化技术，组织诱导性血管、肌腱、韧带、神经等非骨组织等实施产业化，构建较为完整的组织再生材料基因库；仿生人造皮肤（带汗腺）以及人工肝等人工器官进入商业化应用阶段；基于定制化功能的人源化胶原蛋白新材料，将不同特定功能区的人源化胶原蛋白材料应用于制备不同临床需求的医疗器械产品，包括软骨修复器械、皮肤再生修复器械、妇科组织修复器械、心血管再生修复器械等，并实现具有定制化功能的人源化胶原蛋白医疗器械的大规模产业化应用，进一步推动系列生物3D打印产品的大规模产业化推广应用。提升生物医用材料和器械产业整体达到国际先进或领先水平，力争实现销售额2500余亿美元并带动其他非医疗相关产业新增产值4000余亿美元，成长为我国国民经济的一个支柱性产业，真正成为世界生物医用材料大国和强国。

5.3 技术竞争形势及我国现状分析

5.3.1 全球的竞争形势分析

1. 组织诱导性生物材料的设计和工程化制备技术

全球关于组织诱导性生物材料研究共发表基础研究论文16092篇。从年度发文量来看,1990 年之前发文数量较少,到 20 世纪 90 年代开始快速发展,目前组织诱导性生物材料基础研究总体上仍处于一个稳定增长的阶段。组织诱导性生物材料领基础研究论文发表数量最多的是美国,共发表论文 3118 篇,占全球发文总量的 19.38%,篇均被引 48.10 次;其次是中国,以发文量 2736 篇位于第二位,占全球发文总量的 17.00%,篇均被引 21.16 次;德国和英国紧随其后,发文量也相当,分别占全球总发文量的 7.18% 和 7.06%。组织诱导性生物材料基础研究大约有 94% 的论文有关键词组合,经过数据清理,其中 TOP 20 的关键词组合主要涉及生物活性玻璃、羟基磷灰石、体外培养、支架、干细胞、骨再生、诱导分化、机械性能、骨诱导、复合材料、生物陶瓷、植入物、磷酸钙、基因/组织表达、成骨细胞分化等。从全球组织诱导性生物材料基础研究论文研究主题演化知识图谱可以看出,羟基磷灰石、生物陶瓷等材料的研究比例降低,体外培养、支架、干细胞、骨再生、成骨细胞分化等技术方向研究比例增大,说明基础研究逐渐向应用研究转变。

对组织诱导性生物材料领域专利发展态势进行分析,结果表明,专利数量排名前 10 的国家/地区分别为美国、中国、日本、加拿大和欧洲专利局,专利数量依次为 1305 件、862 件、198 件、88 件和 151 件,排名前 5 的国家专利申请数量占全部申请专利数量的比例分别为 43.33%、28.62%、6.57%、6.24% 和 5.01%。

全球组织诱导性生物材料领域专利的主要专利权人包括华沙整形公司、四川大学等。在专利数量排名前 15 位的专利权人中,共有 4 家中国高校或科研院所,公司均为美国公司,共 109 件专利,占全球专利总量的 3.6%。随着全球生物医学材料技术的快速进步和人类对健康及生命的重视程度越来越高,全球各国竞相争夺生物医学材料领域的制高点。组织诱导性生物材料作为一个新兴生物材料领域,受到了全球发达国家政府的重视,也成为产品研发和风险投资关注的热点领域。

美国国家科技委员会于 2007 年 6 月发布了《推动组织科学与工程:多机构参与的战略计划》,该计划瞄准组织科学工程领域和再生医学领域的发展机遇,确立了发展目标和 8 大重点战略优先项目,并对参与的联邦政府机构实施计划的步骤进行统筹安排。欧盟在《健康生物医学材料——地平线计划 2020》中指出,用于健康的生物材料将在先进疗法以及许多其他尚未确定的应用方面发挥重要作用。生物材料目前存在许多技术、政策和临床挑战,这些挑战都需要在未来几年内加以解决,并根据“地平线计划 2020”的建议实施,这将为欧洲全体人民带来更好的生活质量。除了美国、欧洲、日本这些世界上生物医学材料研究最为发达的国家和地区，近年来，亚洲一些国家如中国、韩国、印度和新加坡等也正在生物医学材料研发领域迎头赶上。目前，国际上骨诱导材料、血管支架材料已有多款产品面世，并得到美国 FDA 的批准；组织诱导性生物材料所蕴含的巨大应用前景和商业价值也促使一些国家的企业界投资参与了材料的开发、研究。

2. 人源化胶原蛋白生物分子材料设计与合成技术

目前，我国已研发出全球首款重组Ⅲ型人源化胶原蛋白冻干纤维获得国药局批准上市(2021 年)，并投入批量生产，迄今仍是全球唯一可提供这种新材料的国家。目前已完成在研重组人源化胶原蛋白(Ⅰ型、Ⅲ型等)小试及中试工艺研究；已完成 6 个型别人体胶原蛋白的原子结构解析，被国际蛋白结构数据库(PDB)收录。构建了胶原蛋白高通量功能区筛选系统，首次从结构层面精确揭示了人源化胶原的作用原理，成果达到世界领先水平。建立了数据库和人源化胶原蛋白菌种体系，首次利用生物发酵技术，于国际率先生产出了高活性人源化胶原蛋白，并实现工业化生产。

在产学研医合作研究中，我们领先于国外进行了较为广泛的医用研究，发现人源化胶原蛋白有意想不到的生物学性能，不仅可合成不同类型的胶原，还可筛选出胶原分子上特定功能区，根据需要进行定制组合以满足不同组织修复和性能的要求。四川大学在皮肤、心血管系统修复、骨科、口腔科已取得了重要的研究进展，已研发出基于人源化胶原蛋白抗凝血支架涂层、具有心脏组织再生性能的抗心衰治疗产品、软骨修复、口腔牙龈再生修复产品等，并进入临床试验。重庆医科大学在妇产科有重要进展，研究发现，重组人源化胶原蛋白可促进盆底韧带再生、子宫内膜再生、阴道上皮再生等，已进入临床试验，应用前景广阔。基于人源的重组胶原蛋白的创新医疗产品，呈现出巨大的市场潜力。

虽然我国目前在重组人源化胶原蛋白合成、生产及应用研究方面已处于国际领先，但发达国家尤其是美国和日本正在积极布局，加速赶超，该领域竞争日益激烈。目前，日本已经完成实验室研究，已经有论文报道，还未见上市产品。美国目前已经完成实验室研究，已有企业完成大量融资并开始大规模利用人工智能筛选胶原蛋白功能区域。国际上正在加速发展，重组胶原蛋白材料有望取代大部分动物源胶原蛋白。

为了维护我国原始创新产品技术领先优势，为更好地贯彻落实好习近平总书记重要讲话和重要指示，加快开发拥有我国自主知识产权的更多型别人源化胶原蛋白新材料，加快研发其定制化合成及临床应用新技术和新产品，应于国际率先建立从原材料定制化合成到临床应用的系列化产品和技术的人源化胶原蛋白的大规模产业化和一整套技术及标准体系，形成全球性垄断性竞争优势。

3. 生物3D打印技术

全球几大著名骨科医疗器械制造商美国捷迈公司、史赛克公司、施乐辉公司、美国强生陆续推出了3D打印产品，这些产品经过多年的研发与验证，获得了FDA的批准，并正式进入到医疗市场。截至目前，FDA已批准了100余个3D打印植入物，包括颌面植入物、髋关节、膝关节植入物和脊柱植入物等。国家药监局也批准了3D打印骨科植入物，包括髋关节系统和人工椎体等。生物3D打印产业目前处于仍起步阶段，大多数的产品和设备还处于研发阶段，并未实现大规模集成式的生产。同时，现已实现规模量产的产品也仅限于几个品种，如骨科植入物、美容植入物、人工关节等，而含活体细胞的3D打印产品，由于作用因素复杂不可控，无法估计上市时间。中国、美国、韩国在3D打印领域专利数量上排名前3；美国在核心技术与产品研发方面引领全球，中国专利数量优势明显，但核心技术专利占有率不高，专利质量和影响力有待提升；国外非常重视国际市场的专利布局，中国对外申请专利较少，全球化竞争意识相对欠缺；各国关注的技术领域存在一定差异，国内研究集中于3D打印设备、系统与组织工程支架等领域；从创新主体看，国外以企业为主导，产业发展基础较好，国内以高校为主导，重视基础研究。

5.3.2 我国相关领域发展状况及面临的问题分析

1. 组织诱导性生物材料的设计和工程化制备技术

我国十分重视生物材料的发展，在产业政策规划、科技部署、平台建设、政策监管等层面给予了有力支持。2015年以来，我国对于生物材料尤其是组织诱导性生物材料出台了多项支持政策，持续加强相关产业化部署。《中国智能制造2025》将生物医药作为战略产业发展方向。《“十三五”国家科技创新规划》进一步提出以组织替代、功能修复、智能调控为方向，加快3D生物打印、材料表现生物功能化及改性、新一代生物材料检验评价方法等关键技术突破，构建新一代生物医用材料产品创新链。国家重点基础研究发展计划（“973”计划）曾专门设立了项目“组织诱导性生物医用材料的研究基础”，2015年开始，国家重点研发计划将“生物医用材料研发与组织器官修复替代”列为重点专项。2000年，经国家科技部批准组建国家生物医学材料工程技术研究中心，是我国第一个开放性国家级生物医学材料专业研发机构，以组织再生和功能重建的生物医学材料及医用植入体的应用基础及工程化研究为总体研究目标，重点开展再生医学的生物材料及植入器械、生物材料表面/界面及表面改性、药物/基因控释载体和系统、功能纳米生物材料与技术、生物力学、生物医学材料试验评价的科学基础等方面的基础与应用基础研究。组织诱导性生物材料也被列为“十三五”国家重点研发计划“生物医用材料研发与组织器官修复替代”主旨思想。

组织诱导性材料已是当代生物材料及组织器官修复替代发展的重要方向和前沿，将成为未来15年左右生物材料科学与产业的主体。但是，其完整的科学基础体系尚未形成，大量非骨组织诱导性材料尚在研发中，加强我国这一原创性研究成果的研究，深入研究材料刺激机体特定反应，调动人体自我修复和完善功能，集聚内源性干细胞和生长因子，激活细胞内基因级联表达的分子机制，设计和研发一系列非骨组织诱导性生物材料，建立组织诱导性生物材料的科学基础，并突破关键技术以研发出系列化的组织诱导性产品。

我国需突破组织诱导性生物材料设计和制备的工程化技术，在骨诱导性人工骨于国际率先取证实现产业化生产的基础上，突破软骨、神经、肌腱、角膜等非骨组织诱导性材料及一批已进入临床试验的结构组织的工程化产品的工程化制备技术。作为前沿技术储备，着手组织工程化人工肝、肾、牙等人工器官再生的设计和制备技术研究。

2. 人源化胶原蛋白生物分子材料设计与合成技术

国产人源化胶原的研发与应用已经具备极好的基础和发展机遇，山西锦波生物医药股份有限公司与四川大学、复旦大学、中国科学院生物物理所等长期合作，首次成功筛选出人Ⅲ型胶原蛋白核心功能区，利用X-射线晶体学方法解析出高分辨率的原子结构，并利用生物发酵技术实现大规模产业化。该技术首次从结构层面揭示胶原蛋白的作用原理，直接推动了人源化胶原蛋白产业的起步与发展，原创性成果达到国际领先水平。利用该技术制备的人源化胶原蛋白，可以有效避免动物源胶原蛋白的弊端及其风险监控的难度，又可以充分发挥重组胶原蛋白性能稳定、功能可控的优势，可以与组织诱导性生物材料及植入器械表面改性有机融合，极大地促进中国生物医用材料的发展与壮大，有望占领国际重组人源化胶原蛋白原料及器械研发和应用的制高点，为国产医疗器械的升级革新和产业健全发展提供有力支撑，突破西方国家对我国的技术封锁和压制，具有明显的国家战略意义和社会价值。但目前人源化胶原蛋白材料相关生物材料及器械产品仅一款“重组人源化Ⅲ型胶原冻干纤维”获得国家药监局上市批准，基于定制化功能的人源化胶原蛋白新材料，将不同特定功能区的人源化胶原蛋白材料应用于制备不同临床需求的医疗器械产品还正在研发中，实现具有定制化功能的人源化胶原蛋白医疗器械的大规模产业化应用还有一段距离。

3. 生物3D打印技术

生物3D打印对生物医用材料的要求苛刻，不仅要考虑材料本身的理化性质，还要考虑安全性、生物相容性、可降解性和生物活性等。虽然，一些生物医用材料，如医用金属、医用陶瓷、高分子聚合物、生物墨水等已被3D打印技术使用，取得了一些研发和应用成果，但是能够完整实现需求和产业化的极少。生物医用材料种类繁多，需求特点各异，生物3D打印均要求相关材料快速精确成型，并在满足各种理化性质要求的同时满足生物学和医学使用要求，还要严格的使用审批程序。目前，3D打印体内植入物的审批时间长，获得国家药监局认证时间长。生物3D打印本身的个性化特点，说明不同个体对于生物3D打印产品的需求是千变万化的，尤其是使用到人体组织，需要考虑个体差异性、时效性和需求个性化，无法大规模批量化生产。同时，生物3D打印技术标准体系的缺失严重地制约着生物3D打印技术的应用。虽然我国已提出3D打印领域的7项国家标准，但尚未建立起涵盖设计、材料、工艺设备、产品性能、认证检测等在内的完整的3D打印标准体系，在生物3D打印领域更是欠缺，未能架起技术与产业衔接和应用推广的桥梁，减缓了产业发展进程。目前，美国、日本已经将部分3D打印器械或植入物纳入医保报销范围，有力地推动了3D打印技术在医疗领域的应用。

5.3.3 对我国相关领域发展的思考

近十余年来，随着人口老龄化、中青年创伤增加，高技术注入，以及人类对自身健康的关注度随经济发展提高，全球医疗器械市场不受外部经济环境影响地以5.6%以上复合增长率持续增长，正在成长为世界经济的一个支柱性产业。随着我国生物医用材料飞速发展，我国一些高端生物材料及医疗器械产品也不断涌现，包括以医用羟基磷灰石陶瓷材料为代表的系列骨诱导人工骨，羟基磷灰石涂层以及具有骨肿瘤及骨质疏松治疗功能的羟基磷灰石纳米材料，用于先天性心脏病和冠心病治疗的生物可吸收材料及器械，基于重组人源化胶原蛋白的心血管系统修复、骨科、牙科、皮肤科、妇产科等材料及器械产品，3D打印材料及产品等开发也走在了国际发展的前沿。我国颠覆性优势材料需立足创建该材料相关的整个产业体系,全面推进相关材料的研发及生产,开发系列化医用产品,建立完整的监管体系,开展临床应用技术研发及临床应用推广,维护我国原始创新产品技术领先优势及国际的市场,抢占国际标准制高点,推动产品走向国际,这样不仅可突破国外对我国生物材料的"管制",还可形成强有力的"反制"。以前期材料诱导骨再生及其机理研究为基础,扩大研究可诱导软骨、韧带、神经、角膜、皮肤、血管等非骨组织再生的材料设计原理,研究无生命的生物材料通过自身优化设计,而不外加活体细胞或生长因子,诱导组织再生的细胞和分子机制,揭示材料诱导组织再生的材料学因素及其基因组,探索和研究评价材料组织诱导作用长期生物安全性和可靠性的分子标记及检验新方法,以及组织诱导性材料的临床应用基础及应用技术,于国际率先建立较完整的组织诱导性生物材料的基础理论体系,保持我国在此方面的国际领先地位,引领当代生物材料科学与产业的发展,为建立我国新一代生物材料产业体系,实现产业跨越式发展奠定科学与工程基础。基于定制化功能的人源化胶原蛋白新材料,将不同特定功能区的人源化胶原蛋白材料应用于制备不同临床需求的医疗器械产品,包括软骨修复器械、皮肤再生修复器械、妇科组织修复器械、心血管再生修复器械等,并实现具有定制化功能的人源化胶原蛋白医疗器械的大规模产业化应用。

5.4 相关建议

以当代生物医用材料和植入器械发展方向为导向,立足国内现状和需求,跨越式地形成以新一代生物医用材料——可诱导组织再生的生物材料和植入器械——为主体,在其引导下的表面改性植入器械为补充的新兴生物材料产业体系。提升产业自主创新能力,研发一批具有自主知识产权和重大产业化价值的专利产品和技术,扭转高技术产品依靠进口的局面;突破一批制约高技术常规产业发展的关键共性技术,实现技术中端产品基本国产化并扩大出口,满足全民医疗保健和健康服务产业发展的国家战略需求。

5.4.1 产学研医全链条创新环境

营造适宜生物医用材料颠覆性技术发展的产学研医联合创新环境。与传统技术相比,颠覆性技术的技术衍生路径更为复杂,失败率较高,需要建立更为灵活、更为宽容的创新管理体系与产学研医融合创新环境。筛选出需要优先发展的前沿技术，进行重点资金支持。营造敢于挑战权威、宽容失败的创新氛围。充分发挥顶尖人才的创造性和能动性，推动企业、高校、科研院所、医院深度合作，完善颠覆性技术的发展环境，逐步建立其与市场、医院相结合的体制机制。对于趋于成熟的技术，通过政府采购、应用试点等方式，营造促进其产业化的市场环境，加快对产业和技术升级的带动作用。

5.4.2 建立长效机制

建立颠覆性技术跟踪研究的长效机制。颠覆性技术开发过程不确定性强，失败率高，短期的、集中的攻关难以取得实质性效果，需要强化顶层设计，建立颠覆性技术的长效研究机制。加强对颠覆性技术的长期支持力度，促进技术管理的体制机制创新，开展对各国技术发展的长期跟踪研究，对技术未来发展趋势进行预测与规划。

5.4.3 鼓励多学科交叉融合创新

学科融合也是颠覆性技术的重要来源之一。生物医用材料及植、介入器械产业是学科交叉最多、知识密集的高技术产业，其发展需要上、下游知识与技术和相关环境的支撑，颠覆性技术既可以是全新的技术，也可以是与已有技术的新的交叉融合。继续强化材料学、医学、生物技术、电子信息、机械等学科的融合创新，促进颠覆性技术的产生与发展。

5.4.4 建设成立国家生物医用材料及器械技术创新中心

成立国家生物医用材料及器械技术创新中心，整合全国行业资源，提升基础研究和应用基础研究的综合实力，解决行业颠覆性技术重大关键性、共性、前沿性技术难题，提升创新和集成能力，从根本上解决整个产业链上的短板，弥补实验室产品与产业化之间的缺失环节，解决行业共性技术供给不足问题，真正实现“产学研医”融合创新，使我国生物材料及器械创新能力跨入世界顶尖水平，引领国内及国际生物材料及器械产业发展。

5.4.5 加强对颠覆性技术研究的支持力度

从各国经验来看，常规的科研项目资金支持方式与管理模式，很难满足颠覆性技术的发展要求，建议设立颠覆性技术发展专项资金，依托产业核心企业，整合发挥核心院校、科研机构、医院等优势资源，重点突破重大关键技术，加快产业化应用，实现“政产学研医”相结合的产业创新体系建设，支持潜在的颠覆性技术研究。同时，在现有的科研项目管理体系中，逐步加大对颠覆性技术的支持力度。

5.4.6 优化空间布局

通过布局一批颠覆性技术产业基地，围绕基地集聚一批产业链上下游优势企业，逐步形成定位明确、特色明显、错位发展的产业布局结构，培育一批产业骨干企业，并将优势企业培育发展成为具有国际竞争力和影响力的行业大型龙头企业，带动整个产业发展。

参考文献

[1] 张兴栋，大卫·威廉姆斯. 二十一世纪生物材料定义[M]. 赵晚露，译. 北京：科学出版社，2021.

[2] 王云兵. 生物医用心血管材料及器械[M]. 北京：科学出版社，2022.

[3] LU G G, XU Y, FAN Y J, et al. An instantly fixable and self – adaptive scaffold for skull regeneration by autologous stem cell recruitment and angiogenesis [J]. Nature Communications, 2022, 13(1).

[4] ZHANG K, ZHOU Y, ZHU X D, et al. Application of hydroxyapatite nanoparticles in tumor – associated bone segmental defect [J]. Science Advances, 2019, 5(8):16.

[5] LI G C, YANG L, LUO R F, et al. Development of innovative biomaterials and devices for the treatment of cardiovascular diseases [J]. Advanced Materials, 2022, 34(25).

[6] WANG J, QIU H, LIN H, et al. The biological effect of recombinant humanized collagen on damaged skin induced by UV – photoaging: an in vivo study [J]. Bioactive Materials, 2022, 11:154 – 165.

[7] PEI X, WU L N, ZHOU C C, et al. 3D printed titanium scaffolds with homogeneous diamond – like structures mimicking that of the osteocyte microenvironment and its bone regeneration study [J]. Biofabrication, 2021, 13(1):15.

[8] YANG L, WU H S, LU L, et al. A Tailored Extracellular Matrix (ECM) – Mimet-

ic coating for cardiovascular stents by stepwise assembly of hyaluronic acid and recombinant human type Ⅲ collagen [J]. Biomaterials,2021,276:13.

[9] WANG Y N, WU H S, YANG L, et al. A thrombin – triggered self – regulating anticoagulant strategy combined with anti – inflammatory capacity for blood – contacting implants [J]. Science Advances,2022,8(9).

[10] ZHANG B Q, WANG L, WANG K F, et al. 3D printed bone tissue regenerative PLA/HA scaffolds with comprehensive performance optimizations [J]. Materials & Design,2021,201:12.

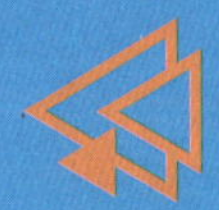

第 6 章

碳基及二维材料技术

本章作者

刘开辉　俞大鹏

06

6.1 技术说明

6.1.1 技术内涵

碳基及二维材料主要包含零维、一维与二维材料，主要包括富勒烯、碳纳米管、石墨烯、氮化硼、过渡金属硫化物、黑磷等材料体系，这些研究内容对于新材料及器件制造领域意义非凡，不断受到相关学者的重视，诸如碳纳米管（CNT）之类的材料已成为许多实际应用中的主要材料之一。近年来，随着各类功能性材料在科学研究、工程技术、产业应用方向的进一步发展，其他碳基及二维新材料的到得到不断创新发展。

与此同时，电子产业已跻身世界最大产业之列，研究电子行业的相关材料是当今时代的主流。电子产业涵盖了无线电通信、信息技术、计算机网络安全、太空探索、国防装备、医疗诊断等几乎所有与生活息息相关的领域。目前，国内电子产业的发展在部分方面还不是很完善，其中半导体制造行业是限制中国半导体电子产业发展的最大瓶颈之一。随着半导体行业的发展，半导体集成度越来越高，批量生产技术难度加大，材料性能限制越来越高，要求材料具有较小的体积同时具备良好的载流子迁移能力，同时满足其他材料性能需求，因此传统半导体材料无法满足半导体产业的发展需求。

碳基及二维材料作为新兴的半导体材料，具有相比传统材料更加优异的性能，有望在未来发挥更加重要的作用。碳基及二维材料天然具备原子层厚度，能够有效克服短沟道效应，被认为是未来新一代变革性器件应用的核心备选材料体系。同时，碳基及二维材料种类丰富，涵盖导体（石墨烯）、半导体（碳纳米管、二维过渡金属硫族化合物）、绝缘体（六方氮化硼）等领域，拥有优异的光学、电学、热学性能。超高比表面积是其区别于体材料的最重要特性，有利于质量和热传输以及离子扩散以及吸附、催化和电能存储方面的应用。

下面论证一些常见的碳基及二维材料的结构与性能：二维过渡金属硫族化合物是一种半导体材料、具有可见光带隙，可吸收强光；六方氮化硼是绝缘体材料、带隙 6 eV、具有极好导热性与极高硬度。石墨是典型的碳基材料，具有良好的耐高温、导电导热、润滑、化学稳定等特性，是润滑、密封、导电、吸附、超高温电极、耐火、人造金刚石、核材料、锂电池和超级电容等功能材料和关键基础材料的原料。除此之外，石墨也是二维碳基材料——石墨烯的重要原材料。石墨烯在二维碳基材料中具重要的探究地位。根据全球知名期刊数据库网站“web of science”的科学调查显示，到目前为止，研究者已经刊登了超过3000篇与纳米材料和传感相关的出版物，其中大约50%涉及碳纳米材料，这些材料之中又有超过半数来自于石墨烯家族。

石墨烯是零带隙半金属，具有超高迁移率、极好导电性，并且是最薄的二维材料；碳纳米管则具有超高机械强度、超高热导率，并且可以通过结构调控电学性能，是一种储氢材料；除此之外，石墨烯也是良好的电子材料。以传感应用领域为例，相关学者通过精密设计与纳米制造方法，成功将石墨烯加工为各种功能完善的电化学传感器，如场效应晶体管、化学电阻器、基于阻抗的环境敏感性器件以及电流传感器等，这些材料具有几乎透明的化学惰性材料，具有高载流子迁移率以及出色的导电性和导热性，以其为原理制备的碳基二维电极的性能也优于贵金属等其他材料，具有更宽的电化学电位窗口且不易发生表面污染。通过对石墨烯材料进行复合与改性，人们获得了能量转换和存储能力更强的二维碳基复合材料，通过调节材料的孔径和结构，我们科研适时调整材料的电荷传输能力，因此，完美地满足了现代微电子轻质、柔性、可弯曲电极的要求，有利于研制可穿戴的便携式电子产品，开发紧凑、轻便和高效的储能设备。更进一步，纳米尺度的超薄碳基材料可以用于太赫兹传感领域，如太赫兹分子指纹传感，这种方法的准确性具有更高的准确性与可重复性。

综上所述，碳基及二维材料独特的性能优势为突破半导体行业瓶颈带来了新机遇，有望率先实现颠覆性技术变革应用。

6.1.2 技术发展脉络

碳纳米管（CNT）是19世纪末到21世纪初的碳基明星材料之一，由Iijima于1991年首次发现，是由石墨形态碳制成的分子级管。这些圆柱形碳分子管具有新的特性，使其在纳米技术、电子学、光学和其他材料科学领域的许多应用中具有潜在用途，除此之外它们还表现出非凡的强度和独特热导性质。后来，经过学者的研究与完善，开发了如下的几种普适方法来合成碳纳米管，主要有电子束溅射、热解、灼烧、电弧放电、激光熔融以及化学气相沉积等方法。Odom与Kim等根据碳片卷成纳米管的方式不同，得到的纳米管在电子光谱中可能存在间隙不同，因此半导体特性不同，且纳米管光谱中的间隙由其半径决定，制备特定带隙的工程半导体线，可以用于电子和光电设备，他们同时测量了碳纳米管的隧穿电流。Ajayan 等开发了定向电弧放电法,将制得的 CNT 均匀分散在实验所用的树脂材料中,之后在树脂并未完全固化时通过机械力对材料进行切割,从而生长定向的 CNT 材料。Terone 等进一步发展了这种方法,以 Co 为衬底材料,通过光刻技术生长了定向的 CNT 材料;Saito 等独立发展了"从外向内"的碳纳米管生长机制,之后随着复合材料领域的发展,CNT 的生长方法不断创新,适应各种实验需求。

石墨烯材料是继碳纳米管之后的二维碳基重点材料,最初于 2004 年由英国曼彻斯特大学的 Andre Geim 和 Kostya Novoselov 成功从石墨块材中机械剥离出石墨烯,首次获得了稳定的单原子层二维材料,推翻了"热力学涨落不允许二维晶体在有限温度下自由存在"的理论,打开了二维材料世界的大门。之后,哥伦比亚大学的 Kim 等于 2005 年通过纳米铅笔画的方法,使铅笔头划过硅晶片的微晶尖端,制备了接近单层厚度的石墨样品;之后的 2007—2008 年,Geim、Novoselov 与 MacDonald、Kim 等合作,在 *Science*、*Nature* 等期刊上报道了从块状石墨中机械剥离超薄石墨膜的方法,这种方法沿用至今,成为制备石墨烯薄膜相对简捷有效的方法,之后人们开始探究石墨烯的力、热、光、电等性质,同时开始制备石墨烯基二维碳材料器件。Geim 和 Novoselov 最早于 2007 年制备了石墨烯基场效应传感器 GraFET,之后的 Blake 等在 2008 年制备了石墨烯基的液晶像素点,当石墨烯嵌入液晶聚合物中时,石墨烯会增强它们的导电性,并且由于超薄的特性保持材料的高度透明,因此,可以用于制作柔性液晶屏或用于导电涂层制备,之后,美国的 IBM 公司与韩国的三星公司基于此性质制备了柔性光电触摸屏与轻便的电子材料。

另一种制备石墨烯的方法是外延生长法,由 Walt de Heer 和 Claire Berger 领导的 Atlanta 小组开发了另一种制造石墨烯的方法:将外延生长的六方 SiC 晶体暴露在约 1300 ℃的温度下,以便从表面蒸发结合不太紧密的 Si 原子。表面上剩余的碳原子形成石墨层,该石墨层的物理性质取决于所选的 SiC 表面。实验表明,在 Si(0001)表面的情况下,石墨化过程很慢,因此,改变生长表面可以控制形成的石墨烯层的数量(通常是一层或两层)。基于此类似的方法,相关国内学者在 Cu(111)表面进行石墨烯晶畴取向一致、无缝拼接生长,实现了 0.5m 长单晶石墨烯制备;在 Cu(110)面内 <211> 原子台阶控制单畴取向一致,实现分米级二维氮化硼单晶制备;在 A 面蓝宝石上衬底 - 台阶协同调控,实现 2 英寸单晶硫化钨二维单晶制备。随着制备手段的不断成熟,研究者开发了更加先进的制备生长方法,确保石墨烯具有良好的传感响应性能。

与上述石墨烯、碳纳米管的制备方法类似,一些其他的碳基二维材料,如 g -

C_3N_4、C_3N、MXene 等材料开发了化学浆料、热剥离、外延生长、固态反应以及水热合成等生长方法，具有相对可控的复杂结构以及改性的优良力学、电学性能，逐渐成为可以应用于工业化市场化的二维材料。随着国内云计算、5G、物联网、汽车电子市场需求的进一步发展，发展碳基及二维材料的制备方法及其相关的芯片加工工艺技术为增强国家微电子芯片产业的核心竞争力提供了新的动力。未来，基于碳基二维材料的传感器行业的发展规模将持续扩大，同时对二维碳基材料的制备与性能提出更进一步的要求。

6.1.3 技术当前所处的阶段

经过近 30 年的不断发展，碳基及二维材料相关领域整体相较之前有了很大的进步，无论是制备技术还是产业化都日趋成熟。对于粉体来说，大规模石墨烯粉体的制备一般是通过将石墨加入到含有氧化剂和插层剂的混合溶液中，氧化处理破坏层内 π 键，减小范德华力，超声并持续通入氦气形成石墨插层化合物。之后再经过剥离、过滤、烘干从而得到石墨烯粉体。成熟的粉体制备技术也让年产千吨级生产线成为可能，有了足够的原材料，相关企业也在不断开拓石墨烯粉体的下游应用，目前功能性涂料、污水处理和导电剂是石墨烯粉体最主流的 3 个应用领域；对于更精密的集成电路、光电等应用来说，只有高质量的二维材料薄膜才能满足要求，目前利用化学气相沉积法已经成功实现了米级单晶石墨烯、分米级单晶 hBN、晶圆级单晶过渡金属硫族化合物（TMDC）的可控制备，有望推动二维单晶规模化器件应用与发展。然而，除上述所提到的材料外，其他二维材料的单晶尺寸仍比较小，与传统的半导体材料的尺寸还相差一个量级。

现有的理论分析与实验室研究已经证明，碳纳米管是未来在集成电路领域有望取代硅基材料的一种理想半导体材料。2018 年，美国国防部高级研究计划局（DARPA）启动了“电子复兴”（ERI）计划，旨在通过对碳纳米管等新兴半导体材料的基础研究振兴芯片产业。DARPA 计划在未来 5 年内每年预算 3 亿美元，总计 15 亿美元，支持以麻省理工学院（MIT）和斯坦福大学为主的学术团队，以及以 Skywater 和 ADI（亚德诺半导体技术有限公司）为代表的芯片制造企业。开展以碳纳米管为基础材料的集成电路技术研究和产业化推进。这标志着自 1998 年第一个碳纳米管场效应晶体管诞生以来，碳纳米管晶体管和集成电路技术开始了从实验室走向工程化推进的道路。

使用关键词“CNTFET（碳纳米管基晶体管）”在 WOS 核心数据库中对 2000—2021 年的核心期刊文献进行主题搜索，共得到 566 条文献结果。按出版年份对文献进行归类，可发现：自2002年起，碳纳米管晶体管研究热度逐年上升，在2009年达到顶峰，该年相关主题文献共43篇。2014年起，该领域研究平稳发展，每年约有30余篇论文发表。按文献数量对国别进行排序，发表核心期刊论文最多的前5个国家分别为美国(196篇)、印度(118篇)、伊朗(98篇)、中国(78篇)和瑞士(26篇)。但在专利方面，碳纳米管基半导体专利数量少，商业化程度较差。通过对2000年以来碳基晶体管相关文献和专利的情况进行统计可以发现，碳纳米管基半导体及芯片的研究发展起步较晚，但目前呈稳步发展势头，专利权人多为美国和中国的个人或机构。碳基半导体产业是一个全新的生态链，硅基生态链上的相关技术与工艺设备流程并不全部适用于碳基生态链。需要重新调试当前所有半导体设备使其适应碳基电路，这个过程将消耗大量资金及数年时间。未来，还需进一步突破技术、成本限制，在设备和器件等工艺方面建立成熟的规范流程，降低成本，提高稳定性，向商用标准迈进。

我国碳基及二维材料产业发展的主要内容分为基础研究、制备工艺和产品应用3个方面。

(1)对于基础研究而言，自从2004年石墨烯被发现以来，在世界范围内掀起了对二维材料研究的热潮，我国也不例外，国内的各大高校研究院也开始着重研究石墨烯、碳纳米管、六方氮化硼、过渡金属硫族化合物等碳基及二维材料。无论是对这些二维材料器件的搭建还是其内部的物性研究，在国内都有了巨大的进展。伴随着能谷电子学、自旋电子学等基于二维材料的新兴物理学研究发展加快，国内碳基及其二维材料的基础研究也抓住了机遇、成功地在一些领域占据了优势。能够自主地研究二维材料中丰富的自旋、输运、光电、热传导等物理性质。

(2)对于制备工艺而言，我国在材料生长方面也有很大的突破，从大面积高质量单晶二维材料制备到对其进行大规模无损转移，到最后器件制备、芯片集成等应用，国内无论是在高校研究所还是在企业的产业化上都有了相当成熟的样品制备和转移能力。

(3)对于产品应用而言，应用场景更加多样，覆盖面更加宽广。基于二维材料从柔性电极到传感探测，从光电探测到能源利用，越来越多的应用在国内有了相当规模的市场，整体呈现一种快速上升的趋势，但是值得注意的是，以石墨烯为例，国内的石墨烯产业化还是主要集中在对原料质量要求并不高，附加值相对较小的领域。相较世界最领先的石墨烯应用，比如晶体管、柔性透明电极等还有这一定差距。国内的碳基及二维材料企业多为处于初创成长期的中小型企业，缺少龙头企业对产业进行引领，较难带动整体产业链的发展和完善。在未来，加强碳基及二维材料的前沿领域应用，加强科研单位、企业、政府之间的交流合作，中国碳基及二维材料的未来前景是值得期待的。

6.1.4 对经济社会影响分析

如今，以碳纳米管、石墨烯为核心的碳基材料以及二维材料，已不局限于科研领域，其优异性能对许多产业造成冲击，并催生出一系列全新的产业。其中，碳纳米管作为一种经历长时间发展的材料，其制备工艺趋于成熟，人们对它的性质有了较为深刻的认识，已经形成相对广阔的应用市场，被用作导电剂、增强材料、润滑添加剂和防腐剂等，目前，碳纳米管作为导电剂的应用最为广泛。市场上基于碳纳米管的典型产品包括碳管粉体、碳管/石墨烯导电浆料、碳管导电母粒等一系列产品。此类产品主要应用于电学相关产业，如锂电池、抗静电/导电塑料、超级电容器、铅酸电池、静电喷涂聚合物、燃油系统部件、抗静电涂料等，市场需求和出货量近年来稳步提升。随着近年来动力锂电池市场的飞速发展，导电浆料的市场需求量迅速增加，其生产也相应地迅猛增长，2014 年，全球碳纳米管导电浆料出货量仅为 4600t，而至 2018 年，全球出货量已达 34400t，较前一年同比增长 25.9%，较 4 年前增长了 7 倍。其中，我国在碳纳米管市场中占了较大份额。2018 年，中国碳纳米管导电浆料市场出货量为 28500t，占全球市场的 83%，充分显示了中国的碳纳米管产业在全球市场中占据重要地位，产业发展势必对中国乃至世界经济造成较大的影响。除此之外，碳纳米管产业的发展在有望对高精尖领域的进展做出突出贡献。例如，碳纳米管芯片的研究目前正成为各科研机构新的研发重点，目前，IBM 公司与北京大学等均已开始布局，中美起点基本相同，同步研发。碳基射频器件在通信技术领域的应用同样显示出了较大的潜力，其工作频率可提升至太赫兹领域，由于太赫兹波独特的高速传输优势，碳纳米管将在 6G 时代提供高速、低能耗、高集成度的芯片技术。届时，在通信领域将会发生一次深远而重大的变革，将会对电子产业半导体产业背后的庞大工业体系发展起到极大的促进作用，对经济社会、资本市场产生巨大而深远的影响。

与碳纳米管类似，石墨烯作为一种近年来被重点研究并高度开发的新型材料，现已被广泛应用于工业生产，形成产业。石墨烯材料的应用场景，主要分为两类：第一类的应用主体是升级的石墨，是基于传统石墨的应用发展而来，以资本运作型为主，总产值约为 100 亿，主要应用于锂电池、太阳能电池、涂层、导热石墨纸（华为、小米）、复合材料等，但目前行业内存在产业密集、产能过剩等问题;第二类则是本征石墨烯的应用,将二维石墨烯材料的多种新颖性质发展运用,属于科研成果推动型,主要面向未来全新器件应用,如半导体产业的柔性芯片、电子芯片、原子涂层、TFT - LCD、Circuit 等,产值约 20000 亿,整体发展势头良好,但是缺乏颠覆性突破,石墨烯的应用尚未完全开发。举例而言,在能源存储领域,石墨烯具有重要应用前景,主要在石墨烯改性电极、石墨烯复合集流体和电解质添加剂等方面。典型产品包括康飞宇团队负极材料、墨希石墨烯涂层铝集流体、鸿纳科技石墨烯添加剂等,目前广汽埃安已经在设计制造石墨烯动力电池,预期 2021 年 9 月份量产。石墨烯的市场规模,从 2015 年的 6 亿元、2016 年的 40 亿元、2017 年的 70 亿元,增长到了 2018 年的 100 亿元、2019 年的 120 亿元、2020 年 140 亿,5 年内增长 20 余倍。除石墨烯外,二维材料中的一些经典材料(如二硫化物等),因其特有性质被广泛应用于科研、医疗、环境监测等领域。形成的产业包括:①超薄二维光电探测器,基于单层二硫化钼,现已具有超高探测灵敏度,在科研机构及半导体领域具有巨大的应用潜力;②柔性器件与智能可穿戴器件,凭借纳米级厚度带来的优异的适形性和弯折性能,二维材料被广泛应用于柔性器件的制造,现已实现晶圆级二硫化钼柔性晶体管阵列及逻辑器件制备;③绿色能源与环境保护,已可用于重金属离子与有机污染物吸附、光催化等领域。目前上述产业大都处于技术探索期,工艺流程以及市场需求暂未确定,尚未形成规模化应用方向。但其产业潜力毋庸置疑,相信在不久的将来,因二维材料而形成的多个新兴领域和产业,将极大地改变材料市场和半导体市场的份额配比和整体布局。

碳基及二维材料虽然仍处于科研探索阶段,但其已在工业中的广泛应用,产业产值快速良性增长已充分说明其产业发展潜力之大,势必会成为中国乃至世界经济市场中的重要组成部分。另外,相关科研进展也预示其将在未来对高科技产业界尤其对半导体产业将带来巨大变革。随着摩尔定律对硅基集成电路的发展指导作用逐渐减弱,而全球的科技发展形式如 5G 的应用、人工智能的普及以及大数据处理等对集成电路的要求逐渐提高,半导体行业的供求关系出现倒挂现象。具备独特优秀的电学性能和本征材料优势的碳基作为新型的半导体材料,为芯片未来的发展提供新的可能选择。近年来,国内碳基材料、二维材料的产业格局也发生着巨大改变,已经从 10 年前的零散厂家、独立企业运作的形式,发展为以长三角、珠三角和京津冀鲁区域为聚合区,多地分布式发展的产业格局,多个产业创新中心已初具雏形。在国家大力推动新能源、新材料、半导体等高精尖产业的大背景下,从事碳基材料、二维材料产业的高科技企业得到政策及地方政府的大力支持,数量增长迅速,市场对相关从业人才的需求也急剧增加,造成的改变将深远影响到教育、科研、社会、经济、金融等方面,对于任何一个国家而言都具有跨时代的意义,是国家原创型产业发展中的重要组成部分。

6.1.5 对当今中国的意义

自2017年始,世界形势发生明显转折:全球经济增长乏力,反全球化和贸易保护主义泛滥,国家纷争日趋激烈。在此国际大背景下,我国的发展面临着巨大的挑战,同时,在挑战中也蕴含着许许多多的机遇,因此,以科技创新为导向的经济转型迫在眉睫。习近平总书记在全国科技创新大会、两院院士大会、中国科协第九次全国代表大会上指出,科技是国之利器,国家赖之以强,企业赖之以赢,人民生活赖之以好。中国要强,中国人民生活要好,必须有强大科技。新时期、新形势、新任务,要求我们在科技创新方面有新理念、新设计、新战略。我们要深入贯彻新发展理念,深入实施科教兴国战略和人才强国战略,深入实施创新驱动发展战略,统筹谋划,加强组织,优化我国科技事业发展总体布局。

激烈国际政治斗争本质,归根结底,是经济和科技实力的残酷竞争。随着时代的发展,科技创新表现强劲,互联网+和人工智能的全新模式思维日益明确。传统制造产业已开始孕育新的业态,而材料科学对战略新产业发展的支撑作用日益凸显,国际环境的不确定性不稳定性进一步促使我国的产业结构调整,实现中华民族伟大复兴的宏伟目标要求我们掌握更多的核心科技,在更多的高科技产业中占据领先地位,而实现这些目标的根本之一,在于推动新材料领域的发展和革新。

国家在新材料的开发利用,高科技产业制造升级的问题高度重视,在国务院印发《中国制造2025》中提出:高度关注颠覆性新材料对传统材料的影响,做好超导材料、纳米材料、石墨烯、生物基材料等战略前沿材料提前布局和研制。"十三五"规划:以石墨烯为代表的前沿新材料为突破口,抢占材料前沿制高点;发挥石墨烯对新材料产业发展的引领作用。"十四五"规划:发展壮大战略性新兴产业,聚焦新一代信息技术、生物技术、新能源、新材料、高端装备等战略性新兴产业。碳基材料作为新材料创新的"明星材料",是新材料二维材料研发重心所在,同样被写进国家科技发展规划之中。2021年8月24日,工业和信息化部答复政协十三届全国委员会第四次会议第1095号提案称,下一步,将以重大关键技术突破和创新应用需求为主攻方向,进一步强化产业政策引导,将碳基材料纳入"十四五"原材料工业相关发展规划,并将碳化硅复合材料、碳基复合材料等纳入"十四五"产业科技创新相关发展规划。

为实现未来10年国家战略新兴产业发展的要求，为制造业向中高端迈进做好充分的产业技术准备，现阶段我国将石墨烯定位为前沿新材料进行重点研发，并希望在此过程中形成一批潜在市场规模在百亿至千亿级别的细分产业，拉动制造业转型升级和实体经济持续发展，提供长久推动。近年来，在政策的大力支持下，我国石墨烯领域发展势头持续向好：石墨烯专利申请量全球占比从2016年的46%、2017年的54.14%、2018年的66.90%、2019年的69.40%上升到2020年的72.18%，到2021年4月，我国石墨烯专利申请量累计达到69096件。在此过程中，石墨烯的技术成熟度不断提高，企业正逐渐成为创新主体。截至2021年9月底，我国在工商部门注册、营业范围涉及石墨烯相关业务的单位已达到3万家，石墨烯的下游应用企业比例在逐步上升，石墨烯的市场化在逐步展开。

目前，在硅基的发展达到摩尔定律极限，我国芯片行业受挫，关键原料和仪器受到西方国家出口限制的大背景下，碳基半导体提供了新的思路，对我国而言，是一次“弯道超车”的机遇。碳纳米管在CMOS集成电路方面的巨大的优势，使得其在光电、传感、显示以及柔性智能等方面具有很大的发展潜力。近年来，碳纳米管在材料的制备、器件性能的优化以及电路系统的搭建等方面已经取得很大的进展，但实现碳基成电路产业化和实际应用仍存在一些限制与挑战。为此，国家需要制定战略、统筹资源，将材料合成、器件制造、系统设计、微纳加工等相关各领域的人才和资源整合起来，提供一个长期稳定的支持环境，牢牢把握住后摩尔时代非硅基技术发展的机遇期，抢占下一代半导体技术战略制高点，形成中国自己的碳基纳电子产业。

6.2 技术演化趋势分析

6.2.1 重点技术方向可能突破的关键技术点

当前，碳基及二维材料主要被用于制造涂层材料、锂电池等一些低端传统产品，且相关产业已初步定型。但随着科学研究的深入和加工工艺的提升，碳基及二维材料将充分发挥其独特的性能优势，非常有望带来未来颠覆性器件应用。与传统硅基芯片发展类似，二维材料高精尖技术发展必须依赖于高质量、大尺寸二维单晶的可控制备。高质量单晶可以有效避免晶界对电子、声子的散射，保证材料优异的本征性能；大尺寸单晶可以用于批量加工，并保持器件性能高度一致。然而，二维材料具备表界面特性，现有三维体单晶制备技术，如单晶提拉法、坩埚下降法等，并不能直接用于生长二维单晶。目前，较成熟的二维单晶制备方法主要包括机械剥离法、液相剥离法、分子束外延法和化学气相沉积法等，其中化学气相沉积法可规模化制备高质量二维单晶。目前，利用化学气相沉积法已成功实现米量级石墨烯单晶、分米级六方氮化硼单晶、晶圆级二维过渡金属硫族化合物单晶的可控制备，但其他二维单晶尺寸仍与传统半导体材料单晶相差1个量级。有鉴于此，如何实现高质量、大尺寸二维单晶的通用制备已成为当前碳基及二维材料研发急需突破的关键技术点。

二维薄膜的外延生长需要合适的单晶衬底。理论上，单晶衬底的尺寸将直接决定二维单晶的外延尺寸。Cu(111)衬底的晶格与石墨烯晶格失配度仅为4%，被认为是外延生长单层石墨烯单晶的理想衬底。然而，市场上Cu(111)单晶尺寸仅有厘米级，且价格昂贵，严重阻碍了低成本、大规模单晶石墨烯的生产制备。目前，实验室中已发展出直接沉积、无接触退火、界面温度梯度驱动单核长大等多种技术手段，实现了米级单晶Cu(111)衬底制备，为大尺寸石墨烯薄膜制备提供了衬底基础。与Cu(111)等常见的低指数晶面铜箔相比，高指数晶面铜箔中原子的复杂排列能够提供台阶、扭折等更丰富的表面结构，从而为具备不同晶格结构的二维单晶提供对称性匹配的外延衬底。目前，利用“界面能驱动”“应变工程晶粒异常长大”等技术，可以成功地将多晶铜箔转化为一系列高指数晶面铜箔。基于单晶衬底制备的研究现状，未来有望进一步发展Pt、Ni、Pd等多种低指数及高指数晶面单晶衬底，为二维材料取向外延提供丰富的衬底，极大地拓宽大尺寸二维单晶通用制备的技术渠道。

在单晶衬底的基础上外延生长二维材料时，多个单晶晶核会在衬底表面随机生成，逐渐长大并相互拼接形成二维薄膜。但当拼接的晶畴取向各异时，会形成晶界缺陷，降低材料本征性能，严重阻碍二维材料的高端器件应用。通过快速生长大尺寸二维单晶晶畴，可以减少晶畴拼接数量，从而减少晶界缺陷，最终实现高质量、大尺寸二维单晶薄膜制备。通过在生长材料之前对金属衬底进行预处理，如长时间高温退火、机械抛光、电化学抛光等方式，可以提高金属表面平整度，显著抑制形核位点，减少多晶拼接数量。或者直接对金属衬底表面活性位点进行钝化，如利用氧气或其他气体分子对衬底进行针对性处理，同样可以有效地减少衬底表面潜在成核中心。与此同时，改变二维材料生长过程中的热力学能态和动力学势垒，可以实现对其生长速率和反应趋势的有效调控。通过提升单畴生长速率，减少单位时间内形核数目，从而减少晶界缺陷。目前，利用局域氟元素供应生长石墨烯，可以降低碳源分解的能量势垒，且反应转变为放热反应，最终使石墨烯的生长速率突破到 200 μm/s。未来有望实现更高生长速率及更大尺寸单晶晶畴生长，为规模化生产大尺寸二维单晶薄膜奠定更扎实的技术基础。

然而，二维单畴尺寸通常仅为微米到厘米量级，与规模化器件应用所需的二维单晶尺寸相比仍差 2~3 个量级。因此，需要进一步调控多个单晶晶畴取向一致，才能逐渐长大并无缝拼接，最终实现高质量、大尺寸二维单晶薄膜制备。二维材料晶畴与衬底之间存在范德华相互作用：当相互作用较弱时，晶畴取向随机；当相互作用较强时，晶畴取向受衬底表面晶格周期势调控而趋于一致。除此之外，原子台阶、起伏等丰富的衬底表面结构可以打破衬底表面对称性，进一步实现多畴取向控制。目前，利用晶格对称性匹配方法，可以在 Cu(111)、Pt(111)、Ge(110)等衬底上外延生长单晶石墨烯薄膜，或在六方氮化硼薄片上实现二硫化钼晶畴单向排列。通过人为构造原子台阶，可以打破衬底表面对称性，成功制备出六方氮化硼等非中心对称型二维材料的大尺寸单晶。此外，区别于固态衬底和二维材料之间耦合作用调控晶畴取向的机理，液态衬底表面与二维材料的相互作用较弱，多个晶畴之间可以通过相互作用进行“自对准”排布，同样能有效调控晶畴取向。在未来，面对更加丰富的二维材料及衬底种类，急需发展更多可扩展的晶畴取向调控机理和手段，实现高质量、大尺寸二维单晶的通用制备。

6.2.2 未来主流技术关键技术主题

碳基及二维材料有着原子层薄的厚度，可以克服短沟道效应，被认为是新一代电子器件材料。同时，碳基及二维材料有着丰富的种类，涵盖各种带隙、能带结构，他们有着丰富的电学、光学、热学等性质，如碳纳米管是直接带隙的半导体材料，载流子迁移率高；石墨烯是零带隙半金属，它的导电性好，有着极高的载流子迁移率，同时有着很好的透光性和超快的光电响应速度，导热性好；六方氮化硼是绝缘体材料、带隙 6 eV、具有极好的导热性；二维过渡金属硫族化合物具有可见光的带隙，单层下发光强，也有着天生的对称性破缺，有着很强的非线性光响应。这些丰富的性质使得碳基及二维材料适用于制作新型光电器件。同时，石墨烯等二维材料以及碳纳米管还有着很好的延展性和稳定性，适用于柔性电子器件和可穿戴设备等。随着技术的进步和对于二维材料物理性质的探索，碳基及二维材料的应用场景也会日益拓展，朝着多元化的方向发展。

1. 柔性电子器件

石墨烯具有很高的载流子迁移率，二维过渡金属硫族化合物具有可调的带隙，同时，由于二维材料具有很好的延展性，也有这很好的透光性，所以非常适用于柔性电子器件。相比传统电子材料，柔性电子材料具有更大的灵活性，能够在一定程度上适应不同的外加应力的工作环境，能够满足器件的形变等要求。其中，石墨烯具有轻薄、透光性好等特性；碳纳米管具有柔韧性好、耐弯曲和疲劳强度高的性质。

碳基及二维材料可以在未来实现多种应用场景的柔性电子器件，如可穿戴器件，由于柔性电子器件具有很高的柔性和延展性，可以很好地匹配人体的外形特性和运动特性，并完成传感、显示等功能。此外，柔性电子器件可用于压力传感器，由导电传感元件与弹性聚合物耦合而成，通过应变或压力引起电子材料接触电阻的改变，从而实现压力的感应。碳基及二维材料还可用于柔性能源系统，这是一种柔性的或者可伸缩的能源装置，包括超级电容器、电化学电池（如锂电池、钠电池和金属空气电池）、光伏装置和发电机等。

2. 气体传感器

基于碳基及其他二维材料的气体和化学传感器有着很高的灵敏度和化学稳定性，同时也有着很大的表面体积比，以及较高的室温下载流子的迁移率，在传感器件应用方面有着很大的优势。如石墨烯，它有着单原子层厚度，可以用作化敏传感器，如果有分子被吸附到其表面就会影响其输运性质，所以石墨烯对于化学掺杂和电掺杂都十分敏感，测量传感层的电阻变化，就可以用来检测目标分子。同时，石墨烯具有高比表面积以及表面可修饰等特性，是高性能传感器的十分理想的材料。如果对二维传感的界面进行准确的原子级重构，精确调控传感过程中的物理相互作用或是化学反应，就能够进一步有效提高器件的灵敏度和传感感知范围。

3. 自旋电子器件

目前，电子器件主要是利用电子传输的性质作为器件工作的基础。但电子除了输运性质外，还有自旋的性质。由二维材料构成的范德瓦尔斯异质结中存在许多新奇的物理效应，包括近邻自旋轨道耦合效应、自旋与光的耦合和二维磁性等，因此，利用二维材料可以制备出自旋电子器件。自旋电子学的应用包括磁性随机内存、自旋场发射晶体管、自旋发光二极管等。自旋电子器件相比于传统的依赖电流的微电子器件，具有存储密度高、响应速度快、能耗低效率高等多种优点。在这些器件中，存储器件和逻辑器件（如晶体管等）均通过自旋来控制。

例如，石墨烯有着较弱的自旋轨道耦合作用，其电子自旋的传输易于控制，目前基于石墨烯的自旋电子器件已经取得许多进展，通过非局域的四引线法可以实现室温下石墨烯的自旋注入，还可以在石墨烯和铁磁材料间加入隧道结提升自旋注入的效率，这是未来研发自旋计算机的重要一步。此外，石墨烯还存在类似自旋霍尔效应的现象，在通电时会产生“自旋流”，即产生磁化现象，磁化强度可通过电流强度改变，这也为未来制备新型自旋器件提供了方向。

4. 光电探测器

光电探测器是利用光伏效应、辐射热效应、光热电效应等实现光电转换。光伏效应是指在光入射时，半导体层会产生电子－空穴对，在外场作用下电子－空穴分离产生光电流，通过检测电流来达到探测光的效果。石墨烯作为碳基二维材料，有着高速的光电响应，但响应率低，仅为8.61A/W，适用于超高速的光电探测器。如果将零维的量子点与石墨烯耦合可以加快电荷的转移过程，从而提升光敏响应，这种新型的光电探测器有着超高的光响应度，能够解决单层石墨烯光响应度的缺点。二维黑磷材料具有高的响应率和响应速度，适用波段在中红外波段，通过控制黑磷的带隙和探索其他带隙的材料，可以在未来实现室温下中波红外和长波红外的探测，其原子层性质和宽带光响应使得该材料有望成为中远红外光电探测的重要潜在材料。

5. 集成电路

传统硅基半导体由于受到短沟道效应的限制，在尺寸达到几十纳米时就会降低器件性能。以石墨烯为代表的二维材料，有着独特优异的载流子输运性质，也有着电学特性可控的优点，有潜力成为下一代集成电路的材料。例如，石墨烯可以用来制备场效应晶体管、高频晶体管器件以及逻辑电路等。石墨烯由于有着超高的载流子迁移率，能使得晶体管工作时有着很高的频率，IBM公司已经制备出晶圆状石墨烯顶栅高频晶体管，其截止频率可以达到100GHz，之后的一些研究工作也研制出了更高截止频率和振荡频率的晶体管。将许多石墨烯晶体管单元进行阵列化排列，可以制备逻辑电路。因为石墨烯可以用顶栅调控费米能级，其功函数可调节，所以通过对于栅压的控制来调节石墨烯－硅肖特基势垒，可以对器件电流进行大的调节，开关电流比可以接近逻辑电路所需的开关比。进一步研究表明器件的开关比可以通过优化半导体工艺来提升，表明石墨烯在未来有应用于逻辑电路的前景。

6. 非线性光学器件与激光器

许多二维材料都具有很强的非线性光响应，如二硫化钼，单层下由于其空间反演对称性破缺，会产生很强的二阶非线性光学响应，如产生二次谐波、差频和频等过程，这些效应可以用来实现光的波长转换，从而制作频率转换的全光器件。石墨烯由于其具有优异的电光效应，可以用来制备电光调制器，这样的器件有着超宽的光谱响应、极小的器件尺寸和较大的调制深度，这位未来实现光学器件的高度集成提供了基础。

碳基及二维材料还可用于激光器，如石墨烯，可以用于调 Q 或者锁模激光器中的可饱和吸收体器件，其优势在于石墨烯内的电子弛豫时间很短，所以是一种超快的饱和吸收体，可以产生超快脉冲。此外，由于石墨烯具有锥形的能带结构，对于任意的波长的光都有吸收，所以石墨烯也是实现锁模或调 Q 激光器的好材料。

6.2.3 技术研发障碍及难点

1. 碳纳米管技术难点

（1）碳纳米管制备问题。如果要制备碳纳米管集成电路，那么，就需要有着超高半导体纯度、高密度、顺排、均匀、大面积的碳纳米管阵列薄膜。超高纯度的要求是因为碳纳米管中的金属杂质会引发器件短路而出现故障，只有极高纯度才能获得高效率。同时，高性能芯片必须精确地控制各个碳纳米管之间的距离。虽然一些研究人员已经报道了制备、提纯和排列碳纳米管的方法，但是基于其的晶体管和电路的实际性能仍低于预期。

（2）碳纳米管器件的稳定性差、性能与集成度不能兼顾。碳纳米管如果暴露在空气中会很容易降解，而且在高能电场下，碳纳米管场效应晶体管会发生雪崩击穿现象，这些性质会影响碳纳米管的实际应用性能。同时，现有碳纳米管晶体管的性能与集成度难以同时达到，这使得芯片的性能不佳。

（3）集成电路用材料标准、表征方法、工艺流程并未建立。碳纳米管材料在不同类型电子器件上应用会有不同的标准，即便是数字集成电路，不同技术节点碳纳米管 CMOS 器件对材料也有不同标准。建立碳纳米管阵列薄膜材料的标准,包括衬底类型、碳纳米管半导体纯度、阵列密度、管径和长度分布、取向分布、缺陷密度、方块电阻分布、金属离子含量、表面聚合物含量,以及其他反应材料完整程度的指标,给出以上标准参数的测量方法、参考范围和测量仪器,是碳纳米管材料在集成电路应用的基础,也是目前存在的重要问题。

2. 石墨烯技术研发难点

(1)石墨烯零带隙的性质限制其广泛应用。尽管石墨烯具有一系列优异的力学与电学性能,但是由于零带隙,无法像许多新材料一样通过调控带隙进行应用。石墨烯仅能通过掺杂等手段小幅度打开带隙,零带隙限制了其发展出可应用的开关比,所以需要开发新的方法调控石墨烯的能带结构。

(2)石墨烯自身结构的缺陷制约了对于石墨烯的高质量制备。目前,高质量石墨烯的制备主要依赖化学气相沉积法,但得到的石墨烯质量仍然不够理想。一是由于石墨烯产品成品率较低,因为化学气相沉积法制备的石墨烯依附于金属衬底,其薄膜转移技术也亟须突破;二是化学气相法制备的石墨烯单晶存在大量点缺陷、晶界等结构缺陷,使得以石墨烯为基础的产品的性能下降。

(3)一些石墨烯产品可能存在潜在的环境危害。石墨烯的制备过程中可能用到部分环境污染物,而其代表产品氧化石墨烯纳米颗粒也有一些毒性,且在地表水里极易扩散。所以潜在的环境问题也制约了石墨烯的研发与应用。

(4)由于石墨烯本身不能发光同时其光吸收率比其他材料薄膜低,导致基于石墨烯本征性质的光电器件没有特别强的光与物质相互作用。这使得石墨烯在光学器件的应用上仍存在瓶颈。未来可以构造石墨烯与其他二维材料的范德华异质结构,从而实现优异的光电性能,得到满足不同应用需求的器件,有望进一步推动新型光电器件的发展。

石墨烯的本征性质在产业化的应用、产业研困境等难题不同程度上限制了石墨烯产业化的发展,同时,如何快速获得市场认可度,可持续、快速更新产品研发技术,也是我国石墨烯产业发展的重点任务。

3. 其他二维材料的技术研发难点

(1)制备高质量、大尺寸二维材料。二维材料如果要实现产业化的应用,就必须制备大尺寸高质量的单晶,而现在许多二维材料多是采用机械剥离法获得,很难实现大规模的生长和制备。采用化学气相沉积法可以进行大规模制备二维材料,这也是二维材料制备的重要途径,目前,虽然已经可以制备许多种二维材料，如氮化硼、TMDC 的大尺寸单晶，但是一些二维材料的生长质量、缺陷等仍很难控制。缺陷会在材料中改变周期势场，从而引入缺陷能级，影响载流子的散射概率与自由程，降低器件的光电性能。生长二维材料高质量单晶，控制各种缺陷的产生会是未来二维材料生长方面的重点。

（2）要实现二维材料集成电路的应用，场效应晶体管中的接触电阻是电子器件性能的关键影响因素。在二维材料场效应晶体管中，由于金属与二维材料界面处肖特基势垒的存在，以及存在金属氧化、金属对二维材料的损伤，金属颗粒导致的覆盖不完全等，降低接触电阻仍然是很大的挑战。研究人员已经尝试通过二维材料与二维材料接触以及通过表面电荷转移掺杂来降低肖特基势垒，但大多数方法缺乏超大规模集成电路的可扩展性。

（3）二维半导体材料掺杂问题。在 TMDC 中，可以用具有相近半径的外来原子替代阳离子和阴离子元素，而不会对基体材料的晶体结构造成实质性的破坏，这样可以得到不同的 N 型和 P 型掺杂。但是由于掺杂多是在生长阶段引入的，所以很难控制其空间的分布。等离子体掺杂是可以控制的，但是它却会引入晶格的缺陷，导致器件性能下降。此外，在晶格中的掺杂成分的结构化掺入也无法保证其掺杂的活性。因此，针对二维半导体如何实现稳定可控以及与加工工艺兼容的掺杂仍是未来面对的技术难题。

6.2.4 面向 2035 年对技术潜力、发展前景的预判

自 20 世纪 60 年代以来，摩尔定律的面世标志着近半个世纪半导体工业的飞速发展，而后相应的信息产业也进入了蓬勃发展时期。这些科技领域的重大飞跃直接推动了第三次产业革命的发生，彻底改变了整个世界的经济、政治、文化等多个领域，也影响了现代人类生活方式和思维方式。然而，随着制程技术的不断升级，传统的硅基半导体材料已逐渐进入瓶颈期。从 2035 年到 21 世纪中叶，在基本实现现代化的基础上，再奋斗 15 年，把我国建成富强民主文明和谐美丽的社会主义现代化强国，是党中央对新时代中国特色社会主义发展的战略安排。另一方面，最前沿的人工智能、大数据、云计算等技术却不断对硬件的算力提出更高的要求。面对这一矛盾，全世界的科学家开展了激烈科研竞赛。谁能够在这场竞赛中取得领先地位，谁就能在往后数十年发展的关键机遇期获得核心科技优势。由于历史原因，西方国家在该方面的研究起步较早。经过长期的学术－产业的迭代发展已经在半导体的设计、加工等领域建立了较强的技术壁垒，难以逾越。因此，想要在当前的国际竞争环境中实现半导体科技、产业的弯

道超车，必须从最基本的材料层面进行创新，进而从底层重新建立新的科技、产业体系。

相较于其他的半导体材料体系，二维材料具有独特的优势，因其具有兼具极限尺寸的物理厚度、完美的表界面、优异的物理性质，且体系丰富包含导体（石墨烯）、半导体（TMDC、黑磷等）和绝缘体（hBN），是下一代器件发展完美的备选材料。国内外的先进科研中心都已经对二维材料的制备和应用展开探索，我们国家也应对其投入一定的资本，毕竟掌握材料技术是掌握未来的关键，就目前全球对二维材料的研究发展趋势而言，未来的10年，对于大尺寸且高质量的TMDC和hBN等关键技术会得到突破和关键进展，而这时间节点正是我们国家实现“2035计划”的时间，因此，加大对碳基材料以及二维材料的探索，是国家发展所需要的。

6.3 技术竞争形势及我国现状分析

6.3.1 全球的竞争形势分析

全球石墨烯发展势头迅猛，已经有170多个国家和地区在开展石墨烯的研究与应用。目前的尖端实验室主要有以下几个。

曼彻斯特石墨烯国家研究院（National Graphene Institute，NGI）：英国曼彻斯特大学物理学家安德烈·海姆和康斯坦丁·诺沃肖洛夫于2004年成功地从石墨中剥离出石墨烯，并表征了它的性质，两人也因“在二维石墨烯材料的开创性实验”，共同获得2010年诺贝尔物理学奖。作为石墨烯的诞生国，英国看到了石墨烯这种超级材料的无限发展前景。瞄准了新一轮的产业革命，2011年，英国政府决定在曼彻斯特大学建造国家石墨烯研究所。2015年3月，耗资6100万英镑的NGI正式挂牌成立。NGI拥有1500m^2的100级和1000级洁净室，这是世界上最大的石墨烯研究学术空间。NGI是当今英国乃至世界石墨烯研究的策源地，是研究中心更是商业中心，其核心使命在于不断开拓二维材料科学与应用前沿领域，兼顾石墨烯以及二维材料产业化、商业化。NGI聚集了一批世界顶尖科学家，包括石墨烯之父Andre Geim和Kostya Novoselov、理论物理学家Vladimir Falko等。目前，曼彻斯特大学有几百人从事石墨烯和相关2D材料的研究，30多个学术团体在广泛的科学领域工作——从物理和材料学科到化学与生物医学,其部分研究成果:完美的原子级筛子,3D 打印 2D 材料墨水显示出改善能量存储设备的前景。

剑桥石墨烯研究院(Cambrige Graphene Centre,CGC):同 NGI 一样是英国石墨烯协同创新组织的一部分。CGC 的定位是工程创新中心,主要任务是桥接学界和工业界,推动石墨烯及 2D 材料的产业化,重点强调 2D 材料相关的应用。主要方向:①面向工业生产,研究中试工艺设备体系,测试与优化基于石墨烯、纳米材料以及其他新型 2D 材料的喷墨打印技术;②面向自供能、无线互联等对能源存储的要求,研究基于透明柔性基地的智能集成器件。利用石墨烯和其他相关材料赋能新型柔性、节能电子、光电器件是上述工作面临的核心挑战。为逐步攻克上述难关,CGC 从 4 个大方向布局 2D 材料相关研究:①材料的生长、转移和打印;②能源应用;③器件互连;④传感器应用。目前,在 2D 材料领域比较活跃的课题组主要有:①聚焦纳米材料生长和仿生功能器件的 Hofman 课题组;②聚焦于 CNT、2D 材料非线性光学在光子器件应用的纳米材料与光谱课题组(NMS);③聚焦于 2D 材料油墨和可打印功能器件的混合纳米材料工程应用研究组。

西班牙光电科学研究所(The Institute of Photonic Science,ICFO):一所专注于光电研究的世界级研究中心,网罗世界范围内高端光电领域基础与应用研究科学家,立志于解决光电前沿领域的未知问题,推动先进光电技术的应用。鉴于石墨烯和 2D 材料的新奇光电特性以及飞速发展,与量子和纳米生物学并列,ICFO 独立开辟石墨烯和 2D 材料研究新板块,希望利用 2D 材料替代传统光电材料,解决当前光电领域所面临的困难和挑战。在能源方面,ICFO 旨在探索石墨烯在半透明光伏器件中的可行应用途径,并通过新型功能材料和纳米结构的应用研发可再生能源器件。在高精传感方面,ICFO 的研究重点是基于石墨烯纳机电振子的超分辨质谱仪和光力系统,并行开展基于石墨烯的中红外探测器、气体探测器和应用于 DNA、蛋白质等的生化传感器。在表面等离激元光子学方面,主要研究石墨烯等离激元的电调控与探测、基于石墨烯等离激元的光调制等等。在基础光学方面,主要研究纳米量子光学、人造石墨烯、超快光学以及石墨烯非线性光学等。在成像系统应用方面,ICFO 主要研究能够覆盖深紫外 - 可见光 - 红外的基于 COMS 工艺图像传感器。在可穿戴应用方面,主要研究柔性、半透明的健康检测系统,能够有效检测血氧等多健康参量。在光电探测器方面,主要研究基于宽带吸收的超宽带探测器以及结合石墨烯、量子点和其他 2D 材料的集成探测器。在柔性传感器方面,主要研究石墨烯和其他 2D 材料赋能的柔性传感器,包括光学传感器、RFID、生化传感器、气体传感器、柔性屏和抗菌、超润滑表面等。

北京石墨烯研究院(Beijing Graphene Institute,BGI):北京市政府最早批准建设的新型研发机构之一,由北京大学牵头建设,于 2016 年 10 月 25 日注册成立,2018 年 10 月 25 日正式揭牌运行。BGI 致力于打造引领世界的石墨烯新材料研发高地和创新创业基地,瞄准未来石墨烯产业,全方位开展石墨烯基础研究和产业化核心技术研发,推动中国石墨烯产业健康、快速发展。BGI 自成立以来,发展迅速,现有研发大楼 10000m^2,队伍规模已达 260 人。现拥有 3 个核心研究部、石墨烯装备研发中心、热管理技术研发中心、质量检测中心以及石墨烯薄膜生产示范中心,还拥有近 10 个企业研发代工中心、4 个产学研协同创新中心和 3 个特种领域联合实验室。2017 年 12 月 26 日,注册成立北京石墨烯研究院有限公司,全方位推进石墨烯核心技术研发与成果转化。BGI 布局全国,放眼世界,致力于打造以 BGI 为核心的覆盖全国的石墨烯产业网络。正在推进建设中的 BGI 产业基地和 BGI 分支机构包括 BGI 宁夏分院和产业基地、BGI 济宁协同创新中心和产业基地、BGI 福建产学研协同创新中心和永安产业基地、BGI 长三角研究中心等。目前,其研究团队主要分为标号石墨烯材料研究室部、石墨烯纤维技术研究部、石墨烯器件与应用技术研究部、石墨烯装备研发中心、石墨烯质量检测中心。

就地区分布而言,在亚洲地区:韩国产学研结合紧密,基础研究及产业化方面发展较为均衡,计划投入超过 2.5 亿美元,并将石墨烯列为未来五大产业领先技术开发计划的重要一项;日本作为世界最先进石墨烯研究的国家之一,产业发展较为全面,其学术振兴会从 2007 年开始支持石墨烯研发项目;中国是石墨烯产业发展最为活跃的国家之一,产业化进程全球领先,投入 2.1 亿元推动石墨烯项目产业化。全国已有相关企业及单位 12000 多家(2020 年)。《中国制造 2025》明确将石墨烯作为 9 项战略任务重点之一。对于西方国家,美国对石墨烯的研究投入较早,产业布局多元化,产业链相对比较完整。2006—2011 年,美国国家自然科学基金会和国防部立项支持了 200 多个石墨烯项目。英国的基础研究居于世界领先水平,但产业化应用推进较慢。欧盟石墨烯研究起步较早、系统性强,且提升至战略高度,2013—2023 年投入 10 亿欧元开展“石墨烯旗舰计划”。据预测,2023 年全球石墨烯市场规模将超过 13 亿美元。

目前,全球石墨烯产业代表性企业有:中国的常州二维碳素科技股份有限公司,主营触摸屏、石墨烯透明导电薄膜、石墨烯传感器;重庆墨希科技有限公司,主营触摸屏、电子元器件、石墨烯导电薄膜;无锡格菲电子薄膜科技有限公司,主营石墨烯导电薄膜、石墨烯传感器、电磁屏蔽材料、触摸屏、可穿戴电子产品;南京吉仓纳米科技有限公司，主营石墨烯纸、氧化石墨烯、铜箔基底石墨烯与转移石墨烯膜；合肥微晶材料科技有限公司，主营石墨烯纳米银线复合柔性透明导电膜、各类基底石墨烯薄膜；韩国的三星电子株式会社，主营石墨烯薄膜、触摸屏、晶体管；Graphene Square 公司，主营铜箔基底石墨烯、各类基底石墨烯膜、柔性透明电极、阻隔材料及涂层、生化传感器；日本的索尼公司，主营透明导电膜、触摸屏；瑞典的 Graphensic AB 公司，主营 SiC 外延生长石墨烯；美国的 Bluestone Global Tech 公司，主营石墨烯薄膜、电子纸、柔性显示智能玻璃、发光电极、柔性传感器件、高速晶体管；西班牙的 Graphenea 公司，主营铜基底石墨烯晶圆、各类基底石墨烯膜、氧化石墨烯、石墨烯传感器。

碳纳米管从合成到应用发展已近 30 年，全球市场规模较大且趋于完善。目前，碳基及二维材料的全球市场规模稳步提升。石墨烯的全球市场规模扩张增速显著，产业链主要聚焦“高精尖”应用研究。国内外团队不断涌现出来，寻求迅速抢占市场。有模型预测，石墨烯市场会持续保持快速增长态势。其他二维材料市场较为稳定，主要应用于高温涂料和电子电气领域。近几年，终端产业的发展，推动绿色材料需求攀升。高端芯片级的研究也开始发展起来。

6.3.2 我国相关领域发展状况及面临的问题分析

我国在碳基及二维材料的科学研究上有很多重大进展。对于碳纳米管，以北京大学彭练矛院士为代表的团队，不断验证碳纳米管器件尤其是碳纳米晶体管的可能性，为碳纳米管市场注入了新的活力。清华大学范守善院士研究并发现了碳纳米管独特的理化性质，基于这些性质发展出碳纳米管发光和显示器件等，部分应用产品已具有产业化前景，实现了从源头创新到产业化的转换。清华大学魏飞教授在超长碳纳米管生长机理、结果可控制备、性能表征和应用探索方面展开了大量的研究，制备出单根长度长达半米的碳纳米管，并具有完美结构和优异性能。北京大学张锦院士长期致力于碳纳米管的结构控制制备方法研究，实现了碳纳米管水平阵列的富集生长，为提高碳纳米管器件集成度指明了方向。对于石墨烯，北京大学刘忠范院士从 2016 年起逐步开始将石墨烯向产业化方向推进，成立了北京石墨烯研究院，有效地推动了石墨烯材料的产业化进程。中国科学院金属研究所成会明院士提出浮动催化剂化学气相沉积、非金属催化剂化学气相沉积制备碳纳米管的方法，提出了模板导向化学气相沉积等方法制备出石墨烯三维网络结构材料、毫米级单晶石墨烯，发展了石墨烯材料的宏量制备技术。中国科学院物理所的高鸿钧院士提供了与硅基技术融合的，可制备大面积、高质量石墨烯单晶的新方法，为石墨烯材料及其器件的应用研究提供了基础。其他二维材料市场较为稳定，主要应用于高温涂料和电子电气领域，且近几年终端产业的发展推动绿色材料需求攀升，高端芯片级的研究也将开始发展起来。

我国在碳基及二维材料基础科学研究的重大发展推动了其产业应用的蓬勃发展，而应用中最为典型的就是石墨烯产业。我国的石墨烯产业分布呈现"一核两带多点"的形式："一核"主要以北京为核心，由于北京人才和科技资源丰富，并且拥有全国最集中的石墨烯研发资源和平台，发展成为我国石墨烯产业的智力核心，成为国内石墨烯技术研发的重要引擎；"两带"是指东南沿海一带与内蒙古 - 黑龙江一带。其中东南沿海地区是国内石墨烯产业发展最活跃、产业体系最完善、下游应用市场开拓最迅速的地区。相关企业众多超过千家。其中内蒙古 - 黑龙江地区是国内石墨资源储量最丰富的地区，具有发展石墨烯产业得天独厚的资源优势，但是整体来看，石墨烯产业起步较晚，且发展速度较慢，绝大多数企业尚处于初创阶段，大多企业工厂基本处于原料加工阶段。

2010 年以来，各种不同的石墨烯上市企业在国内发展起来，国内石墨烯产业也较为繁多。例如，开发石墨烯粉体材料和新型碳材料（第六元素），触摸屏、太阳能电池、柔性电子、有机发光二极管（OLED）领域透明电极的石墨烯薄膜材料的研发（二维碳素），导电剂、导热散热碳材料、碳塑合金的研发（凯纳股份）；以石墨烯为基点结合智能化、互联网做产品应用：服装、健康穿戴、家居家纺等行业（爱家科技）。虽然上市企业较多，产品十分丰富，但是就内容上而言并没有真正利用到石墨烯的非凡物性，只是基于已有碳材料的框架下做一些改进，同时在市场上的反馈也较为冷淡，中国石墨烯企业在 2018 年到 2020 年的业务亏损一直居高不下。

我国石墨烯研究领域广、进度快，不仅在国际顶级期刊上发表了很多石墨烯相关的论文，同时申请了大量石墨烯核心技术的专利，但是对石墨烯核心技术的掌握、产业发展的走向和产业模式的改进并没有把控很好。石墨烯产业是一个以新材料为主体的高科技材料，其需要研究机构的全力合作、产品技术开发的跟进与投入市场的把控。目前，我国石墨烯的大多产业都以中小产业居多，大企业参与较少，与高校的联系不够紧密，导致其在国际竞争力与可持续发展的上并没有很大的优势。由于市场并未拓宽，产品性能较低，许多产业出现同质化严重，中低端产业恶性竞争严重等问题。近些年来，石墨烯的发展大多基于其优异的物性，从而吸引着众多投资与市场。但是真正做成产品时它的应用并不广泛，所以投资者开始对石墨烯以及二维材料这一新兴材料的投入降低，市场的热度开始下降；随着消费者的认知提升，石墨烯产业面临很大的市场危机，如果不能从根本上建立更高的产品设计和做到更好的石墨烯及二维材料的研发，那么，我国石墨烯产业的持续亏损、竞争力较弱的特点将会延续很长时间。

综上所述，对于石墨烯以及类似的碳基新材料产业的发展，我们应注重以下4个关键因素。

(1)政策的引导与支持。因这类材料具有前沿、先导等特性，需要政府将其提升至战略高度，结合自身实际情况，颁布并资助相关研究计划与项目，才能更好地推动科研及产业应用。

(2)重视科技创新驱动。因为这些产业的科技含量很高，产业化的发展水平与基础研发实力密切相关，所以除了政策推动外，加强对其研发投入，加强相关技术的专利保护，可以为成果转化提高良好基础。

(3)重视战略性和前瞻性。这类材料的市场前景和潜在的经济利益巨大，所欲要注重各个方向的布局，这主要是要尤其注意龙头企业的引领导向。不论是发展方向、全产业链还是技术的重点攻克。都需要有个整体的把握。这样才能在激烈的竞争中占有一席之地。

(4)资本运作体系成熟。这种高科技材料的研发周期长、投入高、风险大。所以除了政府的直接拨款、减免税收、低息贷款等政府性投入外，一些公司的初创期，可以引入一些风险投资，尤其是天使投资，可以成为这些企业发展的引擎，能够让初创企业得到更好更迅速的发展。

6.3.3 对我国相关领域发展的思考

作为21世纪全新的前沿材料，石墨烯潜力巨大、用途广泛。但是，我们应该意识到，石墨烯产业作为高新技术产业，仍处于其发展的初级阶段。石墨烯原材料的制备技术尚未发展成熟，还处于初步阶段，规模化制备有许多困难和问题需要解决，因此，导致其目前的应用范围十分受限，其优良的物理化学性质尚未被真正的发挥，大多数应用中石墨烯仅是锦上添花的存在，其真正不可或缺的应用场景还有待人们发掘，这就需要我们投入精力包括人力、物力，这样才有望将这些科研难题一一解决，为社会的进步真正贡献力量。

石墨烯产业在未来最重要的任务是形成三维立体的网状结构，即政府－企业－科研院所等各个部分紧密配合，上下游建立起密切的联系，只有这样才能实现生产应用的流程化，真正做到推动社会进步，为人民谋福利。

政府方面：应积极进行顶层设计，从国家的宏观角度进行产业布局、引导和资源整合,发挥我国制度的优势所在,并以此为基础进行深度探索和进一步创造。不仅需要在政策上进行支持,还应加强基金支持,并且在关键技术研发、成果转化、产业布局方面进行规划。总而言之,政府应该更关注长远目标,做好决策性决断作用 。如今,我国已对石墨烯行业的发展制定了部分的战略:2015 年,国务院印发《中国制造 2025》,其中要求“高度关注颠覆性新材料对传统材料的影响,做好超导材料、纳米材料、石墨烯、生物基材料等战略前沿材料提前布局和研制”;在“十三五”规划中,提到“以石墨烯为代表的前沿新材料为突破口,抢占材料前沿制高点;发挥石墨烯对新材料产业发展的引领作用”;在“十四五”规划中,明确“发展壮大战略性新兴产业,聚焦新一代信息技术、生物技术、新能源、新材料、高端装备等战略性新兴产业”。同时,中国石墨烯原材料生产产能已位居世界前列,但不同厂家的产品质量参差不齐,且许多远未达到高端应用的标准。这要求原材料市场建立统一的质量评判标准,以此激励生产商提高原材料的质量和稳定性,这就需要政府制定政策。目前,大多数石墨烯应用局限在“锦上添花”的领域,如导电添加剂、涂料、医疗健康等,产品附加值低,与同类产品相比优势并不明显。在“石墨烯热”中,许多厂家仅仅将石墨烯作为宣传卖点,容易产生不规范行为,导致信任危机。因此,下游市场也急需行业规范加以约束,从生产工艺、环保卫生、质量监管等方面入手,做到有章可循、有法可依。对高质量、高水平企业加以支持,对不规范企业加以制裁,才能避免劣币驱逐良币的现象发生。另外,随着行业规范的推行,企业会受到激励不断提高产品质量,可以为未来的高端应用打下基础。

企业方面:要注重优势互补,加强合作。目前看来,“石墨烯热”催生了许多拥有创新能力的小微企业,但是,却很少有大规模的国企和央企将石墨烯作为核心业务。这两种类型企业都有着很明显的优势和劣势。小微企业虽创新能力强,但缺少资本和科研资源,故而无法像大型企业一样具有长期发展规划,关注的多是投入少、产出快的领域,并且技术水平参差不齐,这导致大多数企业的产品集中于涂料、导电添加剂、导热材料等领域,其产品附加值低,技术较为低端,没有长久发展潜力。未来,行业发展重点应加强大型国企、央企与小微企业的合作,大型企业拥有雄厚的资金和科研资源,能够支持关键技术的研发,使得石墨烯能够在芯片、光电、医药等高端领域中得到应用;小微企业有着极强的创新能力,业务经营灵活。两者结合,能够开发出我国自己的高端石墨烯关键应用市场,形成我国石墨烯行业的核心竞争力。

科研院所方面:对于科研企业,在产业发展过程中,核心的推动力便是关键技术的迭代和升级。石墨烯行业还未找到自己的决定性应用,市场前景远未打开，核心技术的发展便是重中之重。目前的大多数石墨烯产品本质上属于提高原有产品性能，且多数停留在实验室阶段，距离产业化还有很大距离。科研院所和高校应以国家发展需求为导向，聚焦“卡脖子”技术，攻关核心关键难点，掌握创新高地，同时从企业获得市场的动向，明确人民的需求，同时也应关注核心技术从实验室到市场的转化，将技术的进步转化为革命性的产品和全新产业的创造，接受来自企业的需求反馈，实现从基础研究到产业化的无缝衔接。

总结而言，我国碳基及二维材料产业中长期发展的重点任务在于政府、大型企业、小微企业、研究院所和高校之间的协同配合。政府负责长远的顶层设计，大型企业提供资金和规划、研究院所和高校提供人才和技术，小微企业提供创新能力，共同致力于石墨烯行业的高端化发展。在其中的稳定器则是明确的行业规范和质量标准，这也是未来的重点任务之一。

6.4 相关建议

碳基及二维材料凭借优异的物理性能和日益精进的制备工艺，正不断扩大其应用前景，引起了国内外科研人员和市场的广泛关注。全球多个国家和地区积极开展相关研究，出台大量扶持政策并给予资金支持，使二维材料行业迎来迅猛发展，其产业链布局与商业化推广已趋于成熟。2020 年，“十四五”规划中明确提出：聚焦新一代新材料等战略性新兴产业，加快关键核心技术创新应用，增强要素保障能力，培育壮大产业发展新动能；推动先进制造业集群发展，培育新技术、新产品、新业态、新模式。然而，目前我国碳基及二维材料产业化进程中的支柱力量大多为初创小微企业，产品质量高低不齐，未来发展仍面临众多挑战及不确定因素。因此，如何把握住当下的机遇与挑战，快速推动碳基及二维材料产业供应链的高质量发展，是实验室高精尖科技走向市场产业化的重要课题。基于国家宏观的布局规划，提出以下几点建议，希望对我国碳基及二维材料产业的未来发展有所帮助。

6.4.1 适应国家建设需求，坚持市场驱动主导

二维材料作为国际前沿科技研究热点，其产业化进程必须适应国家重大基础性、战略性以及前沿性需求。在我国建设制造业强国的时代背景下，有必要充分挖掘碳基及二维材料的性能与技术优势，瞄准集成电路、航空航天、量子信息、

生命健康等国家重大科技项目，打好重难点技术攻坚战，促进高校、科研院所与企业之间产学研用的高效互动发展。与此同时，在国家政策的引导下，坚持市场驱动主导，充分调动市场的主观能动性，才能提升二维材料产品的市场竞争力和市场认可度，在快速发展中明确产业推进思路。

6.4.2 聚焦未来高端应用，构建创新研发体系

目前，受制于市场与技术等因素，碳基及二维材料的产业应用主要集中于涂层材料、锂电池等一些低端应用或依附于传统产业，技术门槛较低，但很难产生附加价值。同时，此类资本推动型的低端应用往往会导致同质化竞争、产能过剩等产业弊病。在未来，碳基及二维材料的产业发展应聚焦于科研成果推动型高端应用，体现碳基及二维材料的优异特性及核心价值，拓展超高价值产业应用领域，如集成电路、柔性电子器件等，构建创新研发体系，面向国家重大需求，从而实现颠覆性应用突破。

6.4.3 打造优质产业平台，推动研发成果转化

碳基及二维材料产业发展不仅需要当下大力的技术、资金支持，还需要在政策上着眼未来，长期布局。未来碳基及二维材料的产业发展需要规避科研院所和企业之间，以及企业内部“自产自销”的封闭运行模式，构建完整自主的产业生态链，打造连接研发主体和产业化主体的优质产业平台。同时，需要积极挖掘潜在市场需求，整合协调产业化资源，推动研发成果向产业化应用转化。此外，也需要保持我国在全球二维材料产业化的领跑地位，与国际先进企业构建健康积极的合作桥梁。

6.4.4 探索稳定商业模式，形成完整产业链条

目前，碳基及二维材料的下游市场发展缓慢，主要产品需求来自高校、科研院所等研究机构，采购量很低，严重制约了其产业化进程。因此，建议碳基及二维材料产业化主体小微企业充分挖掘材料的优异特性，精准选择合适的下游产业应用，积极寻求产品性价比的最佳平衡，不断探索稳定的商业模式。在实现产品规模化生产之后，进一步推动上游研究团队改进制备工艺、降低研发成本，同时推动产品在下游的大力推广销售，最终形成完整、成熟的碳基及二维材料产业链。

总之，要推动碳基及二维材料产业供应链的高质量发展，必须适应国家建设

需求,坚持以市场驱动为主导,充分发掘碳基及二维材料的性能与技术优势;同时,面向国家重大需求,聚焦碳基及二维材料未来高端器件应用,构建创新研发体系;另外,长期布局打造优质产业平台,推动研发成果与市场产品应用之间的转化;并在发展中探索稳定的商业模式,形成完整的上下游产业链;最终,产学研用一体化,才能真正实现碳基及二维材料的颠覆性应用。

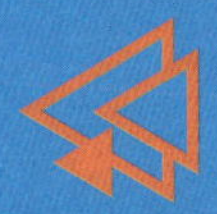

第 7 章

慢性（高原）病非药物干预技术

07

慢性病已经成为严重影响居民健康的重大公共卫生问题，随着我国人口老龄化的加剧，慢性病患病形势更加严峻，给慢性病管理带来了巨大挑战。WHO 最新资料显示，慢性病每年大约造成4100 万人死亡，占全球总死亡人数的71%。我国居民慢性病死亡占总死亡人数的比例高达86.6%，造成的疾病负担占总疾病负担的70%以上，已成为影响国民经济和社会发展的重大公共卫生问题。

慢性疾病发病周期长，不易察觉，易错过发病初期的观察、研究及最佳干预窗口期。慢性高原病(Chronic Mountain Sickness，CMS)是典型的慢性病，随着自然环境急剧变化，引起生理、心理多重变化，相互作用，短时间内浓缩了慢性病发病多要素，易于观察、试验、群体性干预及队列研究，CMS的干预手段，将为慢性病的控制提供新思路及解决方案。

慢性病及CMS，属于系统性疾病。从病症、病灶角度对症下药，为目前国际国内通行的主要手段。以还原论主导的西医西药治疗方法，通过药物控制某种疾病的发展的过程中，牵一发动全身，机体的自组织性遭到进一步破坏，难以治愈；慢性疾病，通常会多组织多器官指标及功能异常，从病症出发，即呈现慢性病种类繁多、分型复杂的特点，随着科学向微观世界的不断探索，慢性疾病未来将出现新的特点。

慢性(高原)病，唯有从系统论的角度破题，才有望实现一把万能钥匙开多把锁的目标。

从系统观念看，人是具有高级意识活动的开放复杂巨系统，“开放”的性质决定着人系统功能态的稳态水平(健康水平)：“有序开放”可促进功能态稳态水平不断提升和扩展；有序性不足的“开放”，将导致稳态水平下降、变窄，甚至进入病理性稳态即慢性病。有序开放的途径包括人文信息能、饮食营养能、自然物理能以及信息场等。通过有序能的输入，提升人体自组织能力和稳态水平，实现慢性病的有效干预。

本研究从人体系统学原理出发，针对持续高原环境刺激(主要是低氧刺激)引起的慢性损伤导致身体机能下降，从提高人体适应环境、维持稳态的自组织能力着手，通过健康系统工程的途径，建立以非药物手段和不依赖于长期用氧为主的、可工程化实施的系统性解决方案和技术，探索 CMS 的未病预防、已病干预、进而达到“去增量、减存量”的新的有效方法，为提高高原人员健康水平、维护作战/业能力、提升战斗力/工作效率提供切实可行的保障和支撑。

7.1 技术说明

7.1.1 国内外研究现状

CMS是高原地区常见的一类疾病，其发病机制与高原低氧所引起的高原习服失衡、呼吸驱动减弱、炎性因素、血红蛋白与氧气亲和力下降、促红细胞生成素的合成与释放调节机制紊乱等有关系。该病的患病率以移居者居多，是高原世居者的5～10倍，且患病率随海拔高度的升高和生活工作的时间延长而增加。我国将CMS分为高原红细胞增多症、高原心脏病、混合型慢性高原病和高原衰退症4个亚型，国外则将高原红细胞增多和高原慢性低氧所致的循环、呼吸、精神神经系统症状统称为慢性高山病或蒙赫病（Monge病）。总体而言，我国在CMS诊治和预防方面在世界上处于领先地位。现主要就国内CMS诊治和预防情况加以介绍。

1. 高原红细胞增多症

在高原低氧环境中，机体长期慢性缺氧，体内的红细胞和血红蛋白代偿性超常增生，临床表现为红细胞、血红蛋白、血细胞比容增高，并出现相应的症状和体征，病理改变为组织器官充血、血流淤滞及低氧性损害。目前认为，对该病预防比较困难，尚无有效的方法就地治愈本病。最有效的治疗是下到平原或低海拔地区，就地治疗效果不满意。就地治疗主要方法包括间歇吸氧和放血疗法。

2. 高原心脏病

高原心脏病是急性或慢性高原低氧直接或间接累及心脏，引起的一种独特的心脏病。近年来，我军驻高原部队高原心脏发病率明显下降，在4500m左右调查显示，基本没有高原心脏病发病。高原心脏病确诊后应尽可能送至平原地区休息治疗。就地治疗的主要措施是卧床休息，降低氧耗；积极控制呼吸道感染；早期、及时、充分供氧，一般采用低流量持续给氧，必要时，可用高压氧治疗。常用口服药物为氨茶碱和硝苯地平。心功能不全者注意预防心脏衰竭。

3. 混合型慢性高原病

同时具有高原心脏病和高原红细胞增多症临床表现者即为混合型慢性高原病。该病最有效的治疗是下至平原或低海拔地区。目前,国内此病症已很少见到。

4. 高原衰退症

长期居住在海拔 3000 m 以上地区的移居人群中,部分会发生一系列脑力和体力衰退症状。主要表现为头痛、头晕、失眠、记忆力减退、注意力不集中、思维能力降低、情绪不稳、精神淡漠等,同时伴有食欲缺乏、体重减轻、体力下降、容易疲乏、工作能力降低等,至低海拔地区或平原地区后,上述症状逐渐减轻或消失。但在发病的海拔高度很少发展为高原红细胞增多症或高原心脏病。有报道,海拔 2260 ~ 2800m 地区此病患病率为 1.06% ,海拔 3050 ~ 3800 m 地区为 3.94% ,患病率随海拔高度升高呈上升趋势。避免过度疲劳,保持良好心态,进行适当锻炼可预防此症。长期服用复方党参、复方红景天制剂或银杏叶片可提高耐低氧能力、减轻疲劳、减缓自由基损伤、维持机体的相对平衡,对防治本病有一定效果。

综上所述,上述对 CMS 缺氧损伤的治疗干预措施首先强调转移到较低海拔或者平原地区,其次氧疗是公认比较有效的方式。预防措施的研究主要集中在药物、营养等方面,但这些措施均有不同程度的副作用,且不易被接受。近年来,有研究认为在高海拔地区持续低浓度氧疗能减轻脂质过氧化反应,改善缺氧造成的重要脏器损伤及保护线粒体氧化呼吸功能,提示其对 CMS 的预防有一定的作用。但是持续低浓度氧疗是否会引起对吸氧的依赖,还待进一步研究。

7.1.2 技术发展脉络

1. 人体自组织环境适应性理论在急性高原病领域应用成熟

人是具有高级意识活动的开放复杂巨系统,具有强大的自组织能力。从系统科学角度看,人是一个与环境协调共存的系统。高原反应的本质是人对高原环境变化的应激反应,是人体自组织功能的体现,因此,它一定具有多层次性。按照 Cannon 的内稳态理论、Seyle 的应激反应概念、维纳的负反馈系统、昂萨格(Onsager)线性非平衡定态稳定性原理,以及普利高津定态最小熵和远离平衡态的非线性有序功能结构产生的原理,综合众多高原反应的实情,我们提出人体适应低氧环境与发生疾病自组织过程的四层结构，如图7－1所示。

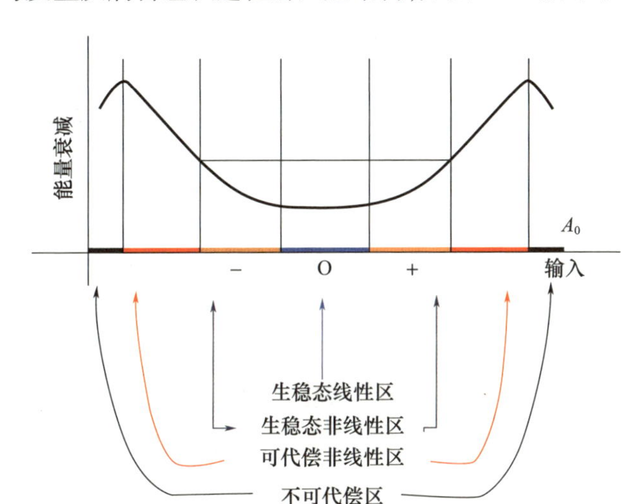

图7－1 人体适应低氧环境与发生疾病自组织过程的四层结构模型

第一层结构，对空气中氧分压降低已经适应或习服的人来说，机体已处在线性稳态的非平衡定态。正像Cannon所描述的内稳态那样，它是稳态的，又是对称的，不存在应激，因此，是低耗散状态，通常海拔2000m以下属这一层次。

第二层结构，内稳态范围的另一个区域是空气中氧分压低于人体的线性定态性稳态范围，而进入内稳态的非线性区，使原有的对称性开始破坏，属于Seyle所称的应激反应区。这时，机体会产生普遍性适应综合征（GAS），并在新的环境下，重新建立起上述的线性稳态区，达到再一次的低功耗状态。

第三层结构，如果空气中的氧分压进一步下降，离开了内稳态非线性范围，而进入机体深层次代偿范围，进入深层次的非线性区。这时，机体的自组织的效能会因为睡眠障碍的出现而显著下降，会在产生有序结构的同时，形成新的无序结构，属病理性重建，在机体内形成“拆东墙补西墙”的效果。这是一种超负荷应激反应，是产生CMS的主要途径。过去的所谓“高原自然适应论”产生的就是这种反应，高原健康问题的主要原因也就是在这里。由此可见，应该设法避免这类应激反应。

第四层结构，如果氧分压进一步下降，超出了自组织功能可发挥作用的范围，机体失去了发挥自组织功能的机会，机体会单向地进入反应衰竭状态，也无缘进入慢性病状态。这就是急性高原病状态，如不采取措施，会危及生命。

本研究团队从2012年起，在俞梦孙院士的带领下，形成了“人体自组织环境适应性”习服理论，建立了低氧习服训练模型，并针对空军驻藏部队急进高原快速形成战斗力的迫切需求，系统开展了高原空勤人员低氧习服训练理技术和方案研究，所开展的渐进型低氧预习服训练，对于急进高原人群预防急性高原反应效果明显，空军多年保障无一例急性高原病发生。在格尔木，仅利用5天的时间，将部队训练到可以适应急进5000m高原，经训练后，部队的体能和基础生理指标均有显著变化，如图7－2所示。

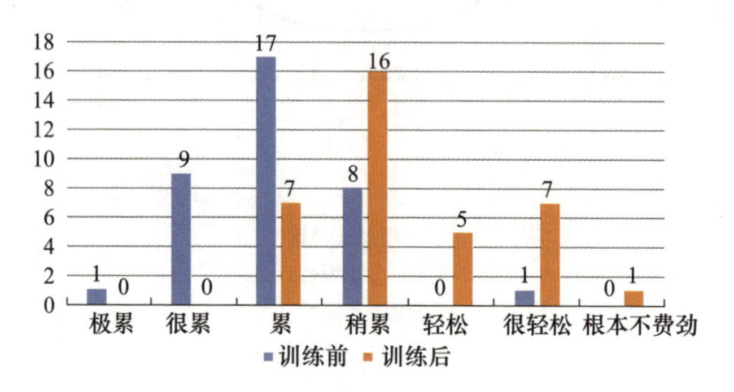

图7－2　格尔木人员训练前后台阶测试的主观疲劳反应对比

2. 从人体系统理论出发对CMS防治的思考和初探

从钱学森系统学角度看，人是具有高级意识活动的开放复杂巨系统，也就是中华传统文化所说的“人是天人合一心身协同的整体”，如图7－3所示。

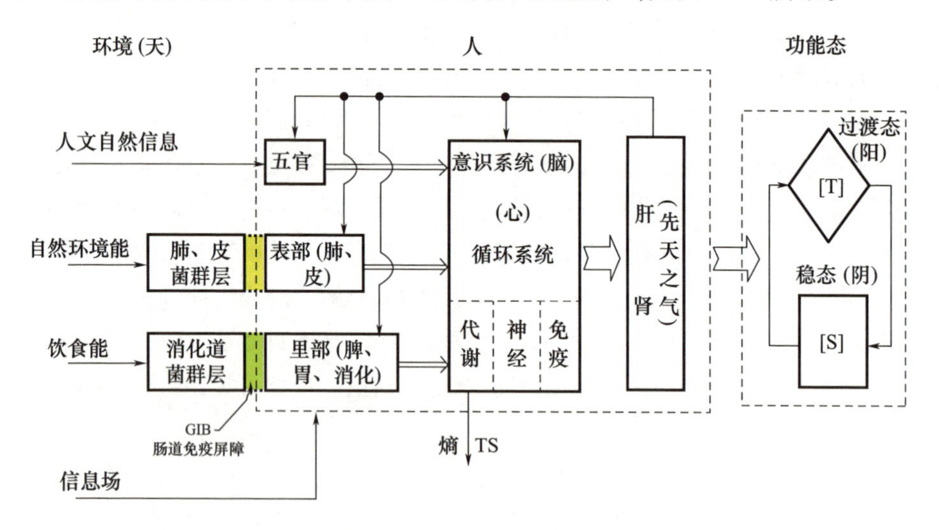

图7－3　人体系统结构图

从图7－3可知，人系统在对周围环境社会开放中有四大输入：通过五官（眼、耳、鼻）到达人脑（心）的人文环境信息输入通道（简称“心”）；通过肺和皮肤、肢体感受器的“表”输入通道；通过胃肠消化道的“里”输入通道；信息场直接作用于人系统的“场”输入通道。四大输入开放得有序，先天之气的自组织功能和层次会进一步增强和提升，如开放的有序性不够，或无序度太多，则先天之气会弱、退化，造成病态。

依据系统学理论，我们认为，影响高原健康的“序参量”是血液循环，血液循环障碍是导致 CMS 的根本原因。从解决血液循环障碍入手，通过改善造血环境的供血和供氧，促进了正常红细胞的生成，减少了异常红细胞的大量增生，从而预防慢性高原红细胞增多症；红细胞增幅的下降降低了血液黏度，减轻了肺动脉压力，从而预防高原性高血压；红细胞携氧能力的增加以及微循环的改善使得组织和器官摆脱缺氧状态，从而预防代谢功能异常。

因此，根据上述四大输入，特别是针对导致 CMS 的“序参量” - 血液循环障碍问题，进行以改善血液循环为主的多种手段的组合干预，从人体系统的角度来看，具有理论的可行性。

从理论和实践中两个方面，基于人体系统理论，从四大输入着手，以改善血液循环的红细胞功能调控技术为主，组合光、电、磁、氧、饮食等方面的负熵输入技术，有望形成可工程化实现的对循环、呼吸、消化、代谢等系统功能进行整体干预的系统化解决方案，实现基于人体自组织能力充分发挥挖掘而不是依赖于长期用氧的 CMS 预防和干预，目前已在军地重大项目中小范围试用。

7.1.3 技术当前所处的阶段

本技术已走出产业应用第一步，目前生产了第一套复合双向氧控制与远红外线技术预防高原病的移动方舱，具备几大功能，如图 7 - 4 所示。

图 7 - 4　多功能移动方舱

1. 人体健康状态监测辨识技术群：成熟技术产业应用

（1）多参数可穿戴监测系统。从时间节律维度监测人体功能状态，包括生理监测腰带（单导联心电＋呼吸＋体动）、动态血压监测、动态血氧戒指等，如图7－5所示。可以进行24h多生理参数的连续监测以及睡眠初筛监测。通过分析，可以获得全天心电、血压、血氧动态情况评估，整晚睡眠评估，以及从心率变异性分析自主神经功能态状况。

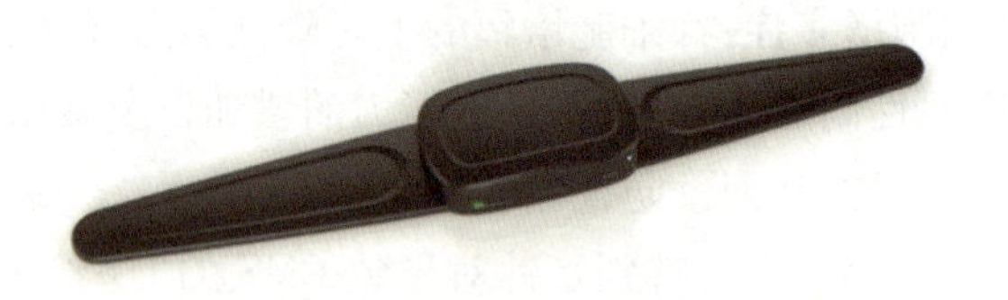

图7－5　穿戴式生理监测技术

（2）睡眠床垫监测系统。从时间节律维度监测人体功能状态，如图7－6所示。它是国内唯一的诊断级专业床垫式睡眠监测系统，可以通过无负荷非干扰方式，连续动态监测整晚自然睡眠情况，包括整晚的呼吸缺氧状况与睡眠结构状况。同时，可以从心率变异性分析自组织植物神经功能状况，以及通过睡眠子午流注图来分析睡眠气血灌注情况。床垫式睡眠监测技术是无心理生理负荷的监测技术。人体无任何黏贴电极，仅仅是一个床垫式的传感器系统，即可允许被监者在完全自然睡眠条件下，方便地获得多生理参数的全过程动态变化。经过信号处理技术和信息挖掘后，不仅可获得睡眠质量和睡眠分期信息、睡眠呼吸事件信息，更可以通过AI云端大数据分析睡眠节律中包含的丰富整体健康功能状态信息。这是迄今为止获取睡眠健康状态较为完整和理想的途径。

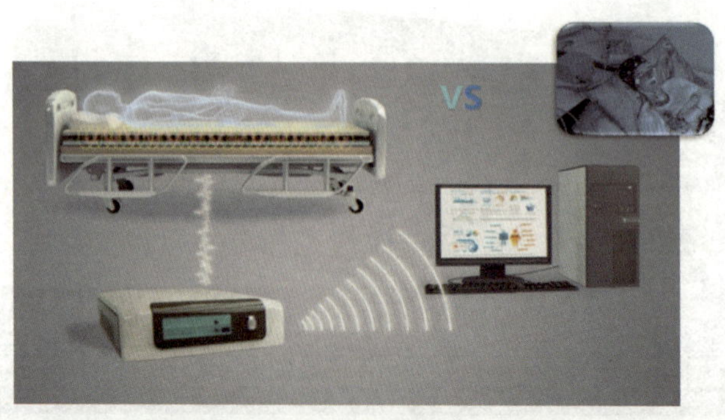

图7－6　床垫式睡眠监测技术

(3)人体热成像系统。从空间分布维度监测人体功能状态,如图7－7所示。人体红外热成像分布,除了可以观察局部炎症与缺血低温的结构化病变外,更加可以通过热成像阵列在全身分布的均衡情况(如观察人体督脉的高热阳线的连贯性等),看到气血运行在全身的通畅情况,从而在空间维度反映人体整体功能状态水平高低。

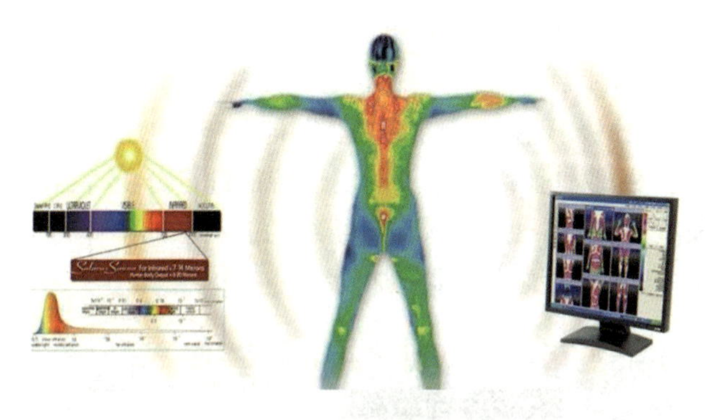

图7－7　人体热成像技术

(4)动脉血压监测系统。从气血动力维度监测人体功能状态。本系统可以通过柯氏音原理准确测量血压,准确度可以控制在1mmHg(1mmHg≈133Pa)以内,如图7－8所示。同时,可以通过柯氏音动脉图,基于血动力学的生物物理学原理,观察到气血运行通畅度的图形化客观表达,从而在气血动力维度反映出人体整体功能状态水平。

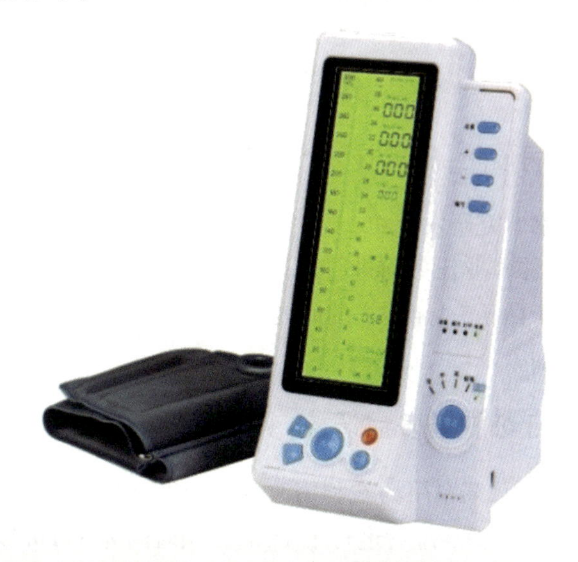

图7－8　柯氏音动态血压监测技术

（5）健康状态评估技术。将多个维度的分析数据进行融合性综合分析，构建能够反映人体整体自组织功能态水平的数据模型，如图7-9所示。要想将抽象的功能状态进行数字化地描述，必然要进行工程化地建立数据模型。因为人体是一个多层次多维度的复杂巨系统，导致对其整体自组织功能状态的刻画也必然是多个角度的。将多种数据通过数据平台加以汇总，根据人体复杂系统原理，将睡眠数据从中医整体角度与自组织系统多个维度进行分析：对睡眠数据进行传统的呼吸事件与睡眠结构分析；通过心率变异性的时域与频域算法进行人体自组织神经功能分析（包括猝死指数、心脏能量、精神压力、阴阳平衡等）；从睡眠趋势包络线中提取气血灌注相关的图形特征进行分析等，最后通过数据融合算法，建立模型，初步得出反映人体自组织功能状态的整体得分，并可以从睡眠质量、自组织神经、气血灌注等维度加以描述。

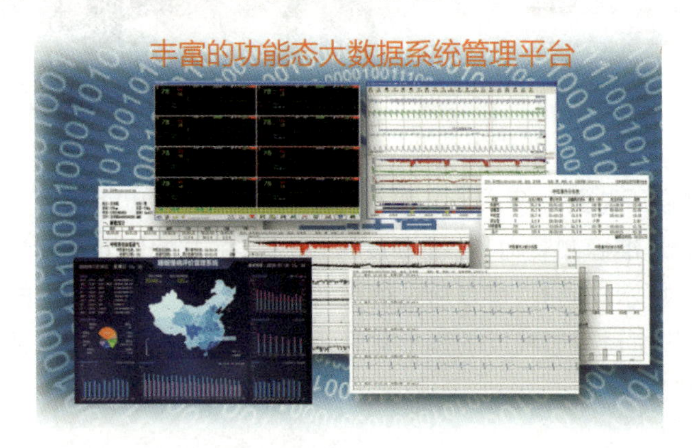

图7-9　健康状态评估技术

2. 急性高原病预防：成熟技术产业应用

自2011年技术研究研发成功，已在空军应用多年，执行任务人员、勤务人员几千人次在执行高原作业任务前进行渐进型间歇性低氧预习服训练，无人罹患急性高原病，解决了队伍“上得去”的问题。该技术已在2021年于高原铁路项目中进行试验验证。

3. 慢性高原红细胞增多症调控：变道应用

本研究团队在西藏某军用场站利用改善血液循环的低频旋转磁场技术，对2例慢性高原红细胞增多症患者进行了干预，干预时间为60min/天、连续14天，试验前后进行血检。如图7-10所示，发现红细胞计数以及红细胞压积已到或接近正常范围,血红蛋白浓度和尿酸含量也有不同程度的降低,睡眠质量得到明显改善,慢性高原红细胞增多症得到了实质性的缓解。

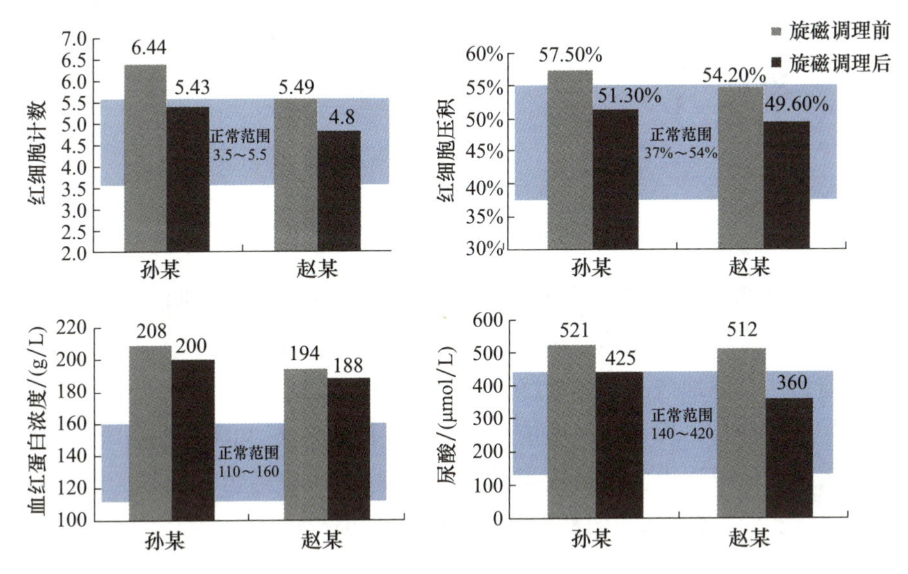

图7-10 西藏某场站低频旋转磁场干预慢高红患者结果

4. 高原高血压预防调控:变道应用

针对高原高血压的应用研究,初步进行试验,本次参与试验人员共30人。试验中发现,通过渐进型间歇性低氧训练方法,有效控制血压,试验结果如图7-11和图7-12所示。

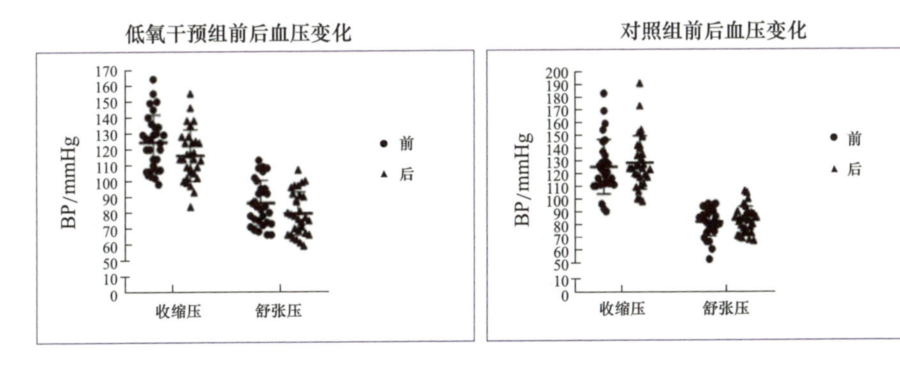

图7-11 间歇性低氧对血压的影响

训练后人员在平原地区收缩压平均下降8.20mmHg,说明间歇性低氧训练

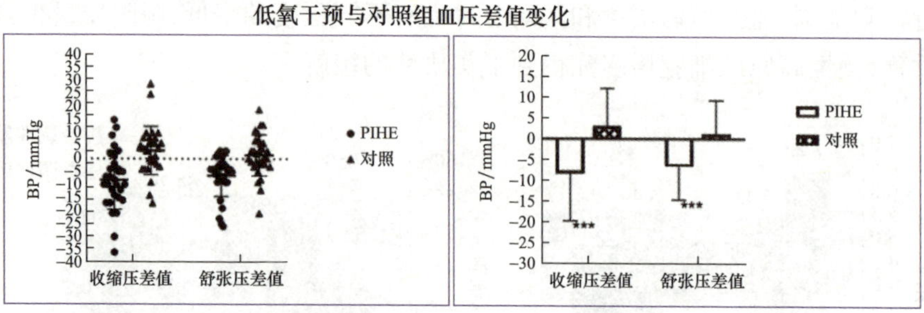

低氧干预与对照组血压差值变化

图 7－12　间歇性低氧与对照组血压差值对比

对收缩压的降低有显著的作用；舒张压平均下降 6.54mmHg，说明间歇性低氧训练对舒张压的降低有显著的作用。

目前到达高原地区工作的训练人员数量较少，数据不完整，缺乏对高原高血压预防作用的分析。但训练以后依然在平原工作的人员，血压仍在后续追踪，如果能够实现六个月以上的维持效果，则可作为高血压非药物干预方法进行推广应用，有望给 2 亿多高血压人群带来全新的解决方案。

5. 代谢综合征改善：变道应用

针对代谢综合征人群小范围开展试验，图 7－13 和图 7－14 所示为一位受试人员的指标化记录，于 2021 年 11 月 12 日实施慢病干预方案。依据院士理

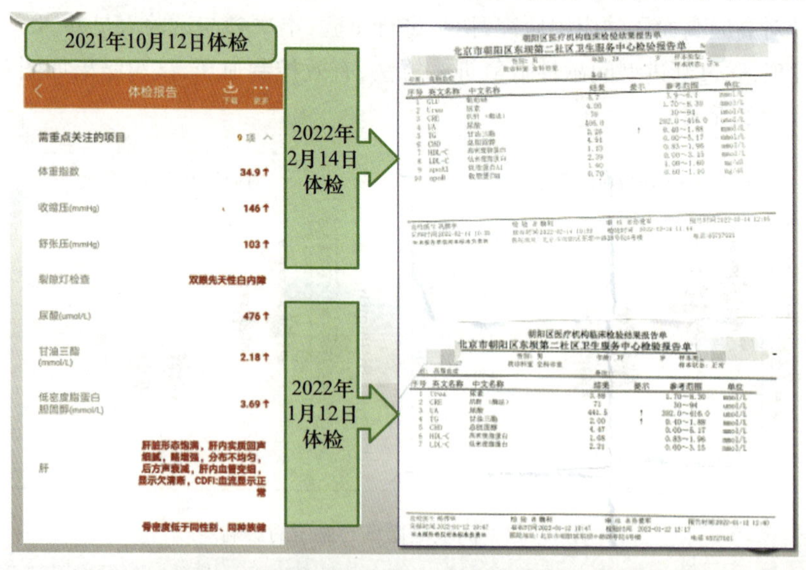

图 7－13　代谢综合征非药物干预指标变化

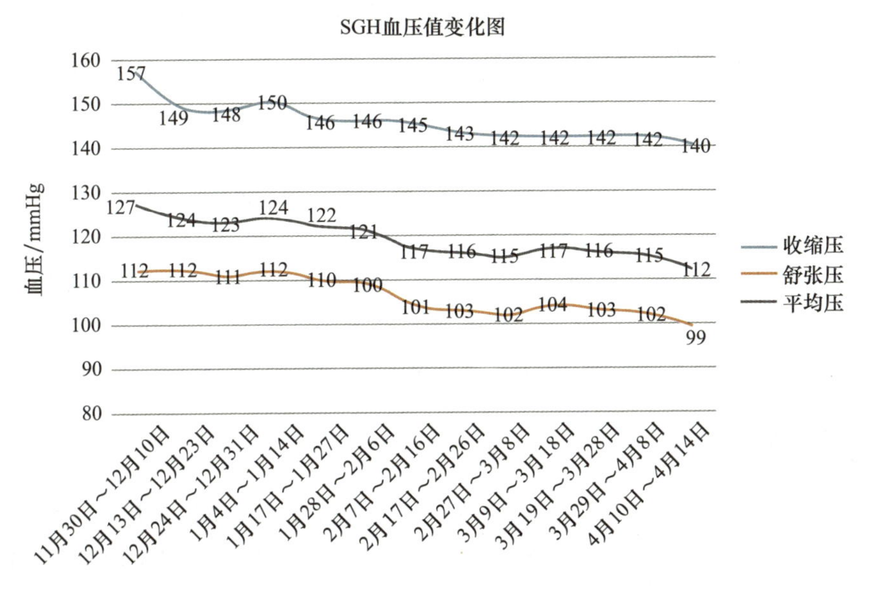

图7-14 代谢综合征非药物干预血压指标变化

论,针对代谢障碍的“因”,通过改善“序”参量,使用低氧+远红外+药食同源组合方法逐步改善了健康状态。

从以上的体检数据可以看出,该受试在调控40天时,低密度脂蛋白(坏蛋白)进入正常范围。调控70天,尿酸值进入正常范围。

7.1.4 对经济社会影响分析

高原地区自然环境恶劣,缺氧等环境因素严重影响人员健康及作业能力。

指战员健康和军事作业能力,是我军军事医学的重要方向。多年来,我军在该方向组织军内医学力量,做了大量的研究和保障工作,成果丰硕,建立了完整的保障体系,总体水平高于邻国。但是,近两年边境冲突时有发生,冲突的方式主要依赖于双方士兵身体机能的对抗,为我军的高原医学研究方向带来新的需求,要充分重视“人”的因素,深度开发人体潜在的能力。几个重要的基于人的因素的问题:一是长期驻守高海拔地区(2500~4500m)的士兵,部分群体已有得了各种CMS,导致体能下降,认知功能受损,直接影响战斗力,怎么解决;二是从低海拔调军,海拔差多少米可以降低急性高原反应,预防慢性高原的发生;三是换防涉及多次在平原和高海地区进出,对身体机能造成的损伤如何预防?这些问题直接影响西部的战斗能力。

只要具备发现和转运能力,高原“移民”,能够保证“零死亡”,吸氧措施可以缓解高原反应症状。但现有技术及措施，对提高高原脑体作业能力，缺少有效手段，容易短时间制造大量慢性病人，影响作战/业效率，增加医保负担。青藏高原具有特殊的宗教地位，旅游需求旺盛，高原反应一定程度限制了高原旅游的增长速度。

因此，急需加大 CMS 的筛查、预警、主动干预一体化的研究及应用。基于系统论的技术群，多种常见的药食同源材料、国产医疗器械、电器产品组合，并不依赖进口。高原性疾病，与高原环境恶劣密切相关，对于平原地区的慢性病人而言，技术群同样适用，已在血压干预、代谢综合征干预结果中得到验证，如果进行广泛推广，以血压干预为例，可以将进口降压药产业归零。

7.1.5 发展意义

由于技术群选用材料及设备时，充分考虑进口设备易受制于人的因素，原则是首选国产。因此，不存在“卡脖子”的问题，未来发展，考虑双基地，即选择适当的城市，依据研究成果，建立工厂，逐渐形成完整的产业基地；选择合适的城市建立慢病管理示范基地，从亚健康群体恢复健康态开始，解决病越治越多、医保过高的多重难题。

7.2 技术演化趋势分析

7.2.1 重点技术方向可能突破的关键技术点

此技术是基于创新理论、针对重大需求，瞄准从根本上解决慢性病问题的“第一性”原理，而产生的一系列支撑性技术，构成针对慢性病的监测－辨识－调控技术环。在每一个环节上，都可能催生出新的技术，形成突破的关键点。可能的突破关键点包括以下几方面。

（1）状态辨识仪器与气血通畅装备，通过可从诸外条件（睡眠、血压、体表温度分布、二便等）观察诸内状态的仪器，以及通过体表、肌肤，加入光、磁、电、热、力等物理因子促健康装备，达到气血通畅，即气血调理机器人。

（2）环境健康技术，如高浓度低成本负氧离子生成技术。中国的科研人员已发明了利用“气激水”原理所产生的小颗粒负氧离子技术。该技术完全符合天然负氧离子性质，既无臭氧，又是小颗粒的，且浓度大、成本低。

(3)食药同源健康技术。特别是深海泥土作物种植技术和酶化食品技术，将有效解决当前主要作物中微量元素缺乏问题，并提供大量具有明确生物活性的功能性食品。

(4)有序生命场信息技术。任何生命体当其活的时候都具有微弱的"辉光"现象，即电磁波辐射现象，其频率范围非常宽。这是因为每个活的细胞的活动过程都会产生具有辐射性质的电磁波(>100KC)。因此，人系统内除了神经(电脉冲)、血管内血循环(共振力)、内分泌(化学)等具有不同介质"通信"功能之外，还存在着无数多的射频通信环节。生命体电磁场还有一个更重要的性质是：所辐射出的电磁波(光)载有该生命体的状态信息，无论植物或动物，只要是活的生命体，都会向其周围辐射出带有生命体功能状态信息的电磁波场。中华传统文化流传着"近朱者赤，近墨者黑""夫妻相"的说法、女性同住经期同步现象等均表明，生命体之间存在生命信息传递现象。现在知道，这就是带有生命状态信息经过电磁波场载波传递和接收的结果。因此，完全有可能利用这一自然规律，设计出为人类健康服务的仪器和装备。将有序生命信息场辐射到人系统实验的第一人是俄籍华人姜堪政先生。现在中国已有学者建成了"全息转载调频舱"，可将"有序性生命信息场"经过"收集""增强""引导"等环节，辐射至人系统，使人各方面的健康状态得到明显改变。

7.2.2 未来主流技术关键技术主题

在健康领域，未来主流方向应该包括中医现代化。钱学森同志早在 20 世纪 80 年代就指出："21 世纪医学的发展方向是中医，在继承的基础上，结合现代科学技术，开创祖国医学美好的明天"，并明确提出"医学的方向是中医的现代化，而不存在其他途径，西医也要走到中医的道路上来。"钱老还预言："中医现代化可能引起医学的革命，而医学的革命可能要引起整个科学的革命。"可见，真正的中医现代化对未来整个科学发展，将起引领作用。

当前，人类社会经济发展的现实造成慢性病如井喷态，烈性传染病呈常态。而中医一对一的个性化服务模式仅能满足少数人健康的需求，不符合 14 亿民众健康的现实。为此提出，中医的服务模式必须进行调整，从个性化服务为主调整到以解决人系统不健康的本质和共性(虚、寒、湿；淤，凝，堵)上来，用"规模化有序开放"七字方针服务 14 亿民众，淡化预防和治疗之间界线。服务模式的调整，既能解决 14 亿民众健康的需求，又能大量节省不必要的医疗开支，符合习主席"人民健康为中心"的战略方针。

7.2.3 技术研发障碍及难点

1. 慢性病早期预警干预亟待慢性病体系重建

慢性病/高原慢性病，种类繁多，分型依据不一，从现有慢性病/CMS 的定义和分类入手，难以厘清病因，更难将繁多的指标进行关联，何谈预警和对症早期干预。如高血压，不能从“正常高值”区开始服用降压药进行预防。

如果从人体对系统性功能的需求出发，容易在指标初始变化期进行关联性分析，达到早期预警，及早非药物干预。因此，需要从系统功能出发重新定义慢性病/CMS。如缺氧导致的慢性疾病、循环系统障碍导致的慢性疾病等。

2. 系统性集成装备智能化

身体各项指标的检测，从医疗机构到社区、家庭，有各种各样的医疗器械、可穿戴设备。但各种主体，设备独立运行，数据独自存储，近年来，国家卫健委主持医疗数据互通的惠民工程，但都是基于西医的诊疗需求进行数据互联互通。由于缺乏系统理论支持，尚未有基于系统理论的综合指标算法，装备显得支离破碎。因此，需要开发基于系统论的，智能化系统性集成健康装备。

3. 政策束缚、人才短板

受多年西方医疗标准化体系影响，医生主导医疗技术应用，食药局掌管药械审批，多数小微企业即使研发有所突破，依然投不动临床实验。大型医药企业，有足够盈利的产品支撑企业的利润，对原研药和新型医疗器械的长周期会缺少动力投入。这是卫生领域创新不足深层次的原因。中医正在逐渐解绑，但中医受个性化药方和药源地药效的影响，短时间难以形成工程化的产品，规模化解决庞大慢病人群。中医器械，针灸、拔罐、药浴等，同样存在规模化的问题。

中医医疗器械管理目录，缺少物理方法的装备，导致中医器械的发展，在行政审批之前，需要专家论证，增加科目，这对小微企业的发展，极为不利。

声光电磁氧，对广泛慢性病的慢性病具有广谱作业，值得大力发展，但器械管理目前没有健康器械，如果作为体能器械申请，并不易被老年人和慢性病人所关注和接受。因此，急需政策突破，鼓励发展用于健康人群维护、亚健康人群阻断性质的声光电磁氧等能源类健康装备，探索能源健康装备企业自主管理，自主负责的长远发展思路。

人才，是制约所有产业发展的核心问题，恰逢《中华人民共和国职业教育法》修订，可以小镇或者项目就业为导向，开展职业学校至大学的贯通制人才培养。

7.2.4 面向 2035 年对技术潜力、发展前景的预判

医疗领域，主要分为检测和干预，未来的检测水平会继续沿着微观方向发展，检测装备的精准度，需要数学、物理、基础工业等多学科多产业的协同发展，短时间很难实现弯道超车。

但对人类的健康而言，少吃药、少住院、寿命延长、体能保持，就是当下卫生工作的重点。解决健康问题，不必高大尚的进口药、进口设备，只要人体复杂系统的运行及致病原理搞清楚，大道至简。因此，健康保障的工作重心，不是寻找高精尖药物、装备及技术，而是从第一性原理出发，开发简单的原研药、现有的装备改造升级、自主知识产权装备、健康技术等，实现全民健康的目标。

7.3 技术竞争形势及我国现状分析

7.3.1 全球的竞争形势分析

全球的医疗卫生，受美英等发达国家“西医”理论影响，着眼于高精尖装备、新特药、创新医疗技术。检测装备领域，发达国家遥遥领先，我国需要从基础领域追赶。

药品领域情况复杂，以高血压药为例，中老年人血管弹性变弱、循环代谢变慢、血液垃圾沉积导致血液黏稠度增高等多种因素导致血压普遍偏高；高原“移民”因为习服不良导致血压增高，大量人员短期内血压升高，超过“金标准”140、90mmHg，究竟有多少人需要口服降压药？西医的诊治方案简单粗暴，以破坏人体代偿功能、损害其他器官为代价，迅速用药。人体用药以后，机体代偿功能紊乱，不能轻易停药，久之损伤其他器官，导致慢病病人越治越多。西方卫生领域在财阀的垄断下，短期不会自断经脉，研发基于系统论的价格低廉的食品、药品、器械等替代暴利的药品。因此，短期内，全球竞争压力不大，但会被国际“不承认”和排挤，如中医解决新冠的方案。

7.3.2 我国相关领域发展状况及面临的问题分析

在全民的认知体系里，卫生工作就是卫健委和医院，新冠以后，又逐渐知道疾控中心。医院的工作目标是不死人，两害相权取其轻，这种固化认知，是否适合疾病预防？已病前段的亚健康人群是否接受治疗？疾控中心在公共卫生健康领域，更侧重于宣传工作，亚健康人员的监测与预警现状如何？针对人的健康问题，西方医学定义的“标准”是中国医学发展的牢笼，符合治疗标准的流程，不论对错，不符合标准的流程，有效也不能进医院用。对于已经越治越多的慢病人群而言，究竟是符合诊疗标准更重要，还是有效更重要？

近年来，国家重视中医发展，中医在诊断方面，更多借助先进的检测设备，不能因此简单判断为中医“西医化”。中医究竟是基于中国传统文化的医学思想，还是“望闻问切”加中药代表中医？这是需要国家尺度进行定性的。

7.3.3 对我国相关领域发展的思考

尽管中医药管理已经出台大量支持政策，但普适于几亿人的中药方并不容易短时间形成；药材的管理，药效的保证，要溯源至种植地，涉及环境、土壤等多因素，很难实现多地的人参同等功效。因此，传统观念下的中医，解决几亿人的慢病，很难实现，传承的中医技术更适用于个性化健康调理。中医需要现代化、工程化，但要率先打破西医的“规范”“标准”、意识及规则，人类是地救上最聪明的物种，具有最复杂的系统、单一的标准流程，在全民经济不富足的情况下，用简单的标准流程，解决群体共性问题是合理的，但随着国民经济的增长、全民相对富足、科学知识普及、慢性病持续服药的长期结果的显现，个性化、多元化的健康干预将是未来健康领域的主要需求增长点。本着自愿的原则，由“患者”选择多元化干预方法，声光电磁等技术要求不高的物理原理设备、药食同源会迎来巨大的市场需求，是规模化、工程化的解决方案。

第 8 章

蛋白精准定量检测技术

本章作者

丁显廷

08

微量生物和临床样本中的高维度低丰度蛋白的精准定量检测是精准医学的技术基石，在临床新药研发领域、国家生物安全防控领域、全民大健康领域具有巨大的潜在社会效益和经济价值。

第一，新药靶点发现的核心抓手。当前，全球的临床新药研发所基于的药物靶点主要都是欧美已证明的药物靶点。中国新药研发的困境主要在于药物新靶点的发现困难。微量细胞中低丰度蛋白的精准定量检测是高效利用微量临床样本，挖掘生物信息，突破这一困境的重要技术手段。

第二，多发疾病筛查的重要手段，与我国人民健康相关的多发疾病，现有临床检测指标数量少、维度低、欠精准。若能充分有效地利用微量样本（一滴血、一滴尿、一滴唾液、一滴汗等"四个一滴"）检测，进行全健康指标图谱式的筛查，对全民健康精准评估、疾病早期发现和及时干预具有重要的社会意义。微量细胞中低丰度蛋白的精准定量检测是实现图谱式筛查的有效技术路径。

第三，基础科学研究的必要条件。诸如胚胎的早期发育、肿瘤微环境的描绘、干细胞的分化等基础科学领域必不可少的研究工具。当前，主流的蛋白检测技术，缺乏对微量样本的有效利用，在检测维度、精准度和灵敏度等方面远远不能满足上述基础科学研究领域的客观需求。

因此，基于微量细胞的高维度、高精准度、高灵敏度的低丰度蛋白检测技术体系，是符合国家社会卫生事业重大需求和科研创新突破的关键性技术。相关技术长期受制于国外，也缺少颠覆性的自主创新的驱动，应得到国家顶层设计的重视与支持。

8.1 技术说明

8.1.1 技术内涵

微量样本高维度低丰度蛋白精准定量检测技术，是深入研究了解免疫应答[1-3]、细胞信号转导[4-6]、细胞异质性[7]及靶向治疗[8-10]的重要技术手段。这一颠覆性技术的优势主要在于其检测的高维度、高精准度、高灵敏度。实现“三高”蛋白检测的技术平台包含CyTOF(单细胞质谱流式细胞技术)、IMC(成像质谱流式技术)和scWB(单细胞免疫印迹技术)。核心技术包括以下两方面。

(1)高维度、高精准度技术平台：CyTOF + IMC。CyTOF是质谱技术与流式细胞技术两种实验平台的融合，既继承了传统流式细胞仪的高速分析的特点，又具有质谱检测的高分辨能力。IMC与CyTOF类似，同样是使用金属标签耦合抗体，不同的是，CyTOF应用于细胞悬液，而IMC应用于组织切片，如图8-1所示。

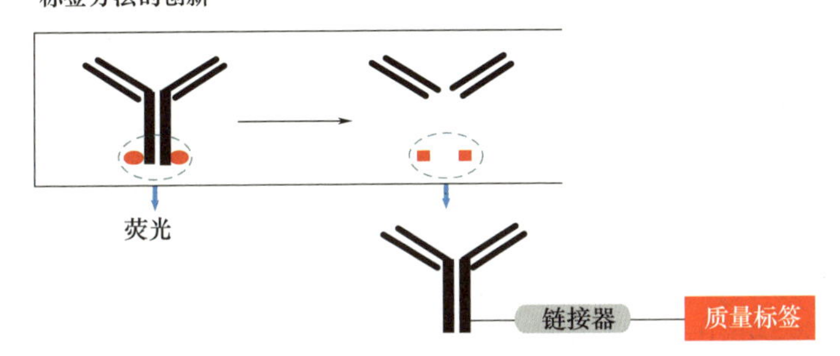

图8-1 金属标签代替荧光标记，螯合集团聚合物共轭连接标记抗体

CyTOF技术和IMC技术在微量样本低丰度蛋白检测上，在检测维度、检测精准度上，具有当前其他技术不可比拟的优势。

(2)高灵敏度技术平台：scWB。免疫学检测结合微流控芯片分析技术，如单细胞条形码技术、数字酶联免疫吸附技术等单细胞蛋白质组学研究新技术平台，在破译生物蛋白质功能密码方面日益发挥着重要的作用。荧光流式细胞术、单细胞质谱流式细胞术等技术的高通量、高维度的特性赋予细胞生物学研究发展强大的动能，更是革新了学者们对免疫细胞族群的认识。然而，抗体间的交叉反应性将导致非特异性信号的产生,从而影响单细胞蛋白质定量分析准确性。

8.1.2 技术发展脉络

1)CyTOF 和 IMC

2009 年,多伦多大学的 Scott Tanner 及其同事将 ICP(电感耦合等离子体)的质谱方法应用于测量细胞内外事件,开发出质谱流式细胞仪[1,11]以及相关试剂,由 DVS Sciences 公司生产和分销。2012 年,Garry P. Nolan 一篇应用质谱流式测量细胞周期的文章引起了人们对该技术的关注,被誉为是“流式细胞技术的一次革命”。2017 年,Garry Nolan 研究组成功将金属 Bi3 +(铋)连接到 MCP(金属螯合聚合物)上,每一个金属通道的拓展都将对更高维度的细胞协作系统的分析产生重要意义[12]。

近年来,国际上已经有多个实验室利用质谱流式技术进行病毒、疫苗、细胞治疗等相关领域的研究,并已经有多篇文章发表在 *Nature*、*Cell* 等高影响力的杂志上。

IMC 技术与 CyTOF 技术类似,都是源自于斯坦福大学的 Gary P. Nolan 教授的研究团队。自 2017 年基于 IMC 技术的 Hyperion 系统推出以来,一直备受关注,被广泛用于肿瘤、免疫、体外诊断、生物标志物筛选和形态学等众多领域。在蛋白定位、蛋白表达和相互作用、细胞类型识别、不同细胞在空间组织机构中的相互关系等研究中更有着不可替代的作用。

同样是使用金属标签耦合抗体,不同的是,CyTOF 应用于细胞悬液,而 IMC 应用于组织切片。样本前处理步骤与免疫组化的前处理步骤相同,不同是最后检测物是带有金属标记的抗体,而不是带有荧光或者辣根过氧化物酶的抗体。这样不仅将通道扩展到了 37 种,而且可以保留组织中细胞的空间位置信息,便于理解肿瘤微环境中细胞 - 细胞之间的相互作用,因此,该技术主要用于研究肿瘤患者的病理切片。该技术进一步与激光刻蚀等成熟技术相结合,特别是金属标签标记抗体的专利技术,彻底避免了 IF(传统免疫荧光)检测中自发荧光对结果的信号干扰,突破性地将单张组织切片参数检测范围从几个提升至几十个,大幅拓展了单样本的数据产出量和检测范围,使数据更全面,结果更可靠,也能更加有效地识别、鉴定特定环境中的生物标志物。更重要的是,由于这一方法大大提高了单张切片样本单次实验可以检测标志物数量,使得用传统方法需要十几张切片才可以完成的染色操作,现在通过一张切片就可以完成了,从而有效地避免了由于连续切片造成的数据间差异,以及连续染色过程中样本的损失，特别是那些临床上多年积累下来的珍贵、稀有临床样本，使它们的价值可以得到最大程度的发掘。同时，在已有信息和结论基础上，更易于发现新的现象和结果。

目前，与基于组织学的方法相比，IMC 提供了一种更高级的技术手段，可以识别与临床结果相关的单细胞特征。这一发现揭示了多通道细胞空间信息的医学相关性，在未来，它将在推进精准医疗的发展过程中发挥潜力。

2015 年，上海交通大学丁显廷教授团队作为亚洲第一批建立质谱流式细胞技术的实验室，是亚洲首个实现 CyTOF 和 IMC 技术联用的研究团队，一直致力于单细胞蛋白检测高维度数据获取和分析技术——CyTOF 和 IMC 技术方法学与算法的自主建立，并取得了一定的突破，单细胞质谱流式检测的技术流程示意图如图 8－2 所示。

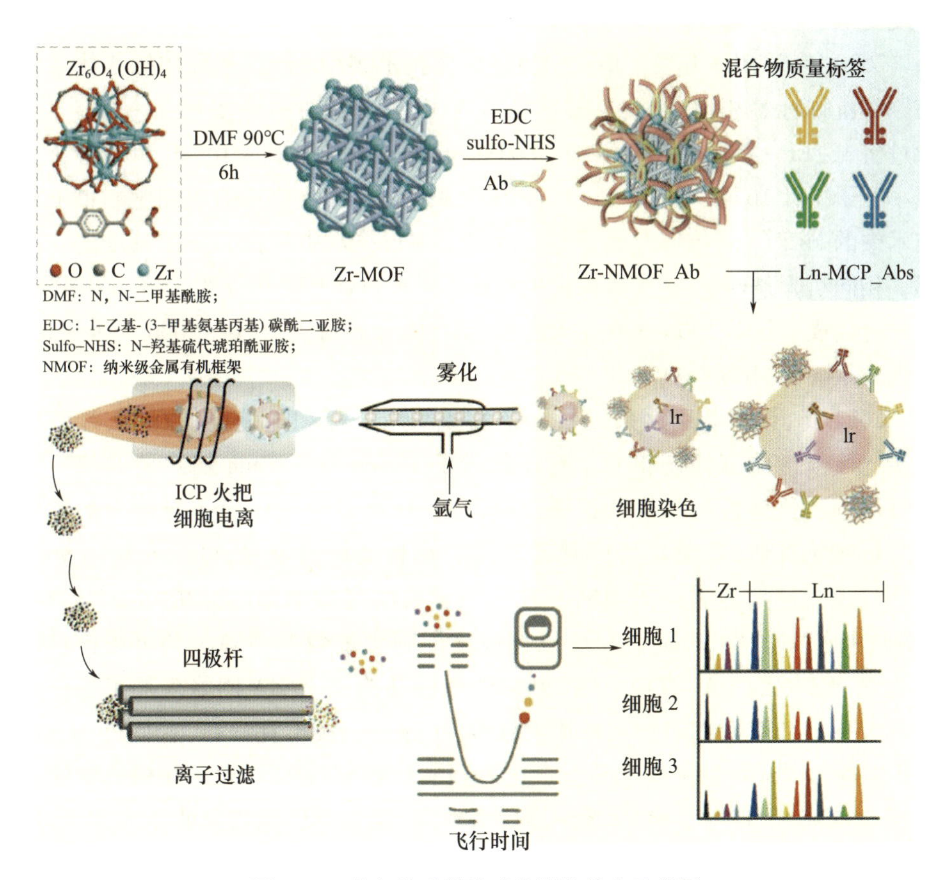

图 8－2　单细胞质谱流式检测的技术示意图

2021 年,该团队开发了一种基于 NMOF(纳米金属有机框架)的新型结构质量标签[13],可用于成像质谱流式技术中的多参数、灵敏的单细胞生物标志物的检测。团队构建了携带 105 金属元素、均匀大小(33nm)的 NMOF 体系,它在水中单分散且稳定,可储存超过 12 个月。在用抗体功能化时,金属元素质量标签表现出特异性和对非靶向细胞极小的交叉反应。此外,NMOF 标签体系与国际上经典的基于聚合物体系的 MCP 质量标签兼容。在应用示范中,用于小鼠脾细胞染色的多参数检测,拓展了 4 个额外的元素标签检测通道(m/z =90、91、92、94),可以与国际同行现有 MCP 质量标签体系同时用于质谱流式中的单细胞免疫表型的检测。同时,与 MCP 质量标签相比,NMOF 质量标签信号可放大 5 倍。这一标签的开发为利用基于 NMOF 的质量标签进行成像质谱流式应用提供了中国自主知识产权的试剂支撑,为高维单细胞免疫分析和低丰度抗原检测系统的开发提供了技术基础。

2020 年,该团队开发了单细胞质谱成像技术 MAP(新型适配体标签体系),与原有抗体标签相比,检测灵敏度提高约 3 倍,检测成本降低 80% ~90%[14]。通过将 167Er - 聚合戊酸(167Er - DTPA)与 RNA 适配体(A10 - 3. 2)缀合来合成小分子探针 167Er - A10 - 3. 2,替代了国家同行普遍使用的单细胞质谱流式技术中的 MCP(Ln)抗体金属标签。改善了现行技术中蛋白分子的精准定位问题。相同实验条件下,适配体探针的金属信号比抗体探针增强约 3 倍。另外,适配体合成成本仅需 200 ~300 元人民币,而抗体标签每支 2000 ~3000 元人民币,检测成本降低 80% ~90%。

2021 年,该团队用镧系元素掺杂的碳纳米点标记的适配体探针,能够实现荧光 + 质谱的双模态检测。对于标准的 3. 5mm × 3. 5mm 切片上的每一个单细胞开展整体检测和信息获取,双模态探针可以快速锁定差异性大的细胞和目标细胞群体,避免盲目检测带来的时间和试剂的浪费,可节省高达 90% 的质谱流式盲扫描时间。团队开发了一种新的高维单细胞分析方法(SCAN-Cell)(具体如图 8 -3 所示),可以将高维细胞测量数据中隐藏的可用信息转换为细胞簇间的 DA(直接关联)网络的拓扑结构[15]。DA 网络表征了免疫系统环境下细胞簇间直接相互作用的强度,排除了间接干扰分布,这使得 SCAN-Cell 能够在 DA 网络拓扑水平上定量识别疾病特异性的异常交互模式。团队利用 SCANCell 分析了 SLE(系统性红斑狼疮)疾病中细胞簇间的相互作用,发现与缓解期 SLE 患者相比,活动期 SLE 患者显示 CD8 + T 细胞簇间相互作用减轻。

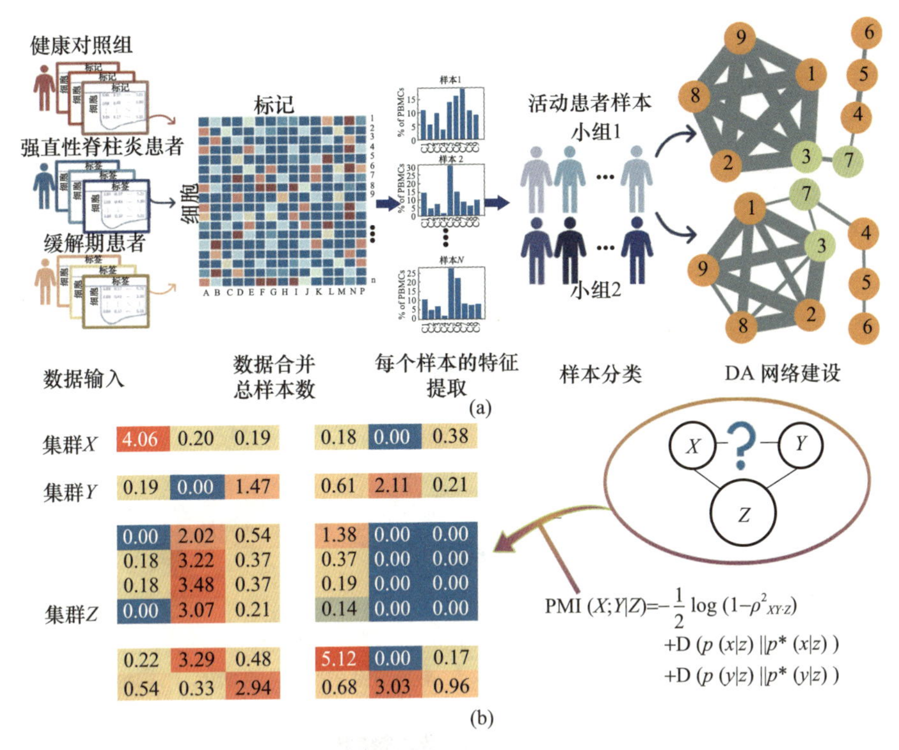

图 8－3　在国内建立起中国学者自己的单细胞质谱流式分析方法

2) scWB

美国加州大学伯克利分校 Amy E. Herr 教授团队于 2014 年将 scWB 技术发表在 *Nature Methods* 上,文章首次提出 scWB 技术,实现了单细胞分辨率的多指标蛋白质分析(图 8－4)。

目前,国内开展 scWB 技术的实验室少之又少。上海交通大学丁显廷教授团队在这一技术的优化方面做出了率先探索。

丁显廷教授团队开发了 MMP(新型光敏胶)用于实现单细胞免疫印迹技术,仅需 60s 就能有效捕获凝胶中电泳分离的微量蛋白质,蛋白质固定率为 93.80 ±1.23%,优于国际同行报道的约 85% 的 BPMAC 光电捕获效率[16]。采用这种光敏凝胶能够同时监控大约 2000 个单细胞中微妙的蛋白质表达水平变化。2021 年,进一步系统性地集成了新材料、微纳加工芯片、机械自动控制部件,开发了 scTAC(单细胞高通量蛋白共表达分析芯片),对每一个捕获的单个稀有细胞进行多种功能蛋白的联合定量分析[17]。一个芯片可以同时并行监控 2000 个单细胞。scTAC 检测时间在 4h 以内、紧凑便携、存储简单、方便更换。

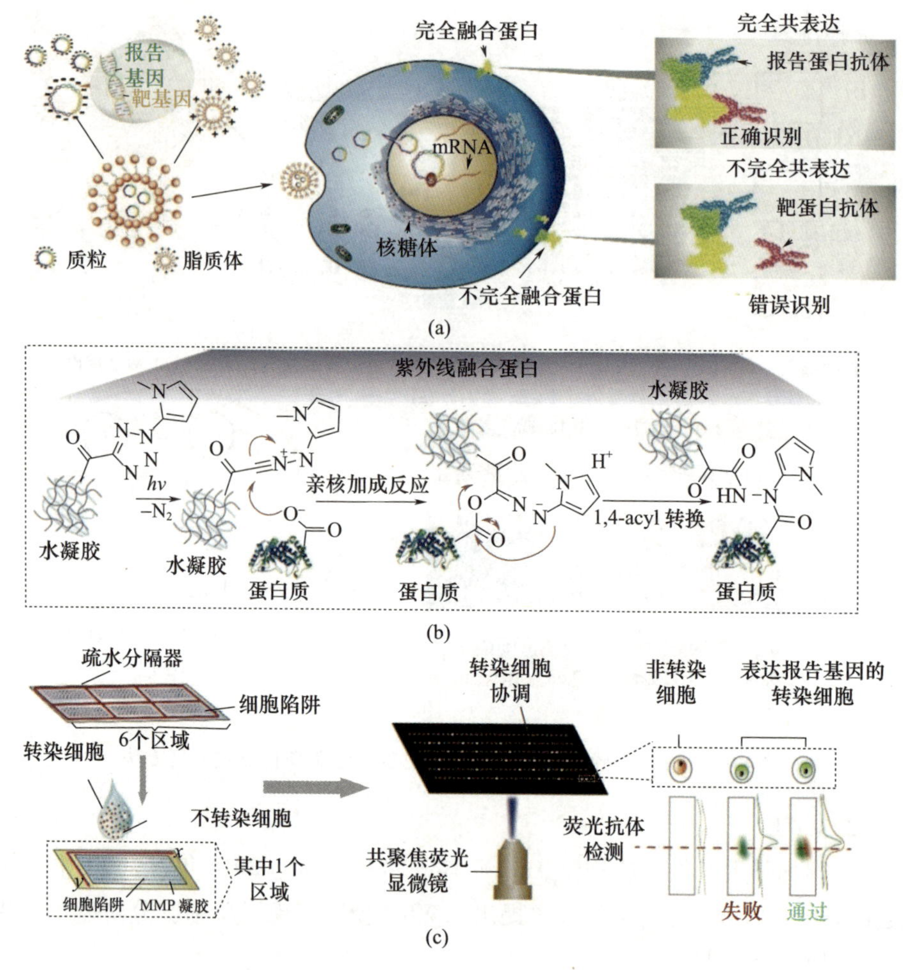

图 8－4　筛选和分析单细胞中外源基因表达的单细胞转染分析芯片

8.1.3 技术当前所处的阶段

1) CyTOF 和 IMC

CyTOF 技术和 IMC 技术是国际上最新的单细胞分析技术，曾被 *Nature* 杂志展望为最具有期待的 8 项生物技术之一[18]。凭借其高维度和高通量的特性，单细胞质谱流式技术从样本中获得的数据包含了更多细胞分群的信息，是生物学研究领域进行大数据挖掘提供新发现的有利手段。

经历了十余年的发展，质谱流式已经发展到第三代（产品名 Helios）；依托质谱流式成像技术的质谱流式成像系统（产品名 Hyperion）自 2017 年推出以来，广泛应用于血液、免疫、干细胞、癌症等不同的研究领域。截止 2020 年底，应用质谱流式技术的研究文献已超过 1000 篇，其中进行 COVID - 19 相关研究的同行评议出版物已达到 17 篇。

现如今，质谱流式技术已被广泛应用于全球领先的癌症中心、医学研究中心和药物研发组织，发表超过 1000 篇研究论文，极大地推动了人们对免疫组的认知。其高效简洁的工作流程以及广泛的适用性，正逐渐成长为当今最先进的细胞分析工具之一。迄今为止，包括 CyTOF®、成像质谱流式系统和 Maxpar® Direct™ 在内的质谱流式技术已被应用于 160 多项临床试验。在全球范围内，十大制药公司中已有 9 家使用了质谱流式技术。

我国这一技术尚属起步阶段。该技术一直被欧美学者垄断，属于我国单细胞蛋白分析领域的“卡脖子”技术。2014 年，中国首台 CyTOF2 质谱流式细胞仪正式引入于厦门大学细胞应激生物学国家重点实验室。2015 年，上海交通大学丁显廷教授团队引入 CyTOF 质谱流式细胞检测技术平台，并致力于单细胞质谱流式方法学和算法的自主建立。2018 年，丁显廷教授团队成为亚洲首个实现 CyTOF 和 IMC 技术联用的实验室，在该技术的核心试剂、分析算法、硬件等方面开展了自主创新的国产化研究。

2) scWB

近些年，scWB 也在蓬勃发展，并得以广泛应用[19]。Elisabet Rosàs - Canyelles 等采用开放式微流控单细胞免疫印迹平台对单胚胎细胞和单个胚叶细胞进行蛋白质表达水平表征，评估了胚胎细胞与胚叶细胞之间的异质性。Yizhe Zhang 等研究开发了针对培养状态下黏附贴壁细胞的单细胞免疫印迹平台，以还原细胞在培养状态下的真实生命活动，避免因消化等刺激引起的结果偏差。

scWB 技术在 Amy E. Herr 教授与 Protein Simple 公司的努力下逐渐发展成熟，已提出商业化的单细胞分析仪器 MiloTM，一次实验可检测 1000 ~ 2000 个单细胞的 4 种蛋白质[20]。Milo 仪器有着对单细胞蛋白质表达分析的独特优势，是全球首创单细胞蛋白质表达定量分析系统，采用 Scout 软件对扫描结果进行深度定量分析。Milo 上市后，连续获得 MIT technology review 年度创新奖，美国著名杂志 The Scientist 年度创新产品第一名。

然而，现有的单细胞蛋白质免疫印迹技术受限于蛋白质固定效率低，低丰度蛋白质检测难，以及样本需求量大，难以检测微量样本，而使得应用受到限制。

8.1.4 对经济社会影响分析

“病毒”一词成了自2020年以来的关键词，除了席卷全球的新冠疫情之外，美国新型流感、非洲埃博拉疫情，以及禽流感、猪瘟疫情等，病毒对人类的生活已经造成了翻天覆地的影响。与此同时，人类也从未停止过与病毒抗争的脚步。多国的新冠疫苗研发已进入三期临床实验，多项新冠检测或诊断试剂已获批在临床应用。人类与病毒的斗争，似乎已进入白热化阶段。除了临床治疗与诊断工作之外，还有一大批科研人员走在更前沿的战线上。从大规模检测方法的开发，到发病机制、免疫反应的研究，再到治疗方案的开发及患者预后研究，科学技术的不断革新已成为病毒及相关疾病研究领域获得突破的关键点。

在全球科学家共同抗击新冠疫情的战役中，CyTOF、IMC和scWB技术为多国科研人员提供了强有力的支持，已被应用于多项与新冠肺炎疫情相关的临床试验，包括在疾病进程的不同阶段评估免疫反应，以及在细胞和分子水平评估治疗反应。我国于2020年即启动了新冠病毒性肺炎预后评估诊疗方案的研发项目，利用CyTOF和IMC技术建立新冠病毒不同感染阶段患者的免疫图谱，比较各感染阶段的免疫特征差异，从而揭示新冠病毒入侵机体免疫系统后特征性响应的免疫细胞亚群和细胞因子，为不同病理进程的新冠病毒感染患者提供诊断和疾病分级诊疗的指导建议。

scWB技术为单细胞组学研究和细胞异质性研究提供了强大的手段，对生物医学多个领域的研究诸如干细胞分化、胚胎发育、肿瘤发生发展、免疫应答等细胞异质性方面的研究有巨大推动作用。在干细胞研究方面，单细胞免疫印迹技术可以用来深入研究干细胞在分化过程中的异质性，相关信号通路以及细胞命运决定机制。在临床医学研究领域，不同细胞在受到相同剂量的药物刺激后胞内反应，细胞免疫反应等方面也表现出细胞异质性的特点，对单细胞异质性的研究在疾病的早期诊断、治疗、药物筛选和生理、病理过程中有重要的意义。此外，由于肿瘤细胞本身具有高度异质性，癌症的靶向治疗需在单细胞水平上提供定量和高度特异性的靶蛋白检测。对细胞异质性的研究，可以为个体化的治疗提供丰富的、关键的遗传表达信息，为治疗方案的制定和靶向药物的选择和开发打下基础。同时，单细胞芯片免疫印迹新技术在单细胞组学研究方面存在巨大的需求和应用空间。但目前所使用的相应高端分析仪器完全依赖进口，价格昂贵，维修维护成本非常高。即便如此，国外的仪器和产品也没有很好解决上述技术难题。因此,单细胞蛋白免疫印迹分析技术自主化和仪器国产化方面具有重要的理论意义和社会应用价值。

单细胞科研服务属于相对成熟市场,2019 年,我国自然基金批准 113 个相关项目,经费合计 6606 万元。主要竞争仍然在临床应用端,临床市场随着传统测序行业的孵化,生殖等领域处于成熟上升期,而肿瘤、免疫、神经、干细胞等其他领域均处于市场萌芽期,具有高成长潜力。2019 年,肿瘤登记中心数据显示,每年新增病例超过 430 万,年新增市场规模超过 400 亿。根据预测,2020 年全球单细胞分析市场规模估计为 26.8 亿美元,预计在 2019 年至 2026 年以 16.9% 的年复合增长率增长。国内市场规模预计 35 亿人民币,主要影响因素为技术迭代、成本控制、研发投入和产业链的协同整合等。行业统计显示,临床对肿瘤诊断的收入超过 600 亿元,2020 年突破 700 亿元。作为最新一代抗肿瘤疗法,肿瘤免疫治疗未来 5 年可保持 34.6% 的复合增长率,并带动单细胞免疫检测市场的快速增长。因此,基于的 scWB 技术的单细胞蛋白检测技术和设备、试剂,将对以上市场和产业起到越来越关键的支撑作用,具有巨大的经济效益。

这一颠覆性技术加速了人类对于新冠病毒的认知进程。CyTOF 技术、IMC 技术和 scWB 技术是单细胞蛋白研究领域的国际前沿技术。从硬件、试剂、软件的全面攻关,不但将大幅度降低我国科学家仪器购买和维保成本,使大多数实验室有能力购买使用,更能使我国从被动应用转变为主动研制,突破"卡脖子"技术,支撑我国甚至国际单细胞蛋白检测领域的长远发展。

8.1.5 发展意义

(1)技术发展驱动临床治疗范式的改变。对生物标志物的检测分析能力的量变会带来质变,所获得的高维数据可以帮助我们系统性理解肿瘤和免疫系统的相互作用,驱动临床治疗范式的改变,对卫生事业的发展具有重要的社会效益。

在药物临床试验过程中,CyTOF 技术和 IMC 技术的单细胞多参数分析能力可以支持医疗研究机构对患者肿瘤细胞和免疫系统进行精细评估,从而实现分群管理,更早地发现获益患者人群的生物标志物。

在预后评估方面,临床可以借助 CyTOF 和 IMC 技术的高维数据快速产出和分析的特点,在患者治疗过程中对肿瘤和免疫系统进行及时的动态评估,提前发现不良反应。另外,CyTOF 和 IMC 技术的多通道检测能力也有助于减少取样量,对临床应用更加友好。

随着个体化治疗的快速发展，CyTOF 和 IMC 技术用于诊断可以反向驱动临床治疗，帮助研究机构开发更精准高效的创新疗法。例如，CyTOF 和 IMC 技术可以用于肿瘤新生抗原的功能筛选，在机器学习算法预测的基础上进行体外生物学验证，提高治疗有效率。

（2）适配体标签替换抗体标签能够节约检测成本，提高精准度，节约卫生资源，具有潜在的经济效益。IMC 技术存在的一个关键难题是：蛋白分子精准定位难，检测灵敏度低。IMC 技术中的金属标签是由 Fluidigm 公司研发的 MCP（Ln）金属试剂盒，采用抗体探针。但抗体存在价格昂贵、重现性差等明显缺点[21]。适配体是从人工合成的 DNA 或 RNA 文库中筛选得到的、能够特异性识别靶标物的单链寡核苷酸分子[22]。除了对目标物具有高特异性和高亲和力外，适配体还具有合成简单、相对分子质量低、化学稳定性高、毒性低、免疫原性低、程序可控和便于修饰多种功能基团等优点[23]，相比抗体探针，适配体小型探针能够高密度标记抗原表位，且能更靠近其靶标，在精确成像和降低检测成本上优势明显。

（3）开发具有自主知识产权的质谱流式高维数据分析算法，关乎国家生物信息安全。单细胞质谱流式技术和质谱流式成像技术一直被欧美学者垄断，属于我国单细胞蛋白分析领域的典型“卡脖子”技术。现在中国大陆学者的数据必须要上传到 Cytobank 才能分析，造成了中国人群生物医学信息的直接备份，具有很大的潜在风险隐患。开发具有自主知识产权的核心数据处理与分析算法迫切而必要。

8.2 技术演化趋势分析

8.2.1 重点技术方向可能突破的关键技术点

微量细胞蛋白高维度数据的获取、高维度数据的分析、高维度数据获取分析后的验证方法学建立，是微量细胞蛋白检测领域 3 个必不可少、紧密关联、层层递进的关键技术点。数据获取主要属于分析化学和医学范畴；数据分析需要信息科学和生物统计学领域的支撑；验证方法学主要依赖机械工程和微纳电子器件学科的研究。具体工作中，这 3 个关键技术点的知识又需要相互交叉融合。目前，微量细胞蛋白检测技术领域存在以下瓶颈，也是该技术方向可能突破的关键技术点：

（1）高维度数据的获取方面，CyTOF 和 IMC 技术是该领域的国际前沿技术，属于我国典型的“卡脖子”关键技术，现有标签体系昂贵，检测精度和灵敏度低。金属同位素与螯合剂有效结合能力有限，极大地限制了检测通道个数，相比于 CyTOF 最高检测分析能力，仍有 100 多种金属检测通道有待开发[24]。目前，CyTOF 商用金属标签为 MCP，但螯合剂如 DTPA 与 DOTA 只可与正三价的金属离子（如镧系金属元素）稳定结合，正二与正四价的金属元素（Cd、Te、Sn、Os 等）仍需找到有效的螯合剂[11]。因此，新型标签的开发，是可能突破的关键技术点之一。

（2）高维度数据分析方面，目前被欧美学者垄断，中国大陆学者的数据必须上传到 Cytobank 才能正常分析，造成中国人群生物医学信息被备份，潜在风险隐患巨大。开发具有自主知识产权的核心算法是关键技术点之一。

（3）高维度数据验证方法学建立方面，Western Blot 是传统的多细胞蛋白检测的金标准。然而，单细胞蛋白检测尚缺乏可信的验证手段，因此，急需开发单细胞蛋白免疫印迹技术用于实现单细胞低丰度蛋白检测。当前，阻碍单细胞免疫印迹技术的主要问题在于蛋白捕获率低，其中新型凝胶的开发是可能突破的关键技术点。

8.2.2 未来主流技术关键技术主题

未来主流技术关键技术主题是分选的效率和通量，以及高通量的多组学研究。未来微量样本技术发展的主要趋势是提高微量样本人体功能蛋白分选的效率和通量、实现高通量的多组学研究，开发更多自动化的微量样本人体功能蛋白技术平台，这些都将有助于降低微量样本技术的成本和技术门槛。对于新兴的微量样本人体功能蛋白组和空间组学，更多维的人体功能蛋白组学参数分析和更高分辨率的空间组学研究都是未来技术的发展方向。同时，将微量样本人体功能蛋白多组学研究和组织的 3D 空间成像结合也是未来技术发展的重要趋势。

单细胞蛋白高维度数据的获取、分析、验证是该领域最基础的研究方向之一。CyTOF 技术、IMC 技术和 scWB 技术是单细胞高维度蛋白检测领域的国际前沿技术，却一直被欧美垄断，成为我国生物医学研究领域典型的“卡脖子”关键技术。

（1）硬件方面，全球目前只有 Fluidigm 一家公司有 CyTOF 和 IMC 相关设备出售,一套机器价格高达900多万元人民币,维保合同高达75万元/年。中国大陆配备全套设备并且能够完全运行起来的实验室其实并不多。国内相关临床和生物医学研究严重受限于此。硬件的自主国产化研发是该关键技术的重要主题之一。

(2)试剂方面,目前全球都依赖于欧美科学家开发的Maxpar X8 polymer作为金属同位素标签体系。这种体系的缺陷包括:金属担载量低,因此对低表达抗原的敏感性较差;能够利用的金属通道仅有40余个,无法完全覆盖现有硬件中近150个检测通道。因此,自主开发CyTOF新型金属探针体系、扩展检测通道、实现低丰度蛋白的检测,是该技术的关键主题之一。

(3)算法方面,微量样本技术所产生的海量信息解读是目前的难点,不断涌现的新兴的微量样本技术如质谱流式、空间转录组数据等也都需要新兴的生物信息分析工具。随着更多的微量样本细胞图谱被解析,微量样本人体功能蛋白数据库不断被丰富。现有单细胞高维度数据分析方法,主要是根据细胞与细胞之间的相互作用关系,将单细胞聚类成不同的亚群,通过对这些亚群和细胞做深度分析,进而确定细胞和亚群的异常表达与功能。事实上,不同的细胞亚群具有不同的功能,而人体机能的正常运转正是通过这些细胞亚群之间的相互协作来实现的。因此,通过构建亚群-亚群交互网络来挖掘具有特定功能的细胞亚群和蛋白通路,有助于我们得到更深层次的生物医学结论。开发具有自主知识产权的核心算法,是维护我国生物信息安全的有效途径,是未来主流技术不可忽视的关键技术主题之一。

(4)固定技术,新型凝胶和单细胞蛋白固定技术旨在提高蛋白固定效率,是突破技术瓶颈,建立高维度蛋白数据验证方法学的关键。现有的免疫印迹技术无法实现单细胞尺度上的低丰度蛋白研究,更难以在单细胞上(半)定量的检测靶标蛋白,非常重要的原因之一是凝胶内免疫探测在很大程度上取决于靶标蛋白的固定效率。低丰度蛋白质检测难,以及样本需求量大,难以检测微量样本,而使得该技术应用受到限制。因此,开发新型凝胶和单细胞蛋白固定技术,是打破传统免疫印迹技术瓶颈的关键。

CyTOF技术、IMC技术和scWB技术是单细胞蛋白研究领域的国际前沿技术。从硬件、试剂、软件的全面攻关,不但将大幅度降低我国科学家仪器购买和维保成本,使大多数实验室有能力购买使用,更能使我国从被动应用转变为主动研制,突破“卡脖子”技术,支撑我国甚至国际单细胞蛋白检测领域的长远发展。

8.2.3 技术研发障碍及难点

由于细胞的电离及后续质谱检测过程需要一定的时间,质谱流式的检测速度低于传统荧光流式,一般在500个细胞/s以内,且细胞在电离分析后无法再次利用[25]。此外,与量子高效荧光团相比,质谱流式细胞术显示出较低的灵敏度,这使得单个细胞低丰度蛋白质的测量极具难度;由于缺少保持小分子和与细胞相关的结合剂的方法,因此,无法分析单细胞分泌性蛋白质是质谱流式细胞术分析和荧光流式细胞分析的共同局限。完善该项新兴技术的样本前处理方法并确立标准数据分析流程是当前研发阶段的障碍和难点。

微量细胞免疫印迹术所需样本细胞量大,灵敏度受限于凝胶的光敏固定蛋白质的能力,在稀有细胞样本的单细胞低丰度蛋白质研究方面遇到严重挑战。

(1)CyTOF和IMC技术的金属标签体系是当前研发阶段的主要障碍和难点。现有的标签体系采用Maxpar X8 polymer体系,仅利用了40余个金属通道(理论上,质谱流式细胞仪硬件可实现单细胞分辨率和高通量地150个通道同时检测,目前仍有超过80个可用于检测的通道未被开发利用),且存在金属担载量低和与金属离子结合能力有限的缺陷,导致该方法对低表达抗原的敏感性较差。为了降低生物指标的检测极限,增加金属信号强度,无机纳米粒子Qdot[26]与有机纳米粒子Pdot[27]皆被探索作为新型CyTOF金属标签。通过控制量子点的粒径,可以获得高金属担载量的纳米粒子。直径为30nm的NaTbF4,大约含有190000个Tb的原子,但细胞对Qdot的非特异性吸附限制了其进一步发展[28]。Pdot的镧系金属担载量可达1100~2000,但是其检测灵敏度变化范围较大,使其既不能高效增加检测细胞表面低表达抗原的能力,又难以对单个探针金属担载量进行调控。

开发新一代探针以拓宽检测通道与降低检测极限对推动质谱流式技术的发展具有重要意义,而近十年来,金属有机框架材料(MOF)的发展为兼顾以上需求提供了机遇。金属有机框架是一种由无机金属掺杂的节点与有机配体自组装而成的、具有网状有序孔结构的新型多孔晶体材料[29]。其中,UIO-66系列因其优异性能在各领域中被广泛应用。因此,迫切需要开发新型单细胞质谱流式细胞术的金属标签体系以拓展检测通道,提高检测灵敏度。

(2)scWB技术的多靶标特性,是当前研发阶段的主要障碍和难点。多轮洗染是单细胞免疫印迹技术实现高维度多指标检测的重要途径之一。水凝胶的性能对单细胞免疫印迹的性能起着重要的调节作用,其韧性决定了该水凝胶可重复脱色、复染的次数。若凝胶易碎，则无法实现多轮洗染，因此，凝胶韧性决定了单细胞免疫印迹的可检测指标数。基于这些考虑，在后续的研究工作中，也将致力于单细胞蛋白质免疫印迹技术优化，设计合成复合凝胶，提升凝胶韧性，以实现多轮洗染，增加检测方法的多指标性，拓宽单细胞免疫印迹技术的应用范围。

（3）scWB 技术的蛋白捕获率，是当前研发阶段的主要障碍和难点。光敏基团对蛋白质的固定是基于二苯甲酮官能化的单体，其中间体显示出极短的半衰期，导致目标捕获率低，这不利于在单个细胞中捕获痕量蛋白质。此外，衍生的双自由基中间体易于与近端 X－H 键（X＝C、N、O 或 S）反应，导致背景自发荧光，这可能会使荧光分析中的目标信号模糊。另外，单靠重力沉降进行单细胞的捕获，捕获效率很低，只有 20％左右的单细胞可以进入陷阱，这对稀有细胞来说是极其不友好的。对于电泳后的蛋白质分离效率，该技术也存在问题。电泳时条带拖尾过长，电泳过程中分子量相近的蛋白分离效果差。一抗、二抗使用浓度高，成本较高的同时也没有重复利用。由于荧光本身的光谱重叠限制了一次性可检测的通道数为 3～4 个，想要检测 10 个以上必须通过特定的洗脱溶液剥离之前的抗体，不可避免地带来了蛋白的损失。

8.2.4 面向 2035 年对技术潜力、发展前景的预判

微量样本高维度低丰度蛋白的精准定量检测技术：①可应用于研究胚胎发育阶段不同表达模式，有助于从单细胞水平深入研究生命过程和疾病发生发展机制，加快发育生物学的发展，满足社会卫生事业发展的需求；②可应用于微量干细胞检测，对再生医学和癌症干细胞（CSC）研究具有潜在的科学意义，有助于全健康指标图谱式的筛查，满足人民群众的生命健康需要；③可应用于微量基因编辑细胞的检测，有助于基金编辑的评估与改进，对未来免疫学的发展奠定科学依据，发现新的治疗靶点，系统性理解疾病和免疫系统的相互作用，驱动临床治疗范式的改变。

蛋白质是所有细胞过程的核心——包括为细胞提供结构、在细胞膜上运输分子、控制细胞生长和黏附、通过发挥酶的作用催化生化过程和调节信号转导。因此，表征蛋白质的数量和活性对于理解细胞过程的分子机制至关重要，包括那些参与疾病进展、细胞分化和命运的分子机制，以及有针对性地发现和开发新的治疗方法、疫苗和诊断方法。然而，很多方法需要大量的细胞进行分析，对群体进行平均测量。但细胞在本质上是异质的，因此，群体平均数据可能会掩盖潜在的分子机制；在许多情况下，更理想的数据是单细胞水平的数据。

(1)胚胎发育中微量细胞高维度低丰度蛋白的精准定量检测,对理解胚胎发育阶段不同表达模式,加快发育生物学的发展至关重要。

(2)微量干细胞中高维度低丰度蛋白的精准定量检测,对再生医学和癌症干细胞(CSC)研究具有潜在的科学意义。

(3)微量基因编辑细胞中高维度低丰度蛋白的精准定量检测,将对基因编辑的评估与改进,对未来免疫学的发展奠定科学依据。

8.3 技术竞争形式及我国现状分析

8.3.1 全球的竞争形势分析

Fluidigm Corporation(美国富鲁达公司)独有的质谱流式技术,已被世界各地的研究团队应用于人类疾病预防和治疗等多个领域的研究。迄今为止,Fluidigm® 质谱流式技术已被应用于多项与新冠肺炎疫情相关的临床试验,包括在疾病进程的不同阶段评估免疫反应,以及在细胞和分子水平评估治疗反应。这些技术还被用于免疫肿瘤学、肿瘤学、自身免疫性疾病、疫苗、感染、外科、血液和免疫紊乱、免疫学、过敏的各种适应症和干预措施等研究相关的临床实验。迄今为止,包括 CyTOF®、Hyperion 和 Maxpar® Direct™ 在内的质谱流式技术已被应用于160多项临床试验。在全球范围内,十大制药公司中已有9家使用了质谱流式技术。这些临床试验中,于2020年启动的有32项,其中有4项应用 Hyperion 组织成像质谱流式系统。这些临床试验均被列入临床试验数据库(clinicaltrials. gov)中。

国际代表性研究团队如下

1)斯坦福大学 Garry Nolan 实验室

目前,应用质谱流式细胞仪所发表文章大部分来自于美国斯坦福大学的 Garry Nolan 实验室及 SC Bendall 实验室。他们重点聚焦研究人类造血和免疫系统,进行了骨髓造血细胞亚群分析[1]、树突状细胞亚群分析[30]、B 细胞分化过程分析[31]等,以及在健康或者疾病状态下的细胞内信号调控机制。同时,他们也在质谱流式细胞仪使用功能提升方面做了相关研究[12]。

Garry Nolan 实验室是全球最早使用 CyTOF 技术的实验室之一,很早就开始利用 CyTOF 在单细胞水平进行生理、疾病等状态下的细胞功能研究。Nolan 教授因开发了 CyTOF 在免疫系统中的应用而获得了国际顶级学术期刊 *Nature* 颁发的"2011 年杰出研究成就"奖,其实验室发表的 CyTOF 相关的研究成果已达到上百篇,其中有数十篇发表在 *Nature*、*Science* 和 *Cell* 等顶级学术期刊及其子刊上。

2)Karolinska Institutet(瑞典卡罗林斯卡研究所)Petter Brodin 教授团队

Karolinska Institutet 利用 CyTOF 技术进行研究应用和产品开发。总部设在斯德哥尔摩的卡罗林斯卡研究所是世界上最顶尖的医科大学之一,也是瑞典最大的学术医学研究中心。这项基于质谱流式技术的研究将与该研究所妇幼健康部门合作进行。"研究所的妇幼健康部门重点对控制健康和疾病中免疫系统行为的细胞相互作用、人类免疫系统的变异,以及儿童的免疫发育进行研究。"免疫学教授 Dr. Petter Brodin 说:"我们正在构建一个针对免疫系统——尤其是儿童早期发育方面的知识体系,我们相信这些信息将对未来的医疗健康决策将产生广泛的影响。CyTOF 平台所提供的详尽的数据,可以帮助我们对免疫组成及应答进行深入探索,从而开发出对患者最有效的治疗方法。"

近年来,卡罗林斯卡研究所应用质谱流式技术进行了多项重要的免疫学研究,这些研究为新疗法的开发提供了新的见解。

3)瑞士苏黎世大学定量生物医学系 Bernd Bodenmiller 教授团队

作为 CyTOF 的资深用户和参与 IMC 技术系统研发的主要团队,苏黎世大学的研究团队近年来发表了一系列研究成果。

2020 年,苏黎世大学 Bodenmiller 教授所带领的研究团队利用质谱流式技术,从大量包含空间信息的单细胞数据中,找到了与疾病预后相关的分类模式,可能为癌症患者的个体化诊断和治疗提供依据。这是一项具有里程碑意义的回顾性临床研究,发表在 *Nature* 上。University Hospital Basel 和 University Hospital Zurich 两所医院为这项研究提供了总计 353 例乳腺癌病人的 FFPE 切片样本,同时提供的还有其中 281 例病人的长期生存数据,为后续的检测和分析打下坚实的基础[32]。

2021 年,该团队应用成像质谱流式技术,对新冠肺炎与药物性斑丘疹之间的关联进行研究。研究人员应用包含 36 个抗体的 IMC panel 表征皮肤活检组织中的细胞浸润,聚类分析显示,在 COVID - MDR 中,IMC 的细胞毒性 CD8 + T 细胞群和高度活化的单核/巨噬细胞(Mo/Mac)群更加突出,表型发生了移位。

8.3.2 我国实际发展状况及问题分析

美国 DVS Sciences 公司研发的质谱流式细胞仪已经发展到第三代 Helios,成像质谱流式技术已推出 Hyperion。在国内,这一技术尚属起步阶段。2014 年,中国首台 CyTOF 质谱流式细胞仪正式引入于厦门大学细胞应激生物学国家重点实验室。2015年，上海交通大学丁显廷教授团队引入CyTOF质谱流式细胞技术；2018年，上海交通大学丁显廷教授团队成为亚洲首个实现CyTOF和IMC技术联用的实验室，致力于该技术试剂、算法和硬件等的国产化。

国内代表性研究机构和团队如下。

1）上海交通大学丁显廷教授团队

丁显廷教授团队作为亚洲首个实现CyTOF和IMC技术联用、国内首家具有自主知识产权的scWB技术的单位，一直致力于微量细胞中低丰度蛋白检测技术的开发及其临床应用。近年来，团队在CyTOF技术、IMC技术和scWB技术的试剂、核心算法、凝胶等方面的自主开发，处于国际领先水平。同时，应用方面，在免疫系统与疾病的临床表型组学相关性等领域获得了多项领先研究成果，发表在包括*Science Advances*、*PNAS*、*Genome Biology*、*Advanced Materials*、*Advanced Functional Materials*、*Advanced Science*、*Biosensors & Bioelectronics*、*Analytical Chemistry*、*Nature Communications*、*Nature Protocols*、*Clinical Translational Medicine*、*Biofabrication*等行业具有高影响力的期刊杂志上。

在CyTOF和IMC技术的自主开发方面，2019年，团队开发了CyTOF技术核心算法，优化了不同单细胞质谱流式数据结构适用的细胞族群分析方法；2020年，团队开发了单细胞质谱成像技术新型适配体探针体系（MAP），与原有抗体标签相比，检测灵敏度提高约3倍，检测成本降低80%～90%。2021年，团队开发了一种基于NMOF（纳米金属有机框架）的新型结构质量标签，可用于成像质谱流式技术中的多参数、灵敏的单细胞生物标志物的检测；2021年，团队用镧系元素掺杂的碳纳米点标记的适配体探针，能够实现荧光+质谱的双模态检测。对于标准的3.5mm×3.5mm切片上的每一个单细胞开展整体检测和信息获取，双模态探针可以快速锁定差异性大的细胞和目标细胞群体，避免盲目检测带来的时间和试剂的浪费，可节省高达90%的质谱流式盲扫描时间；2021年，团队开发了一种新的高维单细胞分析方法SCANCell，可以将高维细胞测量数据中隐藏的可用信息转换为细胞簇间的DA网络的拓扑结构。

在scWB技术的自主开发方面，团队开发了MMP用于实现单细胞免疫印迹技术，仅需60s就能有效捕获凝胶中电泳分离的微量蛋白质，蛋白质固定率为93.80±1.23%，优于国际同行报道的约85%的BPMAC光电捕获效率。

团队系统性地集成了新材料、微纳加工芯片、机械自动控制部件，开发了sc-TAC，对每一个捕获的单个稀有细胞进行多种功能蛋白的联合定量分析。

2）复旦大学杨芃原教授团队

杨芃原团队主要研究方向是生物质谱技术和蛋白质分离和分析方法，曾在相关领域发表论文90余篇，其中一半以上在国际SCI刊物上，是我国分析化学领域的中青年学术带头人。在脉冲离子源－质谱/光谱技术的基础性研究，智能光谱/质谱分析的理论和方法研究，以及在生物质谱新技术和蛋白质质谱分析新方法等研究方面取得了重要的成果，其中脉冲辉光离子源－质谱/光谱技术的基础性研究被国家基金委专家组评为“达到国际先进水平、部分研究工作达到国际领先水平”，并被国际专家称为“完全创新的工作”。

3）厦门大学付国教授团队

付国教授团队是国内使用CyTOF和IMC技术开展免疫和肿瘤研究的先驱，具有非常丰富的研究经验。主要从事正常及疾病状态下T细胞功能和相应的分子机制研究，包括T细胞发育、活化和分化，肿瘤免疫，抗感染免疫，以及自身免疫性疾病等方向。通过与临床医生的密切合作，进行相关疾病发病机制和免疫治疗的研究。作为国内CyTOF和IMC的早期用户，近年来致力于相关试剂的开发和实验方法的创新，希望通过优化质谱流式细胞技术结合传统流式细胞术，更精确、更快速地对稀有的临床样本进行深度分析。

4）浙江大学附属第一医院肝胆胰外科梁廷波教授团队

梁廷波教授团队通过结合质谱流式细胞技术数据与多组学数据分析，开发了新的HCC（肝细胞癌）分类方法，基于HCC肿瘤微环境的免疫状态，可将HCC分为3类亚型，该分型方法具有良好的预后预测和治疗指导的临床价值。相关成果于2021年发表在Gut上。

HCC特别是多发性肝细胞癌具有高度的异质性，导致临床治疗效率较低。因此，了解肿瘤的异质性对于开发新的治疗策略至关重要。随着精准医疗概念的兴起以及多组学和单细胞技术的发展，前人已经从基因组、转录组和表观基因组等水平研究过HCC的肿瘤异质性，虽然精准研究已经进行了不少，但似乎都难以进行有效的临床转化。那么，究竟哪种水平的异质性特征更适合进行临床的诊疗转化呢？为了探究这一问题，梁教授团队综合基因组、转录组、蛋白质组、代谢组学和免疫组多组学分析，研究了HCC肿瘤和肿瘤微环境从分子水平到个体水平的异质性。

5）北京佑安医院陈德喜教授团队

2020年，北京佑安医院的陈德喜博士研究团队于2020年应用IMC技术，对COVID－19患者急性呼吸窘迫综合症期间的炎症反应细胞进行相关研究。

研究团队首先从全外显子组测序（基因组）、RNA测序（转录组）、MS（蛋白组）和HPLC－MS（代谢组学）等层面分析了来自8名HCC患者的21个病灶的肿瘤细胞。对比分析了单一病灶内、病灶间/肿瘤内和肿瘤间的细胞异质性。发现 HCC 肿瘤细胞具有高度的异质性，它们要么具有显著的病灶间异质性（基因和转录组学），要么具有显著的个体差异性（蛋白和代谢组学）。因此，不论从基因组、转录组、蛋白质组还是代谢组学来看，肿瘤细胞可能均不是 HCC 治疗的适宜靶标。

从基因组和转录组的数据来看，有很大比例的基因突变可能不会反映到蛋白质层面的变化，不一定会影响细胞的行为，因此，从细胞表型和功能层面进行更直接的分析十分必要。所以研究人员通过 CyTOF 进一步分析了 HCC 肿瘤微环境中的免疫细胞状态，发现其异质性程度要低于肿瘤细胞。说明通过调节 HCC 肿瘤微环境的免疫状态来治疗 HCC 可能是更恰当的治疗策略。

6）浙江普罗亭健康科技有限公司

浙江普罗亭健康科技有限公司成立于 2015 年，是一家专注于提供单细胞精准研究解决方案的高科技企业。公司立足于精准医学领域的单细胞研究，并将技术研究和创新成果应用于疾病研究和健康管理。公司聚合了全球领先的单细胞检测、蛋白质动态检测以及生物大数据分析等技术，通过在医学科研、临床诊疗以及药物研发领域的广泛合作，为精准医学和健康管理提供优秀的解决方案。

浙江普罗亭健康科技有限公司汇聚了一支包含医学、免疫学、工程科学和信息科学等多学科尖端人才的专业科研队伍。首席科学家陈伟教授为国家蛋白质重大研究计划“青年 973 项目”首席科学家，国家自然科学基金委“优秀青年基金项目”获得者，浙江大学博士生导师。长期从事生物医学工程，特别是蛋白质科学的跨尺度和跨学科研究，专注在单分子、单细胞水平研究分子、细胞及系统的动态调控机制及相关靶向药物分子和细胞免疫治疗研究。核心研究成果在 *Cell*、*Molecular Cell*、*Immunity* 等国际顶级学术期刊发表多篇学术论文。

7）北京晶科瑞医学检验实验室严勇攀博士团队

晶科瑞公司设立了分子生物学实验室、免疫学实验室和临床病理学实验室 3 个全球领先的技术平台，以全面了解环境中的细胞功能和相互作用。严博士谈道：“我们已将 IM 技术整合到我们的免疫学技术平台中，在进行传统的流式分析及细胞培养的同时，纳入了 IMC 和 CyTOF 分析方法。同时，我们还会使用 IMC 进行由 H&E 和 IHC 控制的病理研究质量。多种技术的融合有助于实验结果的相互验证。”

严博士带领的研究团队在 2020 年与北京大学医学院和北京口腔医院口腔颌面外科合作，应用 IMC 技术对 OSCC（口腔鳞状细胞癌）患者的异质肿瘤微环境进行了研究。目前，由于缺乏最佳的生物标志物，对于早期肿瘤的评估、治疗计划的优化及预后的预测均缺乏有效信息。团队应用 IMC 技术对患者进行分层，这是优于 NGS、Bulk RNA－seq 和 DNA－seq 的完美免疫学工具，可以对癌症分型背后的故事进行深入探索，并解决长期困扰临床科学家的问题。在这项研究中，应用 IMC 技术识别有效的生物标志物，对于免疫疗法的开发、新辅助治疗的评估以及疾病走向的预测至关重要。

8.3.3 对我国相关领域发展的思考

未来 10 年发展趋势是分选的效率和通量，以及高通量的多组学研究。未来微量样本技术发展的主要趋势是提高微量样本人体功能蛋白分选的效率和通量、实现高通量的多组学研究，开发更多自动化的微量样本人体功能蛋白技术平台，这些都将有助于降低微量样本技术的成本和技术门槛。对于新兴的微量样本人体功能蛋白组和空间组学，更多维的人体功能蛋白组学参数分析和更高分辨率的空间组学研究都是未来技术的发展方向，也是我国部署这一颠覆性技术的重点方向，可能带来弯道超车、格局重塑的机遇。

微量样本技术所产生的海量信息解读是目前的难点，不断涌现的新兴的微量样本技术如质谱流式、空间转录组数据等也都需要新兴的生物信息分析工具。随着更多的微量样本细胞图谱被解析，微量样本人体功能蛋白数据库不断被丰富，更多准确有效的算法和软件是我国部署这一颠覆性技术的重点方向，可能带来弯道超车、格局重塑的机遇。

微量细胞中低丰度蛋白检测技术在新药靶点研发、干细胞质量标准评估、全民精准医学领域的应用，是我国部署和利用这一颠覆性技术，满足人民生命健康需求的重要机遇。

在新药靶点的研发领域，微量细胞中低丰度蛋白检测技术能够充分、高效利用稀有珍贵的临床样本资源，发现拥有我国自主知识产权的新的药物靶点，可能突破我国新药研发受限于国外发现靶点的困境十分关键。

在干细胞质量标准评估领域，微量细胞中低丰度蛋白检测技术能够实现 3h 内随机抽样 10000 个细胞，在单细胞水平上实现 20～30 种功能蛋白的联合检测。当前，能够满足这一现实需求的，除微量细胞中低丰度蛋白检测技术，别无他选。因此，在国内研发团队已有的国际领先研究成果的基础上，我们可以建立“中国标准”。

在全民精准医学领域，微量细胞中低丰度蛋白检测技术研发和应用，帮助开发人体功能蛋白快速精准体检保障系统，在微量样本精度上，对体细胞和生殖细胞在人体功能蛋白组学上开展高维度定量检测和能力评估。为卫生机构装备的研究理念和工作重点逐渐从"诊""治"向"检""防"前移提供理论基础和技术保障。实现"四个一滴"(血、尿、唾、汗)、平战一体、平练一体的全民精准医学。军事应用中,可用于极端环境训练过程中的人体功能实时检测,也可用于人员派遣之前做出快速的体检筛选,还可用于真实战斗场景的快速人体失能及损伤评估。通过极少量的"四个一滴"样本,能够在2h窗口期内,快速评估人体重要器官的功能蛋白损伤程度,提高我方应急响应和决策的能力。该技术能够大幅度提高我军平战结合快速体检的精度和速度。

参考文献

[1] VAMATHEVAN J, CLARK D, CZODROWSKI P, et al. Applications of machine learning in drug discovery and development[J]. Nature Reviews Drug Discovery, 2019, 18: 463 - 477.

[2] CHENG Y, GONG Y S, LIU Y S, et al. Molecular design in drug discovery: a comprehensive review of deep generative models[J]. Briefings in Bioinformatics, 2021. 22(6): bbab344.

[3] FLAM - SHEPHERD D, ZHU K, ASPURU - GUZIK A. Language models can learn complex molecular distributions[J]. Nature Communications, 2022, 13: 3293.

[4] DIMASI J A, GRABOWSKI H G, HANSEN R. Innovation in the pharmaceutical industry: new estimates of R&D costs[J]. Journal of Health Economics, 2016, 47: 20 - 33.

[5] MORGAN S, GROOTENDORST P, LEXCHIN J, et al. The cost of drug development: a systematic review[J]. Health Policy, 2011, 100: 4 - 17.

[6] BENDER A, CORTES - CIRIANO I. Artificial intelligence in drug discovery: What is realistic, what are illusions? Part 1: Ways to make an impact, and why we are not there yet[J]. Drug Discovery Today, 2020, 26: 511 - 524.

[7] RIFAIOGLU A S, ATAS H, MARTIN M J, et al. Recent applications of deep learning and machine intelligence on in silico drug discovery: methods, tools and databases[J]. Briefings in Bioinformatics, 2019, 20: 1878 - 1912.

[8] ELTON D C, BOUKOUVALAS Z, FUGE M D. Deep learning for molecular design - a review of the state of the art[J]. Molecular Systems Design & Engineer-

ing,2019,4:828 - 849.

[9] XIE W X,WANG H F,LI Y B. Advances and challenges in De Novo drug design using three - dimensional deep generative models br[J]. Journal of Chemical Information and Modeling,2022,62:2269 - 2279.

[10] HOFFMANN T,GASTREICH M. The next level in chemical space navigation: going far beyond enumerable compound libraries[J]. Drug Discovery Today, 2019,24:1148 - 1156.

[11] 凌曦,赵志刚,李新刚. 人工智能技术在药学领域的应用:基于 Web of Science 的文献可视化分析[J]. 中国药房,2019,30(4):433 - 438.

[12] JUNG Y L,YOO H S,HWANG J. Artificial intelligence - based decision support model for new drug development planning[J]. Expert Syst. Appl. ,2022, 198:116825.

[13] 周芃池. 人工智能在生物医疗中的发展应用及前景思考[J]. 低碳世界, 2018,(2):320 - 321.

[14] 胡希俅,人工智能在医疗行业中的应用研究[J]. 数字通信世界,2021,(01):183 - 184.

[15] 刘伯炎,王群,徐俐颖,等. 人工智能技术在医药研发中的应用[J]. 中国新药杂志,2020,29(17):1979 - 1986.

[16] 陈杨,陈轶伦,曾文杰,等. 人工智能在药物再定位的应用[J]. 中国医药导刊,2022,24(04):334 - 341.

[17] 郭宗儒. 药物分子设计的策略:药理活性与成药性[J]. 药学学报,2010,45(5):539 - 547.

[18] 周倩. 我国医药制造企业数字化转型发展探析[J]. 中国信息化,2021,(10):82 - 84.

[19] RASHID M,CHOW E K. Artificial intelligence - driven designer drug combinations:from drug development to personalized medicine[J]. SLAS Technol. , 2019,24(1):124 - 125.

[20] PAUL D,SANAP G,SHENOY S,et al. Artificial intelligence in drug discovery and development[J]. Drug Discovery Today,2021,26(1):80 - 93.

[21] ALVAREZ - MACHANCOSES O,FERNANDEZ - MARTINEZ J L. Using artificial intelligence methods to speed up drug discovery[J]. Expert Opin. Drug Discov. ,2019,14(8):769 - 777.

[22] 廖俊,徐洁洁,皮志鹏,等. 深度学习在药物研发中的研究进展[J]. 药学进

展, 2020,44(05):387 - 394.

[23] LIU B,HE H,LUO H,et al. Artificial intelligence and big data facilitated targeted drug discovery[J]. Stroke Vasc. Neurol. ,2019,4(4):206 - 213.

[24] ZHU H. Big data and artificial intelligence modeling for drug discovery[J]. Annu. Rev. Pharmacol. Toxicol,2020,60:573 - 589.

[25] JING Y,BIAN Y,HU Z,et al. Deep learning for drug design:an artificial intelligence paradigm for drug discovery in the big data era[J]. AAPS J. ,2018,20(3):58.

[26] BAJORATH J. Artificial intelligence in interdisciplinary life science and drug discovery research[J]. Future Sci. OA,2022,8(4):FSO792.

[27] FARGHALI H,KUTINOVA CANOVA N,ARORA M. The potential applications of artificial intelligence in drug discovery and development[J]. Physiol. Res, 2021,70(Suppl4):S715 - S722.

[28] TIAN T,et al. An ultralocalized cas13a assay enables universal and nucleic acid amplification - free single - molecule RNA diagnostics[J]. ACS Nano,2021, 15:1167.

[29] PENG S,et al. Integrating CRISPR - Cas12a with a DNA circuit as a generic sensing platform for amplified detection of microRNA[J]. Chemical Science, 2020,11:7362.

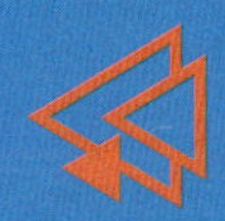

第 9 章

细胞智能物理微环境工程技术

本章作者

程　波　徐　峰

09

作为生物的独有属性和行为，智能被赋予了丰富的含义。广泛认为生物智能常与“感知”“保留和使用信息”“适应环境变化”及“解决问题及决策判断”等能力有关[1]。当今人工智能的快速发展，使得“智能”尤其是“生物智能”成为研究热点与前沿。随着人们对于生物智能行为及产生机制的理解不断加深，建立了系列先进智能算法，包括神经网络、人工免疫系统、蚁群算法等，在语言识别、图像处理、生物医药等领域得到了广泛的应用[2-3]（图9-1）。“生物智能”这一概念在人工智能设计中的应用，更是推动了人工智能从“机器层面上模仿人类部分智能行为”向“复制和模拟智能行为的产生机制”发展，催生了下一代“多形态、低功耗、高算力”人工智能的涌现。然而，一些值得探讨的问题仍然存在：作为构成人类和动物的基本单元——细胞，它们在生物智能行为产生过程中扮演了怎样的角色？单个细胞或者群体细胞能否产生智能行为？

图9-1　生物智能演化及智能行为示意图

近期研究表明，作为生物体的基本组成单元，细胞在与其微环境相互作用过程中表现出部分类似于人类智能的行为，诸如多模态感知[4]、迷宫求解[5]、细胞记忆[6]及演化适应[7]等行为。在迷宫状微环境中，细胞能通过找到最短路径快速获取其能量来源(问题求解)；在免疫响应过程中，免疫记忆(生化记忆)能帮助免疫细胞更快识别并消灭外界病原物；外界刺激作用于细胞后，细胞产生的响应性行为能逐渐恢复到刺激前状态(演化适应)；此外，细胞能记住外界力学微环境变化，当力学微环境改变后，细胞能够保持在原有力学微环境中所形成的生物学功能(力学记忆)。

我们提出并定义了"细胞智能(Cellular Intelligence)"这一前沿概念，即构成生物体的各类细胞同样具有智能行为。生命系统以细胞为最小单元，自然而然地趋于功能化，表现出独特的智能行为。阐明驱动细胞智能行为和相关决策机制可能是理解生命过程和疾病演进的关键。虽然目前已有不同理论体系，可以一定程度上合理描述活细胞系统的稳态机制和适应能力等"类智能"行为，但从根本上理解细胞智能的控制原理和机制仍具有极大的挑战性。该领域仍存在以下关键科学问题亟待回答：单细胞智能与群体细胞智能区别是什么？细胞智能产生的机制原理是什么？是什么促使单细胞走向更复杂的多细胞生命？细胞智能与人体疾病的演进关系是什么？

因此，细胞智能行为的探究是一个前沿基础的研究领域。从细胞智能行为角度，独辟蹊径，通过开发构建调控细胞智能的生物材料、技术和设备，搭建细胞智能的基础理论与技术研究体系，系统探究细胞智能产生原理，能对细胞乃至人类生存与繁殖的进化适应性行为进行全新诠释，并对相关疾病的治疗具有潜在应用。

9.1 技术说明

9.1.1 技术内涵及发展脉络

开展学科交叉研究不仅是解决人类健康相关问题的必要途径，也是实现科技创新最有效的科研方式之一。作为科学发展的重要趋势和必然规律，多学科交叉已由最初的基础学科内的小范围交叉（如物理、化学、力学、材料科学等多门基础工科学科的综合交叉），发展成为大学科间的大跨度交叉融合（如理学、工程学、医学等的交叉）。

目前，国内外在探索学科间的大跨度交叉方面做了很多积极的探索，取得了一批高质量的创新研究成果。例如，为了探索生物、计算机科学、医学以及工程学之间的交叉，斯坦福大学创建了 Bio - X 项目；哈佛大学与麻省理工学院共建哈佛大学 - 麻省理工学院健康科学与技术研究中心；作为多学科交叉研究的成功典范，英国剑桥大学卡文迪许实验室促进了基础研究和成果转化的完美结合，涌现了一大批诺贝尔奖获得者，更催生了堪称 20 世纪最伟大的科技发现——DNA 双螺旋结构。与此同时，我国的双一流高校也相继建立了多个学科交叉研究中心，如北京大学的生物动态光学成像中心、清华大学的结构生物学及生物力学研究中心和上海交通大学的力学生物学研究所等，为我国力学、生物、医学及工程科学的交叉和发展起到了巨大的推动作用。

近年来，西安交通大学徐峰教授团队针对人体多尺度多物理场耦合行为中的共性科学问题和技术挑战，按照“生物力学基础理论 - 生物技术研发 - 应用推广”的研究思路，通过“临床问题 - 实验室研究 - 临床应用”的研究策略，分别从组织、细胞和分子尺度，系统开展了多尺度生物热 - 力 - 电耦合学的基础和应用研究，并在以下 3 个方面取得了创新性的研究成果。①组织尺度：类皮肤柔性电子力 - 电多场耦合行为机理及应用。②细胞尺度：细胞三维热 - 力 - 电微环境调控机制及应用。③分子尺度：生物分子热 - 力操控机理及应用。通过开发前沿生物材料和生物微纳制造技术，建立多尺度多场数理模型，提出并拓展了多尺度生物热 - 力 - 电耦合行为的理论和实验研究体系，并将成果应用于重大慢病诊治和航天医学等领域。

近年来，基于上述研究成果，我们提出并定义了“细胞智能”概念，由此系统开展了“细胞智能物理微环境工程技术”项目。细胞智能物理微环境工程技术是具有较强交叉学科特征的工程技术，主要包含两部分技术：①细胞物理微环境工程技术；②细胞智能理论与技术。

1）细胞物理微环境工程

人体疾病的发生发展与体内复杂环境（如生物化学因素、物理因素）的变化及耦合密切相关[8]。越来越多的研究表明，不同尺度（组织－细胞－分子）下，物理因素之间耦合作用，诸如力学因素与热学、电学等因素的相互耦合，会对疾病发生发展产生重要的影响。例如，组织或器官在受到伤害性机械刺激时，伤害感受器产生兴奋，并以电信号的形式通过脊髓传输至大脑皮层，最终形成痛觉（力－电耦合）[9]；随着温度的急剧升高，肿瘤细胞中激活的热休克蛋白（HSP90）通过募集蛋白磷酸酶激活 Hippo 信号通路（LATS1/2－YAP/TAZ），降低细胞黏附并抑制肿瘤细胞对基质硬度的响应，进而抑制其生长增殖等行为，揭示热疗－化疗联合使用在肿瘤治疗过程中的重要潜力（热－力耦合）[10]；在温度急剧变化下，免疫细胞中的温度感受蛋白会发生积聚，促使细胞膜上钙离子通道开放造成钙离子内流，从而激活细胞内相关基因的表达，影响细胞的生物学和力学行为（热－力－电耦合）[11]。因此，人体生理系统和内环境在多尺度和多物理场下的动态耦合是保证其正常活动的必要条件，研究多尺度生物热－力－电耦合行为对阐明重大疾病的机理和提供有效诊治方案具有重要的科学意义和应用价值。细胞物理微环境的成功开展为进一步拓展其在细胞智能方面的应用奠定了坚实的基础。

2）细胞智能理论与技术

细胞智能在细胞生理学行为（如干细胞分化）和病理学行为（如心肌成纤维细胞表型转化、癌细胞转移）中发挥着重要作用[12]。细胞记忆（力学记忆等）是一种典型的细胞智能行为，表现为细胞生物学功能与其历经的力学微环境条件短密切相关[13]。例如，当细胞从硬基质转移到软基质时，基质的硬度越大、培养时间越长，则其转移至软基质时能够保持原有生物学功能的时间越长，表现出明显的细胞力学记忆行为。细胞核内转录因子 YAP/TAZ、NKX2.5 及 Runx2 的核质穿梭动力学过程在维持细胞短期力学记忆行为中发挥重要作用，而 microRNA－21 的合成与降解决定细胞长期力学记忆的形成。染色质结构变化（如染色质凝聚）和化学修饰（如甲基化和乙酰化）也在细胞力学记忆形成过程中起到重要作用。此外，由细胞信号转导网络调控形成的正反馈信号模块（Positive Feedback Motif）同样能介导细胞记忆的产生[14]。由于细胞－微环境互作行为规律复杂多变，同时缺乏不同尺度下细胞智能行为表征技术及基础理论体系，难以精准模拟在体三维生化及物理微环境，导致细胞智能行为产生及演化机制研究进展缓慢。

9.1.2 技术当前所处的阶段

目前,国内外尚无关于细胞智能行为的系统性研究。基于前期研究基础,我们提出并开展"细胞智能物理微环境工程技术",重点围绕"细胞智能行为表征 - 细胞智能基础理论 - 智能生物材料构建 - 人工智能启发"的系统性研究思路,开展了相关基础和应用研究。目前,该技术所处的阶段如下。

1)细胞智能行为表征技术

构建"光镊 - 原子力显微镜 - 共聚焦显微镜"三联用平台,结合 AI 技术对细胞形态、行为、亚细胞尺度微结构动态变化进行动态、无损、实时表征,揭示细胞智能行为特征;开发了"Cell - Visioner"等细胞智能行为识别系统;揭示了不同种类细胞力信号感知异质性的分子机制[15]。

2)细胞智能行为理论基础

通过类比动物智能行为特征,构建细胞智能基础理论。探究不同种类细胞"运动决策"行为,建立统一力学理论(Motor - clutch Model)框架揭示细胞趋性运动机制[16];联合理论及实验研究阐明 integrin/Piezo1 力学正反馈信号在细胞记忆中的作用机制[17]。

3)智能生物材料开发

基于细胞智能基础理论,构建具有"感知 - 记忆 - 适应性响应"行为的智能生物材料,实现了干细胞力学记忆的动态可控调节[18];基于细胞"Fyn/FAK 力学信号反馈"理论,设计了以力学生长因子(Mechano - growth Factor, MGF)为中心的辅助治疗方法,为临床治疗中牙周组织再生提供新策略[19]。

9.1.3 对经济社会影响分析

随着社会人口老龄化程度的不断加剧和国民生活方式的快速改变,重大疾病(如心脑血管疾病、癌症等)的发病率日益上升。严重危害口腔和全身健康,极大地加重了个人和社会的医疗负担。在组织尺度,通过开发用于力 - 电信号传感的具有"感知 - 记忆"行为的智能柔性可穿戴器件,并与医院展开深度合作,能解决缝合创口应力的实时监测等临床技术挑战。在细胞尺度下,利用合成生物学等成熟工具,通过开发多种具有"感知 - 药物释放"行为的智能细胞/微生物,靶向特定疾病(诸如组织纤维化或者肿瘤)进行治疗,并开拓相关医学产业链。因此,研究和阐明上述问题,需要力学、物理、材料、化学、生物医学及智能科学等多学科知识与技术的交叉融合。从多学科交叉融合角度,建立一套多尺度下的细胞智能物理微环境研究体系并开展基础和应用研究，可为重大疾病的发病机理和诊治研究提供有效的理论指导与技术支持。

9.1.4 发展意义

积极探索细胞智能形成机制，构建智能生物材料，预计将在以下领域产生较好的应用。

（1）军事领域。以群体智能为核心技术的无人集群系统自主协同作战是未来战争的重要样式。然而，目前仍存在面向复杂战场环境无人集群协同决策效率低、群体智能涌现难等问题。充分借鉴生物群智行为（蚁群觅食、菌群趋化等）宏观集体行为智能涌现的微观机制，有助于构建自适应、高稳健性的集群自主决策辅助系统及理论体系。

（2）临床医学领域。现在临床医疗中，烧伤病人的抢救主要集中在突发事件，如天津港码头危险品仓库爆炸事件，这些突发事件能够产生大量的烧伤病人，一般医疗体系很难快速响应，而且这些突发事件，社会影响大，治疗压力大，通过利用细胞智能行为，精准调控干细胞定向分化，可以迅速、大量地救治烧伤病人，发挥不可替代的作用。

（3）科学研究领域。鉴于目前细胞智能行为的分子机制仍不清楚，通过挖掘细胞智能形成及调控的分子机制，开发新型表征、调控细胞智能技术平台，有助于推动细胞分子生物学、生物化学等领域的发展。

9.2 技术演化趋势分析

9.2.1 技术方向可能突破的关键技术点及技术主题

（1）通过人工智能算法评估细胞互作在疾病进程中的作用。细胞间存在多种力学、化学信息协同交流途径，是单（群体）细胞智能涌现行为的理论基础，是近期学术界热点研究领域。较为典型的细胞间协作规则包括细胞间应力波传导、细胞迁移通道、细胞间受体－配体互作、细胞脂质体交流（外泌体、迁移小体）等。细胞间复杂、独特的协作规则进一步形成网络通信模体，为单（群体）细胞智能涌现行为提供基本解释。以生物群智为核心技术的无人集群系统有望通过借鉴细胞间协同通信规则，从细胞涌现智能角度，解决目前无人集群系统决策效率低、智能涌现难等问题。

(2)通过类比生物智能行为特征,构建细胞智能理论,开发智能生物材料,实现细胞的自主性、适应性、学习记忆等功能。构建具有“感知-记忆-响应”自主决策行为的智能生物材料,可以通过与环境互动,产生自我调节行为,在生物医学领域中具有广泛的潜在应用。然而,如何将这些能力应用于生物学、医学、计算机科学等多个领域仍是该技术方向的关键难点。这些难点需要跨学科的研究和合作,需要不同领域的专家共同努力,才能取得更好的研究成果。

9.2.2 技术研发障碍及难点

由于①在体细胞微环境数据量巨大,缺乏不同尺度下微环境的表征技术;②缺乏适配复杂在体微环境的理论体系;③缺乏功能性生物材料和微纳生物制造技术,难以在体外模拟体内真实的三维微环境,导致细胞智能行为产生及演化机制不清,因而导致该技术的生物医学领域应用进展缓慢。在理论基础研究方面,还存在以下难点问题急需解决:如何构建合适的细胞理论模型;如何实现细胞群体的自组织和自适应;如何实现细胞群体的协同和协调;如何处理细胞个体之间的信息交互、竞争、合作等关系;如何实现细胞群体的学习和进化等。此外,研究和阐明上述问题,需要力学、物理、材料、化学、生物医学及智能科学等多学科知识与技术的交叉融合。因此,在具体实施过程中,由于需要多学科的人才通力合作,相互学习对方学科的新知识,所以顺畅组织协调机制与稳定充足的经费支持都是关键。

9.2.3 面向 2035 年对技术潜力、发展前景的预判

细胞智能物理微环境工程技术的终极目标是通过建立细胞智能理论,构建智能生物材料,最终应用于生物医药及国防军事领域。随着技术的不断发展,针对细胞智能行为研究逐渐从组织尺度过度至微组织及细胞尺度。因此,微组织及细胞尺度下细胞智能表征、调控技术有望在 2025 年左右出现突破。我们必须时刻关注此技术的发展,积极开展预研和技术积累,在时机成熟时加大投入,针对具体场景,发展颠覆性应用。细胞智能理论目前国内外均少有研究,目前相关理论机制仍旧比较匮乏。但随着脑科学及智能科学的不断发展,人类对细胞智能这一概念的认识有望在 2030 年左右出现突破,因此,我们需要积极在该领域开展相关研究。

9.3 技术竞争形势及我国现状分析

9.3.1 全球的竞争形势分析

作为近年来新提出的理论概念，国外针对细胞智能行为的研究处于前期摸索阶段（图9-2）。例如，国外部分研究机构已经开始对细胞智能的典型特征"细胞记忆"这一问题开始广泛的研究。细胞记忆是指细胞可以储存信息的能力。例如，美国亚利桑那大学心理学家加里·施瓦茨把器官移植后的改变现象称为"细胞记忆"。他的理论是：由于细胞囊括了人体整套基因"材料"，因而，接受器官移植的患者必将从器官捐献者身体上"继承"某些基因，类似于形成记忆的细胞条件反射，诸多事件证明细胞可能存在记忆现象。此外，《生物通》报道称，就算是一个小小的细胞也拥有自己的记忆。Basel 大学的研究人员最近在《细胞报告》杂志上发表文章指出，蛋白质对是细胞记忆的基础。与人类大脑相似的是，细胞也拥有某种记忆能够储存信息。为此，细胞需要来自蛋白质的正反馈网络模块的支撑。Attila Becskei 教授领导研究团队发现，蛋白质在这些反馈回路中形成二聚化配对，使细胞能够储存相应的信息。

9.3.2 我国相关领域发展状况及面临的问题分析

目前，我国尚无关于细胞智能行为的相关研究。我们前期已经针对心肌细胞的力学记忆（细胞智能行为特征之一）进行了研究，研究表明：随着心肌纤维化的发展（基质刚度的增加），力学传导膜蛋白（黏附蛋白 integrin β1 和离子通道蛋白 Piezo1）的表达量逐渐增多，最终形成了正反馈回路，该回路作为双稳态开关促进了不可逆性心肌纤维化表型的转变。进一步的分子机理研究表明，钙离子和 Yes 相关蛋白（Yes - associated Protein，YAP）在反馈回路的激活中起着重要作用。通过干扰力学介导的反馈回路的强度并降低基质硬度，可以逆转心肌细胞疾病表型。研究结果提供了一种治疗心肌纤维化疾病的潜在手段。

9.3.3 对我国相关领域发展的思考

（1）探究细胞物理微环境调控细胞智能机制。细胞微环境与人体生理行为（如心脏搏动、神经系统发育等）及相关疾病的产生（如心肌纤维化、癌症发生发

CI	Organisms	Environmental stimuli	Memory information	Optimized response	Refs
Cellular mechanical and mechano-thermal memory	Human mesenchymal stem cells (hMSCs)	Clutrued time, alternative substrate stiffness (softening or stiffening) and strain of dynamic tensile loading	Accumulated YAP/TAZ and Runx2 in nucleus, histone acetylation and methylation	Osteogenic differentiation	Yang et al, Killaars et al, Heo et al
	Primary rat bone marrow-derived MSCs	Passage numbers and alternative substrate stiffness (stiffening)	Accumulated miR-21	Avoiding pro-fibrotic actions; enhancing wound quality	Li et al
	Lung myofibroblasts	Passage numbers and alternative substrate stiffness (softening)	/	Myofibroblast activation	Balestrini et al
	Hepatic stellate cells	Substrate stiffness in post-isolation recovery phase (stiffening)	Accumulated integrin	Myofibroblast activation	Caliari et al
	Epithelial cells (MCF10A cells)	Alternative substrate stiffness (softening)	Accumulated YAP/TAZ in nucleus	Collective migration	Nasrollahi et al
	Breast cancer cells	Passage numbers and alternative substrate stiffness (stiffening)	/	Cell spreading	Syed et al
	Pancreatic cancer cells	Alternative substrate stiffness (softening)	Accumulated YAP and miR-21	Drug resistance	Carnevale et al
	Breast cancer cells (SUM159 cells)	Alternative substrate stiffness (softening)	Accumulated Runx2 in nucleus	Bone metastasis	Watson et al
	Epithelial cancer cells (MGC-803cells)	Alternative temperature (from 48 C to 37 C)	/	Collective migration	Chen et al
Non-associative learning in cellular intelligence	Mouse embryonic fibroblasts	Cyclic stretching force	Rho GEFs (LARG and GEF-H1)	Increased cell stiffness (sensitization)	Guilluy et al
	3T3 Fibroblast	Cyclic substrate stiffness	/	Increased myofibroblast activation (sensitization)	Liu et al
	Human mesenchymal stem cells (hMSCs)	Cyclic integrin-RGD binding, cyclic substrate stiffness	Accumulated YAP/TAZ, PPARγ and Runx2 in nucleus	Increased osteogenic differentiation (sensitization)	Wong et al, Wei et al, Hörner et al
Immune learning and memory #	Human macrophages	Bacterial lipopolysaccharide	/	Decreased IL-6 (habituation)	Nilsonne et al
	Memory T/B cells	Virus, LPS	Epigenetic changes	Increased TNF and IL-1βwhen re-infection (adaptive immune memory)	Rosenblum et al, Kurosaki et al
	Monocytes and macrophages	β-glucan, Candida infection, BCGvaccination	Epigenetic changes (H3K4me1, H3K4me3, H2K27Ac, H3K9me2)	Increased TNF and IL-1βwhen re-infection (innate immune memory)	Kleinnijenhuis et al, Quintin et al, Saeed et al.
	NK cells	CMV infection	DNA methylation	/	Lee et al. Schlums et al.
Fate decision-making in stem cells	Human hematopoietic progenitor cells	Cytokine (Epo)	Positive feed-back mechanosignaling loops (bistable)	Biased cell-fate	Palani et al,
	Human embryonic stem cells (hESCs)	Cytokine (BMP4)	Positive feed-back mechanosignaling loops (bistable)	Biased cell-fate	Gunne-Braden et al
	Xenopus oocytes	Progesterone	Positive feed-back mechanosignaling loops (bistable)	Biased cell-fate	Xiong et al
	Zebrafish embryo V2 cells Mouse and human embryos	/	Polarized localization of membrane proteins and protein polymer, keratin	Biased cell-fate	Akanuma et al, Lim et al
Cancer resistance	Melanoma cells	PLX4720 / Vemurafenib	Positive feed-forward mechanosignaling loop	Drug resistance	Hirata et al, Girard et al
	Cancer cells	Non-genotoxic drug	DNA adaptive mutagenesis	Chemotherapy and radiotherapy	Cipponi et al, Qin et al

#: More details in Netea et al. Trained immunity: A program of innate immune memory in health and disease

图 9-2 国外部分研究机构公示原图

展等)密切相关。细胞微环境包括生物化学微环境及物理微环境,后者主要包括热学、力学和电学微环境等。以往国内外学者对细胞生物化学微环境的研究较多。随着生物材料、生物制造和表征技术等的发展,细胞物理微环境,尤其是力学和热学微环境,日益受到关注。越来越多的研究表明,细胞力学微环境(如基质刚度、应力/应变等)通过调控力学信号转导分子(如 FAK、YAP/TAZ)在细胞的铺展、增殖及分化等生物学行为中发挥着重要作用,其异常变化对疾病的发生发展具有重要影响。细胞热学微环境变化对细胞正常及疾病条件下生物学功能也有重要影响。近期研究发现,随温度的急剧升高,肿瘤细胞能通过激活

YAP/TAZ影响肿瘤细胞增殖的能力。此外,低温能影响细胞膜力敏感通道Piezo2蛋白将力学刺激转化为细胞内电流的过程。然而,力学微环境与热学微环境如何耦合调控细胞智能行为及其分子机制仍不清楚。

(2)构建多学科交叉研究团队及技术转化团队。围绕"细胞智能物理微环境工程",构建具有生物-力学-数学-医学-工程等领域研究背景的多学科交叉团队是一个复杂的过程。首先,在基础研究方面,需要围绕项目研究特点建立有效的沟通机制,包括定期会议、信息共享、交流互动等。同时制定明确的工作计划和分工,明确各自的职责和任务。建立良好的团队氛围,鼓励成员之间相互尊重、信任和支持。在技术转化方面,让团队成员充分发挥各自的优势,协同完成任务,在解决细胞智能行为中的关键科学问题后,针对相应的应用领域展开后续技术转化。

参考文献

[1] LEGG S,HUTTER M. A collection of definitions of intelligence[J]. Frontiers in Artificial Intelligence and Applications,2007,157:17-24.

[2] SILVER D,HUANG A,MADDISON C J,et al. Mastering the game of Go with deep neural networks and tree search[J]. Nature,2016,529(7587):484-489.

[3] COLORNI A,DORIGO M,MANIEZZO V. Distributed optimization by ant colonies[C]. Proceedings of the First European Conference on Artificial Life,1991,142:134-142.

[4] KRAMER B A,SARABIA DEL CASTILLO J,PELKMANS L. Multimodal perception links cellular state to decision-making in single cells[J]. Science,2022,377(6606):642-648.

[5] TWEEDY L,THOMASON P A,PASCHKE P I,et al. Seeing around corners:cells solve mazes and respond at a distance using attractant breakdown[J]. Science,2020,369(6507):eaay9792.

[6] YANG C,TIBBITT M W,BASTA L,et al. Mechanical memory and dosing influence stem cell fate[J]. Nature Materials,2014,13(6):645-652.

[7] BANERJEE S,LO K,OJKIC N,et al. Mechanical feedback promotes bacterial adaptation to antibiotics[J]. Nature Physics,2021,17(3):403-409.

[8] SAUCERMAN J J,TAN P M,BUCHHOLZ K S,et al. Mechanical regulation of

gene expression in cardiac myocytes and fibroblasts[J]. Nature Reviews Cardiology,2019,16(6):361 - 378.

[9] DENG J,ZHOU H,LIN J K,et al. The parabrachial nucleus directly channels spinal nociceptive signals to the intralaminar thalamic nuclei,but not the amygdala[J]. Neuron,2020,107(5):909 - 923.

[10] LUO M,MENG Z,MOROISHI T,et al. Heat stress activates YAP/TAZ to induce the heat shock transcriptome[J]. Nature Cell Biology,2020,22(12):1447 - 1459.

[11] ZHENG W,NIKOLAEV Y A,GRACHEVA E O,et al. Piezo2 integrates mechanical and thermal cues in vertebrate mechanoreceptors[J]. Proceedings of the National Academy of Sciences,2019,116(35):17547 - 17555.

[12] SALEK M M,CARRARA F,FERNANDEZ V,et al. Bacterial chemotaxis in a microfluidic T - maze reveals strong phenotypic heterogeneity in chemotactic sensitivity[J]. Nature Communications,2019,10(1):1877.

[13] LI C X,TALELE N P,BOO S,et al. MicroRNA - 21 preserves the fibrotic mechanical memory of mesenchymal stem cells[J]. Nature Materials,2017,16(3):379 - 389.

[14] YEO S Y,LEE K W,SHIN D,et al. A positive feedback loop bi - stably activates fibroblasts[J]. Nature Communications,2018,9(1):3016.

[15] CHENG B,WAN W,HUANG G,et al. Nanoscale integrin cluster dynamics controls cellular mechanosensing via FAKY397 phosphorylation[J]. Science Advances,2020,6(10):eaax1909.

[16] ISOMURSU A,PARK K Y,HOU J,et al. Directed cell migration towards softer environments[J]. Nature Materials,2022,21(9):1081 - 1090.

[17] NIU L,CHENG B,HUANG G,et al. A positive mechanobiological feedback loop controls bistable switching of cardiac fibroblast phenotype[J]. Cell Discovery,2022,8(1):84.

[18] ZHANG C,ZHU H,REN X,et al. Mechanics - driven nuclear localization of YAP can be reversed by N - cadherin ligation in mesenchymal stem cells[J]. Nature Communications,2021,12(1):6229.

[19] ZHAO Y,ZHANG S,CHENG B,et al. Mechanochemical coupling of MGF mediates periodontal regeneration[J]. Bioengineering & Translational Medicine,2023:e10603.

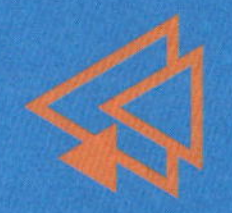

第 10 章

实时无创电阻抗图像监护技术

本章作者

史学涛

10

现代医学监护技术是基础医学研究、临床诊断、危重病患者救治、手术安全保证、远程医疗、家庭保健及康复医学的重要医护技术和手段，已成为危重症患者治疗中不可或缺的关键技术，在避免病情恶化，减少死亡率、保障患者生命健康等众多方面发挥着重要作用。但当前的监护技术主要以人体的血压、体温、心率等重要生理参数为监护目标，这些生命参数不仅难以直观的反应组织或器官的伤病性质与发展状态，而且受到机体的代偿功能影响，往往需要等到伤病发展到相对严重的失代偿阶段才能体现出来，不利于伤病情变化的及时观察，甚至耽误疾病的诊治。

以 X 线 CT（电子计算机断层扫描仪）、MRI（磁共振成像）、超声等为代表的现代医学成像技术可通过对目标组织及器官的形态甚至功能学检测，以直观、形象的二维或三维成像方式展现出来，从而极大地提高了疾病诊断的准确性与便捷性。但这些成像技术不仅设备及使用成本高昂，还存在对环境要求苛刻、使用不便、对人体存在一定损伤等不足，难以像监护设备那样装备于床旁，以实现患者伤病情及其发展状态的实时动态监测。因而，临床上急需一种对组织功能或病理变化敏感，即能直观反应组织状态信息又能充分体现组织变化过程的新型监护技术。

电阻抗断层成像（Electrical Impedance Tomography，EIT）技术是一种基于生物电阻抗特性的新型成像技术。该技术通过人体体表电极注入微弱、对人体安全的激励电流，并测量响应电压信号，再通过图像重构算法得到能够反映人体内部电阻率（或电阻率变化情况）的空间分布信息的图像。该技术具有成像速度快、设备便携、使用方便及造价低廉等突出优势，结合其无须使用射线或核素、对人体完全无害的特点，有望发展成为一种适于床旁装备、可长时间连续动态成像的下一代、全新型医学监护技术——图像监护技术，进而促进现代医学监护技术与理念发生根本性变化，并成为现代医学成像技术的有力补充。

10.1 技术说明

10.1.1 技术内涵

地球上的生命生活在宇宙自然形成的天然电磁场环境中,经过亿万年的适应进化,演化发展出了与自然物理环境相适配的一系列属性。电阻抗特性就是生命组织的一个重要的生物物理特性。基于生物活性组织电阻抗特性检测的 EIT 技术是当今生物医学工程界的重要研究方向之一。它是继形态、结构成像之后的新一代的无损伤功能成像技术,是当今医学成像技术领域的重要研究课题之一。

研究表明,一方面,由于组织中细胞的种类、排列的疏密、细胞间质中电解质浓度、细胞膜的通透性等的不同,不同组织或同一组织的不同病理状态下表现出的电阻抗特性都会不同;另一方面,生物体中组织与器官的功能活动离不开血液灌注及相应的营养物质与气体交接,而血液和气体的电阻抗特性也与人体其他组织存在显著差异,因而,相关组织的电阻抗特性还会随着血液灌注或气体充排而变化。

生物电阻抗检测技术通过体表测量获得反映人体组织病理、生理特性的电阻抗信号。既往的研究表明,这一技术可以敏感、实时、动态地反应组织的生理过程和功能变化状态,在重大疾病(如肿瘤)的检测与筛查、重要器官(如心脏、肺)功能的评估方面展现出了重要的应用前景。

电阻抗断层成像技术是在生物电阻抗检测技术基础上发展起来的新型成像技术,虽然受测量原理和当前的技术发展水平所限,其图像的空间分辨率尚无法与 CT、MRI 等技术相媲美,但其对组织的功能性变化非常敏感,可在组织发生形态学变化前检测到异常变化,具有独特的高时间分辨率特性,是现有医学成像技术的有益补充。

10.1.2 技术发展脉络

1982 年,英国 Sheffield 大学的 B. H. Brown 率先提出应用电压断层成像(Applied Potential Tomography,APT)[1]技术概念,后来逐渐被统一为电阻抗断层成像(EIT)。20 世纪 90 年代起,EIT 的应用价值逐渐得到各国研究团队的重视,研究工作迅速在欧洲、北美、亚洲和澳洲等地展开。1990—1991 年和 1993—1995 年,欧洲还两度开展了 EIT 研究统一行动(European Concerted Action on Electrical Impedance Tomography,CAEIT)[2]以协调各 EIT 小组间的研究工作。目前,国内外已有数十家研究单位从事电阻抗成像技术研究,尤以欧盟、北美、中国、韩国的团队最为活跃。

目前,电阻抗成像技术研究主要沿着两大脉络发展。

1)电阻抗成像方法与关键技术的研究

这一脉络主要沿着新的成像方法探索方向展开,围绕这些方法与技术,开展基础理论与关键技术研究。如图 10－1 所示,现有的电阻抗成像方法整体上可分为接触式成像技术、非接触式磁感应电阻抗成像(Magnetic Induction Tomography,MIT)[3－4]技术和核磁电阻抗成像(Magnetic Resonance Electrical Impedance Tomography,MREIT)[5]技术。其中 MREIT 技术将核磁共振技术与 EIT 相结合,通过对目标区域电流密度的检测,实现较高分辨率的组织电阻抗分布信息检测与成像的技术。与常规 MRI 相似,MREIT 具有设备庞大、成本高昂、对环境要求苛刻等不足,难以满足床旁实时成像要求,目前仍处于基础研究阶段。

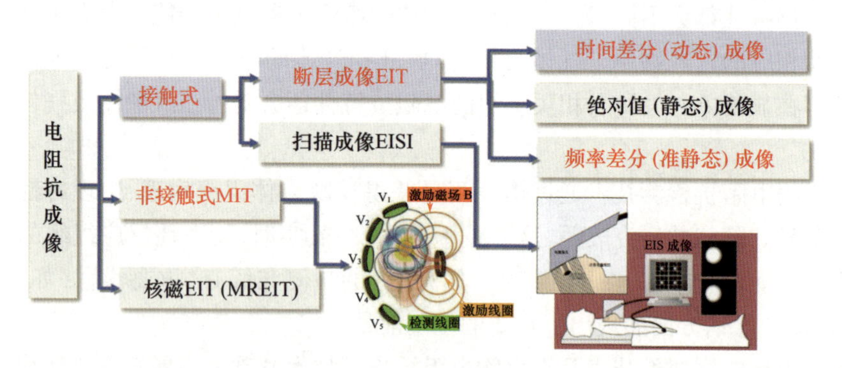

图 10－1　电阻抗成像类型

MIT 技术是利用电磁感应原理 ,通过测量生物组织的感应磁场,利用相应的重构算法来表现被测组织电阻(导)率分布的成像方法。这种技术因无须使用电极进行电流的注入与测量,不仅设备小型、便携,使用也更加便捷,可满足床旁监护应用需求。这一技术最早由英国 Swansea 大学的 Al－Zeibak 等报道[6],并受到俄罗斯科学院、英国威尔斯大学医院等团队的关注。但由于感应磁场信号相对更弱,高精度检测难度更高,目前整体上也处于基础研究阶段。

接触式成像技术是目前电阻抗成像领域最常见的技术,可分为电阻抗扫描成像和电阻抗断层成像(EIT)技术,以后者最为常见。根据成像目标的不同,EIT 技术又进一步发展成为了以组织阻抗随时间变化情况为目标的时间差分成像、以组织阻抗随频率变化情况为目标的频率差分成像和以电阻抗特性的绝对分布为目标的绝对值成像3种成像模式。这3种成像模式又分别称为动态成像、准静态成像和静态成像[7-8]。其中静态EIT成像技术因对测量系统、测量环境和操作要求极为苛刻,目前仍处于实验室基础性研究阶段。准静态EIT成像技术的相关应用研究目前已在脑病变检测和乳腺癌筛查等领域展开,并展现出了较好的应用前景。动态EIT成像技术以当前时刻目标区域组织的电阻率相对于参考时刻的变化率为成像目标,不仅有利于降低对图像重构算法和数据采集系统的要求,还有利于突显组织的病理、生理变化过程,因而,是目前研究应用最广泛、技术成熟度最高的电阻抗成像技术。德国德尔格公司的PulmoVista 500[9]、我国永川科技有限公司的EH-300[10]、南京易爱医疗设备有限公司的EIT-B200等EIT产品均基于这种技术进行成像。

2)电阻抗成像技术的临床应用

这一脉络主要以临床需求为主线,大体上可分为乳腺癌早期筛查、呼吸功能与肺通气可视化监测和脑损伤与脑功能监测三大类。

(1)乳腺癌早期筛查。在乳腺癌早期筛查方面,主要利用恶性乳腺组织电阻抗的频谱特性与正常乳腺组织的差异,采用多频准静态成像或静态成像方式进行,代表性的研究团队有美国Dartmouth大学团队[11]、韩国KAIST(韩国科技院)、英国De Montfort大学团队、俄罗斯PKF SIM Technika公司、空军军医大学团队等。目前相关应用研究正在进行中,由PKF SIM Technika公司推出的MEIK 5.6已获得FDA认证,并进入商业化推广阶段[12]。

(2)呼吸功能与肺通气可视化监测。在呼吸功能与肺通气可视化方面,1995年,Brown和Smith等建立了第一套可进行数据实时采集的系统,并实现了人体胸腔通气的成像实验。2001年,Sheffield大学研究小组率先开展了EIT用于肺部通气量变化检测的研究工作。2010年,德国德尔格公司在近20年的研究工作的基础上推出了首台肺通气功能图像监测EIT设备——PulmoVista 500。此后,瑞士SenTec公司(前Swisstom AG)[13]和巴西Timpel Medical公司也相继推出了LuMon™ System与Enlight 1800等商业化的肺通气可视化监护设备,韩国KAIST大学也于2014年推出了用于科研实验的便携式肺通气监测系统[14]。

随着新冠疫情的暴发,EIT技术在动态图像监护,特别是肺通气功能监测方面应用价值得到了广泛认可,国内外围绕这一技术的应用研究也呈现出井喷式发展势态。

(3)脑损伤与脑功能监测。脑作为人体最重要的器官,其功能与伤病状态检测与监测的意义重大,因而,电阻抗成像技术出现之初就得到了相关领域的学者重视。受限于颅脑的特殊解剖结构影响,脑 EIT 成像难度极高,本领域的研究整体偏少。现有研究主要以英国的 UCL 大学和我国空军军医大学团队为代表。其中,UCL 大学先后对开颅状态下的动物脑部出血及缺血模型、脑卒中患者、癫痫患者等开展了成像研究,结果表明,EIT 技术能够检测到颅内病变及发作期的癫痫病灶,证实 EIT 技术用于脑成像的可行性。此外,该团队近期还在开颅状态下,以脑组织快速放电过程中局部脑组织电阻抗在毫秒级的时间尺度内的变化情况为成像目标,开展 EIT 技术用于大脑功能活动监测的研究探索,为脑 EIT 的应用研究开启了新的思路[15]。

我国空军军医大学团队主要从临床需求出发,重点以颅脑损伤的动态监护为目标,开展相关的关键技术与临床应用研究。2005 年,团队成功研发了首台高精度颅脑 EIT 监护系统,满足了动态长时间监护颅脑病变的要求。并在此基础上通过系统性的动物模型无创、在体成像监护研究,证实脑 EIT 在出血及缺血性脑卒中超早期检测与监护方面有着独特的优势[16]。在此基础上,团队开展了系列临床应用研究,并首次发现 EIT 图像监护技术在神经科重症患者甘露醇脱水降颅压效果的监测与评估[17]、体外循环手术患者术中脑损伤监护预警等领域[18]还有着现有技术无法比拟的、独特的应用价值,研究受到了相关领域学术界的关注。

在上述研究过程中,空军军医大学团队还依据脑组织血流灌注状态与脑功能活动密切相关、脑组织电阻率会血液灌注过程动态变化的生物物理基础,提出并建立了适于脑血流灌注过程成像与监护的高速脑 EIT 系统,初步实现了脑血流灌注过程的 EIT 动态成像,为脑功能活动规律的研究提供了一种新的思路与方法。此外,血流灌注也是人体其他重要脏器功能活动的基础,因而,动态血流灌注过程的图像监护在心脏、肺、肝脏等重要器官的功能活动监测与伤病检测方面也有着广阔的应用前景。

10.1.3 技术当前所处的阶段

从技术发展脉络上看,目前适于图像监护应用的电阻抗成像技术主要为 MIT 和 EIT 技术。在临床应用方面,则主要集中在胸部和脑部的动态监护方面。

(1)我国已在 MIT 关键技术方面取得突破,有望率先推出商业化产品。由于 MIT 技术以目标区域内涡旋感应电流产生的二次感应电场为检测对象,信号强度弱,采集难度高。如何实现感应信号的高精度采集一直 MIT 领域的关键难点问题。目前,我国杭州永川科技有限公司与空军军医大学通过长期合作,采用数字降频、基于 L1 范数的图像重构、深度学习改进、宽频带多频准静态重构等系列关键技术，成功研制了如图 10－2 所示的 MH－200 型高精度 MIT 样机[19]。动物实验和初步的临床实验结果表明，该系统能够通过多频电阻抗信号的采集与成像，实现颅内损伤的有效检测。相关的临床应用研究也正在进行中。

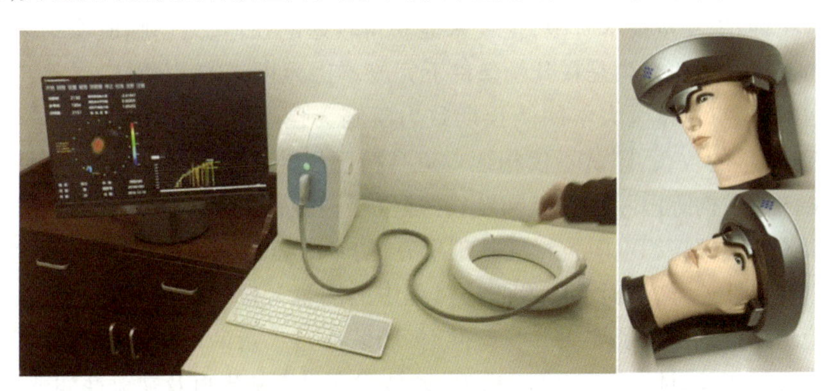

图 10－2　MH－200 型高精度 MIT 样机

（2）EIT 技术在肺通气监护方面的应用价值已获临床认可。肺通气是人体进行氧气和二氧化碳交换的前提与基础，肺通气功能监测在心、肺系统疾病患者，特别是需要进行机械通气的危重患者的治疗中有着极为重要的应用价值。同时，由于肺部的生理解剖结构相对简单且空气高电阻率特性明显，肺通气状态监测的技术难度较脑部成像低。因而，欧盟各国自 2000 年起，就开始将肺通气功能监测作为为重点方向，开展关键技术与临床应用的协同攻关研究。德尔格公司肺通气监护 EIT 设备 PulmoVista－500（图 10－3）的问世并先后获得 FDA 和 CFDA 认证，为 EIT 肺通气监护技术临床应用与推进提供了助力。临床研究结果表明，EIT 技术可有效监测机械通气过程中的肺内区域性气体分布情况，从而为优化呼吸机治疗和降低机械通气性肺损伤发生率提供及时、直观、准确的参考信息[21]。其应用价值已获得临床广泛认可。

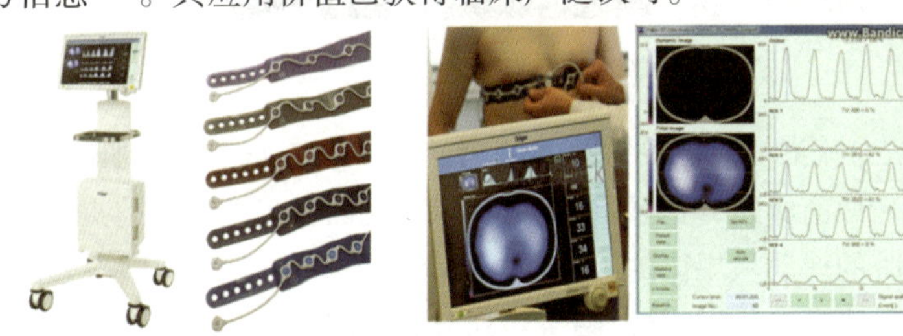

图 10－3　EIT 设备 PulmoVista－500

（3）脑 EIT 图像监护已进入临床应用研究的关键阶段，有望实现“从 0 到 1”的突破。在脑成像方面，由于高电阻率颅骨对颅内阻抗信息采集的阻碍作用，脑成像一直是 EIT 领域的国际性难题。在国外，UCL 大学通过长期的努力，虽然在颅脑 EIT 图像成像算法、癫痫病灶成像、脑组织电活动成像等方面取得了一定的研究进展，但受测量技术所限，至今未能获得较好的在体、无创脑成像结果。其近期的在体成像研究均是在开颅条件下完成，与无创监护初衷相悖。

在国内，空军军医大学团队长期致力于脑无创、实时、动态图像监护研究。经过近 30 年的攻关，团队不仅相继攻克高精度颅脑电阻抗信号采集、高性能颅脑 EIT 图像重构等国际性难点问题，并建立了高性能的脑 EIT 成像系统[22]，还通过系统性脑部组织电阻抗特性基础研究，初步明确了颅骨、脑正常与病变组织的电阻抗特性差异，从而为图像监护过程中的测量参数优化和早期脑部病变组织的检测与鉴别提供了支撑。与此同时，团队通过大量的动物模型与临床患者的在体成像实验，证实了脑 EIT 图像监护技术在早期脑出血及缺血性病变监测、脑水肿药物治疗效果评价等方面具有独特的应用价值。此外，团队还着眼于临床重大手术过程中的脑保护需求，以体外循环手术患者的术中脑损伤监护预警为目标，建立了术中图像监护样机系统，并通过数年、400 余例临床患者的图像监护研究，建立了初步的监测流程与预警方法，证实了这一技术在术中脑损伤预警方面的应用价值，为实用化的脑 EIT 图像监护产品开发与推广奠定了基础，也为相关临床手术术式的重大变革提供了方法与技术支撑。图 10－4 所示为脑 EIT 术中图像监护现场照片和脑损伤预测效果[18]。

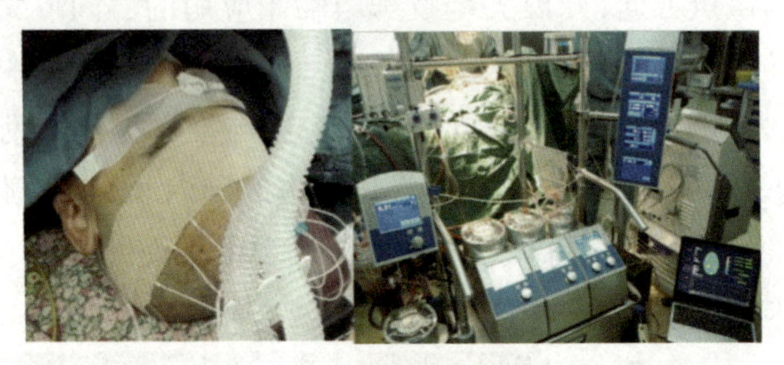

图 10－4　图像监护现场照片

（4）动态电阻抗血流灌注成像关键技术的突破进一步丰富了重要脏器图像监护的方法与功能。如前所述，组织的功能活动以充足的血流灌注为前提，而血流灌注过程会随心脏的搏动呈规律的脉动性。动态电阻抗血流灌注成像技术通过检测这种脉动性血流灌注过程，并以图像序列方式展现出来，从而实现对局部组织血流供应的连续实时监测与评估。相对现有的 CT、MRI 等灌注成像技术而言,动态电阻抗血流灌注成像技术不需要注射造影剂,不仅过程便携、无创无害,其对于灌注状态的监测速度也是现有技术所无法比拟的。然而,正像 2012 年 Leonhardt 指出的那样,因灌注血流信号非常弱,且叠加在较高的基础阻抗之上,现有的 EIT 数据采集技术难以适应灌注血流信号的高精度采集与成像要求,致使这一领域研究进展缓慢。为此,临床医生在使用 PulmoVista 500、Enlight 1800 等 EIT 设备监护患者肺通气状态时,不得不采用注射高浓度 NaCl 溶液等增强剂的方式评估患者的肺血流灌注状况[23],给危重患者带来较大的风险。

针对上述问题,空军军医大学团队在高性能脑 EIT 数据采集技术基础上,提出并建立了基础阻抗补偿分离新技术,实现了基于 EIT 技术的灌注血流信号的精确采集[24]。图 10 - 5 是利用该团队新建的动态电阻抗血流灌注成像系统,获得的人心脏与肺部的血流灌注过程的图像序列及这一过程中心脏和肺部区域阻抗变化曲线。从中可以清晰地看出心肺之间的血液交换过程。

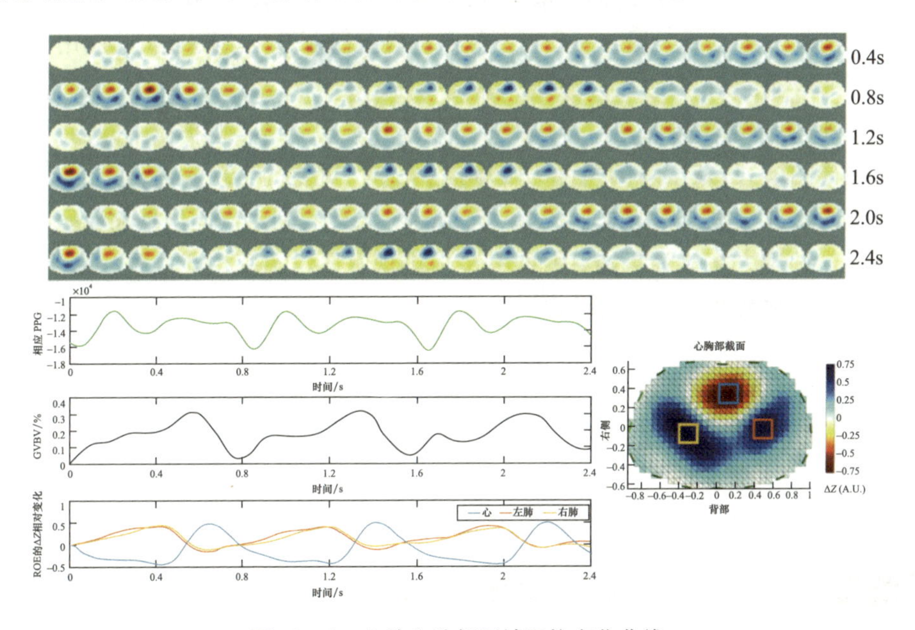

图 10 - 5　心脏和肺部区域阻抗变化曲线

这一关键技术的突破,不仅能够直接满足呼吸功能监护时的肺血流灌注状态的实时监测需求,实现肺通气血流比等重要呼吸参数的动态检测、肺循环障碍及肺栓塞等高致死性疾病的早期预警,还可用于脑部局部组织供血状况的实时监测,进而在脑卒中的早期预警监测、重大手术术中脑保护、脑科学与脑功能研究等重要学科领域,发挥重要的临床与科研价值。

10.1.4 对经济社会影响分析

以心血管疾病、脑卒中、肺功能障碍为代表，发生于人体重要脏器的重大疾病已成为人类因疾病死亡、致残的首要原因。这些疾病不仅严重影响患者的生存与生活质量，还给患者的家庭及社会带来沉重的经济负担。早发现和及时、有效的治疗是减轻患者病痛、提高预后，进而减轻社会负担的最有效的措施。

电阻抗图像监护技术作为一项对人体无创的全新技术、全新理念，在实时性、敏感性、直观性、便捷性与易操作性等方面具有传统医学监护技术无法比拟的优势，即可用于脑卒中、心梗、急性心衰等疾病高危人群的实时监测与风险预警，又可用于患者治疗过程中的干预效果的实时监测与动态评估，还可用于重大手术过程中的重要脏器功能状态监测。因而，最终设备有望装备于家庭、社区、急救车辆、卫生院所及医院的手术室、ICU 中心、普通病房等不同场所，有着广阔的应用前景。这也有望促生一条以图像监护设备研制开发、技术培训、应用推广为特征的产业链条，产生巨大的经济价值。

此外，由于电阻抗图像监护技术能有效地弥补现有医学监护技术的不足，以动态图像的模式，从全新的角度为临床提供及时、重要的生理病理信息，使医护人员全面掌握相关疾病的发生、发展与转归规律，进而制定或优化重大疾病的治疗措施与护理方案成为可能，因而，有望促进现有医学治疗模式的重大变革，对现代医学的发展产生深远的影响。

10.2 技术演化趋势分析

10.2.1 重点技术方向可能突破的关键技术点

从原理上看，电阻抗图像监护技术在人体脑、胸、腹部众多的重要脏器伤病救治领域均有着潜在的应用价值。结合国内外研究基础，这一技术近期的可突破点主要在以下 4 个重点方向上。

1）实现颅脑伤病救治中的实时、动态、敏感监护

以卒中、外伤为代表的脑部伤病发生后，不仅病灶部位会发生原发性脑组织损伤，其释放的毒素及对周边组织的压迫作用均会引发继发性脑损伤，甚至引发颅内高压和大面积脑血流灌注不良，是颅脑伤病后患者预后不良的主要原因。

通过针对性的电阻抗图像监护研究，明确不同伤病阶段脑组织电阻抗特性变化规律，建立更为敏感、特异性更强的脑电阻抗数据采集与图像表征方法，进而建立不同性质、不同区域、不同时程的原发性及继发性脑损伤EIT时序图谱，将为及时发现或快速判断脑损伤类型及所处阶段、指导采取最优的临床干预手段、及时反馈临床治疗效果提供方法与技术保障，促进颅脑伤病治疗方法的革新，最终大幅提升疾病治疗效果。

2）实现重大手术的术中脑损伤预警监护

以体外循环心脏外科手术、神经外科手术、心脑血管介入治疗手术、复杂脊柱外科手术、器官移植手术为代表的临床重大手术过程中，常会因麻醉不当、通气不足或过度、灌注不良、斑块脱落、微血/气栓形成等原因，导致脑缺血缺氧性损伤，使得脑损伤并发症成为此类手术多发的、严重的并发症。由于缺乏适宜的监护手段，术中脑保护一直是此类手术面临的关键难点问题之一。因此类脑损伤主要以通气或灌注不良引起的脑缺血缺氧性损伤为特征，而电阻抗成像技术对脑血流灌注变化、缺血缺氧性脑组织损伤敏感，可在手术过程中实时反映脑灌注及脑功能状态的变化，为及时调整手术策略提供保障。其可行性已被空军军医大学团队在体外循环心脏外科手术术中开展的电阻抗图像监护临床研究所证实。在后续的研究中，可结合不同类型的手术特点和脑灌注需求，深入研究手术期间脑电阻抗图像序列变化规律，总结超急性期缺血缺氧性脑损伤组织电阻抗特性变化特征，提取敏感性特征参数，建立预警方法，为有效防范脑损伤并发症的发生提供理论、方法与技术保障。

3）实现脑功能活动的高速、动态成像

脑科学是生命科学的“终极疆域”，已成为世界各主要经济体科技角逐的主要赛道之一。以功能性磁共振成像（fMRI）、正电子发射断层扫描成像（PET）、近红外光谱技术（NIRS）为代表的医学成像技术在脑科学研究中发挥着重要的应用价值，但这些技术普遍存在的成像速度慢、时间分辨率低的共性问题，在一定程度上影响了相关技术在脑科学研究中的进一步应用。由于脑功能活动以充足的脑血流供应为基础，动态电阻抗血流灌注成像技术有望通过对各功能脑区灌注血流的脉动性变化的检测与图像重构，实现脑功能活动状态的快速检测与成像，并将脑功能成像时间分辨率提升至秒级，为脑科学研究提供新的、快速的成像手段。

4）实现心肺功能的同步、无创监测

心肺功能及其活动状态直接决定着人体的健康状态。实时监测心脏的射血功能、肺的通气及血流灌注状态，对于急慢性心肺功能衰竭、肺通气阻塞、肺循环不良等多种疾病的监测与治疗，均有着极为重要的应用价值。由于血液、气体的电阻抗特性与胸部其他组织差异极为显著，因而，电阻抗图像监护技术在上述领域均可发挥其独特的应用价值。目前，电阻抗图像监护技术在肺通气状态无创监测方面的应用价值已被证实，由国外企业开发的、用于肺通气图像监护的电阻抗成像产品也正在大规模推广中。在心脏的射血功能、肺血流灌注方面，因所需的高速、高精度灌注血流信号采集技术尚未被国外相关企业掌握，使我们实现弯道超车、打破外企在呼吸功能监护方面的产品与技术垄断成为可能。

10.2.2 未来主流技术关键技术主题

从关键技术角度看，未来的电阻抗图像监护技术的主流技术主要集中在以下两个方面。

1）基于病变组织时频变化特性的准静态电阻抗成像技术

即在系统研究并明确人体心脏、脑、肺等重要脏器的主要类型伤病组织电阻抗频谱特性的基础上，针对不同的目标组织，综合应用时间差分成像和多频准静态成像技术方法，研究其电阻抗特性随时间和频率的变化规律，建立组织伤病类型及其所处伤病分期的判定方法，提高电阻抗图像监护技术在相关伤病的诊断、分型与实时监护应用中的敏感性与准确性。

2）用于组织供血状态的实时动态电阻抗血流灌注成像技术

通过心脏、肝脏、肺、脑等重要脏器内部血流灌注特性研究，建立能够反应组织血流灌注状态的电阻抗特征参数体系，对比组织正常功能活动与病理状态下的血流灌注差异和电阻抗特征参数变化规律，进一步提升电阻抗图像监护技术在心肺功能评价、脑功能活动研究、重大手术术中脑灌注异常监护、脑卒中检测等领域的应用价值。

10.2.3 技术研发障碍及难点

1）如何进一步提高 EIT 重构算法的成像速度与成像质量

一方面，由于电流在人体组织内的严重非线性分布特性；另一方面，则由于 EIT 测量独立测量数据相对有限，EIT 图像重构过程具有严重的病态性，导致其空间分辨率相对较低，且易受外界干扰影响。由于脑的特殊解剖结构，这一问题在脑 EIT 成像应用中尤为突出。

此前，我国学者提出并建立的高性能阻尼最小二乘算法，结合正则化系数的优化选择，可使得成像结果在图像重构质量与抗干扰性能方面达到均衡，基本满足了在体脑动态成像研究需求。然而，在心、脑、肺部不同区域血流灌注成像方面，尚需进一步提高成像速度及空间分辨率，因而仍需探索更优的电阻抗测量模式及相应的成像算法。

2）如何进一步提高灌注血流信号的采集精度

由组织血流灌注所引起的阻抗脉动性变化相对微弱，既往的 EIT 数据采集技术难以满足这种信号的采集要求。由我国研究团队建立的基础阻抗补偿分离新技术有效地提高了灌注血流信号的采集精度，使之能够基本满足心脏与肺部血流灌注过程的成像与监测要求。但在脑图像监护应用中，同样由于电流的非线性分布特性和人脑特殊的解剖结构影响，如何在现有电子技术水平下进一步提高数据采集的精度，以满足脑血流灌注异常检测要求，是这一颠覆性技术研究面临的又一挑战。

3）如何实现宽频带范围内组织电阻抗信息的精准采集

由细胞种类、形态、结构及排列方式决定，随着测量频率的变化，不同类型的生物组织会表现出不同的电阻抗变化规律，呈现出不同的频谱特性。在较宽的频率范围内采集生物组织的电阻抗频谱特性，有助于从中提取反应组织中的细胞功能、形态、细胞内外液的离子成分变化特性的电阻抗参数，从而更全面、准确地区分不同组织及其所处病理生理状态。在提高对超急性期缺血缺氧性脑损伤组织的检测能力等诸多方面，有着重要的应用价值。然而，受现代测量技术所限，现有的 EIT 采集系统大多只能工作于 1MHz 以下频段，尚难以全面反应病变组织细胞层面的变化特性。如何有效地降低高频下电极、导线及测量电路中的分布参数等因素的影响，实现更高频率范围内的电阻抗信息采集，是影响电阻抗图像监护技术应用与发展的又一关键性难点问题。

10.2.4　面向 2035 年对技术潜力、发展前景的预判

基于我国在颅脑电阻抗图像监护技术、电阻抗血流灌注成像技术方面的领先地位，结合国家对原始创新型医疗器械的战略支持、医学临床实践对新型检测技术的渴求，我国有望在 2035 年前全面攻克颅脑损伤实时图像监护、心肺血流灌注实时动态图像监护、肺通气功能实时动态图像监护等关键技术，解决相关技术在临床应用中的难点问题，建立以我国核心技术为依托的图像监护技术与产品国家标准，分别形成适于实验室、手术室、重症监护室、普通病房、急救/卫生运载工具、社区卫生院所甚至家庭使用的系列电阻抗图像监护产品，并形成相对完整的电阻抗图像监护技术产业链条，产生 2 ~ 3 家具有国际影响力、产品占据国际主流市场的医疗仪器领域的领头羊企业。

10.3 技术竞争形势及我国现状分析

10.3.1 全球的竞争形势分析

国外的电阻抗图像监护技术与产品开发主要集中在欧盟国家。得益于欧盟组织的两次 EIT 研究统一行动,英、德、法等国的研究团队重点针对呼吸功能,特别是肺通气状态的无创监护进行了长期攻关,在人才队伍与核心技术方面形成优势,且分别由德国的德尔格公司、瑞士的 SenTec 公司开发出了肺通气与呼吸功能无创监护产品,正逐渐在国际、国内市场推广。但在相关的核心技术攻关与产品的应用推广过程中,他们也发现:在呼吸过程监护与呼吸功能评价中,肺血流灌注状态的动态监测同样有着重要的应用价值,但受制于其现有的测量技术,不论是德尔格公司的 PulmoVista-500 还是 SenTec 公司的 LuMon™ System,都只能以有创方式、通过肺动脉注射增强造影剂的方法进行肺灌注状态评价,无法实现肺血流灌注状态的无创、实时监护。

在我国,自 20 世纪 90 年代起,第四军医大学、天津大学、重庆大学等单位的研究团队相继针对颅脑、心肺等重要脏器的成像与监护开展了攻关研究。在我国相关部委的支持下,第四军医大学研究团队首先在颅脑电阻抗图像监护技术方面取得突破。基于团队在颅脑组织电阻抗特性、高精度电阻抗成像测量技术、高性能图像重构算法等方面所具备的核心技术优势,该团队率先将图像监护技术应用于颅内压脱水治疗、术中脑损伤预警监护、脑卒中的检测监护等领域,并取得系列突破性成果,确立了我国在颅脑图像监护技术研究领域的优势地位。此外,该团队近期又采用系列原创技术,率先提出并建立了适于人体组织血流灌注过程成像的高性能 EIT 系统,并首次报道了未借助造影剂条件下的肺血流灌注过程的动态成像结果,证明我国已具备了在完全无创条件下实现肺血流灌注过程动态监测与肺循环功能实时评价的能力,使我国在这一领域确立了技术上的领先地位。

综上所述,在国家相关部委的大力支持下,我国不仅在颅脑电阻抗图像监护技术及其临床应用领域取得国际领先地位,还率先提出并建立了电阻抗血流灌注成像关键技术,突破了肺血流灌注无创评测与实时监护的难题。在国家政策扶持下,我国有望很快推出颅脑电阻抗图像监护产品和心肺功能实时无创图像监护产品,先发制人,迅速占据国际竞争的主导位置。

10.3.2 我国实际发展状况及问题分析

2020 年 9 月 11 日，习主席在科学家座谈会上指出："我国经济社会发展和民生改善比过去任何时候都更加需要科学技术解决方案，都更加需要增强创新这个第一动力。"当前，我国高端医疗仪器产业整体上处于被国外垄断状态。如何避免在关键时刻被敌对势力"卡脖子"、如何新技术变革中赢得先机已成为我国医疗仪器产业发展的重中之重。图像监护技术具有传统医学监护技术与方法不可比拟的优势，会为临床危重疾病的救治手段与方法带来颠覆性的变化。图像监护仪器也必将成为未来各国高端医疗仪器产业发展的一个重要方向。前期研究中，我国在关键技术攻关及临床应用研究中，不仅形成了以空军军医大学和天津大学等团队为代表、相对稳定的技术攻关团队，还形成了一批以杭州永川、南京易爱、重庆博恩等公司为代表、与相关科研机构及临床医院保持密切合作关系、一直致力于电阻抗监护仪器的生产与开发的高新技术企业。因而，整体上已形成了较好的技术攻关与产业开发基础，并有望促进我国高端医疗仪器产业在国际竞争中实现弯道超车。

参考文献

[1] BROWN B H, BARBER D C. "Applied potential tomography" – a new in – vivo medical imaging technique[J]. Proc. of the HPA Ann. Conf. , Sheffield, 1982.

[2] BOONE K, BARBER D, BROWN B. Imaging with electricity: report of the European concerted action on impedance tomography[J]. J Med Eng Technol. , 1997, 21(6): 201 – 32.

[3] GRIFFITHS H, STEWART W R, GOUGH W. Magnetic induction tomography: a measuring system for biological tissues[J]. Ann N Y Acad Sci. , 1999, 873: 335 – 345.

[4] CHEN R, HUANG J, LI B, et al. Technologies for magnetic induction tomography sensors and image reconstruction in medical assisted diagnosis: a review[J]. Rev Sci Instrum, 2020, 91(9): 091501.

[5] SAJIB S Z K, SADLEIR R. Magnetic resonance electrical impedance tomography [J]. Adv Exp Med Biol. , 2022, 1380: 157 – 183.

[6] AL – ZEIBAK S, SAUNDERS N H. A feasibility study of in vivo electromagnetic

imaging[J]. Phys Med Biol. ,1993,38(1):151-60.

[7] CAO L,LI H,XU C,et al. A novel time-difference electrical impedance tomography algorithm using multi-frequency information[J]. Biomed Eng Online, 2019,18(1):84.

[8] MEANI F,BARBALACE G,MERONI D,et al. Electrical impedance spectroscopy for Ex-Vivo breast cancer tissues analysis[J]. Ann Biomed Eng,2023,51(7):1535-1546.

[9] JIMENEZ J V,MUNROE E,WEIRAUCH A J,et al. Electric impedance tomography-guided PEEP titration reduces mechanical power in ARDS:a randomized crossover pilot trial[J]. Crit Care,2023,27(1):21.

[10] MA J,GUO J,LI Y,et al. Exploratory study of a multifrequency EIT-based method for detecting intracranial abnormalities[J]. Front Neurol, 2023,14:1210991.

[11] FORSYTH J,BORSIC A,HALTER R J,et al. Optical breast shape capture and finite-element mesh generation for electrical impedance tomography[J]. Physiol Meas,2011,32(7):797-809.

[12] XU F,LI M,LI J,et al. Diagnostic accuracy and prognostic value of three-dimensional electrical impedance tomography imaging in patients with breast cancer[J]. Gland Surg,2021,10(9):2673-2685.

[13] KALLIO M,VAN DER ZWAAG A S,WALDMANN A D,et al. Initial observations on the effect of repeated surfactant dose on lung volume and ventilation in neonatal respiratory distress syndrome[J]. Neonatology,2019,116(4):385-389.

[14] FRERICHS I,AMATO M B,VAN KAAM A H,et al. Chest electrical impedance tomography examination,data analysis,terminology,clinical use and recommendations:consensus statement of the TRanslational EIT development study group[J]. Thorax,2017,72(1):83-93.

[15] RAVAGLI E,MASTITSKAYA S,HOLDER D,et al. Simplifying the hardware requirements for fast neural EIT of peripheral nerves[J]. Physiol Meas,2022, 43(1).

[16] YANG B,SHI X,DAI M,et al. Real-time imaging of cerebral infarction in rabbits using electrical impedance tomography[J]. J Int Med Res. ,2014,42(1):173-183.

[17] YANG B,LI B,XU C,et al. Comparison of electrical impedance tomography

and intracranial pressure during dehydration treatment of cerebral edema[J]. Neuroimage Clin,2019,23:101909.

[18] LI Y,ZHANG D,LIU B,et al. Noninvasive cerebral imaging and monitoring using electrical impedance tomography during total aortic arch replacement[J]. J Cardiothorac Vasc Anesth,2018,32(6):2469 – 2476.

[19] ZHANG T,LIU X,ZHANG W,et al. Adaptive threshold split Bregman algorithm based on magnetic induction tomography for brain injury monitoring imaging[J]. Physiol Meas. ,2021,42(6).

[20] XU Y,YANG L,LU S,et al. Emerging trends and hot spots on electrical impedance tomography extrapulmonary applications[J]. Heliyon,2022,8(12): e12458.

[21] HEINES S J H,BECHER T H,VAN DER HORST I C C,et al. Clinical applicability of electrical impedance tomography in patient – tailored ventilation: a narrative review[J]. Tomography,2023,9(5):1903 – 1932.

[22] SHI X,LI W,YOU F,et al. High – precision electrical impedance tomography data acquisition system for brain imaging[J]. IEEE Sensors Journa,2018,18(14):5974 – 5984.

[23] GAULTON T G,MARTIN K,XIN Y,et al. Regional lung perfusion using different indicators in electrical impedance tomography[J]. J Appl Physiol(1985),2023,135(3):500 – 507.

[24] LI W,XIA J,ZHANG G,et al. Fast high – precision electrical impedance tomography system for real – time perfusion imaging[J]. IEEE Access,2019:1.

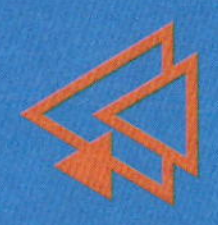

第 11 章

载药囊泡化肿瘤靶向治疗术

本章作者

唐　科

11

载药囊泡化肿瘤靶向治疗术是以直径介于 100 ~ 1000nm 的肿瘤细胞来源的微囊泡(TMP)作为载体,包裹或负载临床常用小分子化疗药物[1],形成以微囊泡为载体,集生物化疗和免疫治疗为一体的肿瘤治疗技术[2]。该技术通过靶向药物递送、趋化和激活中性粒细胞、逆转巨噬细胞表型及促进抗原提呈等多重作用机制实现对肿瘤的杀伤[3]。

11.1 技术说明

11.1.1 技术内涵

无论原核生物还是真核生物，所有细胞都会释放细胞外囊泡（Extracellular Vesicles，EV），作为机体正常生理或病理条件下细胞间信息传递的重要组成部分[4]。EV 含有其来源细胞的多种活性生物分子，如蛋白质、核酸（DNA、RNA）、脂类分子、代谢产物等，可以反映不同条件下的机体代谢状态和亲代细胞的功能，广泛参与细胞稳态、炎症调节、细胞再生修复、心血管疾病和癌症发生发展等各种生物学过程。EV 大致分为三类，外泌体（Exosomes，Exo）、微囊泡或微颗粒（Microvesicles or Microparticles，MV or MP）和凋亡小体（Apoptotic Body）（图 11－1）。外泌体是直径介于 30～150nm 的微小 EV，细胞膜内陷形成早期内体，随后逐渐

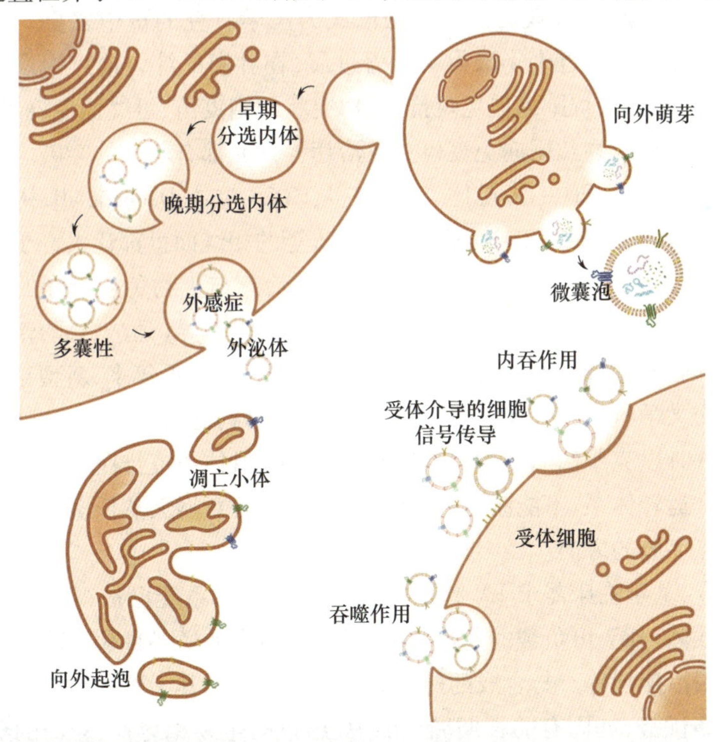

图 11－1　细胞外囊泡的分类

成熟融合形成晚期内体，通过内体膜的连续内陷形成含有腔内小泡（Intraluminal Vesicle，ILV）的多泡体（Multivesicular Bodies，MVB），MVB 与质膜融合进而将外泌体释放到细胞外[5]。微囊泡是细胞质膜包裹细胞内容物向外凸起，以“出芽”形式释放到细胞外的亚细胞结构，粒径范围为 100～1000nm。胞质内钙离子浓度的增加和细胞骨架的重构是 MV 生物发生的重要因素。凋亡小体是 EV 中最大的一类，大小在 1～5μm，它是细胞程序性死亡过程中由细胞膜鼓泡突起形成的一种泡状结构。主要表现为胞膜皱缩内陷，分割包裹胞质，内含 DNA 物质及细胞器。细胞凋亡通常不引起炎症反应，对机体维持内环境稳态的具有重要作用。

EV 介导了各种生理和病理过程，从各类体液生物样本和细胞培养基中都可以提取到 EV，其具有潜在的临床诊断价值。同时，EV 也可作为一种天然的治疗成分或药物载体，应用于癌症、神经退行性疾病和再生医学等各种难治性疾病的治疗[6]。

目前，肿瘤已经成为多发病、常见病，严重威胁人民群众的生命健康。但肿瘤的传统治疗方法（如手术、放疗和化疗），其效果都不尽人意（尤其是针对晚期恶性肿瘤），探索新型有效的治疗方法已成为医学研究的重中之重。肿瘤靶向治疗与生物免疫治疗近十年取得了显著进展，在肿瘤的综合治疗中发挥着愈来愈大的作用，尤其在抗肿瘤单克隆抗体、树突状细胞疫苗、过继性免疫细胞治疗、小分子靶向治疗药物及靶向免疫检查点治疗等方面都有较大的突破。相关新型药物包括 PD－1 及 PD－L1 抗体、CTLA－4、CD25 抗体 Daclizumab、树突状细胞回输疫苗 Provenge 和 CAR－T 细胞免疫疗法等的相继面世都让人寄予肿瘤生物免疫治疗极大希望。与传统放化疗相比，靶向治疗与生物免疫治疗的抗肿瘤效果良好，毒副作用小，患者耐受性较好。然而，个体差异（适应人群窄）、靶点有限、耐药及耐药后的治疗选择是其面临的主要难题[7]。近年来，新型靶向抗肿瘤药物载体交叉学科研究快速发展，部分载药纳米材料已进入临床或试验阶段，但也存在一些难以克服的问题，如自身的毒副作用、机体免疫排斥、不能降解、改变机体的正常运转体系、不能激活抗肿瘤免疫等，开发新型天然低毒的微载体是今后有待重点突破的方向。

现如今，基于临床需求 EV 作为内源性药物递送系统已被视为最具潜力的药物递送载体。EV 可负载的药物类型多样化，适合递送各种化学药物、蛋白质、核酸和基因治疗剂等。与合成的药物载体相比，EV 因其天然的材料运输特性使其具备很多优势，如固有的长期循环能力、出色的生物相容性、较低的免疫原性和毒性、特定靶器官的富集及穿越血脑屏障等[8]。

鉴于此,国内研究团队提出载药囊泡抗肿瘤这一新型靶向生物化疗技术,即利用肿瘤细胞来源的囊泡作为新型药物载体,将化疗药物包裹后靶向输送给肿瘤细胞,逆转肿瘤细胞的耐药性;同时,激活一系列抗肿瘤免疫反应对肿瘤细胞进行特异性杀伤。其作用原理如下。

一是靶向作用于肿瘤细胞,高效低毒;囊泡来自于肿瘤细胞,与肿瘤组织具有组织相容性,几乎不被正常组织细胞摄取,可对肿瘤细胞进行高效杀伤。囊泡装载的化疗药物绝对量极低,几乎不显现化疗毒副作用。二是特异性杀伤肿瘤干细胞,逆转肿瘤细胞耐药性;肿瘤细胞中有更易发生转移和耐药的细胞群体,被称为肿瘤干细胞,因自身硬度低会摄取更多的载药囊泡,所以载药囊泡对肿瘤干细胞的杀伤效果更佳。另外,载药囊泡可通过下调肿瘤干细胞多药耐药蛋白的表达,抑制其对化疗药物的外排,逆转肿瘤耐药性。三是调动各类免疫细胞杀死肿瘤细胞,重塑肿瘤免疫微环境;载药囊泡可募集外周血中的中性粒细胞,并诱导其变为具有杀伤活性的 N1 型中性粒细胞,协同清除肿瘤细胞;载药囊泡能够杀伤 M2 型肿瘤相关巨噬细胞或将其转化为具有杀伤肿瘤细胞能力的 M1 型巨噬细胞;激活抗原提呈细胞诱导特异性抗肿瘤免疫反应,重塑免疫微环境。经过十余年的基础研发和临床转化,目前该技术已应用于临床恶性肿瘤的治疗,并已取得明确的疗效,有着广泛的应用前景。

11.1.2 技术发展脉络

早在 2007 年,Crispin R. Dass 及其同事所发表的论文就已表明,基于壳聚糖的递送系统对癌症的治疗效果有所提升。2011 年,Rakesh K. Jain 及其同事在 *Nature Reviews Clinical Oncology* 杂志上发表的综述阐明了肿瘤血管通透性的增加构成了纳米颗粒外渗和药物递送的基础。随着研究的深入,以各种纳米颗粒包装化疗药物的方法纷纷涌现。然而,构成纳米颗粒的材料经常导致轻微甚至严重的不良反应;同时,纳米颗粒的大小限制了可以包装的化疗分子的数量;另外,纳米颗粒递送体系通常存在水溶性药物掺入效率差的问题。

2012 年 12 月,"肿瘤细胞来源的微颗粒靶向化疗药物"论文在 *Nature Communications* 杂志上发表。该研究表明,来自凋亡肿瘤细胞的囊泡可以包装化疗药物并将其递送到肿瘤细胞中,导致肿瘤细胞的及时死亡,而不会产生典型的药物相关副作用。囊泡作为天然生物材料,具有独特的优点,如多米诺骨牌式的杀伤效果,包裹药物的囊泡(即载药囊泡)在进入肿瘤细胞后可以触发新的载药囊泡的形成,并抑制肿瘤细胞对化疗药物的外流。

2012 年 12 月至 2016 年 8 月，载药囊泡作为一种肿瘤化疗药物制剂专利，先后获得中国（ZL201110241369.8）、中国香港（HK1165697）、美国（US9,351,931）、欧盟（EP2749292）专利授权。期间，研究团队在 *Cell Research*、*Biomaterials*、*Oncoimmunology*、*Cellular & Molecular Immunology*、*Cancer Immunology Research* 等杂志上发表多篇载药囊泡治疗肿瘤技术相关论文。

2014 年 4 月，"载药囊泡治疗癌性胸水"项目先后华中科技大学同济医学院附属协和医院、湖北省肿瘤医院、河南省肿瘤医院、中南大学湘雅二医院等全国十多家三甲医院开展多中心临床试验，总体疗效较好，未发生过与技术相关的严重不良反应，安全性明确。其中，武汉协和医院呼吸科实施的一项研究成果发表在国际权威转化医学杂志 *Science Translational Medicine*（临床注册号：ChiCTR - TRC - 14004820），并在首页 Highlight，将本技术比喻为"披着羊皮的狼"，充分肯定了载药囊泡治疗肿瘤这一靶向生物化疗理论和技术。

2017 年 11 月，《载药囊泡》质量标准（Q/SQA0001S - 2017）在国家企业标准信息公共服务平台备案，其生产质控体系通过 ISO9001 质量管理体系认证。

2020 年 7 月，由中国医学科学院基础医学研究所联合天津市南开医院在国际顶级学术期刊 *Nature Biomedical Engineering* 上刊发载药囊泡治疗梗阻性胆管癌的临床成果（临床注册号：ChiCTR - OIB - 15007589），对其临床安全性和有效性进行评估，并阐明了抗肿瘤作用机制，为这一治疗领域提供了一种新的解决方案。

2020 年 9 月发表在 *Cancer Immunology Research* 杂志上的论文表明：负载甲氨蝶呤的肿瘤细胞衍生囊泡通过动员和激活中性粒细胞来增强抗肿瘤作用，并治疗恶性胸腔积液。

2022 年 10 月，由华中科技大学同济医学院附属协和医院牵头开展的恶性胸腔积液多中心对照临床研究（临床注册号：ChiCTR - ICR - 15006304）结果发表在 *Frontiers in Immunology*，主要疗效评价为胸水量变化的临床缓解率，试验组胸腔积液控制效果缓解率为 82.50%，对照组胸腔积液控制效果缓解率为 58.97%；试验组高于对照组，两组缓解率之差有统计学意义（$P = 0.0237$），说明载药囊泡对于缓解恶性胸腔积液具有较好的疗效，并且临床安全性得到进一步证实。

2017 年开始，该技术先后通过了深圳、安徽、湖南、山东、河北、湖北、天津、河南等省市地区卫健委的专家评审和医疗价格管理部门的物价审批，并在以上地区的医疗单位逐步开展该项目的临床应用。

2023 年 9 月底，国家卫生健康委、国家中医药局与国家疾控局联合印发《关于印发全国医疗服务项目技术规范(2023 年版)的通知》(国卫财务发〔2023〕27 号),“载药囊泡化肿瘤靶向治疗术”经过 10 余年的转化,也已正式纳入该项目技术目录[9]。

11.1.3　技术当前所处的阶段

截至目前,与细胞外囊泡和肿瘤相关的研究正逐渐成为领域内的热点,使用关键词“Extracellular Vesicles(细胞外囊泡)”和“Neoplasms(肿瘤)”在 PubMed 数据库中对 2007—2022 年的相关。进行检索[10],共得到 6380 条文献结果。按出版年份对文献进行归类,可发现:自 2007 年起,该研究方向研究热度逐年上升,目前 2020 年文献量最多,达到 1356 篇(图 11－2)。

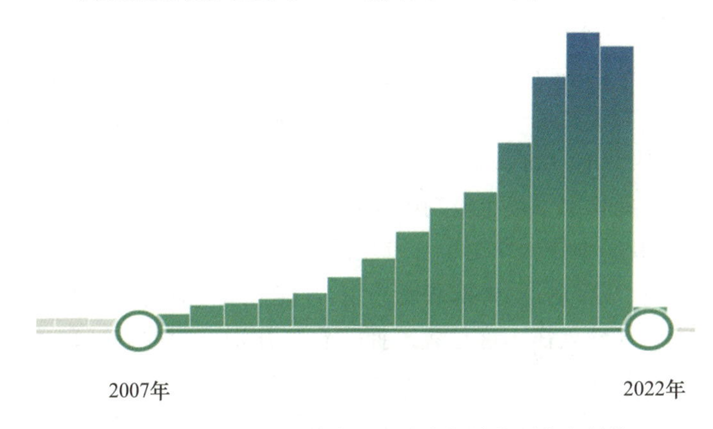

图 11－2　历年细胞外囊泡和肿瘤相关的研究文献数

同时,在这些文献中,涉及临床试验的数量很少,仅有 51 篇,多数相关技术仅处于研究阶段,该研究方向的临床应用具有很大的挖掘空间(图 11－3)。

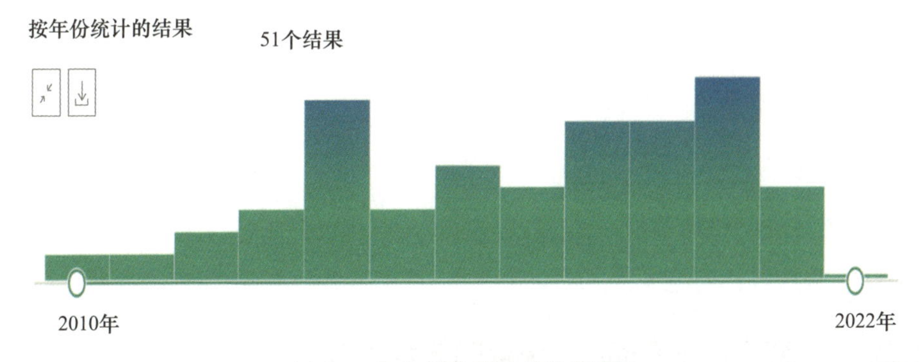

图 11－3　相关临床试验类文献数

载药囊泡技术临床试验的成功加深了研究者对于载药囊泡治疗肿瘤的机制研究和作用原理的认识。以载药囊泡为突破口，以晚期或复发型肿瘤的新型治疗方法探索为出发点，通过基础机制研究、临床前有效性和安全性评估，严格控制载药囊泡质量，合理设计临床方案，有望阐述载药囊泡治疗肿瘤技术作为一种新型生物治疗技术在肿瘤临床治疗中发挥作用的内在机理，同时，在肿瘤治疗研究领域取得原创性的研究成果和突破性进展，拓展目前的肿瘤治疗方式。

11.1.4 对经济社会影响分析

目前，我国肿瘤治疗相关产业主要集中于原料药、小分子化合物、仿制药的研发和制备[11]。部分企业开展了肿瘤的抗体类治疗药物的研发、免疫细胞回输治疗、干细胞治疗、CAR－T 细胞治疗等，然而，这些药物和技术均大部分无自主知识产权或者无原创性设计，属于模仿和重复性研究与转化。肿瘤生物治疗产业创新链最大的需求为具有自主知识产权的、易于进行实质性临床转化的生物治疗手段的发展，只有从源头上解决项目的研究和开发，才能从根本上解决我国生物治疗产业发展长期依赖于仿制国外新兴技术的难题[12]。

针对上述问题，本技术作为全球首创载药囊泡肿瘤靶向治技术，显著提高了化疗药物的疗效、减少耐药、降低毒副作用，并能有效地促进机体抗肿瘤免疫，对肿瘤细胞进行特异性杀伤。这是我国拥有自主知识产权的创新理论和技术，它把靶向治疗方法与化疗及生物免疫治疗有机结合，是肿瘤全新的综合治疗模式。本技术的成功推广、应用将会带动药物载体系统开发和生产的上下游其他产业的发展，带来大量的就业岗位和经济效益[13]。就项目本身来说，将会带动抗癌新型药物载体系统的开发和生产，为国内相关的医药产业带来新的活力，为后续的自主创新的开发以及吸引其他项目的投资带来连锁效应。同时，本技术能为广大的肿瘤患者提供高质量、高水平的医疗平台，提升肿瘤治疗效果，提高患者生活质量。

11.2 技术演化趋势分析

11.2.1 重点技术方向可能突破的关键技术点

囊泡作为天然药物载体，能够延长药物在体内的半衰期，使化疗药物在肿瘤患者体内更持久的发挥抗肿瘤作用。在后续研究中，通过不断的调研、试验，找到能与囊泡完美匹配且抗肿瘤作用强的化疗药物，制备成更稳定有效的载药囊泡。

载药囊泡的靶向作用有局限性，特定来源的囊泡并不能适用于所有癌种，在后续研究中将重点关注囊泡的泛癌种靶向作用研究，筛选靶向作用既强又广的细胞来源囊泡。

另外基于囊泡的免疫激活作用，在后续研究中将透彻分析其原理，通过囊泡的改造及修饰等技术手段增强其免疫激活效果，通过机体自身免疫的激活同步杀伤肿瘤细胞。

11.2.2 未来主流技术关键技术主题

(1)肿瘤靶向治疗。EV 是膜囊泡，其可将分子信号传递到邻近和远处的细胞在细胞间信号转导中的各种细胞和分子功能中发挥重要作用，源自活细胞的 EV 中保留的细胞膜特性使其在靶向治疗中具有巨大潜力。EV 便于表面分子(如整合素和聚糖)介导，这一独特功能使它成为靶向药物输送系统的有力候选者。癌细胞来源的大型 EV 已被用作递送各种抗癌剂的载体，并用于靶向癌症治疗的组合放疗。

大型 EV 可以有效地封装治疗药物并通过膜融合过程将它们递送至靶细胞[14]。通过使用不同的封装或结合方法加载诊断或治疗剂，可以进一步拓展 EV 在肿瘤靶向治疗领域的应用范围。此外，利用多种修饰策略增强载药囊泡的靶向性，也是未来肿瘤靶向治疗的着力点之一。

(2)肿瘤疫苗。许多研究发现，紫外线照射、热处理或其他处理方式，可以在增强 EV 对肿瘤细胞的免疫原性的同时降低它们的促肿瘤特性。此外，通过基因修饰的手段在 EV 表面构建特异性配体，可以增强其对肿瘤和免疫细胞的靶向性[15]，最终达到增强肿瘤特异性免疫的目的，从而使将 EV 工程化为免疫诱导疫苗成为可能。

2019 年 1 月，在 *Oncoimmunology* 杂志上发表的论文表明，可以通过使用来自 ESC(工程胚胎干细胞)的外泌体来刺激抗肿瘤免疫，这些外泌体可能表达与某些肿瘤细胞类型相似的抗原。以表达粒细胞 - 巨噬细胞集落刺激因子(GM - CSF)的鼠胚胎干细胞的外泌体作为疫苗进行接种可以阻碍多种肿瘤的生长，未来，当更多的研究确定了 ESC 和肿瘤细胞之间的共同抗原后，肿瘤疫苗将会有更大的应用空间[16]。

11.2.3 技术研发障碍及难点

(1)囊泡制备生产力低,缺少相应大规模制备设备。实现基于细胞外囊泡的肿瘤治疗的主要挑战之一是生产力有待提高。以外泌体为例,从培养基中分离外泌体的方法是基于实验室规模的超速离心机或过滤。从这些方法获得的外泌体的产量可能会因供体细胞的类型而略有不同,但通常极少。外泌体的产量通常低于每 1mL 培养基 1μg 外泌体蛋白,而在大多数研究中,外泌体的功能剂量为 10~100μg 外泌体蛋白/每只小鼠。含有外泌体的培养基通常是通过培养产生外泌体的细胞数天来制备的,并且根据产生细胞的类型的不同而具有很大差异。因此,需要合适的生物反应器来提高囊泡的产量。

(2)载药囊泡的稳定性欠佳。2009 年 8 月,在 *Journal of Experimental Medicine* 杂志上发表的论文就曾指出过微囊泡的这一问题,将荧光标记的胰腺肿瘤微囊泡注入健康小鼠体内后,荧光信号在 60min 内被清除,而且大部分囊泡荧光信号在注射后 15min 内就已经消失。另外,载药囊泡难以保存,储存时间一般不超过一周。载药囊泡稳定性的保障方法依然需要不断探索。

(3)囊泡的提取纯化工艺尚不成熟,有待优化。细胞外囊泡存在异质性,即同一亲本细胞的可能具有不同的分子组成成分。由于难以区分所有具有相似特性(如大小和密度)的细胞外囊泡(外泌体、微囊泡和凋亡小体),现有方法提取的囊泡无法保证囊泡大小处于可控范围。这使得发现囊泡治疗肿瘤作用及副作用的确切成分成为技术关键点。同时,建立新的标准来报告细胞外囊泡的多样性、含量和起源等特征的研究也至关重要。近年来,许多研究人员一直致力于分析单个囊泡以用于临床应用。了解 EV 的异质性和分子组成可以确定更适合肿瘤治疗的囊泡亚群并制定提取方案、提升提取工艺。

11.2.4 面向 2035 年对技术潜力、发展前景的预判

(1)载药囊泡为我国肿瘤治疗开辟了新道路。随着现代社会中各种对健康有影响的因素的增加,肿瘤已经逐渐由罕见病变为多发病、常见病,严重威胁人民群众的生命健康。在传统放化疗治疗效果不理想、副作用较严重且成本较高的情况下,迫切需要一种肿瘤治疗新方式。当前,载药囊泡治疗恶性胸腔积液技术已经完成研发和临床转化,在临床上展现出了理想的治疗效果,体现出了载药囊泡治疗肿瘤技术的良好前景。在未来多方的努力下,载药囊泡将会进一步扩大其适用的肿瘤范围,造福更多的癌症患者。

(2)载药囊泡是我国相关产业追赶国际领先水平的机遇。欧美等国家在生物技术行业一直处于领先地位,中国每年都需要从国外进口大量的仪器与试剂用于研究活动。细胞外囊泡在全球疾病治疗领域是一个热门的研究方向,而目前国外的企业及研究机构主要在对外泌体进行集中的研究,针对微囊泡的研究极少,也没有相关产品上市。反观我国,目前已经完成了载药囊泡治疗肿瘤技术的临床转化,进入临床应用阶段,而该技术的研究团队也已经成为当前全球细胞外囊泡研究领域中研究最早、成果最多、质量最高的研究团队之一。只要能保证该技术的开发力度,以目前的技术发展趋势,有望在不远的未来使中国站在全球细胞外囊泡领域的领先行列,同时推动全国抗肿瘤药物上下游产业链的研发和生产,进一步助力提升我国肿瘤治疗技术水平,为促进全国生物技术产业高质量发展、推进健康中国建设注入新动能。

11.3 技术竞争形势及我国现状分析

11.3.1 全球的竞争形势分析

目前,全球范围内利用肿瘤细胞来源的微颗粒应用于肿瘤相关治疗的公司很少,大多处于研发阶段。在和微颗粒类似、同为细胞外囊泡的外泌体领域,国内外有多家公司产品在做临床前研究和临床相关试验。

瑞典生物技术公司 Alligator Bioscience 长期致力于肿瘤免疫疗法与相应抗体的研发,2019 年 9 月在瑞典开始进行其外泌体药物 4224 的临床前实验。4224 是肿瘤外泌体转化的双特异性抗体,用于癌症治疗。4224 可以激活树突状细胞,并且促进其吞噬肿瘤来源的外泌体。吞噬肿瘤外泌体的 DC 细胞会将肿瘤抗原递呈给 T 细胞,并使之激活,从而杀伤肿瘤细胞(图 11－4)。

美国的生物技术公司 Codiak BioScience 使用专有的外泌体工程平台 engEX™开发了 exoSTING 技术,Codiak 在 2020 年 10 月 1 日宣布开始进行新型外泌体治疗候选药物 exoSTING 的Ⅰ/Ⅱ期临床试验。2020 年 12 月 30 日,Codiak 公司宣布,其Ⅰ期试验的初步阶段已达到主要目标,该试验评估了健康志愿者中单次递增剂量的 exoIL－12。在这项随机、安慰剂对照、双盲研究中,exoIL－12 表现出良好的安全性和耐受性,没有局部或全身治疗相关的不良事件,也没有可检测到的 IL－12 全身暴露。近日,Codiak 在 *Science Advances* 杂志上发表的文章

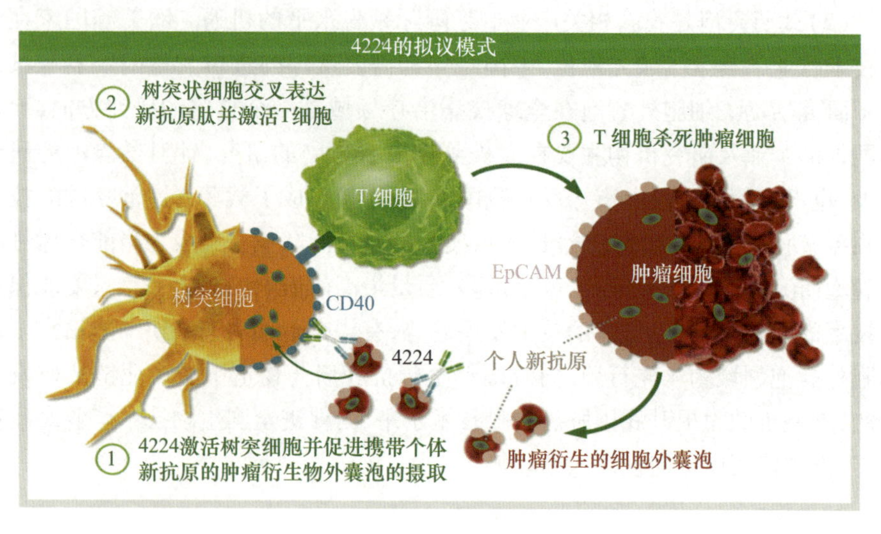

图 11－4　4224 作用机理

报道了其候选产品 exoASO－STAT6 通过外泌体介导的肿瘤相关巨噬细胞基因重编程所发挥的显著抗肿瘤功效。exoASO－STAT6 是一种新型的工程外泌体精准药物候选药物，正在开发用于治疗富含巨噬细胞的肿瘤。该药物选择性靶向肿瘤相关免疫抑制巨噬细胞（TAM）并精确破坏 STAT6 信号传导以在癌症模型中产生非常显著的抗肿瘤活性。

Evox Therapeutics 是一家位于牛津的私有生物技术公司，致力于利用和设计细胞外囊泡（外泌体）的天然递送功能。Evox 具备专有的 DeliverEXTM 平台，可将各种药物装载到外泌体中，利用外泌体独特的组织靶向特性，并支持先进外泌体治疗剂的专有制造和纯化方法。Evox 专有的蛋白质工程技术可将蛋白质治疗剂和组织靶向部分加载到外泌体表面，从而将治疗性蛋白质靶向和展示至目标器官。基于核酸的疗法构成了 Evox 开发计划的核心疗法，Evox 具有将各种核酸（主要是 RNA）加载到外泌体中的先进能力。

整体来说，囊泡对疾病治疗具有多方面的作用，它们不仅可以作为靶向给药的创新工具，而且在开发新的治疗策略时也应该被视为重要的治疗靶点。进一步阐明囊泡形成和分泌的分子机制以了解微颗粒的生物发生过程，尤其是在癌细胞中的过程，对肿瘤治疗的进步将是非常有利的。然而，目前缺乏标准化、多中心研究和技术挑战，如储存、生产、质量控制和靶向递送，这些困难仍然阻碍着微颗粒作为癌症诊断和治疗工具的使用，克服这些困难，就可以在临床上实现范围更大、效果更好的应用。

11.3.2 我国实际发展状况及问题分析

随着研发重点从仿制药转向创新药,中国迎来了前所未有、令人兴奋的新药创制时代[17]。2018 年至 2020 年 8 月期间,44 种抗肿瘤新药中有 12 种在中国获批。尽管大多数药物是 me – too 药物,但也有部分 first – in – class 药物(首创新药),截至 2020 年 1 月,中国有 821 种正在研究的抗肿瘤药物,其中包括 404 种 me – too 药物和 359 种 first – in – class 药物。First – in – class 研发管线中,免疫治疗(IO)领域有很多“候选”药物,细胞治疗尤其突出,在 first – in – class 中占比为 67%(150/224)。细胞治疗也占据了 first – in – class 药物的 Top10,如 BCMA、CD22、mucin 1、CD123 和 GPC3。这一创新水平反映了中国在全球细胞治疗研发管线中的地位,开发药物数量方面中国仅次于美国。

基于细胞来源的囊泡治疗方面,暂未有相关申报先例,目前仍处于前期探索研发阶段。利用肿瘤细胞来源的细胞外囊泡微颗粒作为天然载体,包裹化疗药物进行肿瘤相关疾病治疗的“载药囊泡化肿瘤靶向治疗术”是由华中科技大学同济医学院黄波教授团队发明、湖北盛齐安生物科技股份有限公司转化的医疗技术,围绕该技术已完成了全球首个工程化囊泡的生产和质控体系。囊泡/外泌体作为天然药物载体,凭借其高效、低毒的特点,为现在的治疗和诊断技术提供一种新的思路与手段,在临床应用中存在很大的发展空间。

参考文献

[1] CHENG Y,GONG Y,LIU Y,et al. Molecular design in drug discovery:a comprehensive review of deep generative models [J]. Brief Bioinform,2021,22(6).

[2] ELTON D C,BOUKOUVALAS Z,FUGE M D,et al. Deep learning for molecular design:a review of the state of the art [J]. Molecular Systems Design & Engineering,2019,4(4):828 – 49.

[3] 敖翼,濮润,卢姗,等. 我国新药创制的模式选择与发展思考 [J]. 中国新药杂志,2020,29(2):20 – 26.

[4] HOFFMANN T,GASTREICH M. The next level in chemical space navigation:going far beyond enumerable compound libraries [J]. Drug Discov Today,2019,24(5):1148 – 1156.

[5] 谢志勇,周翔. 基于机器学习的医学影像分析在药物研发和精准医疗方面

的应用［J］. 中国生物工程杂志，2019，39(2)：90 - 100.

［6］郑明月，蒋华良. 高价值数据挖掘与人工智能技术加速创新药物研发［J］. 药学进展，2021，45(7)：3.

［7］胡希俅. 人工智能在医疗行业中的应用研究［J］. 数字通信世界，2021.

［8］王昊. 基于机器学习方法的药物不良反应预测［D］. 厦门：厦门大学，2012.

［9］张文昌. 新时期我国疾病预防控制体系发展策略思考［J］. 福建医科大学学报社科版，2022(4).

［10］杨超凡，邓仲华，彭鑫，等. 近5年信息检索的研究热点与发展趋势综述——基于相关会议论文的分析［J］. 数据分析与知识发现，2017，1(7)：35 - 43.

［11］郭宗儒. 药物分子设计的策略：药理活性与成药性［J］. 药学学报，2010，(5)：539 - 47.

［12］NEUGEBAUER A，HARTMANN R W，KLEIN C D. Prediction of protein - protein interaction inhibitors by chemoinformatics and machine learning methods［J］. J Med Chem，2007，50(19)：4665 - 8.

［13］DIMASI J A，GRABOWSKI H G，HANSEN R W. Innovation in the pharmaceutical industry：new estimates of R&D costs［J］. J Health Econ，2016，47：20 - 33.

［14］DAINA A，MICHIELIN O，ZOETE V. SwissADME：a free web tool to evaluate pharmacokinetics，drug - likeness and medicinal chemistry friendliness of small molecules［J］. Sci Rep，2017，7：42717.

［15］MOORE T V，NISHIMURA M I. Improved MHC II epitope prediction：a step towards personalized medicine［J］. Nat Rev Clin Oncol，2020，17(2)：71 - 72.

［16］ALVAREZ - MACHANCOSES O，FERNANDEZ - MARTINEZ J L. Using artificial intelligence methods to speed up drug discovery［J］. Expert Opin Drug Discov，2019，14(8)：769 - 777.

［17］RASHID M，CHOW E K. Artificial intelligence - driven designer drug combinations：from drug development to personalized medicine［J］. SLAS Technol，2019，24(1)：124 - 125.

第 12 章

微纳米机器人技术

本章作者

邵瑞文　暴丽霞

12

随着纳米科技的蓬勃发展，功能性纳米材料已在微纳米机器人领域和纳米医学之间搭建了一座桥梁，这座桥梁不仅使人工合成的微纳米机器人有望引领人类踏上科幻电影中的神奇之旅，还为药物靶向治疗等重大问题带来崭新的解决方案。

随着机器人逐渐步入大规模商用时代，相关核心技术持续取得突破性进展。微纳机器人融合了机器人的精密操控能力和生物的独特特性，它涉及了化学、生物学、医学、计算机科学、物理学等多个领域，主要由机器人技术和纳米科技共同构成。在纳米科技等多重推动力的推动下，相关核心技术正呈现出爆炸式的突破，微纳米机器人的发展正处于前所未有的黄金时期，将广泛应用于未来的生物医疗领域。

12.1 技术说明

12.1.1 技术内涵

微纳米机器人指的是尺度在几纳米至几百微米的微型机器人，能够将磁能、光能、声能或其他形式的能量转化为机械运动，可以在黏度较大的液体中自由运动，此类微纳机器人将机器人的精准操控性和生物的特殊性质结合于一体，具备能完成更高效、更精确的局部诊断和靶向治疗的潜在功能，在未来的生物医疗应用中有着巨大的潜力。

与我们日常生活中所见的宏观尺度机器人不同，微纳米机器人因其微小的尺寸和卓越的运动操控性而具备独特之处。它们可以以微创甚至无创的方式进入人体内，探索那些狭小或对传统医疗方法而言难以触及的组织和器官，为众多疾病的治疗开辟广阔的前景。值得一提的是，这些主动驱动的微纳米机器人可以精准瞄准特定病变部位，实现可控运动、精确定位、精确药物输送，从而提高治疗效果。微纳米机器人已广泛应用于多个领域，包括药物靶向递送[1-3]、细胞捕获与分离[4]、微创外科手术[5-6]、分析检测[7-8]、环境净化以及纳米印刷等众多领域。

为创造微纳米尺度的机器人，我们通常需要关注以下4个方面。

(1)微纳米机器人的构成和结构，尤其需要注意其生物相容性和生物降解性。

(2)微纳米机器人的功能化，即能够在机器人上搭载药物、蛋白质、荧光染料等，以实现不同应用或定位功能。

(3)微纳米机器人的驱动和控制，可以采用磁性、光学、超声等多种能源形式。

(4)微纳米机器人在体内的追踪方法，如荧光成像可用于浅层组织的追踪，而在深层组织或器官内，可采用超声成像或磁共振成像等技术。

综合考虑上述因素后，微纳米机器人技术可以应用于解决众多生物医学领域的难题。与被动扩散的胶体颗粒或纳米载体相比，微纳米机器人表现出更为积极主动的特性，有助于优化和增强载体在病灶部位的定向富集。

12.1.2 技术发展脉络

几十载以来，人们一直憧憬着创造能够在人体内精确驱动和定位的微纳米机器人，以辅助实现疾病的诊断和治疗。早在1966年，一部名为《奇妙的航行》的电影中，曾描绘了一支船员搭乘的潜艇被缩小到微米尺度，这微型潜艇可以在病人体内自由穿行，前往病变位置，点对点治疗疾病。如今，随着纳米科技的飞速发展，功能性纳米材料已在微纳米机器人领域和纳米医学之间架起了一座坚实的桥梁，人工合成的微纳米机器人或将帮助人类实现科幻电影中的神奇旅程，为药物靶向治疗等重要问题提供全新的解决之道。

在2002年，美国哈佛大学Whitesides课题组成功制备出了自驱动的厘米尺度圆盘[9]。这个圆盘由聚二甲基硅氧烷薄片构成，其表面覆盖着金属铂覆盖的多孔玻璃。金属铂可以催化过氧化氢的分解，释放氧气泡，从而推动圆盘在液体中移动。此后，美国宾夕法尼亚州立大学Crespi课题组[10]和加拿大多伦多大学Ozin课题组[11]也分别报道了由不对称分解过氧化氢所驱动的微纳米尺度线状微粒，从而验证了微纳米尺度机器人的运动是切实可行的。

许多年来，大量研究已经证实，微纳米机器人在体外环境中能够成功实现药物的靶向治疗。例如，美国加利福尼亚大学圣地亚哥分校的Wang课题组，借助电沉积技术，制备了多孔金属棒状纳米机器人。这些微机器人具有多孔结构，可有效装载更多药物分子（比平面金多20倍），并通过近红外光触发药物释放。最终，在超声场和磁场的引导下，实现了对单个癌细胞的精确靶向药物释放[12]。此外，Wang课题组还将阿霉素修饰到聚合物微球上，然后利用柔性磁力来驱动这些微机器人，将药物微球通过PDMS长通道运送至宫颈癌细胞附近，实现了靶向治疗[13]。哈尔滨工业大学的贺强课题组采用层层自组装技术构建了管状多层微机器人，这些微机器人结合气泡驱动和磁引导，以高达68 μm/s的速度将阿霉素迅速递送至目标癌细胞[14]。这些研究在体外环境中表明，锚定机制能够有效减少药物释放时的副作用，为靶向递送药物提供了新的策略。此外，哈尔滨工业大学机器人技术与系统国家重点实验室的谢晖课题组还应用生物模板法，将松花粉改造成磁性微机器人，通过协同行为释放药物分子，最终杀死癌细胞[15]。同时，他们还通过生物模板法制备了海胆状微米机器人，这些机器人具有空腔结构，可以装载各种大小的药物，实现单细胞精准靶向递送[16]。

这些研究大多是在体外环境中进行的，但最近，微纳米机器人在活体内的应用研究逐渐展开,并取得了令人鼓舞的成果。Wang 课题组制备了两种以化学驱动为动力的微机器人。一种是靶向肠道微机器人,能够在活体小鼠的胃肠道中精确定位并控制停留[17];另一种是胃溶微机器人,以金属锌为主体结构,可以在胃酸中有效前进并逐渐溶解,从而自动释放携带的有效荷载物,而不会产生有毒物质[18]。除了化学驱动的微纳米机器人,无须燃料的外场驱动机器人也展现了在活体内应用的潜力。加拿大蒙特利尔理工大学生物医学工程研究所的 Martel 课题组已经成功利用外部磁场驱动生物杂化微机器人,这些微机器人基于趋磁细菌 MC－1,可以将携带药物的纳米脂质体运送至肿瘤低氧区域[19]。在自然环境中,这些细菌倾向于沿着局部磁场线游向低氧浓度区域。将带有药物的纳米脂质体与 MC－1 细菌结合后,注射到异种移植肿瘤的小鼠体内,然后,使用外部磁场将微机器人导向肿瘤,多达 55% 的微机器人成功渗入 HCT116 大肠异种移植肿瘤的低氧区域。与被动药物输送方法相比,这种微机器人表现出出色的异种移植肿瘤穿透能力。此外,瑞士苏黎世联邦理工学院的 Nelson 课题组采用 3D 打印技术制备了一批螺旋形微机器人,并通过体内荧光成像技术实时跟踪了它们在深层组织中的运动[20]。香港中文大学的张立课题组则应用螺旋藻制备了螺旋形微机器人,利用磁共振成像技术追踪了这些微机器人在小鼠胃内的运动,这些微机器人可用于体内成像引导疗法[21]。

12.1.3 技术当前所处的阶段

尽管在过去的 20 年里,人们提出了大量的微纳米机器人,并探索了它们在各种环境中的应用,但是直到最近几年,微纳机器人的体内应用才得到广泛关注。用于体内应用的微纳米机器人包括在实际体内环境中的应用,以及在体外环境中正在研究并且显示出在体内应用的前景。微纳米机器人需要结合设计、功能化、驱动和定位等方面来解决体内应用,如诊断、细胞分离、引导细胞生长、靶向输送和血栓溶解等。目前,用于体内应用的微纳米机器人系统主要用于图 12－1 所示的器官组织。

使用关键词“Micro － Nano Robot(微纳机器人)”在 WOS 核心数据库中对 2003—2022 年的核心期刊文献进行主题搜索,共得到 244 条文献结果。按出版年份对文献进行归类,可发现:自 2016 年起,微纳米机器人研究热度逐年上升,在 2020 年达到顶峰,该年相关主题文献共 42 篇。2017 年起,该领域研究平稳发展,每年约有 20 余篇论文发表。按涉及学科对文献进行分类排序可以得知,微纳米机器人主要设计的学科为机器人(Robotics)、科学技术(Science Technology)、

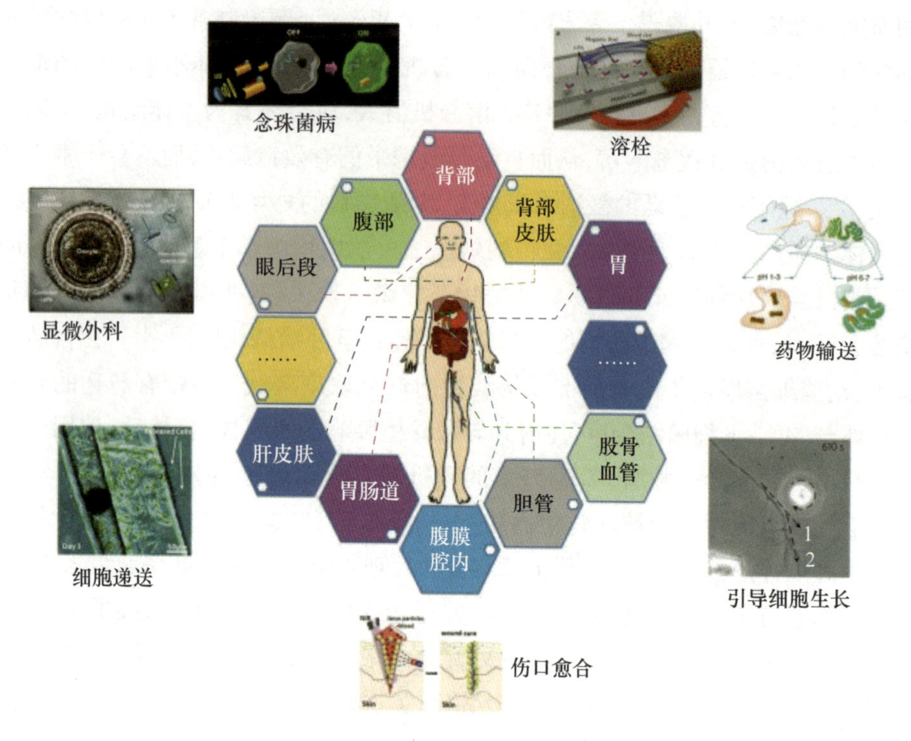

图 12－1 微纳米机器人的生物医学应用

工程(Engineering)、化学(Chemistry)、材料科学(Materials Science)、物理学(Physics)、仪器仪表(Instruments Instrumentation)、自动化控制系统(Automation Control Systems)、机械学(Mechanics)、计算机科学(Computer Science)等。按文献数量对国别进行排序,发表核心期刊论文最多的前 5 个国家分别为中国(90)、美国(70)、法国(22)、日本(18)、英国(12)、瑞士(12)。可以看出,中国在微纳米机器人研究方面具有优势。

在微纳米机器人的设计阶段,其构建模块应满足生物相容性的最低要求。采用细菌等生物载体实现靶向给药的方法,具有较高生物兼容性及动力自给等优势,其缺点是运动控制难度高、精度低。磁控细菌较好地解决了控制问题,然而,其磁性依靠吞食、担载微纳米磁粉或在磁粉环境中的细胞培养来实现,一代寿命短而次代对磁性或担载药物不具有继承性。与之相对,基于微纳加工或化学合成的微纳机器人载体,运动控制相对容易实现,而人体免疫系统的兼容性是其挑战,因此,可以采用生物兼容材料(整体或表面涂层)、生物降解材料、细胞包覆等方法来解决该类微纳米机器人的生物兼容性问题。哈尔滨工业大学微纳米技术研究中心贺强教授和吴志光教授研究团队首次实现游动微纳米机器人对脑胶质瘤的主动靶向治疗[22]。这种游动纳米机器人通过中性粒细胞吞噬大肠杆菌膜包裹的磁性载药水凝胶制备而成,可以有效且稳定地携带紫杉醇等抗癌药物,依靠自主研发的控制系统将游动微纳米机器人引导到脑部区域,抵达胶质瘤区域的机器人可自主感知病原信号并穿越血脑屏障后游动到病患位点,将药物精准地释放到病患处,显著提高了药物的靶向效率。

微纳米机器人的驱动是其应用过程中首先要解决的问题。微纳米机器人的驱动方式主要包括化学驱动[23-24]、由外场(如光、超声波或磁场)驱动的物理场驱动[25-29]和由微生物或细胞驱动的生物驱动方式[30-31]。然而,其高精度运动的驱动与控制取决于人体环境的适应性及医疗成像设备的适配性。当前面临的主要挑战包括:绝大多数化学驱动方式(如基于铂的双氧水催化反应等)均不具有或只具有非常有限的人体环境适应性,而且可控性差;光驱动虽然具有可以进行活体内部靶向医疗的潜力,但是需要一定的透明度,穿透能力较弱,光电镍理论上只适用于眼睛或体表;超声驱动目前具有超强的生物体穿透力,但是其需要载体较大且精度有限;磁场驱动,生物兼容性好,控制度高,在靶向医疗应用领域具有巨大的潜力。在磁场驱动中,永磁场梯度衰减过快,电磁场获取较强磁场或磁场梯度往往需要采用造价昂贵的超导线圈,相对而言,旋转匀强磁场所需强度远低于梯度驱动磁场,是磁场驱动中应用最广泛的驱动方式。人工细菌鞭毛是一种典型的磁性微纳米机器人,可以在均匀旋转磁场下驱动。苏黎世联邦理工学院 Nelson 课题组于 2007 年始率先研究“人工细菌鞭毛”微机器人的加工及匀强磁场驱动、控制及应用。之后,创办 MagnebotiX 公司,生产微机器人磁控系统,在靶向给药、眼科手术、与心血管导管的结合等方面居于国际领先地位。

微纳机器人的精确定位也是在其应用过程中面临的一项挑战。一方面,微小的尺寸导致体内成像技术难以提供足够高的分辨率和对比度,从而难以进行实时成像和定位;另一方面,微纳机器人的驱动方式与现有医疗成像设备的兼容性较差,如磁性控制等驱动方式与 MRI、MPI 等成像扫描磁场会相互干扰。对于前者的挑战,一种可能的解决方案是增大机器人的尺寸或采用机器人集群;而对于后者,已经有成功的案例采用分时控制(即成像 - 驱动 - 成像)方法。然而,增大机器人的尺寸可能与最初微纳机器人的设计初衷相悖,而分时控制方式的稳定性和精确度也存在疑虑,在动脉血流等情境中完全不适用。

为了解决这些问题,研究者们从自然界中的生物集群现象中获得启发,进行了大量关于微纳机器人集群的研究。研究结果表明，与单个微纳机器人相比，成千上万个微纳机器人组成的集群能够增强它们在复杂环境中的运动能力和适应性，提高医学成像的对比度，从而有利于成像引导和药物递送[32]。此外，这也是一种有望解决药物高效富集难题的关键技术。微纳机器人集群有望成为未来生物医疗应用中备受期待的主动、可控的药物递送工具。已经提出的方法包括基于截止频率的分频技术和基于流体－磁场耦合的多模态变结构方法等。

12.1.4 对经济社会影响分析

微纳机器人技术辐射带动电子、信息、生物等多个产业发展，微纳机器人能耗小产业前景巨大，预计产业效益极高，符合我国高科技绿色企业的发展要求。本项目预期在今后产业化过程中带动超过1000亿产值的基因测序产业、1000亿美元的精准医疗及数千亿美元的药业及无创/微创医疗的发展。微纳米机器人不但本身具有很广阔的产业前景，并能够作为现有高科技的倍增器，在2025年前辐射带动超过万亿人民币规模的市场。

（1）社会效益。生命科学的诸多领域如脑科学、基因工程已经成为世界范围内的关注的热点，我国也有制定了相关的发展战略。靶向药物是支撑未来生命科学和生物医学领域发展的重要使能技术之一，而微纳米机器人因其可在生物流体中进行可控自主运动，被认为是靶向药物递送的理想方案，具有显著的社会效益。一旦微纳米机器人在人体实验中取得初步验证，就可以帮助精确医疗、降低成本、减轻外科手术的痛苦，将会极大地推动现代生物医学的发展，并在很大程度上改变人类的生活。

（2）经济效益。机器人技术的研发与应用是国家高端制造业自动化水平的代表。微纳机器人作为高精密科学仪器装备，是机器人和自动化技术在微纳米尺度的重要延伸。因此，不仅微纳机器人本身具有极大的附加产业价值，其所能带动和推动的相关领域发展也能产生极大的经济效益。一方面，微纳机器人需要高精度的驱动控制系统，通过与有关研发单位和企业的密切合作，将核心技术转化为高附加值的医疗设备，具有亿元级的潜在市场规模；另一方面，靶向药物潜在的市场规模可达数千万量级，经济效益将非常可观。

（3）生态效益。应用微纳机器人净水除油的去污能力，可有助于防止环境污染因素引起的生物变异，有助于保持生物多样性安全。

12.2
技术演化趋势分析

12.2.1　重点技术方向可能突破的关键技术点

(1)针对靶向药物输送微纳机器人多功能化需求,实现微纳机器人表界面功能的按需可控制造,满足微纳机器人应用的生理相容性、防黏等多样化功能需求。

(2)复合场混合控制适用于微纳集群机器人运动控制与靶向给药,末端执行器的可控降解及其磁性部分与机器人本体的回收将使药物载体系统实现完全生物兼容。

(3)针对微纳机器人实时观测难,研究靶向药物输送微纳机器人磁性实时跟踪、荧光粒子跟踪方法。

(4)根据肿瘤组织环境的异质性,通过对集群微纳机器人的不同制导特性,实现药理不同的抗肿瘤药物在肿瘤组织内时空异质性的释放。

12.2.2　未来主流技术关键技术主题

(1)微纳机器人功能化、靶向治疗及智能释放技术。

(2)实时定位跟踪与场控技术。

(3)活体内治疗效果定量化评价方法。

12.2.3　技术研发障碍及难点

(1)微纳机器人集群的体内运动控制:三维(3D)运动、远程递送以及环境适应性。

(2)微纳机器人集群、控制单元和成像系统的结合。

(3)微纳机器人集群的临床应用。

目前,有关微纳机器人集群在医学成像和体内应用方面的研究仍然非常有限,医学成像系统尚未广泛用于靶向治疗,而关于基于医学成像的微纳机器人集群控制,重点在于集群的定位和引导。将微纳机器人集群的成像引导控制与靶向治疗和递送相融合,将成为未来研究的重要热点。

12.2.4 面向2035年对技术潜力、发展前景的预判

在过去的10年中，科研人员在设计和制造拥有各种不同功能的微纳米机器人方面已经取得了显著的进展。这些人工微纳米机器人能够胜任环境科学和生物医学应用领域的重要任务，包括纳米尺度的操纵和组装、靶向药物和基因输送、纳米手术等。尽管如此，微纳米机器人在设计、制备、控制以及功能化等方面仍然面临挑战，微纳机器人的技术潜力和发展前景主要有以下几个方面。

（1）微纳机器人的制备技术不断加速创新。

目前，常用的微纳米机器人制备方法包括自卷曲技术、物理气相沉积技术、电沉积技术、3D打印技术、可控组装技术以及生物杂化技术。

为了提高微纳米机器人的运动效率，形状和结构的精心设计至关重要；为了满足设计要求，需要不断发展低成本、大规模、环保的微加工制造技术。现有的制备技术或多或少都存在各自的不足之处——能够制造复杂形状的方法往往制备过程烦琐，而对环境影响较大；其他方法虽然在某些方面表现出色，但也存在一些限制，如3D打印技术设备昂贵，可用材料受限，生物组分有限。制备技术的不断创新将有助于实现低成本、大规模、多样化结构设计的微纳米机器人生产，从而推动其真正实现商业化。

（2）微纳米机器人制备材料的安全性和可降解性得到进一步提高。

在微纳米机器人技术的应用过程中，最显著的风险之一是与制造微纳米机器人所使用的纳米颗粒的安全性问题相关。由于对所使用的纳米材料的安全性了解不够充分，微纳米机器人的制备过程中所使用的纳米材料可能存在潜在的毒性。一些研究小组已经证实了某些纳米颗粒的毒性，并引起了科学家们的关注。

在众多潜在危害中，纳米颗粒的不可溶解性是其中一个主要问题。一些研究已经表明，人体内的纳米颗粒可以无阻碍地进入健康细胞，并甚至通过血液循环系统进入大脑，干扰健康细胞和组织的正常功能。目前，商业化成功的首个消化道内镜机器人无法在体内降解，需要完成检查后排出体外。液态金属如镓和镍被认为是生物医学应用中的理想材料。

（3）实时控制技术类型逐渐多样，不断趋于成熟。

微纳米机器人在人体内的可控自主运动一直以来都是一个具有挑战性的难题。实时控制技术的发展使得微纳米机器人能够准确抵达人体的特定部位，从而实现药物递送或进行智能微小型手术。当前，科研领域已经推陈出新，提出了

磁共振成像技术、体内荧光实时追踪技术、光声断层成像技术等方法,这些技术能够有效地实现微纳米机器人在人体内的实时信息反馈,使得我们能够更加密切地监控它们的行动。

(4)集群运动将是微纳米机器人研究重点。

磁场作为驱动和控制微纳米机器人的主要手段之一,在研究领域中已经取得越来越多的显著成果。然而,这些研究主要集中在单一机器人上,而对于多个机器人或机器人集群的同时控制等领域的研究相对较少,学者们正在初步探索集群机器人的运作机制。相关研究显示,国内关于微纳米机器人群体控制的研究主要集中在光驱动和化学梯度驱动领域,取得了一些进展,但整体而言,这些方法并不太适合长期应用。随着制备方法和驱动模式的不断成熟,微纳米机器人的集群控制将成为未来医疗机器人产业发展的关键焦点,也是真正实现产业化的关键因素。

(5)用于癌症的微纳米机器人靶向治疗会加速落地。

由于癌症的难以预防和死亡率不断上升,新型癌症治疗方法已成为关注的焦点。医疗资源匮乏和人口老龄化等问题也突显了癌症治疗微纳米机器人的重要性,其深度研发已成为科学技术发展的主要方向。目前,癌症治疗微纳米机器人的研究仍处于早期阶段,尚未在临床应用中取得突破。然而,随着计算机科学、材料学、机器人学和医学等领域的不断进步,学科之间的融合将为癌症治疗微纳米机器人带来广阔的前景和发展机会。各国政府持续支持癌症治疗微纳米机器人的研发,这一新兴产业将迎来广泛的发展机遇。

12.3 技术竞争形势及我国现状分析

12.3.1 全球的竞争形势分析

当前,国内外微纳机器人及靶向给药技术均获得了较好的发展,研究工作基本处于同一水平。

从研发机构数量、研究热度以及起步时间等方面来看,西方国家,尤其是欧美地区,一直是前沿科技的领导者和践行者。然而,中国在微纳米机器人在医疗领域的研究方面取得了显著进展。各大科研机构、高校等逐渐壮大,如哈尔滨工业大学、南开大学、北京理工大学、沈阳自动化研究所等成了主要的研究机构,其高质量和原创性的研究成果加速填补了国内和国际领域的研究差距。中国教育部建立了跨学科学科,将电子、材料、工程、物理和化学等领域结合,并将其与自然科学等基础学科相辅相成。香港科技大学在中国广州建立了新校区,采取集成模式,如功能中心将结合材料和微电子学知识,以提高将微型或纳米设备集成到多功能组件中的能力。

就市场分布而言,北美地区是微纳米机器人的主要市场,复合年增长率预计为12.2%。预计到预测期结束时,市场规模将从2016年的550亿美元增至730亿美元。欧美地区是微纳米机器人的第二大市场。考虑到该技术的应用需要大量资金投入医疗机构,并需要员工培训,亚太地区被预计为微纳米机器人增长最快的市场。

目前,全球还没有能够通过血液系统进入人体的真正微纳米机器人,仅有少数商用化的微型机器人,其中胶囊机器人是代表。这些胶囊机器人主要用于胃内镜检查等领域,应用领域相对有限。然而,中国于2017年研发了磁控胶囊胃镜机器人,打破了国外制造商在胶囊内镜技术领域长达20多年的垄断,使中国在微纳米机器人的商业应用上取得全球领先地位。该产品已经出口到英国、德国、韩国、日本、意大利、西班牙等多个国家和地区,获得了60余项国际发明专利。

12.3.2 我国相关领域发展状况及面临的问题分析

医用微纳米机器人涉及多个交叉学科,包括化学、生物学、医药学、计算机科学和物理学等,主要由机器人和纳米技术构成。机器人逐渐实现了大规模商用化,相关核心技术不断取得突破。同时,学术界对纳米科技的研究热情不断高涨,其研究成果日益丰富。多种因素的推动下,相关科技的核心技术迅速突破,使得医用微纳米机器人的发展迎来前所未有的机遇,将实验室中的成果逐渐转化为现实。国内进行微纳米机器人研究的主要机构包括哈尔滨工业大学微纳米技术研究中心的贺强团队、香港中文大学的张立教授团队、香港城市大学的董立新团队,以及深圳的机器人与自动化研究机构、中国科学院深圳先进技术研究所等。

微纳米机器人的研究是多学科融合的过程,因此,需要不同领域的杰出人才进行协作,研究人员应相互学习。各个领域的合作伙伴需要亲自前往彼此的实验室工作,共同设计和制造原型,并理解对方所面临的问题。借助机器学习算法的支持,计算机建模成为不可或缺的工具。在实验方面,需要对结构和材料进行优化。材料的任何微小变化，如结晶度、厚度和合成方法，都会对薄膜的力学性能、稳定性和折叠性能产生影响。因此，需要耗费大量时间来优化各项参数，如张力或化学成分。设计人员必须深入了解电化学和机械性能对自组装过程的影响。大学需要提供材料化学和微电子技术等跨学科课程。此外，资金应该来自这两个领域的支持。德国开姆尼茨工业大学开设了一门类似的课程，名为“微纳米技术材料学”，该课程涵盖光子学、电子学、生物技术、微机器人技术以及能量存储，为学生为未来从事复杂微系统工程工作提供了必要的准备。

12.3.3 对我国相关领域发展的思考

微纳操作机器人研究的基础必须稳固而广泛，只有在坚实的基础上，产业化才能更好地实现。中国在微纳机器人领域需要更多的基础性研究成果。许多国家已经制订了战略计划，争先恐后地进军机器人领域，而我国也制定了“中国制造 2025”计划，为机器人研究提供了更多支持。为了推动机器人基础性研究，有三个关键条件，缺一不可。首先，需要拥有更多杰出的科学家，那些扎根科研工作、踏实实干的人才是不可或缺的。其次，资金是必不可少的，中国政府已设立多个基金，以支持机器人产业的发展。最后，创造机会也非常重要，政府和学校都高度重视基础性研究，为科研人员提供了丰富的机会和良好的研究环境。

参考文献

[1] OU J, LIU K, JIANG J, et al. Micro -/nanomotors toward biomedical applications: the recent progress in biocompatibility [J]. Small, 2020: 1906184.

[2] ESTEBAN - FERNANDEZ DE ÁVILA B, ANGSANTIKUL P, LI J X, et al. Micromotor - enabled active drug delivery for in vivo treatment of stomach infection [J]. Nature Communications, 2017, 16, 8(1): 272.

[3] WANG B, CHAN K F, YUAN K, et al. Endoscopy - assisted magnetic navigation of biohybrid soft microrobots with rapid endoluminal delivery and imaging [J]. Science Robotics, 2021, 6(52): eabd2813.

[4] BALASUBRAMANIAN S, KAGAN D, HU C M J, et al. Micromachine - enabled capture and isolation of cancer cells in complex media [J]. Angew. Chem., 2011, 50(18): 4161 - 4164.

[5] CHEN C Y, CHEN L J, WANG P P, et al. Steering of magnetotactic bacterial mi-

crorobots by focusing magnetic field for targeted pathogen killing [J]. Journal of Magnetism and Magnetic Materials,2019,479:74 – 83.

[6] WU Z G,TROLL J,JEONG H H,et al. A swarm of slippery micropropellers penetrates the vitreous body of the eye [J]. Science Advances, 2018, 4 (11): eaat4388.

[7] WANG Q,LI T,FANG D,et al. Micromotor for removal/detection of blood copper ion[J]. Microchemical Journal: Devoted to the Application of Microtechniques in all Branches of Science,2020,158(1).

[8] MOLINERO – FERNANDEZ A, MORENO – GUZMAN M, ARRUZA L, et al. Polymer – based micromotor fluorescence immunoassay for on – the – move sensitive procalcitonin determination in very low birth weight infants' plasma [J]. ACS Sensors,2020,5(5):1336 – 1344.

[9] RUSTEN F, ISMAGILOV Dr, ALEXANDER S, et al. Autonomous movement and self – assembly[J]. Angewandte Chemie International Edition, 2002, 41 (4):652 – 654.

[10] PAXTON W F,KISTLER K C,OLMEDA C C,et al. Catalytic nanomotors: autonomous movement of striped nanorods[J]. Journal of the American Chemical Society,2004,126(41):13424 – 13431.

[11] FOURNIER – BIDOZ S,ARSENAULT A,MANNERS I,et al. Synthetic self – propelled nanorotors[J]. Chemical Communications,2005,4(4):441 – 443.

[12] GARCIA – GRADILLA V, SATTAYASAMITSAMITSATHIT S, SOTO F, et al. Ultrasound – propelled nanoporous gold wire for efficient drug loading and release[J]. Small,2015,10(20):4154 – 4159.

[13] WEI G, KAGAN D, PAK O S, et al. Cargo – towing fuel – free magnetic nanoswimmers for targeted drug delivery[J]. Small,2012,8(3):460 – 467.

[14] WU Z, LIN X, ZOU X, et al. Biodegradable protein – based rockets for drug transportation and light – triggered release [J]. Acs Appl Mater Interfaces, 2015,7(1):250 – 255.

[15] SUN M M, FAN X J, MENG X H, et al. Magnetic biohybrid micromotors with high maneuverability for efficient drug loading and targeted drug delivery[J]. Nanoscale,2019,11(39):18382 – 18392.

[16] SUN M,LIU Q,FAN X,et al. Autonomous biohybrid urchin – like microperforator for intracellular payload delivery [J]. Small,2020:1906701.

[17] LI J, THAMPHIWATANA S, LIU W, et al. Enteric micromotor can selectively position and spontaneously propel in the gastrointestinaltract [J]. ACS Nano, 2016, 10(10): 9536 – 9542.

[18] GAO W, DONG R, THAMPHIWATANA S, et al. Artificial micromotors in the mouse's stomach: a step towards in vivo use of synthetic motors [J]. ACS Nano, 2014, 9(1): 117 – 123.

[19] FELFOUL O, MOHAMMADI M, TAHERKHANI S, et al. Magneto – aerotactic bacteria deliver drug – containing nanoliposomes to tumour hypoxic regions[J]. Nature Nanotechnology, 2016, 11(11): 941 – 947.

[20] SERVANT A, QIU F M, MAZZA M, et al. Controlled in vivo swimming of a swarm of bacteria – like microrobotic flagella[J]. Advanced Materials, 2015, 27(19): 2981 – 2988.

[21] YAN X H, ZHOU Q, MELISSA V, et al. Multifunctional biohybrid magnetite microrobots for imaging – guided therapy [J]. Science Robotics, 2017, 2(12): eaaq1155.

[22] ZHANG H Y, LI Z S, GAO C Y, et al. Dual – responsive biohybrid neutrobots for active target delivery[J]. Science Robotics, 2021, 6(52): eaaz9519.

[23] GAO W, SATTAYASAMITSATHIT S, OROZCO J, et al. Highly efficient catalytic microengines: template electrosynthesis of polyaniline/platinum microtubes [J]. Journal of the American Chemical Society, 2011, 133(31): 11862 – 11864.

[24] GAO W, DONG R F, THAMPHIWATANA S, et al Artificial micromotors in the mouse's stomach: a step toward in vivo use of synthetic motors [J]. ACS Nano, 2015, 9(1): 117 – 123.

[25] YU Y R, SHANG L R, GAO W, et al. Microfluidic lithography of bioinspired helical micromotors[J]. Angew, Chem, Int, Ed., 2017, 56(40): 12127 – 12131.

[26] TANG J. Programmable artificial micro – swimmer[C]. Applied Nanotechnology and Nanoscience International Conference, 2016, 11: 1087.

[27] DÁ BERTA E F, PAVIMOL A, RAMÍREZ – HERRERA D E, et al. Hybrid biomembrane – functionalized nanorobots for concurrent removal of pathogenic bacteria and toxins [J]. Science Robotics, 2018, 3(18): eaat0485.

[28] WANG W, CASTRO L A, HOYOS M, et al. Autonomous motion of metallic microrods propelled by ultrasound [J]. ACS Nano, 2012, 6(7): 6122 – 6132.

[29] ZHOU C, ZHAO L, WEI M, et al Twists and turns of orbiting and spinning me-

tallic microparticles powered by megahertz ultrasound [J]. ACS Nano,2017,11(12):12668 – 12676.

[30] XU H F,MEDINA – SANCHEZ M,MAGDANZ V,et al. Sperm – hybrid micromotor for targeted drug delivery [J]. ACS Nano,2018,12(1):327 – 337.

[31] LI Y C,LIU X S,XU X H,et al. Red – blood – cell waveguide as a living biosensor and micromotor [J]. Advanced Functional Materials, 2019, 29(50):1905568.

[32] WANG Q Q,ZHANG L. External power – driven microrobotic swarm:from fundamental understanding to imaging – guided delivery[J]. ACS Nano,2021,15,1,149 – 174.

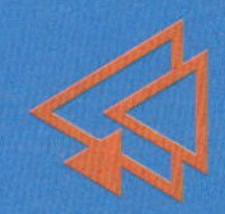

第 13 章

基于逆向测评的情绪管理技术

本章作者

赵永岐

13

情绪是一种复杂的心理现象，是人脑高级功能的体现，由大脑的多个脑区联合掌控，包含前额叶皮质、杏仁核、海马、前部扣带回等，通过整合各脑区的情绪加工信息，从而产生多种情绪。情绪是人脑对客观世界的一种反应，与人类的生存息息相关，是当前脑科学的研究重点。

情绪管理是指人有意识的进行自我情绪的认知与表达，从而进行情绪控制使自我达到身心舒适良好的状态。完整的情绪管理需要包括情绪识别/判定、持续监测/预警及精准干预。

如何做到情绪管理呢？首先就要具有能够分辨自身情绪的相关知识，如哪些是焦虑情绪，哪些是抑郁情绪以及自卑，躁狂等情绪状态。在具有这些知识的前提下要具有自我觉察和反思的意识。时刻监控情绪变化。想要做到及时分析，就要具有自我诊断的能力，能够知道自身心理的发生发展过程，要能够知道自身情绪的来源，为什么会产生这样的情绪。想要做到及时调控，掌握适合自己的或者科学有效的情绪管理的程序性知识，策略性知识。在完成前两步的基础上，运用这些知识解决问题，调控情绪。

情绪识别在现实生活中具有丰富的内涵与发展应用前

景，在人机交互过程中，如果计算机系统能够检测到用户在使用系统功能过程中的情绪状态，那么，系统就可以根据用户的情绪状态进行情感上的需求反馈，以此构建智能化、人性化的人机交互系统，给用户带来更好的服务和使用体验。在医疗卫生方面，普通家庭中可以使用情绪监测了解自己的情绪状态，对影响人健康的消极情绪及时进行调节，研究表明，抑郁症和创伤后应激障碍等精神疾病的预测和诊断也可通过识别情绪状态提供依据；在交通安全领域，对于司机来说，在愤怒、焦虑等不良情绪下更容易引发事故，对司机的情绪、疲劳情况进行监测并及时预警，能够在一定程度上保障交通安全。

情绪干预是指通过心理辅导等手段，使人们对自身潜意识心理过程进行有效的自我觉知、反思、监督、调控，以解除学习障碍、神经症、个性困扰等问题和发挥潜能的心理干预操作过程及其理论体系。

从情绪管理的完整闭环不难发现，“发现”不良情绪，是情绪管理的首要任务。

13.1 技术说明

13.1.1 技术内涵

1. 情绪的内涵

情绪是指人类各种感觉、思想和行为的一种综合的生理和心理状态，是对外界刺激所产生的心理反应，以及附带的生理反应。如喜、怒、哀、乐、惊、恐、忧、静等。

一般认为，情绪包括心境，即一种微弱、平静而持久的带有渲染性的情绪状态，往往在一段长时间内影响言行和情绪。工作成败、生活条件、健康状况等，会对心境发生不同程度的影响。心境的好坏，常常是由某个具体而直接的原因造成的，所带来的愉快或不愉快会保持一个较长的时段，并且把这种情绪带入工作、学习和生活中，影响人的感知、思维和记忆。

激情，即一种猛烈、迅疾和短暂的情绪，一般由某个事件或原因引起的当场发作，情绪表现猛烈，但持续的时间不长，并且牵涉的面不广。

应激，即机体在各种内外环境因素及社会、心理因素刺激时所出现的全身性非特异性适应反应，是在出乎意料的紧迫与危险情况下引起的高速而高度紧张的情绪状态，最直接表现即精神紧张。

2. 情绪管理的内涵

鉴于情绪反应和心境维持是个体，生命特征无法避免。适度的情绪反应和温和心境没有不良影响，而持久的或/和过度的反应可能产生不良影响，极度恐惧、过分紧张、出离愤怒、持续沮丧、过度悲伤、抑郁、焦虑等。此外，对认知思维、记忆、判断、决策都有“反馈性”影响，影响作业效果和人 - 武器系统战斗力，因此，负性情绪需要监测、预警和干预。

对负性情绪和不良心境的实时监测、科学预警和及时干预，构成情绪管理的内涵。

情绪管理的前提是负性情绪和不良心境的实时准确检测，因此，对大规模人群的快速准确筛查，是情绪管理的核心（图 13 - 1）。

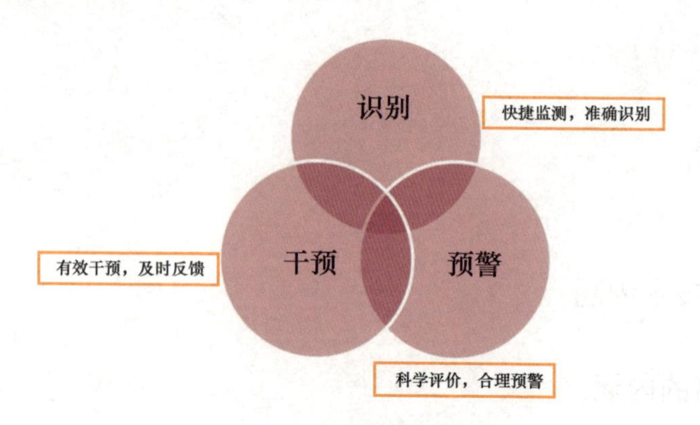

图 13－1　情绪管理的内涵

13.1.2 技术发展脉络

1. 情绪的评价与监测－通用技术

负性情绪和不良心境对个体认知行为的影响不言而喻，因为个体识别和干预的水平不同，因此，很多时候需要科学监测、及时预警和有效干预。

1）检测方法

主观量表法在情绪评价和监测中也很常见，通过诸多通用量表测评，参考对应人群的常模，获得负性情绪和不良心境的程度，为干预措施的选择提供依据。

常用的抑郁情绪量表：

（1）汉密尔顿抑郁量表 HDS；

（2）Carroll 抑郁量表；

（3）Zung 抑郁自评量表；

（4）爱丁堡产后抑郁量表；

（5）贝克抑郁量表。

常用的焦虑情绪量表：

（1）大学生道德焦虑量表；

（2）高职大学生焦虑量表；

（3）激惹、抑郁和焦虑量表；

（4）Liebowitz 社交焦虑量表；

（5）Zung 焦虑自评量表；

（6）（军人）状态－特质焦虑量表；

(7)考试焦虑量表；

(8)老年抑郁量表(GDS)。

主观量表法面临最大的挑战是个体掩蔽性和伪装，受测个体由于多种多样原因的不愿意如实填写，致使量表信度和效度不足。

2)评价及判定

对情绪评价最常见的就是主诉法，由个体直接讲述自己的情绪，或者向心理咨询师诉说，这些是情绪评价第一手资料。但是由于主观评价会受到本人认知的影响，主诉结论通常不能单独使用。有时候需要借助周边人员的他评，判定个体的情绪，如班主任、班长、配偶、家长、同事等密切接触者。他评的参考意义很大，但评价者的主观性也不容忽视。

3)监测方法

近年来，基于生理指标客观分析的情绪识别与监测受到关注，通过监测个人呼吸、心率、血氧、皮肤电、面部表情等生理指标，建立特征算法，实时计算，从而分析个体情绪。

4)干预方法

针对个体和群体的负性情绪，主要手段是主动干预和被动干预，主动干预由本人有意识的完成，而被动干预可以通过寻求帮助实现，如果情况严重，有时候需要具有资质的心理医生甚至精神科医生使用药物。

2. 逆向测评技术－颠覆性精准检测技术

1)概念

解决思路之一逆测量表，越过不良情绪的外在表现，关注不良情绪的本质，从不良情绪的本质入手，避免了因根据不良情绪表现而主观选题的掩盖行为，有利于获得个体真实感受和心理状态。

2)4 个基本出发点

(1)基于不良情绪的本质，即原始原因。

(2)基于不良情绪的来源，即过程原因。

(3)基于不良情绪的思维特点及规律。

(4)隐匿性原则，避免了因根据不良情绪表现而主观选题的掩盖行为，降低了对抗性。

3)结构特点

逆测量表的编排可以区块化，基本模块可以自由排列，测评时间平均约 5min。

4）评价方法

通过本质逆推不良情绪的程度/发生概率，通过与经典方法验证，证明其有效性。

13.1.3 技术当前所处的阶段

1. 情绪的自我管理技术

情绪管理，就是用对的方法，用正确的方式，探索自己的情绪，然后调整自己的情绪，理解自己的情绪，放松自己的情绪。

自我情绪管理，包括心理暗示法，即个人通过语言、形象、想象等方式，对自身施加影响的心理过程；注意力转移法，即把注意力从引起不良情绪反应的刺激情境，转移到其他事物上去，或从事其他活动的自我调节方法；适度宣泄法，把不良情绪释放出来，从而使紧张情绪得以缓解、轻松；自我安慰法，即找出一种合乎内心需要的理由来说明或辩解，为自己的失败找一个冠冕堂皇的理由，用以安慰自己，或寻找的理由强调自己所有的东西都是好的，以此冲淡内心的不安与痛苦；交往调节法，找合适的人谈一谈，具有缓和、抚慰、稳定情绪的作用；情绪升华法，改变不为社会所接受的动机和欲望，而使之符合社会规范和时代要求，是对消极情绪的一种高水平的宣泄，是将消极情感引导到对人、对己、对社会都有利的方向去。

常见的6H4AS情绪自我管理方法，是用以增加快乐，减少烦恼，保持合理的认知、适当的情绪、理智的意志与行为。6H即奋斗求乐、化有为乐、化苦为乐、知足常乐、助人为乐、自得其乐。

另一方面，当陷于苦恼、生气等负性情绪，出现行为冲动时，使用4AS技术来自我管理情绪，以便改变情绪。

（1）值得吗？即自我控制。

（2）为什么？即自我澄清。

（3）合理吗？即自我修正。

（4）该怎样？即自我调适。

情绪自我管理技术失效的情况下，就需要找心理医生和专业人士进行咨询、倾诉，在心理医生的指导、帮助下，克服不良情绪。

2. 情绪的被动管理技术

实践中更多的情况是个体并未觉察自己的负性情绪，而是通过行为分析或/

和生理指标综合分析确认负性情绪，以及在个体自我管理失效时，需要启动被动管理。

被动管理技术包括大规模快速筛查，锁定重点负性情绪趋向个体群，通过社交行为、作业绩效、人际关系的观察，甄别负性情绪个体，确定被动管理人群，采用相应的干预。

情绪干预一般由政委等政治工作人员，以及周围亲近人员包括家人、亲朋好友等完成，严重者需要求助于心理咨询师和心理医生，甚至精神科医生。

3. 相关技术当前所处的阶段

情绪自我管理技术相对成熟，现代工商管理教育如 MBA、EMBA 等均将情商及自我情绪管理视为领导力的重要组成部分。

情绪的被动管理技术难点在于不良情绪的甄别与快速筛查，众多量表的选择本身就包含了对个体情绪倾向性的预判，而现有量表的掩蔽性不足，无法逃脱个体的欺骗性，导致判定结果失真度高，据此展开的干预效果往往相去甚远。目前，急需简单快捷、适合于大规模快速筛查的逆测量表，最大限度地规避了体掩蔽性和伪装，尽可能获得个体真实感受和心理状态，基于此开展的预警和干预针对性可能会显著提高。

13.1.4 对经济社会影响分析

现代社会节奏加快，个体在社会适应中负性情绪的发生率显著升高。管理技术难点在于不良情绪的甄别与快速筛查，众多量表的选择本身就包含了对个体情绪倾向性的预判，而现有量表的掩蔽性不足，无法逃脱个体的欺骗性，导致判定结果失真度高，据此展开的干预效果往往相去甚远。逆测量表越过不良情绪的外在表现，关注不良情绪的本质，从不良情绪的本质入手，避免了因根据不良情绪表现而主观选题的掩盖行为，有利于获得个体真实感受和心理状态。另外，逆测量表简单便捷，5min 左右完成初筛，大大提高大规模筛查的效率，提高受试依从性，提高受测率，基本上实现了现有筛查体系的颠覆。

“健康中国”是习主席提出的新时代建设目标，其中情绪健康备受关注。借助情绪自我管理和被动管理技术，显著提升大众情绪健康程度，减少负性情绪对个体、家庭和社会的损害，意义巨大，前景广阔。

13.1.5 发展意义

现代社会节奏的加快、生活压力的加大导致越来越多的人受到负性情绪的困扰，并且出现了年龄低龄化和程度严重化的趋势。据权威数据，青少年焦虑发病率已经超过30%，每年自杀的青少年超过10万人。高龄老人的情绪问题同样需要关注，65岁以上老年人抑郁发病率超过15%，作为社会中坚力量的中年人抑郁发病率大约为6.8%。

目前，负性情绪的快速诊断和技术有效干预是目前"卡脖子"技术，以至于借助情绪管理，对青少年负性情绪及其倾向的快速辨识、科学管理、及时干预，能够最大限度地减少负性情绪的情绪障碍化和自残自杀方向发展，挽救更多的青少年。

13.2 技术演化趋势分析

13.2.1 重点技术方向可能突破的关键技术点

1. 情绪的识别

一是负性情绪的自动识别，随着生理学指标群选择的进一步合理，监测指标进一步轻便敏感、实时算法进一步优化准确，有望实现个体情绪的客观识别。

二是负性情绪危险倾向的快速大规模筛查，随着初筛的逆测量表进一步简单便捷，掩蔽性进一步提高、针对性进一步聚焦，有望实现大规模群体负性情绪倾向的初筛，大大缩小重点关注对象，进一步减少投入，提高资源利用效率。

2. 情绪的预警

随着负性情绪对健康、对认知和对心理多层面影响的研究不断深研，有望揭示负性情绪作用方式和影响程度之间的规律，明确负性情绪的阈值，为情绪预警奠定基础。情绪的科学预警，是干预启动和效果评价的基础。

3. 情绪的有效干预

随着我国基层心理咨询师和心理医生的比例增加，普通大众接触专业情绪干预的机会大大增加，负性情绪的干预时间点有望进一步提前、干预技术进一步专业、干预效果进一步提升，朝着全民情绪健康的目标更近一步。

13.2.2　未来主流技术关键技术主题

情绪识别是人工智能、机器智能、混合智能的基础，因此，必将成为未来主流技术关键技术，至关重要。

13.2.3　技术研发障碍及难点

目前面临两大难点：一是负性情绪的自动识别，生理学指标多而杂，特异性不够，监测指标多，检测负荷大，对个体干扰作用明显，实时算法出发点不同，结果差异大，导致个体情绪的客观识别效率无法满足应用需求；二是负性情绪危险倾向的快速大规模筛查工具不利，量表多而庞杂，各有侧重，结论不统一，对专业知识要求高，测试时间长、任务重，无法实现大规模筛查。量表中大量使用“抑郁”“焦虑”“失眠”“绝望”“自残”“自杀”等字眼，受测对象抵触情绪很大，故意掩蔽真实感受，结果准确性差，监测误差大，可信度低，无法满足应用需求。

13.2.4　面向 2035 年对技术潜力、发展前景的预判

结合情绪的自动识别技术、人机交互技术和人工智能等技术，能够实现负性情绪和不良心境精准的动态监测、科学预警，为及时干预奠定基础，将负性情绪对作业效能和人员健康的影响缩减到最低程度；结合机器情绪、脑机接口的领域技术进步，实现人机智能融合和脑控操纵，最大限度提升人 - 机器系统的效能。

13.3
技术竞争形势及我国现状分析

13.3.1　全球的竞争形势分析

情绪管理有非常明显的文化特色，汉语体系和西语体系差异巨大，按照“民族的就是世界的”原则，针对中国人情绪管理在全球是独一无二的。

13.3.2　我国相关领域发展状况及面临的问题分析

我国心理学界使用的量表基本上是基于国外自测用通用量表（SAS、SDS、HAMD 等），有学者结合中国人心理特点，开发出中国人化的通用量表。通用量

表注重个体不良情绪的外在表现,且由于自测用途,算法简单,计分方法网络公开,被测人可因"特殊需求"主导结果,故意掩蔽真实感受,因此,往往结果不准确,误导用人单位或学校等管理方;大量负性引导性字眼,测评过程中易诱发或加重受测对象不良情绪,情绪波动也会导致测评结果不准。以下两点导致基于通用量表的情绪识别与监测误差大,可信度低,也影响了情绪预警系统的效能。

由于通用量表的主观性和掩蔽性,近年来,基于生理指标客观分析的情绪识别与监测受到关注。通过监测个人呼吸、心率、血氧、皮肤电、面部表情等生理指标,建立特征算法,实时计算,从而分析个体情绪。生理指标客观分析的情绪识别与监测技术一般以通用量表的主观评价结果为金标准,而算法的科学性也有待提高。

逆向测评方法越过不良情绪的外在表现,关注引起不良情绪的原因,通过原因推断不良情绪的倾向/发生概率,并与经典方法相互验证,最大限度地避免隐蔽性和个体抵触态度,因此,可获得高准确度的自评价结果。基于逆向测评方法建立的预警和干预体系,敏感度高,针对性强。

参考文献

[1] GEMMA F, AGNÈS R M. Happy software: an interactive program based on an emotion management model for assertive conflict resolution[J]. Frontiers in Psychology, 2023, 13: 935726 - 935726.

[2] 刘晓峰. 情绪管理的内涵及其研究现状[J]. 江苏师范大学学报(哲学社会科学版), 2013, 39(6): 141 - 146.

[3] STINA B, SOFIA J. The meanings of social media use in everyday life: filling empty slots, everyday transformations, and mood management[J]. Social Media + Society, 2022, 8(4).

[4] JAMES C, VANESSA M, WILMA G. Passionate projects: practitioner reflections on emotion management[J]. International Journal of Managing Projects in Business, 2022, 15(5): 865 - 885.

[5] ELIZABETHA K, SIVIA B, MICHAL I. Emotion management of women at risk for premature birth: the association with optimism and social support[J]. Applied Nursing Research, 2022, 64: 151568 - 151568.

[6] MARIA H, SUSANNE O L, FRIIS T L. Exercise in the time bind of work and

family: emotion management of personal leisure time among middle – aged Danish women[J]. Leisure Studies,2022,41(2):231 –246.

[7] BRIDGWATER M A., HORTON L E., HAAS G L. Premorbid adjustment in childhood is associated with later emotion management in first – episode schizophrenia[J]. Schizophrenia Research,2022,240:233 –238.

[8] KINORI F S G, et al. Web app for emotional management during the COVID –19 pandemic: platform development and retrospective analysis of its use throughout two waves of the outbreak in spain[J]. JMIR Formative Research,2022.

[9] ZHANG J Y, et al. Emotion management for college students: effectiveness of a mindfulness – based emotion management intervention on emotional regulation and resilience of college students[J]. Journal of Nervous & Mental Disease, 2022,210(9):716 –722.

[10] AN Y, et al. To follow or not to follow? A person – centered profile of the perceived leader emotion management – followership associative patterns[J]. Current Psychology,2022:1 –18.

[11] JUSSI T, ERKKO A, ARI V. Social work, emotion management and the transformation of the welfare state[J]. Journal of Social Work,2022,22(1):68 –86.

[12] RAMONA H, ELENA N L. Parents' emotion management for personal well – being when challenged by their online work and their children's online school[J]. Frontiers in Psychology,2021,12:751153 –751153.

[13] SERGIO M M, et al. Emotion management and stereotypes about emotions among male nurses: a qualitative study[J]. BMC Nursing,2021,20(1):114 –114.

[14] KUŞAKLI B Y, HÜSMENOĞLU M. Emotional labor and management of emotions in nursing[J]. Journal of Education and Research in Nursing, 2021, 18(2):276 –279.

[15] PARK K H, et al. Effects of a short emotional management program on inpatients with schizophrenia: a pilot study[J]. International Journal of Environmental Research and Public Health,2021,18(10):5497 –5497.

[16] JO B. Rolling with the punches: receiving peer reviews as prescriptive emotion management[J]. Culture and Organization,2021,27(3):267 –284.

[17] LARA C. Emotions, emotion management and emotional intelligence in the workplace: healthcare professionals' experience in emotionally – charged situations[J]. Frontiers in Sociology,2021,6:640384 –640384.

[18] WALTERS K J, et al. The role of emotion differentiation in the association between momentary affect and tobacco/nicotine craving in young adults[J]. Official Journal of the Society for Research on Nicotine and Tobacco, 2023.

[19] PAULA A L D D, et al. Effect of emotion induction on potential consumers' visual attention in beer advertisements: a neuroscience study [J]. European Journal of Marketing, 2023, 57(1): 202 - 225.

[20] TAHNÉE E, et al. Whose emotion is it? Perspective matters to understand brain - body interactions in emotions[J]. NeuroImage, 2023: 119867 - 119867.

[21] LING C, et al. The emotion regulation mechanism in neurotic individuals: the potential role of mindfulness and cognitive bias[J]. International Journal of Environmental Research and Public Health, 2023, 20(2): 896 - 896.

第 14 章

核酸疾病防控技术

本章作者

黄渊余　张萌洁

14

基于核酸物质的 RNA 干扰(RNA interference,RNAi)、规律性间隔的短回文序列重复簇(CRISPR/Cas)基因编辑元件、脱氧核糖核酸(DNA)或信使核酸(mRNA)等,将是未来生物医药领域最活跃、最重要的研究方向。RNA 干扰从机制上几乎可沉默所有感兴趣基因的表达;CRISPR/Cas 基因编辑技术可通过高效、稳定的对特定基因进行敲除、敲入和点突变来精准改变或修饰靶基因,实现对基因功能的"关闭""恢复"和"切换";基于 DNA 或 mRNA 的基因治疗则可通过导入外源目的基因纠正基因表达缺陷或异常,或表达抗原制备疫苗。RNA 干扰从 1998 年发现到 2006 年获得诺贝尔生理医学奖仅用时 8 年;CRISPR/Cas 系统从 2012 年发现到 2020 年获得诺贝尔奖也仅用时 8 年,而 mRNA 修饰相关的研究也于 2023 年获得诺贝尔生理或医学奖。这三类技术均以核酸物质为基础,是最具革命性的未来医药技术之一,代表了继小分子化合物、单克隆抗体蛋白药物之后的下一代"颠覆性"生物医药发展方向。

核酸药物是指能够直接作用于致病靶基因或者靶 mRNA,从基因转录后、蛋白质翻译前阶段进行基因沉默或激活的各种具有不同功能的寡聚 RNA 或寡聚 DNA,具有特定的碱基序列,不受靶点可成药性限制,能针对难以成药的特殊蛋白靶点实现突破。核酸药物根据其分子大小可以简单地分为小核酸药物和大核酸药物两大类,小核酸药物是指长度约为 15 –40 nt 的寡核苷酸序列,主要包括小干扰核酸(small interfering RNA,siRNA)、微小 RNA(microRNA,miRNA)、小激活 RNA（small activating RNA，saRNA）、反义核酸（Antisense Oligonucleotides，ASO）、核酸适配体（Aptamer）等，而 mRNA 则是代表性的大核酸药物。

通过序列设计、优化可获得抑制蛋白产生的 siRNA 分子或者表达病原相关蛋白/相关宿主蛋白的 mRNA 分子，利用特定的递送系统将其导入人体，人体细胞会根据 siRNA 分子携带的“指令”抑制蛋白产生，实现疾病治疗；或根据 mRNA 分子携带的“指令”翻译出抗原蛋白/相关宿主蛋白，其中抗原蛋白通过“训练”免疫系统，使它获得识别和对病原体做出反应的能力，是近年来生物医药领域的一项新兴技术。

理论上，只需获得靶基因的 mRNA 序列，即可设计、合成相应的 siRNA 药物；通过获得病毒的 RNA 序列，即可立刻合成相应的 mRNA 疫苗。以新冠病毒为例，假如毒株持续变异，导致现有疫苗的保护率下降，疫苗厂商可以通过重新测序来确定变异后的 S 蛋白序列，且不需要对现在的生产流程进行变更，短时间内就能投放新疫苗缓解疫情。mRNA 疫苗由于其不需要经历接种、灭活以及蛋白表达等特性，所以生产速度极快，可以快速放量满足迫切的接种需求。

核酸疾病防控技术灵活且全能的药物生产管线既节约了成本又提高了效率，核酸（siRNA 或 mRNA）生产只需要核苷酸即可，为通用的平台型技术，因此，在同一条生产流水线上，可以生产出具有不同核酸序列、用于不同治疗领域的核酸药物。

14.1 技术说明

14.1.1 技术内涵

由小核酸 siRNA 或者 miRNA 介导的基因沉默现象称为 RNA 干扰。RNA 干扰是生物界中一种古老而且进化上高度保守的基因表达调节机制。siRNA 是一类长度在 19~25 个核苷酸的短双链 RNA 分子，以序列特异性的方式介导靶向 mRNA 降解以沉默任何与疾病相关的基因。理论上，几乎任意致病基因均可设计筛选得到 siRNA 药物。

mRNA 则是通过表达相关宿主蛋白实现疾病的治疗，或者通过表达抗原蛋白“训练”免疫系统，使它获得识别和对病原体做出反应的能力，从而实现疾病的预防。

因此，通过将特定序列的核酸（siRNA 或 mRNA）引入患者所需的组织，多种威胁生命的疾病可以得到更精确和个性化的治疗。

14.1.2 技术发展脉络

1998 年，Mello Craig C 和 Andrew Fire 等利用双链 RNA 有效沉默秀丽隐杆线虫的靶基因，首次提出了“RNAi”的概念。2006 年，RNAi 的发现者 Andrew Fire 和 Mello Craig C 获得了诺贝尔生理医学奖，这进一步使得来自基础研究领域和制药行业的大量研究团队和资金投入该领域。然而，在 2008 年至 2012 年期间发生的一系列事件，引发了行业的负面连锁反应，使得该领域进入低谷期。但紧接着的多项临床试验获得预期的验证性结果，以及制药技术的不断发展迭代，使得该领域从 2013 年开始迅速恢复并发展。经过 20 年的征程，美国食品和药物管理局（FDA）和欧盟委员会（EC）于 2018 年批准 Onpattro®（Patsiran，ALNTTR02）作为第一个基于 RNAi 的商业治疗药物，用于治疗遗传性转甲状腺素。随后 Givlaari®（Givosiran）、Oxlumo®（Lumasiran）、Leqvio®（Inclisiran）、Amvuttra®（Vutrisiran）以及 Rivfloza（Nedosiran）等几款 siRNA 药物也相继获批上市，其中 Leqvio（乐可维）于 2023 年 8 月在中国获批正式上市，这都必将促进 RNAi 药物突飞猛进的发展（图 14-1）。

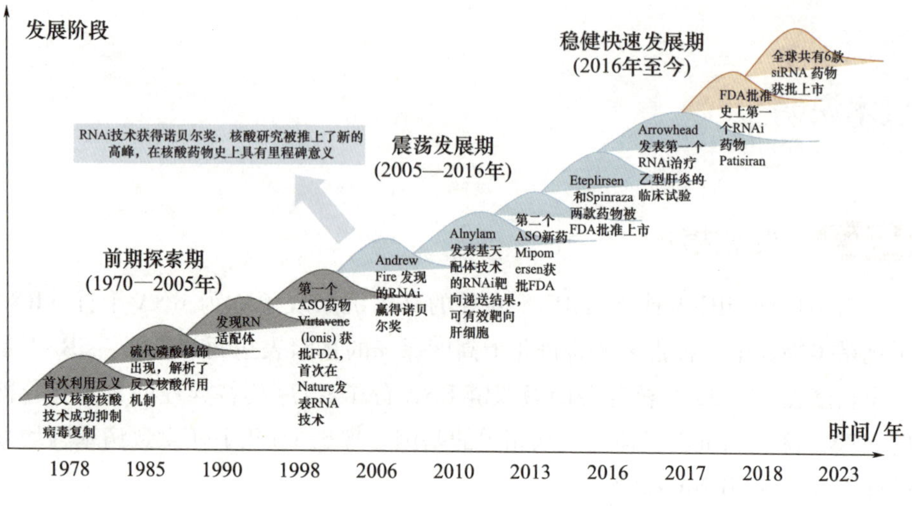

图 14-1　RNA 干扰疗法技术的发展历程

1961 年,法国生物学家弗朗索瓦·雅各布和南非分子生物学家、遗传学家 Sydney Brenner 为首的 9 名科学家宣布成功分离 mRNA。同月,弗朗索瓦·雅各布和另一位法国生物学家 Jacques Monod 提出 mRNA 在基因调控中可能发挥的巨大作用,自此科学家首次知道 mRNA 的存在,并发现它在 DNA 和蛋白质之间充当了负责传递遗传信息的"中间人"角色。1990 年,Wolff Jon A 等将体外转录的 mRNA 注射至小鼠骨骼肌内,通过检测发现其可在小鼠肌肉细胞内产生相应蛋白,并产生免疫反应,由此发现 mRNA 具备成为治疗性药物的潜力。2001 年,离体 mRNA 转染树突状细胞首次进入临床试验。2005 年,生物化学家卡塔琳·考里科(Katalin Kariko)和美国宾夕法尼亚大学免疫学教授德鲁·韦斯曼(Drew Weissman)合作提出通过化学修饰核苷酸合成的 mRNA 可大幅提升在动物体内的稳定性。随后,韦斯曼和诺伯特·帕迪(Norbert Pardi)等指出,脂质纳米颗粒是 mRNA 在机体内的合适载体,有潜力成为具有临床价值的递送编码治疗性蛋白的 mRNA 工具。2020 年,辉瑞/BioNTech 公司合作研发的 BNT162b2 以及 Moderna 公司研发的 mRNA1273,是世界上首次获批上市的两款 mRNA 疫苗。2023 年,诺贝尔生理学或医学奖授予 Katalin Karikó 和 Drew Weissman,以表彰他们在核苷碱基修饰方面的发现,这些发现使得针对 COVID-19 的有效 mRNA 疫苗得以快速开发(图 14-2)。

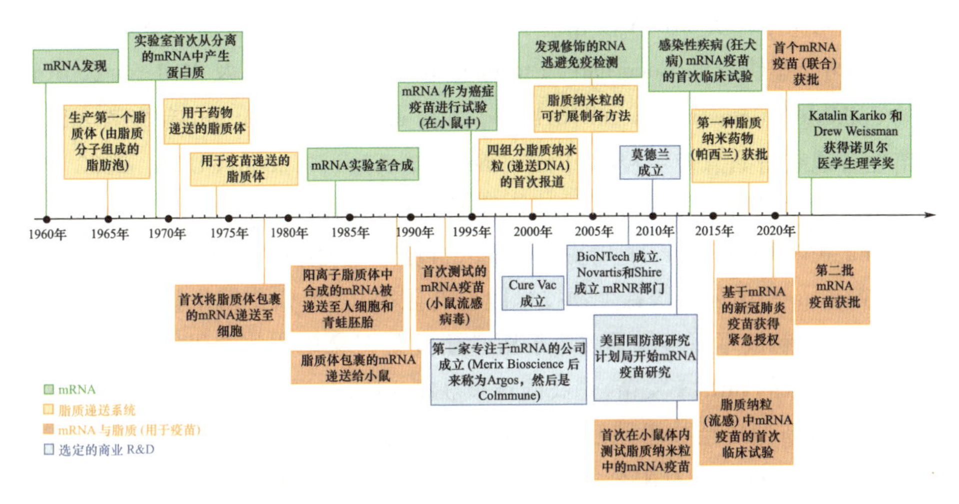

图 14 - 2 mRNA 疗法技术的发展脉络

14.1.3 技术当前所处的阶段

14.1.3.1 研发状态

随着 Onpattro、Givlaari、Oxlumo、Leqvio、Amvuttra、Rivfloza 6 款 siRNA 药物接连上市，目前，越来越多的候选药物正在进行临床前研究或等待获得临床研究的许可。Alnylam 公司目前研发的治疗补体介导的疾病 Cemdisiran 正处于临床三期研究，治疗血友病的 Fitusiran 正处于临床三期研究，治疗阿尔兹海默症的 ALN - APP 正处于临床二期研究，治疗非酒精性脂肪性肝炎的 ALN - HSD 正处于临床二期研究。它们的适应症包括传染病、心脏代谢性疾病、罕见或遗传性疾病、眼科疾病、癌症等(图 14 - 3)。

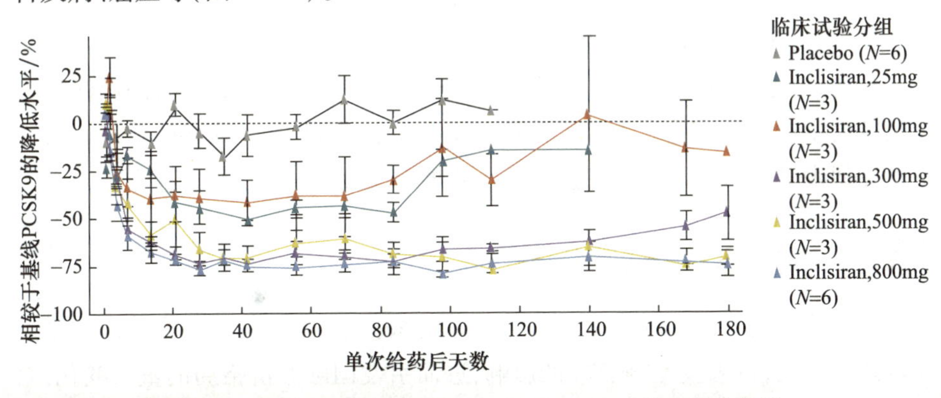

图 14 - 3 乐可维/英克西兰(Leqvio/Inclisiran)临床试验数据

2020年，有2款mRNA疫苗获批FDA批准正式上市，分别是BioNTech和Pfizer公司合作研发的Comirnaty®（tozinameran，BNT162b）以及Moderna公司研发的Spikevax®（elasomeran，mRNA1273）两款mRNA疫苗，此外，有多款mRNA疫苗在各地获得紧急使用授权（Emergency Use Administration，EUA）。2022年9月29日，印度尼西亚国家食品药品监管局宣布我国新型冠状病毒mRNA疫苗AWcorna获得EUA，用于18周岁及以上人群通过主动免疫来预防新冠病毒性肺炎。AWcorna是由云南沃森生物技术股份有限公司、苏州艾博生物科技有限公司、中国人民解放军军事科学院军事医学研究院三家单位共同研发的一款针对新冠原始毒株的mRNA疫苗，是我国首款获得EUA批准的mRNA新冠疫苗，标志着我国在新型疫苗技术路线方面取得的重大进展。2022年12月8日，斯微（上海）生物科技股份有限公司宣布其自主研发的mRNA新冠疫苗在老挝获批EUA，是中国第一个获得EUA的新型冠状病毒变异株mRNA疫苗。2023年3月22日，石药集团发布公告称，公司旗下新型冠状病毒mRNA疫苗SYS6006在中国纳入紧急使用，是我国首款自主研发并获得EUA使用的mRNA疫苗产品。

14.1.3.2 技术成熟度

目前，人们对siRNA治疗药物的作用机制、特异性、稳定性、给药等方面已有了较为深刻的认识，针对肝实质细胞递送建立了成熟的N′-乙酰半乳糖胺（GalNAc）缀合技术，肝细胞靶向的siRNA药物开发方面已进入成熟阶段。同时，目前针对其他组织与细胞亟待研究建立高效安全的siRNA递送技术。整体而言，siRNA制药已处于技术相对成熟阶段，但未进入广泛开发药物的发展阶段。

mRNA疗法技术靶点选择范围广、机制新颖、安全性高、修饰难度低且序列开发快，但关于mRNA递送、脱靶和免疫原性这些关键问题，尚未得到很好的解决。目前，通过调节与mRNA翻译和新陈代谢有关的结构元件，其翻译活性的半衰期已由以分钟计算变为以天计算。整体上，mRNA制药领域的技术以及相关产品研发管线，仍处于行业、技术发展的早期发展阶段。

14.1.4 对经济社会影响分析

核酸疗法新兴技术的快速发展对产业组织和结构、投资等整个经济体系产生渗透和重构，带来技术“归零”的影响，进而引发国际经济格局的重大变化，对国际经济格局、社会发展、人民健康产生革命性影响（图14-4）。

分类	商品名	通用名	公司	获批年份/年	靶点	递送系统	适应症	给药方式
ASO	Vitravene	Fomivirsen	Lonis,Novartislonis	1998 (已退市)	CMV UL123	无	巨细胞病毒视网膜炎	玻璃体腔注射
	Kynamro	Mipomersen	Lonis,Sanofilonis	2013 (已退市)	ApoB-100		纯合子家庭性高胆固醇血症	皮下注射
	Spinraza	Nusinersen	Ionis,Biogen	2016	Exon 7 of SMN2		脊髓性肌萎缩症 (SMA)	鞘内推注
	Exondys 51	Eteplirsen	Sarepta	2016	Exon 51 of DMD		杜氏肌营养不良证 (DMD)	肌肉注射
	Tegsedi	Inotersen	Ionis	2018	TTR		家庭性淀粉样多发性神经病变	皮下注射
	Waylivra	Volanesorsen	Ionis	2019#	ApoC lll		家庭性乳糜微料血症综合征	皮下推注
	Vyondys 53	Golodisen	Sarepta	2019	Exon 53 of DMD		杜氏肌营养不良症	静脉注射
	Viltepso	Vitolarsen	Nippon Shinyaku	2020*	Exon 53 of DMD		杜氏肌营养不良症	静脉注射
	Amondys 45™	Casimersen	Sarepta	2021	Exon 45 of DMD		杜氏肌营养不良症	静脉注射
	Qalaody™	Tofersen	Biogen,lonis	2023	SOD1		肌萎缩侧索硬化	鞘内推注
siRNA	Onpattro	Patisiran	Alnylam	2018	TTR	LNP	家庭性淀粉样多发性神经病变	静脉注射
	Givlaari	Givosiran	Alnylam	2019	ALAS1	GalNAc	急性肝小啉症	皮下注射
	Oxlumo	Lumasiran	Alnylam	2020**	HAO1	GalNAc	原发性高草酸尿症1型	皮下注射
	Leqvio	Inclisiran	Alnylam,Novartis	2021	PCSK9	GalNAc	高胆固醇血症	皮下注射
	Amvuttra™	Vutrisiran	Alnylam	2022	TTR	GalNAc	淀粉样变性的多发性神经病	皮下注射
	Rivfloza	Nedosiran	Novo Nordisk	2023	LDH	GalNAc	原发性高草酸尿症	皮下注射
Aptamer	Macugen	Pegaptanib	Pfizer,Eyetech	2004** (已退市)	VEGF-165	/	新生血管性年龄相关性光斑变性	玻璃体腔注射

图 14－4　已上市/被批准的小核酸产品

注:未特别标注的均由 FDA 批准;# 代表仅由 EMEA 获批;＊ 代表由 FDA、日本获批;＊＊ 代表由 FDA 以及 EMEA 获批。FDA:Food and Drug Administration,美国食品药品监督管理局;EMEA:Europe,the Middle East and Africa,欧洲、中东以及非洲三地的合称;CMV:cytomegalovirus,巨细胞病毒;ApoB－100,Apolipoprotein B－100,载脂蛋白 B－100;SMN:survival motor neuron,运动神经元存活基因;DMD:duchenne musculardystrophy,杜氏肌营养不良;SOD1:superoxide dismutase 1,超氧化物歧化酶 1;TTR:transthyretin,转甲状腺素基因;ALAS1:5′－Aminolevulinate Synthase 1,5′－氨基乙酰丙酸合酶 1;HAO1:hydroxyacid oxidase 1,羟基酸氧化酶 1;PCSK9:proprotein convertase subtilisin/kexin type 9,前蛋白转化酶枯草溶菌素 9;LDH:lactate dehydrogenase,乳酸脱氢酶;VEGF－165:vascular endothelial growth factor－165,血管内皮生长因子 165;LNP:lipid nanoparticle,脂质纳米颗粒;GalNAc,N’－乙酰半乳糖胺。

核酸药物设计简便、研发周期短、候选靶点丰富。灵活且全能的药物生产管线既节约了成本又提高了效率,核酸(siRNA 或 mRNA)生产只需要核苷酸即可,为通用的平台型技术,因此,在同一条生产流水线上,可以生产出具有不同核酸序列、用于不同治疗领域的核酸药物。此外,不同的核酸生产所需要的原材料、生产流程以及对应所需的生产设备具有一定的通用性,相同的生产线可以按照市场需求柔性生产不同药物,既不涉及病原体,也不涉及细胞培养或发酵体系,从而将生产能力扩展至最大。这种扩建的简单性是其他常规药物、疫苗生产所不具备的。

14.1.5 发展意义

在当前新的国际技术变革形式下,自主建立我国主导的创新产业链,逐渐消除对国外的技术依靠十分重要。我国的核酸诊疗技术产业起步较晚，技术发展和经验积累薄弱，与本土相关企业的合作并不密切，总体上仍旧落后于西方。核酸诊疗作为新兴医药领域的重要组成部分，已经在国际市场上占有较高比重，尤其在目前新冠疫情大规模流行的情况下，mRNA 疫苗等核酸药物的研发也已逐渐成为研究焦点。

在新的发展阶段，探索构建科研系统与市场的联系，建立健全供需体系，借鉴国外已有经验，发挥产业联盟的协同优势，完善我国核酸药物技术交易市场，加速技术与产品的产业化，才能够消除"断链"的影响。但我国在核心技术上与国外仍存在壁垒，使得该领域的推进较为困难。因此，建立与发展我国自主研发的核酸诊疗技术手段，才能够打破关键技术的"卡脖子"现状，与国际前沿研究接轨。

14.2 技术演化趋势分析

14.2.1 重点技术方向可能突破的关键技术点

14.2.1.1 药物研发周期和疾病治疗类型

理论上，任何感兴趣的基因均可设计筛选 siRNA 分子实现靶基因的精准抑制；同时，通过设计携带编码一种或多种蛋白的 mRNA 序列，或根据每位患者的情况量身定制个性化序列，可用于几乎各类疾病的治疗或预防。这一优势使核酸治疗具有比小分子或抗体药物更短的研发周期和更广泛的治疗领域，可以满足小分子或抗体药物不能满足的医疗需求，提高治疗的针对性和效果。

14.2.1.2 给药剂量和给药周期

受益于在 siRNA 结构修饰和给药系统方面的长期不断创新，siRNA 的有效剂量和半衰期分别从毫克减少到 10^{-3} mg，从分钟延长至几个月。GalNAc－siRNA 与精细考究的化学修饰结合，使每季度或一年两次甚至一年一次的 siRNA 注射治疗成为可能，这是医药史上从未实现的伟大成就，这也是该领域"颠覆性"技术特征的最直接体现。这些改进将对整个医疗行业产生广泛而深远的影响，如药物开发、政府管理、患者治疗、医疗保险支付模式、资本市场金融投资等。

14.2.1.3 组织靶向性

mRNA的组织选择性是需要突破的关键技术点。常用的LNP倾向于在肝脏中富集,从而使mRNA可用于肝靶向治疗。然而,mRNA递送到其他器官需要具有器官靶向性的载体递送或者通过适当的给药途径,如阿斯利康(AstraZeneca)对心脏病发作的临床试验是将VEGF mRNA通过心外膜注射,因此,发展注射型、黏膜型以及具有器官靶向性等新型mRNA递送系统十分关键。

14.2.2 未来主流技术关键技术主题

14.2.2.1 核酸设计与修饰

在开发siRNA疗法的早期阶段,许多药物是基于完全未经修饰或稍加修饰的siRNA设计的,以到达目标组织,然后沉默目标基因。然而,这些方法可能会观察到有限的疗效和潜在的脱靶效应。经过化学修饰的siRNA,可有效避免双链siRNA激活先天性免疫反应,并增强活性、特异性和稳定性,同时降低毒性。

mRNA分子结构中5′-帽、3′-多聚(A)尾巴、5′-和3′-UTR与编码区域都可以作为修饰靶标,针对特定应用做出优化组合,以获得最佳的mRNA表达效率、表达时程,达到有效治疗或预防的效果。

14.2.2.2 核酸递送

递送载体和活性药物成分(siRNA或mRNA)都影响体内功效和安全性。递送系统决定了siRNA或mRNA是否能分配到所需的组织和细胞;同时递送载体通常包含新颖的结构,这些成分的安全性或毒性是siRNA或mRNA治疗的另一个决定因素。因此,探索和开发新型、高效、安全的给药系统,选择高活性、低或无脱靶效应的siRNA或mRNA,仍然是制药工业的关键问题。

14.2.3 技术研发障碍及难点

14.2.3.1 技术研发障碍

如何制定具备一定指导性的技术方案,突破国外技术专利的壁垒,发展具有自主知识产权的核酸疗法技术是目前核酸技术发展面临的主要障碍。

14.2.3.2 技术研发难点

如何提高核酸药物的有效性和安全性是核酸治疗开发的两个关键问题。其中提高核酸药物的有效性可从以下几个方面入手:①提高对特定器官、组织或细胞类型的靶向性;②提高细胞摄取效率;③核酸分子在细胞内外稳定性较差,易被肾脏清除或被核酸酶降解；④采用不同的递送载体、转化效率和安全高效的注射方式（肌注型和黏膜型等）。提高核酸药物的安全性可以主要从几个方面考虑：①降低化学修饰引起的细胞毒性；②避免可能引起自身免疫反应；③避免潜在的脱靶效应。

14.2.4 面向2035年对技术潜力、发展前景的预判

科学突破：siRNA药物结合设计独特的递送系统和核酸结构的特定修饰突破了肝外组织靶向递送、稳定性、特异性和给药周期的关键问题。mRNA疫苗结合了理想的免疫特性、卓越的安全性以及核酸疫苗特有的设计灵活性，突破了体内安全高效递送、免疫原性和稳定性的关键问题。

技术分叉：在预防感染性疾病、癌症免疫治疗、蛋白替代疗法、抗体疗法以及改进嵌合抗原受体细胞疗法（如CAR－T）等方面均显示出良好的应用潜力。

产业锁定的判断：从制药行业的角度来看，siRNA和mRNA是两类非常有潜力的候选药物，可以满足核酸治疗、癌症治疗以及疫苗等临床需求。

14.3 技术竞争形势及我国现状分析

14.3.1 全球的竞争形势分析

国外对siRNA和mRNA疗法技术的规律性发现以及指导技术透明度低，很大程度上对其科学细节有所保留。siRNA和mRNA疗法技术不断发展与成熟，多种技术被用于产生更稳定的siRNA和mRNA。全球领先的mRNA创新技术集中在少数生物科技公司投入生产。欧美地区对人才的拉拢、大批研究机构的引入、药企巨头的深度合作，加剧了全球新兴mRNA疗法技术的竞争形势。

全球领先的RNA厂家集中在少数几个中小型科技公司（以Alnylam公司和Ionis公司为主要代表），管线集中在少数几个头部企业。头部寡核苷酸厂家的10余条管线包括3～4个产品，正在做不同适应症的临床试验。大部分投入还在临床前和早期临床一期/二期。

美国和欧洲的头部药企正在深度参与到RNA疗法领域，中国在近几年正快速进入该领域，已经呈现出蓬勃发展的态势。日本、韩国的同类药企参与率较低（图14－5和图14－6）。

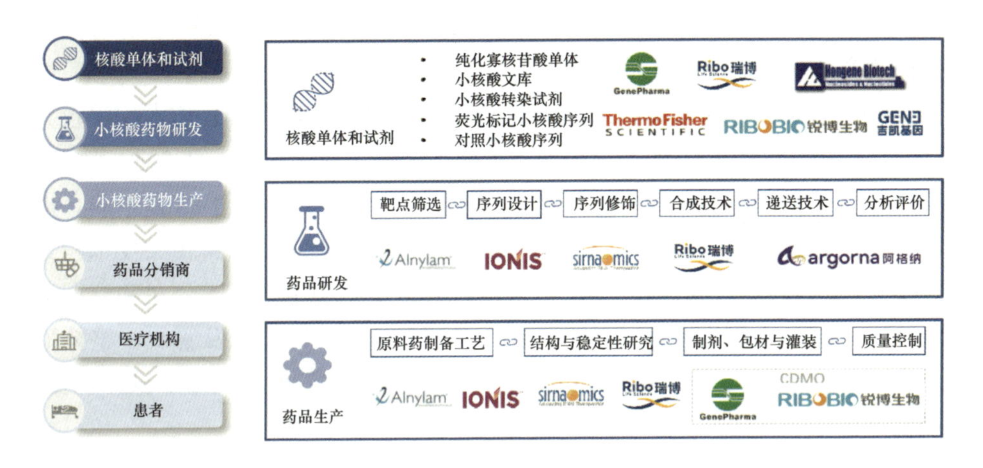

图 14－5 全球小核酸制药的上下游产业链及代表企业(弗若斯特沙利文咨询(中国),核酸药物市场产业现状与未来发展报告,2022)

图 14－6 全球 mRNA 制药的上下游产业链及代表企业(弗若斯特沙利文咨询(中国),核酸药物市场产业现状与未来发展报告,2022)

14.3.2 我国相关领域发展状况及面临的问题分析

政策方面:核酸疗法(包括 siRNA 疗法和 mRNA 疗法)的产业化正处于起步阶段,因此,相关指南性文件比较匮乏。国家对相关项目的支持力度有限。与国际头部公司相比,国内公司起步较晚、布局更加早期、在核心技术和专利积累上相对薄弱。国内关于 siRNA 或 mRNA 疗法有迹可循的经验少、缺乏指南性文件、尚浅产业化经验是大多数企业发展还处于早期阶段的主要原因。

技术层面:与全球管线相比,本土企业在 RNA 领域跟进较慢,技术积累较为薄弱。以 siRNA 为例,苏州瑞博公司与苏州圣诺公司属于国内头部企业,苏州瑞博公司建立了较好的 siRNA 制药相关技术,但整体上仍落后于西方企业。以 mRNA 为例,国内 mRNA 制药企业是近三四年才开始成立、发展,相关技术积累较 siRNA 更为薄弱。我国在 RNA 药物领域大多是小型生物技术公司和合同服务(CRO)公司,大型药企较少布局(包括自研和引进)相关研发管线。整体而言,本土企业的研发管线相对的处于早期阶段,仅少数进展到临床阶段,历史经验较少(图 14－7)。

分类	药品名称	公司	适应症	靶点	修饰/递送	临床进展
ASO	SR063	Ribo瑞博	前列腺癌	AR	－	Ⅱ期
	SR062	Ribo瑞博	2型糖尿病	GCGR	－	Ⅱ期
	注射用CT102	TLONG 天龙集团	肝细胞癌	IGF1R	全硫代修饰	Ⅰ期
	TQJ230	NOVARTIS	降低心血管风险	LPA	GalNaC	Ⅲ期
	GSK3389404	gsk	乙型肝炎	病毒基因组	GalNaC	Ⅱ期
	RO7062931	Roche	乙型肝炎	病毒基因组	GalNaC	Ⅰ期
siRNA	Fitusiran	SANOFI	A型或B型血友病患者中预防出血或减少出血频率的常规预防治疗	抗凝血酶	－	Ⅲ期
	Inclisiran	NOVARTIS	高胆固醇血症	PCSK9	GalNaC	Ⅰ期
	JNJ-73763989	arrowhead	乙型肝炎	病毒基因组	GalNaC	Ⅱ期
	VIR-2218	VIR Brii Biosciences	乙型肝炎	病毒基因组	GalNaC	Ⅱ期
	STSG-0002	Staidson 舒泰神	乙型肝炎	病毒基因组	重组腺相关病毒	Ⅰ期
	SR061	Ribo瑞博	急性非动脉炎性前部缺血性视神经病变	Caspase-2	－	Ⅲ期
	SR016	Ribo瑞博	乙肝	HBV-X	GalNAc	Ⅰ期
sgRNA	CRISPR/Cas9基因修饰BCL11A红系增强子的自体CD34+造血干祖细胞注射液	EDIGENE 博雅辑因	输血依赖型β型地中海贫血	BCL11A基因的红系增强子	－	Ⅰ期

图 14－7 中国小核酸药物临床在研管线(弗若斯特沙利文咨询(中国),核酸药物市场产业现状与未来发展报告,2022)

14.3.3 对我国相关领域发展的思考

我国核酸诊疗产业基本处于起步阶段,在新型体制下,协同攻坚可以凝聚优势,集结自立自强的科技力量。在此次抗击新冠疫情的经验下,我国核酸药物的创制也得到了进一步的发展。在国家有关部门牵头下,各高校、研究所发挥科技创新能力,协同企业攻关核酸诊疗关键技术,转化科技研究成果。

以新冠疫情为例,mRNA 药物的开发仍旧由欧美国家主导,囿于核心技术的桎梏,我国在该领域的研发进程较慢。在新的发展机遇下,除了要攻坚技术细节,获取技术市场,还要加强专利保护,破除新药研发与上市的限制阻碍,扩大产业化规模,才能改善目前我国生物医药与世界主流的"脱节"。

基于以上我国生物医药行业的现状与研发升级的迫切需求,推动医药产业转型升级,加速药物创制和产业化,支持具有自主知识产权的生物医药产业是解决"断链""脱钩"的重要举措。此外,药物研发还需聚焦临床用药,重点关注人民生命健康的需求。

参考文献

[1] WENG Y,XIAO H,ZHANG J,et al. RNAi therapeutic and its innovative biotechnological evolution[J]. Biotechnol Adv. ,2019,37(5):801 – 825.

[2] HU B,ZHONG L,WENG Y,et al. Therapeutic siRNA:state of the art[J]. Signal Transduct Target Ther. ,2020,5(1):101.

[3] HU B,WENG Y,XIA X H,et al. Clinical advances of siRNA therapeutics[J]. J. Gene. Med. ,2019,21(7):e3097.

[4] WENG Y,LI C,YANG T,et al. The challenge and prospect of mRNA therapeutics landscape[J]. Biotechnol Adv. ,2020,40:107534.

[5] HUSSAIN A,YANG H,ZHANG M,et al. mRNA vaccines for COVID – 19 and diverse diseases[J]. J. Control Release,2022,345:314 – 333.

[6] ZHANG Y Q,GUO R R,CHEN Y H,et al. Ionizable drug delivery systems for efficient and selective gene therapy[J]. Mil. Med. Res. ,2023,10(1):9.

[7] ZHANG M,HUSSAIN A,YANG H,et al. mRNA – based modalities for infectious disease management[J]. Nano Res. ,2023,16(1):672 – 691.

[8] 李春辉,胡泊,翁郁华,等. 基因治疗的现状与临床研究进展[J]. 生命科学仪器,2019,17(Z1):3 – 12.

[9] 黄渊余. 首例 RNA 干扰药物问世及该领域技术演化历程[J]. 生物化学与生物物理进展,2019,46(3):313 – 322.

[10] 黄渊余,梁子才. 去唾液酸糖蛋白受体及其在药物肝靶向递送中的应用[J]. 生物化学与生物物理进展,2015,42(6):501 – 510.

[11] 赵子璇,李春辉,周莉莉,等. CRISPR/Cas 系统递送技术及其应用研究进展[J]. 生物化学与生物物理进展,2020,47(4):286 - 299.

[12] 杨海银,张萌洁,翁郁华,等. COVID - 19 核酸疫苗及其纳米递送系统[J]. 中国科学:生命科学,2021,51(7):804 - 818.

[13] PATEL P,IBRAHIM N M,CHENG K. The importance of apparent pka in the development of nanoparticles encapsulating sirna and mRNA[J]. Trends Pharmacol Sci. ,2021,42(6):448 - 460.

[14] HOU X,ZAKS T,LANGER R,et al. Lipid nanoparticles for mRNA delivery [J]. Nat Rev Mater,2021:1 - 17.

[15] 毛开云,陈大明,范月蕾,等. 全球寡核苷酸类药物开发现状与趋势[J]. 中国生物工程杂志,2018,38(4):96 - 106.

[16] QIN S,TANG X,CHEN Y,et al. mRNA - based therapeutics: powerful and versatile tools to combat diseases[J]. Signal Transduct Target Ther. ,2022,7(1):166.

[17] HUANG X,KONG N,ZHANG X,et al. The landscape of mRNA nanomedicine [J]. Nat. Med. ,2022,28(11):2273 - 2287.

[18] KOWALSKI P S,RUDRA A,MIAO L,et al. Delivering the messenger: advances in technologies for therapeutic mrna delivery[J]. Mol. Ther. ,2019,27(4):710 - 728.

[19] DONG Y,SIEGWART D J,ANDERSON D G. Strategies,design,and chemistry in siRNA delivery systems[J]. Adv. Drug. Deliv. Rev. ,2019,144:133 - 147.

[20] ZHANG M,HUANG Y. siRNA modification and delivery for drug development [J]. Trends Mol. Med. ,2022,28(10):892 - 893.

[21] HUANG Y. Preclinical and clinical advances of GalNAc - decorated nucleic acid therapeutics[J]. Mol. Ther. Nucleic Acids,2017,6:116 - 132.

[22] 乔志伟,尤瑾,邹玥,等. 小核酸药物发展态势分析[J]. 中国药房,2022,33(15):1842 - 1847.

[23] 陈有海,杨海涛. 核酸药物的研发现状与应用前景展望[J]. 药学进展,2022,46(5):321 - 324.

[24] LU M,XING H,ZHENG A,et al. Overcoming pharmaceutical bottlenecks for nucleic acid drug development[J]. Acc. Chem. Res. ,2023,56(3):224 - 236.

[25] FITZGERALD K,WHITE S,BORODOVSKY A,et al. A highly durable rnai therapeutic inhibitor of PCSK9[J]. N. Engl. J. Med. ,2017,376(1):41 - 51.

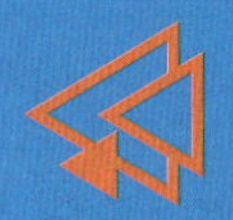

第 15 章

AI 制药技术

本章作者

李晓琼　高智杰　李　博

15

新药研发涉及医学、生物学、化学等多个学科的知识，需要经过临床前研究和临床试验等多个阶段，技术难度大、试验复杂度高、投入资金密集、研发周期长、风险高、回报率低。艾昆纬(IQVIA)2019 年发布的报告中指出，在过去 10 年中，新药从临床试验到研发结束的平均开发时间增加了 26%，2018 年达到 12.5 年。新药开发的成功率逐年不断下降，到 2018 年新冠肺炎疫情前降至了 11.4%。

AI 制药技术是指将自然语言处理、机器学习、大数据、云计算等人工智能技术(Artificial Intelligence，AI)应用到药物研发的各个环节，如靶点选择、临床前药物研发、临床实验设计、病人选择、联合用药推荐以及老药新用等，以提高新药研发的效率，降低临床失败概率及研发成本。

15.1 技术说明

15.1.1 技术内涵

AI技术是近年来计算机科学高速发展的一个分支，是开发用于模拟、延伸和扩展人的思维过程和智能行为的理论、方法、技术及应用系统的一门新的技术科学。AI技术已经被成功应用到智能识别、自动规划、智能搜索、人机博弈、自动程序设计、智能控制、语言和图像处理等各个领域。AI技术通过机器学习、深度学习、图像识别、认知计算等方式在医疗大健康领域发挥了先进的技术推动作用，主要应用于医疗影像的处理、医疗机器人辅助诊断及外科手术、健康大数据辅助健康管理和药物研发等领域。

创新药物研发能力薄弱是我国的短板。传统的药物研发过程是一项以试验为基础的长周期系统工程，最初通过大规模的实验筛选发现靶标后，经过先导化合物的筛选、结构优化、反复的体外实验、动物试验和临床一期、二期、三期试验来进行药效学、药理学、毒性等的测试，直到证明某个药物分子足够安全有效才会被获批上市。一个创新药从研发到最后上市，平均需要花费数十亿美元和10～15年的时间。随着人类环境的改变、疾病复杂程度和老药耐药性的增加、人力资源等成本的上升，新药研发的难度和人力、财力成本近十几年来迅速增加，全球新药研发的成功率和收益率逐年明显下降。

随着计算机技术的发展，药物研发的对象（如分子和蛋白质的结构、相互作用位点等）和研发的过程已经实现了数字化抽象。传统的药物研发试验过程积累了大量的研发数据，这使得AI技术在药物研发特别是临床前药物研发的各个环节能够实现“辅助药物研发”的功能，包括药物靶点发现与验证、蛋白质结构预测、药物ADMET性质预测、新药分子设计与筛选、合成与优化、晶型预测、患者招募、临床试验设计优化等药物研发的主要阶段。

现阶段的药物研发正由传统的“实验科学”向“AI/计算＋试验”的范式发展。AI技术能够提供更高维度的数据分析，其精度和场景应用的广泛性更高，更适用于从复杂的生理、病理模型数据中挖掘潜在的药物靶点，研究药物分子与复杂的生理、病理模型之间的关系，靶点与药物之间的相互作用，个体化用药反应等复杂多维多的医药信息，能够帮助药物化学家更快速地发现合适的药物分子，并设计高效的药物分子生产路线。人类已有的科学知识，如药物与病理、生理环境的复杂相互关系也可通过如贝叶斯模型、知识图谱等方法以数据模型的形式体现，使得 AI 模型更具可靠性和可解释性。

近年来，国外和我国相继诞生了一批以 AI 与计算驱动的药物研发公司，它们以人工智能和计算为核心驱动力研发自有管线药物，或作为第三方服务于制药公司。艾昆纬（IQVIA）2019 年发布的报告中指出，基于 AI 技术的药物虚拟筛选和性质预测区别于长周期的基于试验平台的药物筛选，可实现新药的高效率、低成本研发，有效地减少了所需的试验次数，将新药研发的成功率从 12% 提高至 14%，同时可为全球药企每年节约 540 亿美元的研发费用，节省约 50% 的研发时间。

15.1.2 技术发展脉络

1. 药物研发技术发展

药物研发是指从实验室发现活性化合物后反复测试并优化成为安全有效药物的系统工程，传统的药物研发流程主要包含了药物发现和药物开发两大阶段（图 15－1）。药物发现包括研究疾病的基因组、蛋白质组、转录组等多组学分析和分子生物学分析确定基因功能、疾病的靶点识别和确证、先导化合物的筛选和优化，获得候选药物后进入药物的开发阶段。药物开发阶段是对候选药物进行临床前评价和临床试验评价的过程，需要对候选药物的药代、药理、毒理、安全性、有效性进行系统的评价。

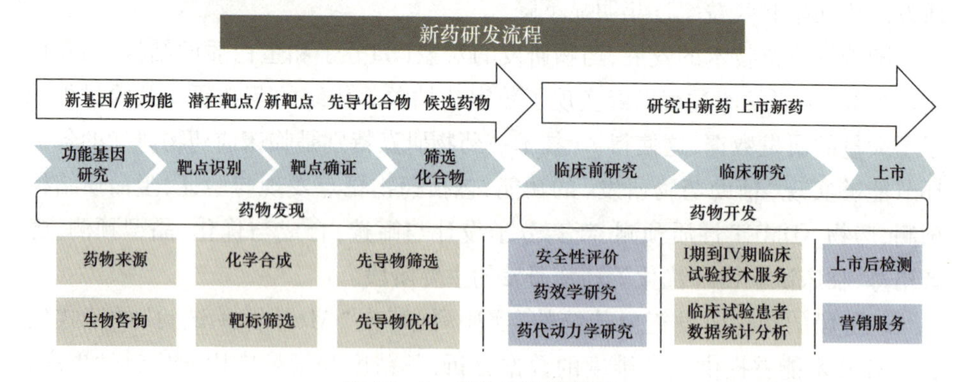

图 15－1 药物研发路线图

从古代到 19 世纪中期，新的药物研发系统所需的基础学科知识如化学、生物学及药理学等尚未建立，缺乏了解疾病发病机制的基础知识，也受限于前工业时代分离纯化或者制备纯化学品的技术能力，对药物的开发几乎完全依赖于植物、植物混合物或植物提取物。现代药物发现之父保罗·埃尔利希发现，药物的化学成分决定了它们在有机体中的作用形式。之后，药物化学的发展让人们得以进一步了解药物的化学结构与活性之间的关系，通过对大量药理活性数据的总结分析，优化先导化合物的结构，从而获得更安全、有效的新药。之后，随着高通量化学和高通量筛选技术的出现，突破了药物发现过程中化学合成和筛选这两个关键瓶颈，大大提高了筛选效率。高通量筛选已经成为制药企业普遍采用的一种药物发现技术（图15－2）。

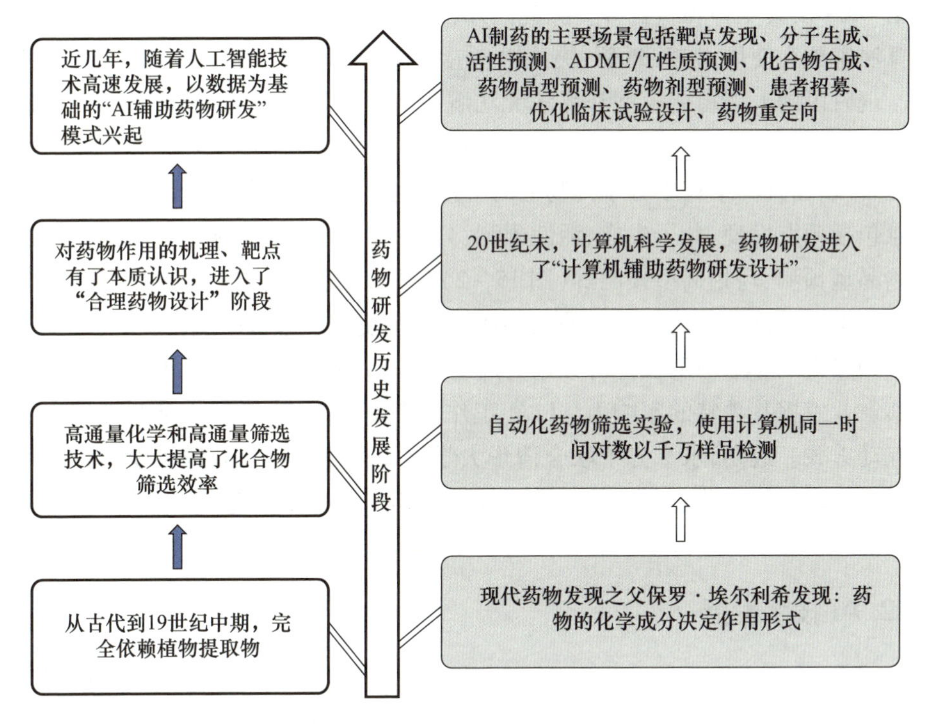

图15－2 药物研发历史发展阶段

随着生命科学研究的突飞猛进，人类对生命体的复杂机理和病理有了较深入的了解，对药物作用的机理、靶点的结构、功能等信息有了一定程度上的本质认识，药物发展进入了“合理药物设计”阶段。

20世纪末，随着计算机科学的发展，药物发展进入了“计算机辅助药物研发设计”（Computer Aided Drug Design，CADD）的阶段。计算机辅助药物研发设计是一种通过计算机的模拟、计算和预测药物与靶点之间的作用关系，结合量子化学、分子力学、药物化学、生命科学、计算机图形学和信息科学等多个学科的知识,从药物分子的作用机制入手进行药物设计和优化化合物结构的方法。

近十几年,随着人工智能技术、大数据和算力的大幅提升,逐渐发展出了以数据为基础的“AI 辅助药物研发”模式,通过建立针对药物研发特定场景问题的模型,对大量以实验为基础获得的药物研发大数据进行学习和数据挖掘,对数据总结规律归纳,反过来优化药物研发各个环节。

目前,AI 制药的算法研究主要是基于数据驱动的机器学习(ML)算法,以及以深度神经网络 DNN 为代表的深度学习算法。在 AI 制药领域主要应用的深度学习算法模型包括卷积神经网络 CNN、Transformer、图神经网络 GNN、生成对抗网络 GAN 及其变种和组合等。除此之外,模型中还经常有许多机器学习中的经典算法来配合使用,如 K 近邻、决策树、支持向量机等。

现阶段的人工智能模型和算法无法解决药物研发领域的所有问题,目前的 AI 制药产业对人工智能技术的应用主要集中在早期药物发现阶段和临床前的开发阶段,而且集中在小分子药物上的应用较多。AI 辅助药物研发应用的主要场景包括靶点发现、分子生成、活性预测、分子 ADME/T 性质预测、化合物合成、药物晶型预测、药物剂型预测等(图 15 -2)。其中,分子生成和分子的活性以及 ADME/T 性质预测是药物发现的核心环节,目前受到了较多的关注。

2023 年,随着 GPT 在各行各业的爆发,大语言模型(LLM)也正逐步在医疗健康产业发挥其独特的影响力。LLM 正作为全新的媒介,重塑人类与知识本身的互动方式。近期,水木分子联合清华大学智能产业研究院开源了全球首个可商用多模态生物医药百亿参数大模型 BioMedGPT - 10B,该模型在生物医药专业领域的跨模态问答任务上的表现突出。

2. AI 技术发展

AI 是指通过模拟人类智能的方式,使机器能够执行类似于人类的智能行为和决策的技术。AI 的概念最早可以追溯到 20 世纪 50 年代,在这个时期,计算机科学家们开始尝试通过算法和逻辑来模拟人类的思维过程。1956 年,达特茅斯会议上正式使用了人工智能这一术语,标志着人工智能学科的诞生。这一时期是人工智能的诞生和萌芽阶段,出现了一些重要的理论和实验,如神经元模型、图灵测试、感知机等。20 世纪 70 年代是人工智能的第一次低谷,由于技术和理论的局限性,一些难以解决的问题暴露出来,如常识推理、语义理解、知识获取等。同时,也出现了一些批评和质疑,如 AI 威胁论、感知器定理等。20 世纪 80 年代是人工智能的第二次高潮,出现了一些新的技术和方法,1980 年,IBM 推出了第一台个人计算机(PC),为计算机技术的普及和发展奠定了基础。20 世纪 90 年代中期到 2010 年,这一时期是人工智能的稳定发展阶段,由于计算机技术的进步尤其是互联网的兴起,加速了人工智能的创新研究,促使人工智能技术进一步走向实用化,人工智能在各个领域取得了一些重要的成果和突破,同时也出现了一些新的研究方向和范式(图 15－3)。

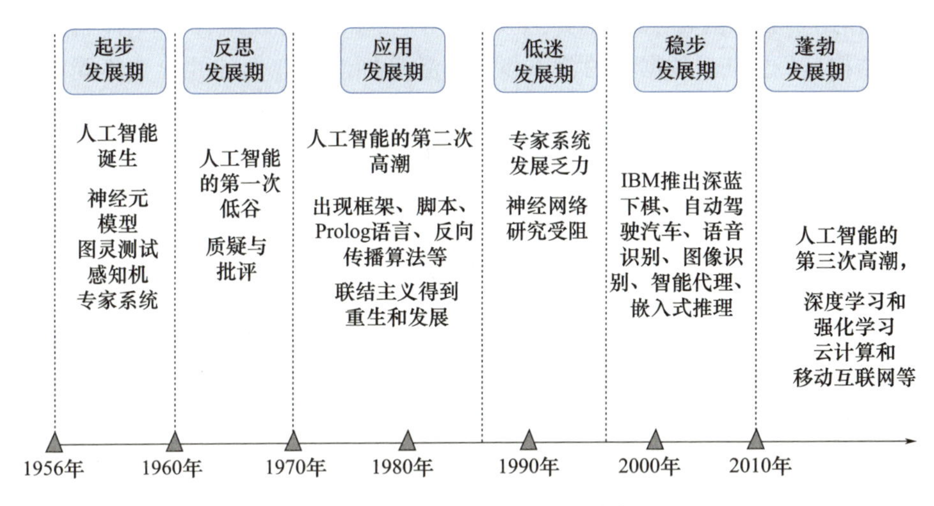

图 15－3　AI 技术历史发展阶段

当前,随着大数据、云计算、互联网和物联网等信息技术的不断进步,泛在感知数据和图形处理器等计算平台的快速发展,以深度神经网络为代表的人工智能技术正以惊人的速度迈向前进。这种发展打破了科学与应用之间的"技术鸿沟",人工智能技术在图像分类、语音识别、知识问答以及无人驾驶等领域实现了技术突破。

2022 年 11 月 30 日,OpenAI 发布了基于 Transformer 模型的 ChatGPT,GPT 作为一种自然语言处理模型,擅长处理与文本相关的任务,如文本生成、辅助写作、机器翻译、情感分析、语法纠错等方面表现优异。2023 年,随着 GPT 在各行各业的爆发,大语言模型也正逐步在医疗健康产业发挥其独特的影响力。

15.1.3 技术当前所处的阶段

1. AI 辅助药物研发应用模式

AI 辅助药物研发在应对不同应用场景需求时,需要经历问题设置、数据集整合、算法模型构建、模型评价、模型优化等过程。针对药物研发的数据集、算法和模型的构建是 AI 辅助药物研发中必不可少的组成部分,其共同构筑并形成了一条完整的虚拟计算路径，包括训练和测试数据集的获取、算法建模、反复训练模型优化、应用测试集评估模型、利用模型进行药物筛选和性质预测等目标。以 Insilico Medicine 公司靶向 DDR1 激酶抑制剂的研发过程为例，可以较好地诠释 AI 辅助药物研发的模式。研究人员在整个过程中通过使用包括 DDR1 激酶抑制剂、作用于非激酶靶点的分子、生物活性分子的专利数据、DDR1 抑制剂的三维结构、过滤 Zinc 数据集的分子和常见激酶抑制剂在内的共 6 个不同的专项数据集，应用自组织映射（SOM）算法构建的药物发现模型"GENTRL"（生成张量强化学习模型）在 21 天内就能够设计出靶向 DDR1 激酶的潜在分子架构，并在 46 天内完成初步的生物学验证。

2. AI 辅助药物研发的数据利用现状

在 AI 辅助药物研发的应用模式下，目标数据集的采集与应用是至关重要的。2019 年，*Nature* 的一篇综述文章梳理了机器学习技术在药物研发中应用所需数据特性，强调了标准化的高维靶标－疾病－药物关联数据集、正常/疾病状态的综合组学数据、高度可信的文献关联分析、成功/失败的临床试验数据、大量训练数据、化合物反应和规则模型、ADME"金标准"数据以及众多蛋白结构数据等在成功的 AI 辅助药物发现应用中都具有重要的作用。

已经积累的不少的开源数据库包含数百万个数据集，是目前支撑药物研发研究数据集需求的最主要来源。这其中包含一般文献数据存储库（如 PubMed）和注释数据库（如中山大学开发的 ncRPheno 数据库）。除此以外，当前支撑 AI 新药研发的重要数据集还来源于高校/大型药企的长期实验数据积累、大型 AI 应用竞赛如 Kaggle、DREAM Challenge 提供的样例数据集等。大多数数据仍是以分散的形式零落在不同的持有主体中，由于药物研发数据的强资产属性和利益关联属性，训练数据的获取显得较为困难。

近年来，也出现了一些组织机构，解决数据集共享的问题。例如，IMI（Innovative Medicines Initiative）发起了 MELLODDY 项目（起止时间为 2019/6/1—2022/5/31），该项目通过基于区块链的创新解决方案，采用联合机器学习方法建立了一个机器学习平台，使得在尊重其高度机密性的同时可以从多套专有数据中学习，数据和资产所有者将在整个项目中保留对其信息的控制权。该项目中的制药公司正在通过提供竞争性数据（超过十亿个与药物开发相关的数据点，数百 TB 的数据量）、标注超过 1000 万个小分子的生物效应的图像数据来证明 AI 药物发现的可行性。

3. AI辅助新药研发的应用技术现状

从1966年计算机首次模拟分子图像到2020年AlphaFold自动预测蛋白质结构,再到2023年清华大学全球首个可商用多模态生物医药大模型BioMedGPT-10B的诞生,近50年来计算机在药物研发领域中逐步扩大了应用范围,标志性代表事件总结如下(图15-4)。

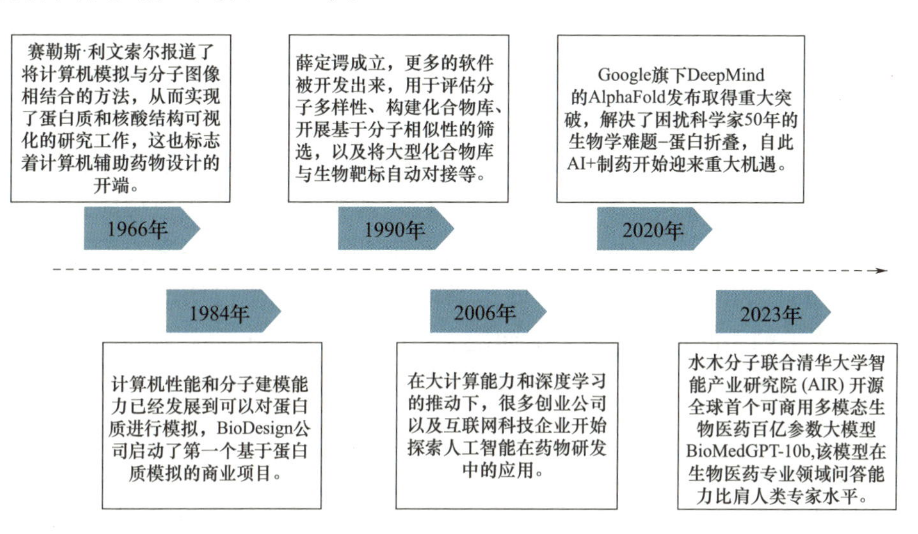

图15-4 计算机在医药研发领域中的标志性代表事件

AI新药研发技术在当前主要集中在小分子药和生物大分子药的从头研发上,大多进行"单点式"突破,针对药物研究"全过程"的应用较少。依照新药研发的全生命周期,据从人工智能应用程序在新药研发各阶段应用发展的潜力,系统生物学、靶点确认、先导化合物筛选和优化、药物临床研究、药物重定向被认为是全球AI新药研发最具变革意义的研究领域。AI技术在药物研发过程中,目前在研发前期、药物发现阶段、临床前试验阶段、临床试验阶段、审批上市阶段都已经形成初步的研究成果。

(1)研发前期。在研发前期,研究人员需要经历长时间的相关知识的学习过程。药物研发相关知识库、数据库、专项主题数据集、标注数据集等是AI新药研发应用的基础来源,对此AI技术的应用体现在两个方面。①扩展和优化海量数据资源。例如,通过机器学习基于实体小分子化合物和化学规则可扩展构建大量的虚拟化合物,加快人类对于未知化学空间的探索;②针对海量异构数据信息资源的整合。通过借助人工智能自然语言处理(NLP)、知识图谱等技术可快速提取能够药物研发的知识并进行聚类分析。英国生物科技公司BenevolentBio

利用技术平台 JACS（Judgment Augmented Cognition System），从全球海量的学术论文、专利、临床试验、患者病历等数据中，提取有用信息用于新药研发。德国制药公司 Boehringer－Ingelheim（BI）通过使用新兴公司 Kairntech 的 AI 软件平台 Sherpa 可以更好地利用现有的非结构化的文本信息。

（2）药物发现阶段。在药物发现阶段，AI 辅助新药研发的应用聚焦于靶点的发现和验证，以及候选药物分子的筛选和优化。现阶段，AI 辅助药物研发技术在靶点发现和药物设计与筛选阶段的技术应用相对成熟，一些高校、科研单位和药物公司均已积累了相关领域的专利技术。据 *Nature* 献报道，现有的人工智能解决方案在药物发现阶段更具先进性。

在加快靶点发现上，AI 应用 NLP/ML 技术针对大型数据集，利用高效的数据整合能力，可以从多维度理解疾病机制、药靶蛋白的结构与功能，从免疫系统、信号通路、分子立体结构等不同角度筛选靶点，从而缩短靶点发现周期。Deep－Mind 公司研发的 AlphaFold 工具能够成功预测蛋白质的折叠方式，解决科学界最棘手的蛋白结构表征问题。Cyclica 开发的 Ligand Express 云端蛋白质组筛选平台，利用 AI 辅助蛋白质组筛选，用于发现能够与小分子化合物结合的新靶点。GeniusMED 通过整合药物信息和疾病信息两大系统，形成“药物相似性网络”“疾病相似性网络”和“药物－疾病关联性网络”。BERG 基于人工智能的 Interrogative Biology 平台技术，通过对多种癌细胞和健康人类细胞样本进行高通量对比测试，寻找治疗疾病的新靶点和诊断疾病的生物标志物。

针对药物筛选和药物设计，从结构生物学出发的 AI 分子筛选技术、AI 分子生成技术可以加速先导化合物的发现和优化，加快候选药物分子的产生。分子对接是一种新的基于理论模拟的药物设计方法，主要用于研究分子间的相互作用即按照受体与配体形状、性质互补的原则寻找已知数据的小分子与靶标大分子作用的最佳构象，预测受体的特征以及受体和药物分子之间的结合模式和亲和力。对此，人工智能面向小分子和生物大分子主要有两种应用方案：一种基于简化分子线性输入规范（Simplified Molecular Input Line Entry Specification，SMILE），利用深度学习等开发的虚拟筛选技术，通过特征模型构建以较低的时间成本以量子力学级别的精度预测小分子的物理和化学特性，筛选出满足特定物理、化学特征需求的候选化合物；另一种是利用人工智能图像识别技术优化高通量筛选过程，如基于蛋白分子结构、基因分子分型尽可能以直观的方式定性推测生理活性物质结构及其活性作用，继而匹配得到最佳分子构象。Exscientia 公司是第一家将药物设计自动化的公司，新型化合物会通过其

AI系统自动进行设计并根据药效、选择性、ADME等其他条件确定合成的优先级。

(3) 临床前试验阶段。在临床前试验阶段,新药研发的主要工作是通过预测候选化合物的ADME/T(吸收、分配、代谢、排泄和毒性)性质,缩小需要实验验证活性的化合物范围,预测不良反应,评估临床试验的可行性,降低临床研究的失败率。在AI技术出现之前,药物ADMET性质的研究主要以体外研究与计算机模拟等方法相结合的方式,研究药物在体内的动力学表现和毒性。AI通过深度神经网络算法,可以有效提取药物结构特征,对已有化合物的结构与ADMET性质进行多维度数据关联并预测新化合物的ADMET性质,可以提升预测的准确度并缩短研发周期。Atomwise公司开发的AtomNet平台基于深度神经网络,可以识别药物的重要结构基团,分析构效关系,识别潜在药物的结构特点。此外,针对候选药物提取、合成、纯化等工艺优化,人工神经网络可解决依靠传统数理方法建模难以解决的多变量优化问题,如人工神经网络非常适合处理配方设计时复杂的多元非线性关系。我国的AI制药领域的代表性企业晶泰科技通过AI技术能完整地预测一个小分子药物所有可能的晶型,大大缩短晶型开发周期。针对临床前实验设计,Desktop Genetics通过利用AI筛查影响CRISPR指导设计生物学变量,辅助研究人员在CRISPR库的指导选择上改进有效性并减少实验偏差。英国Synthace公司基于Antha(用于生物学实验的语言和软件平台)利用AI建立模型来理解复杂的生物学系统,实现了实验工作流程的优化、再现、自动化和扩展。

(4)临床试验阶段。临床试验阶段涵盖临床Ⅰ、Ⅱ、Ⅲ期试验,期间涉及临床试验设计、患者招募和大规模的临床数据处理等工作。其中,招募合适的临床试验患者一直是制药公司面临的难题之一,很多临床试验不得不大幅延长试验时间。借助大数据和人工智能技术可以精准的挖掘目标患者,快速实现患者招募,并对临床试验数据进行有效管理。IQVIA公司的IQVIA CORE将其数据与机器学习相结合,进行准确的患者匹配以提高招募效率。梅奥诊所与IBM Watson合作的临床试验匹配系统将乳腺癌治疗临床试验的平均每月注册人数增加了80%。可穿戴设备与机器学习分析可以提升新药临床试验中的患者参与度、数据质量和操作效率。针对临床前试验设计的优化,AI在云计算强大算力的支持下,可以快速分析大量临床数据,及时优化整个试验进程,降低临床试验的风险。新加坡国立大学创建了一个名为“CURATE. AI”的人工智能平台,可以利用患者的临床数据,如就诊历史记录,快速识别药物剂量,并对肿瘤大小或肿瘤生物标志物水平进行跟踪。针对一些临床试验数据管理长期存在的问题和挑战如记录的可追溯性、方案违背、试验用药物管理流程和安全记录等，Merck 公司利用 NLP 技术自动化工作流程，将非结构化数据和结构化数据结合，关联分析，为安全评估团队创建可视化的商业智能仪表盘，使公司能够识别只有在长期测试中才能识别的异常情况。

（5）审批上市阶段。药物的审批上市需要审评者根据申请单位提交的药学、药理学、毒理学、临床试验等方面的资料，评估药物的安全性、稳定性、有效性等。AI 可以通过对大量文献和实验数据的分析，分析药物的历史审批数据、临床试验结果、文献资料等信息，为审批机构提供审批建议和决策支持。AI 神经网络所擅长的图像识别等技术应用在药物结构色谱图的审评中，可以有效地筛分优劣研究结果，提高结构确证和分析图谱研读的准确性，提升评审效率。此外，上市后药物需要继续进行不良反应监测以确保用药安全。在药物生产供应链方面，AI 技术还可用于识别假药，如 Veripad 利用机器学习技术来识别供应链中的假药。

（6）药物重定向。药物重定向是新药研发实现已上市药物再利用的一种较为特殊的情况。AI 应用于药物重定向通常是通过不同的算法，挖掘疾病 - 靶点间的关系和药物 - 靶点相互作用，通过将已批准的药物和人体 1 万多个靶点和疾病进行关联分析，利用药物结构性质相似性分析，挖掘新的适应症和/或新的联合用药组合。依照新药研发全生命周期，新的用药组合的配伍挖掘通常依据有效性和安全性起始于临床前试验阶段或临床阶段，可以大幅度加速药物研发的流程，降低成本。Benevolent AI 公司的 JACS AI 系统，利用自然语言处理和深度学习算法，对非结构化数据如疾病、药物、试验等，进行结构化处理，挖掘之间的联系，发现药物的新适应症，实现药物重定向。

4. AI 辅助药物研发行业发展现状

药物发现阶段是整个制药过程的核心环节，其中涉及的化合物筛选和优化部分，人工智能凭借机器学习的训练能力能够将候选药物发现的速度和效率大幅提升，从而最为直接地解决医药研发成本高、速度慢的困境。因此，致力于药物发现阶段的 AI 制药公司在所有该领域初创企业中的比重最高。

根据已知企业报告，目前所有药企的 AI 合作按制药阶段分类统计，研发项目超过 2/3 集中在药物发现阶段，包括靶点和生物标记物的确定、先导化合物的筛选、构效关系研究、活性化合物筛选、候选药物筛选等。约占总数 1/4 的项目在临床研究阶段，包括对药物依从性、治疗结果预测、临床数据分析、个性化精准医疗、开发新疗法、病理研究、疾病诊断等。

根据数据显示，全球近 200 家 AI 制药公司中超过 20% 公司披露了其研发管线。其中将近 50% 的研发管线聚焦于肿瘤药物的研发，其次是针对神经系统疾病药物的研发，占比约 23%。另外，针对心血管疾病、肝肾肠胃病、呼吸系统疾病、、罕见病和纤维化的药物研发也占据了一定的比例。

据统计，2014—2022 年全球 AI 制药核心文献的发表数量逐年增长，从 2014 年的 800 余篇增长到 2022 年的 2000 余篇（图 15－5）。发表文献的国家以美国为首，中国位居第二，发表文献的数量约为美国的 70%。英国、德国、印度、加拿大等国家位居其后，但发表文献的数量均少于美国的 25%（图 15－6）。

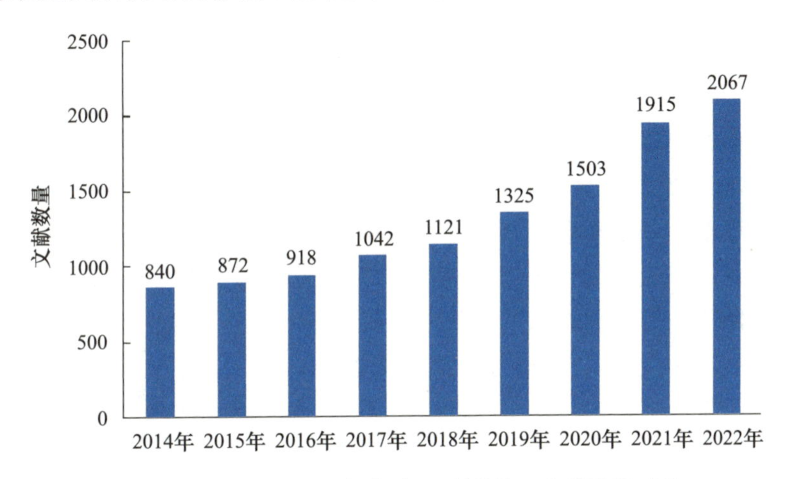

图 15－5　2014—2022 年全球 AI 制药核心文献数量对比

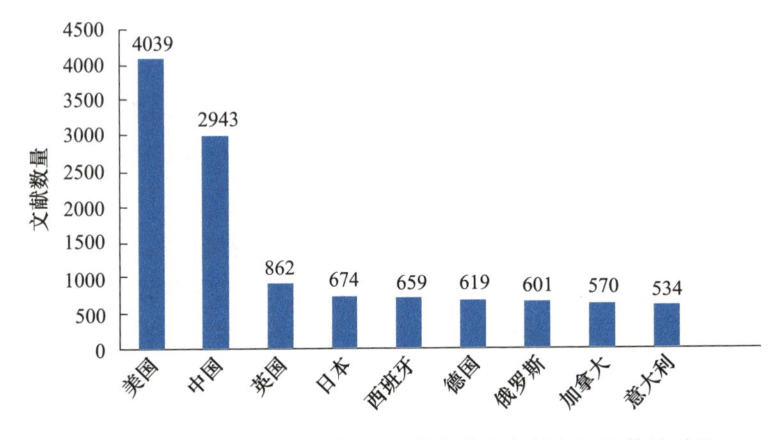

图 15－6　2014—2022 年全球 AI 制药核心文献各地区数量对比

15.1.4 对经济社会影响分析

1. AI 技术的加持降低了新药研发的成本和风险

2019 年，艾昆纬（IQVIA）发布的研究报告中指出，新药的平均开发时间在过去 10 年里增加了 26%，在 2018 年达到了 12.5 年。新药研发的成本在过去 10 年里也快速增长，2018 年开发的平均成本约为 26 亿美元。新药研发的成功率和投资回报率也在逐年不断下降。德勤报告显示，2017 年全球前十二大制药公司的研发投资回报率仅为 3.2%，较 2010 年的 10.3% 下降了 7 个百分点。制药行业的反摩尔定律使得药物研发的成本越来越高，成功率不断下降。因此，迫切需要新技术的突破来解决昂贵且耗时的药物研发问题。

AI 技术的加持大幅度简化了传统的药物研发环节，从临床前到后期临床试验阶段，AI 技术已经融合到药物研发的大部分主要环节。基于 AI 技术的药物研发可实现新药的高效率、低成本研发，将新药研发的成功率从 12% 提高至 14%，将临床前研究的时间缩短约 40%，节约临床试验 50% ~60% 的时间成本。AI 技术辅助药物筛选和临床试验将节省每年近 260 亿美金的化合物筛选成本与约 280 亿美金的临床试验费。这意味着，AI 技术正在孕育一场新的制药革命。

2. AI 技术将助推中国创新药和个性化医疗产业的崛起

随着我国社会老龄化加剧，癌症、心血管疾病、神经系统疾病、慢性呼吸系统疾病、糖尿病、肾病、肌肉骨骼失调等慢性疾病的负担逐年加重。以新冠为代表的突发性传染病也对我国人民健康产生重大威胁。2016—2020 年，我国累计上市 200 多个新药，其中抗肿瘤药物占比最大，其他类别上市新药种类也在逐步增加，但主要还是以来自跨国药企的创新药物居多。

虽然我国已经在降低“天价”抗癌药工作中将关税降至零，也将更多的抗癌药物纳入医保，但若想从根本解决问题，只能提升我国自主研发创新药物的能力，才能逐步摆脱我国传统制药企业原创药研发能力弱的瓶颈。现阶段临床用药无法全面考虑病人个体症状、基因缺陷、基础病症的问题，用药种类、剂量单一。借助 AI 技术可以推动个性化医疗的进程，将大幅度提升临床癌症治疗、罕见病治疗的进程。由大数据支撑的广泛互联、高度智能和可持续发展的医药产业，是未来发展的趋势。现阶段，推动我国 AI 辅助药物研发技术，必将会对我国创新药的研发和大健康医疗行业的发展起到积极的推动作用。

3. AI制药公司投资热度高涨,互联网巨头纷纷入局

自2015年起,国内AI制药融资事件开始零星出现,每年不到10起融资,总融资额不过几亿人民币,这种局面直到2020年被打破。据中信证券数据显示,2020年国内的AI制药的投融资额超过31亿人民币,同比增长近7倍。2021年上半年融资额已超过10亿人民币,诸多AI制药初创公司成绩亮眼,投资热度支持增加。一方面,AI技术对靶点、化合物结构功能、生物基因序列等数据可进行快速信息化处理,加速了研发速度,AI的价值被逐渐释放;另一方面,新冠疫情的爆发加速了AI制药技术的发展。

中国AI制药公司投资热度高涨,多家公司两轮融资时间间隔不超过一年,甚至有公司在一年内完成3轮融资。融资金额最高的晶泰科技从成立以来,已累计完成6轮融资,其中C轮融资在当时创下全球AI药物研发领域内单笔融资额的最高纪录。丽珠集团、药明康德、恒瑞医药等知名药企也纷纷加入AI制药领域。互联网企业也相继入局“AI制药”,华为、阿里云、腾讯、百度、字节跳动纷纷投资AI驱动的药物研发或大健康业务,招募AI-drug团队。

15.1.5 发展意义

1. AI技术赋予新药研发由关系数据驱动的新范式

当前新药研发正在向个性化用药和精准医疗方向发展。面向新药研发的发展阶段已经从疾病的表型到药物、从靶标到药物,逐渐发展到从疾病的分子分型到药物。通过支持疾病个性化基因组学、转录组学等高通量数据分析,找出旧的药物研发模式被忽视的药用通路、应答机制以及其与其他疾病的相关性,AI可更加快速且精准地发现疾病治疗的新靶点与新机制,并为病人个体提供“量身定做”的个性化预防和诊疗方案。AI在加快探索更广阔的化学空间和药靶蛋白空间,促进发现罕见病、癌症等重大疾病治疗药物和单病种“孤儿药”、多病种有效药物创制中潜力无限。

2. AI技术为创新药研发增添新举措

对于我国而言,创新药起步晚于欧美等发达国家,现阶段国内创新药产业也显著落后于头部新药研发外企。AI制药技术的出现为我国创新药产业带来了

新的发展契机。AI 辅助新药研发一旦形成技术落地，凭借其突出的优势将变革新药研发行业。近年来，随着一级市场资本的青睐以及我国特有的人口红利等优势，我国 AI 制药企业从数量和质量上来看都具备了一定的竞争力。在此基础上叠加我国政府对人工智能、健康产业相关支撑性政策，都将为我国创新药行业赋能。

15.2 技术演化趋势分析

15.2.1 重点技术方向可能突破的关键技术点

1. 药物靶点识别与验证

过去 10 年，全球新药研发领域的回报率快速下降，其中一个重要原因就是对疾病的生物学机制理解不足，许多新药研发项目遭遇了后期失败。与此同时，由于对机制理解不足，大批中国创新药研发企业被迫在有限的已验证靶点上展开激烈的同质化竞争。药物靶点是指药物在体内的作用结合位点，包括基因位点、受体、酶、离子通道、核酸等生物大分子。选择有效的靶点是新药开发的首要任务，靶点的确定与选择是药物研发是否成功的首要因素。目前，药企研发管线通常聚焦于久经验证的靶点类型，如超过 60% 的公开靶点为蛋白酶，针对 G 蛋白偶联受体的药物分子的研发也占据了较高的比例。DeepDTnet 深度学习模型中，嵌入了包含基因组、表型、细胞网络、药物分子等 15 种类型的网络，通过将生物医学数据集成分析，通过异构网络中的深度学习对已知药物进行靶标识别，以加速药物的重新利用。

解决药物靶点发现难点的另一有效途径是蛋白质功能分类研究。计算方法可以通过蛋白质序列、结构、基因表达谱、蛋白 - 蛋白相互作用网络、组学数据以及已知功能蛋白质的结构和功能信息等推断目标蛋白质的功能。传统方法有序列同源性比对和结构相似性预测，该方法均需要进行蛋白质相似性搜索，对于序列结构完全新颖的蛋白质束手无策。近年来提出了深度学习模型整合了不同层面的信息以预测蛋白质功能，如 DeepFunc 将基于高维序列的方法转换为信息丰富的低维格式，并将这些数据与从 PPI 获得的拓扑信息有效地结合在一起网络。对多个基准数据集的比较经验分析表明，DeepFunc 胜过其他一些具有代表性的功能预测器。然而，目前对疾病的认知、靶点及机制的发现还存在瓶颈，未来的突破是如何利用大数据和知识图谱的技术在海量的知识中快速且全面地找到决定性的关系和链接构建相互作用，找到新兴的药物靶点并且建立可靠的评估手段以提高靶点发现的准确度。

2. 化合物虚拟筛选

化合物虚拟筛选是利用计算机技术，从海量化合物中筛选对某一特定靶点具有高活性的化合物的过程。AI 技术通过对现有化合物结构、靶点、性质等信息的数据关联分析和与靶点间的相互作用预测，大幅度缩减筛选的时间并提高筛选的成功率。

现有的计算型药物－靶标相互作用（DTI）识别方法可以分为三类：基于文本挖掘的方法、基于生物特征的方法和基于网络的方法。基于文本挖掘的方法通过从文献中提取信息，将药物及其目标的描述作为特征来识别 DTI，然而，语言表达的多样性和文献中发现的信息冲突限制了基于文本挖掘的方法的性能。基于生物特征的方法是利用深度学习方法提取药物和靶标的生物特征来识别 DTI，这些方法通常包括特征提取和 DTI 预测两个关键部分，在一定程度上提高了 DTI 预测的精度，然而，没有考虑药物－药物或蛋白质－蛋白质相互作用。基于网络的方法基于网络拓扑计算药物和目标之间的相似性，通过构建包括药物、蛋白质或两者的网络来识别新的 DTI。目前，大多模型都是针对单一靶点进行筛选，但疾病的发生往往不是由一个靶点造成的，具有多机制、多病理环节和多基因相关性等特点。单靶点药物通过抑制一种信号通路，且会产生耐药性，往往会导致治疗效果不佳。未来更多考虑结合 AI 技术进行多靶点的药物筛选，以达到增效减毒的效果。

3. 药物联用

药物联用是通过预测两个药物的协同效用，使有协同效用的药物能够在保证治疗效果的同时，减少抗药性的产生，并通过降低使用剂量提升药物的安全性。不同药物的组合空间十分庞大，同时，多种药物的联用也带来了药物－药物相互作用（DDI）风险的增加，使用 AI 技术正确评估 DDI，尽可能减少不良药物反应（ADR）影响，最大限度地发挥协同效应也是 AI 制药未来的场景之一。

4. 药物的 ADMET 预测

药物的 ADMET 性质是指药物在人体内的吸收、分布、代谢、排泄和毒性的简称，是药物在体内发挥治疗作用的关键因素。药物的吸收和分布性质直接影响药物在目标组织中的浓度和分布，影响药物的疗效和安全性。药物的代谢性质则影响药物在体内的活化、代谢和排泄过程，影响药物的疗效和毒性。药物的排泄性质也影响药物在体内的清除过程，影响药物的疗效和安全性。目前开发了一些基于 AI 的 ADMET 预测工具，如预测 CYP450 反应物的 CypReact、预测小分子代谢稳定性的 MetStabOn、预测药物理化性质和药代动力学性质的 SwissADME 和 HitDexter、预测 ADMET 性质的 vNN – ADMET 和 ADMETlab、预测化合物毒性的 DeepTox 等。然而，由于器官和组织比细胞系更为复杂且异质性更高，通常在应用中会忽略组织或器官中不同细胞类型的异质性、适应性反应以及微生物组对体内情况的影响等。当前，很多药物的 ADMET 性质预测并不能很好地表征人体体内的实际情况，未来来源于临床相关模型的高通量数据，结合深度神经网络算法对结构特征的有效提取，可能会进一步提升 ADMET 性质预测的准确度。

5. 分子生成

分子生成模型利用人工智能技术深入学习分子结构、活性和药理药效学特征的模式和规律，从而生成具有特定结构特性和活性特征的新型分子。分子生成技术的关键目标是创建具有高质量和多样性的，并且具有特定生物活性的分子库，推动了新型化合物的创新，在药物研发领域具有重要的应用前景。目前，研究人员已经投入了大量精力，尝试各种不同类型的深度学习生成模型，包括变分自动编码器（VAE）、生成对抗网络（GAN）以及自回归模型（如 PixelRNN 和 PixelCNN），实现具有特定药物性质的分子生成。这些模型可以学习并模仿化合物的特征，进而生成从未在自然界中出现过的化学实体。近期提出的 SyntaLinker 基于 Transformer 神经网络的架构，不仅可以生成新颖的分子连接片段，还能根据预定义的约束条件生成完整的分子。这项技术有望为药物化学家提供更多独特和富有启发性的化学结构，推动新药的开发和创新。

6. 蛋白质结构预测

2020 年 11 月，Google 旗下 DeepMind 的 AlphaFold2 发布取得重大突破，解决了困扰科学家 50 年的生物学难题——蛋白折叠。2021 年 7 月，团队在 *Nature* 发文，其与欧洲分子生物学实验室（EMBL）共同利用 AlphaFold2 基于氨基酸序列预测了 350000 个蛋白质的三维结构，几乎覆盖了人类基因组表达的约 20000 个蛋白质（对 98.5% 人类蛋白做出了预测），以及其他 20 多种生物的蛋白质结构。思考 AlphaFold2 能给医药领域带来的潜在变革，可以发现其能与药物研发多场景联用，带来灵感并且提升蛋白质功能预测模型的性能。

7. 多组学数据联用

分子是生命活动的本质，分子生物学层面的基因组、转录组、蛋白质组、代谢组等多组学研究可以更好地诊断检测疾病。AI 技术进行多组学大数据的协同分析，将在药物的靶点发现、药物作用机制、受试者筛选、药物重定向、药物临床试验结果预测等研究方面发挥重要作用。例如，在药物联用领域如何做出组合选择，理论上可以测定每个药物影响的蛋白质的数据，结合人工智能模型，进一步分析联合使用如何影响通路。

8. 个体化医疗

个体化诊疗是以每个患者的信息为基础制定治疗用药方案，从患者基因组、转录组等表达变化的差异来判断治疗效果或毒副作用，对每个患者进行最佳用药方案推荐。AI 应用于个体化医疗的实例包括个性化疫苗设计、癌症治疗、健康管理等。癌症疫苗需要鉴定对患者肿瘤和 MHC 基因型具有高度特异性的抗原肽，并使用这些肽来增强患者的免疫系统。目前已经开发了相关的机器学习和优化方法帮助疫苗的肽鉴定和组装，并已整合到个性化疫苗设计管道中。未来还需整合个体化患者的多层次信息，利用 AI 加速实现更合理、更全面的个体诊疗手段。

9. 药物临床实验

新药开发中资金投入最多的阶段是临床试验阶段，AI 在临床试验的设计、管理、患者招募方面皆有应用潜力。自然语言处理技术可从各种结构化和非结构化数据类型中提取信息，找到符合临床试验入组标准的受试者；也可用于关联各种大型数据集，找到变量之间的潜在关系，改进患者与试验的匹配情况。诺华制药已使用机器学习算法监控和管理所有的临床试验。

15.2.2 未来主流技术关键技术主题

AI 制药技术是人工智能和药物研发的深度交叉过程，AI 制药企业的三大技术核心是数据、算力、算法。算法是方法论，算力是计算能力，而数据则决定了 AI 训练的效果。

人工智能制药本质上是机器通过学习数据，挖掘数据总结归纳规律，反过来优化药物研发环节。运算压力造成的算力问题经常会导致预测结果不够准确，很大程度上制约了 AI 制药的快速发展，无论是药物发现阶段还是临床前研究阶段，都需要强大的算力作为支撑。分子级的研究通常需要更多的计算能力，如何在计算时间和算力成本之间取得平衡成了 AI 制药发展的一项重要挑战。

从计算层面来看，尽管人工智能技术在诸如安防监控和商业活动等领域已经相对成熟，但在制药领域，AI 算法的理论体系还处于建立阶段。举例来说，英矽智能的小分子生成化学 AI 系统最初采用了 200 多种不同的算法计算化合物的结构，但随着时间的推移，他们逐渐淘汰了一些不够准确的算法，将其精简到了约 30 种左右。这表明，算法的精简可以显著提高生成的化合物的准确性和成功率。在算法方面，机器学习算法在新药研发领域被广泛用于分类和回归预测等方面，随着技术发展，深度学习算法在新药研发中的应用越来越广，AI 制药正从传统的大样本训练向小样本学习的模式转变，小样本学习、零样本学习将逐渐在新药研发中得到应用。

在数据层面的挑战，主要体现在数据的合法获取以及如何建立满足大规模训练的高质量数据集。过去，药物研发积累的数据并非为人工智能所备，行业至今没有相关的标准数据集，一般通过公开数据集、文献、药物专利或者购买而来。很多药物的活性数据是来自于文献或者药物专利。这些数据来自全球各地不同的实验室，而每个实验室的实验习惯、数据标准存在差异，可能存在误差，运用这些标准不统一的数据本身就存在系统性风险。人工智能发挥价值的首要条件是充足的优质数据。但现实情况是，整个行业的高质量数据都非常缺乏。目前，AI 制药的数据大多数来源于公开的数据，自有数据量大多存在药企手中，属于企业的核心资产，企业不会轻易共享，数据存在产权保护问题。价值越大的数据，企业越不愿意分享，如药企研发过程中很多失败的案例同样是非常有价值的数据资源，但公开的往往是成功上市的药物研发数据。一个药物的研发时间长达 10 年，如果 AI 制药公司想自己积攒完整的药物研发数据，需要巨大的时间和资金投入。因此，有组织、主动、系统、高效地收集标准的高质量实验数据将成为 AI 制药技术落地的关键。

15.2.3 技术研发障碍及难点

现阶段，AI 辅助药物研发遇到的主要技术研发难点在于数据不足。高校、医院等研究机构和药企掌握的大量的临床实验数据、药物研发数据不共享或共享制度不健全,阻碍了 AI 这一靠数据驱动的技术的发展。AI 模型还需要负样本数据,但这些数据并没有专门记录在任何文献、数据库中。实验研究中大量的失败数据对于 AI 模型的改进是必须的,但高校等科研单位没有数据获取渠道,涉及患者隐私的临床数据的使用以及药物上市后的使用评价相关的数据获取也受到限制。

现有的数据不规范、质量较低、可靠性较差也是影响 AI 制药技术快速发展的另一主要原因。大量的临床数据,如病历等记录难以标准化和数字化。不同试验机构的数据标准不统一,误差较大。目前,用于药物研发的数据一部分是各大药厂在实验研究中获得的实验数据,数据标准不统一,误差较大;另一部分数据来源于计算或者模拟实验种得到的数据,这些计算数据由于计算模型不统一,缺乏各类数据的适应性分析,影响了数据的可靠性。

此外,现有模型的可移植性较差。不同药物靶点拥有不同的活性化合物,但这些活性化合物只占广阔的化学空间中极小的一部分(如针对单一蛋白靶点的活性分子往往不超过 100 种)。这使得针对特定目标建立的 AI 模型难以移植到所有药物研发的问题,或者是模型只适用于极小范围的特定问题。这也是 AI 技术用于药物研发的难点。AI 模型"黑盒"针对药物研发的可解释性较差。AI 模型应用在医疗领域,需要规避"黑盒"模型可能带来的风险,模型做出和使用的决策应该是合理合法的。数据、模型本身的行为,以及模型得到的结果都需要提高可解释性。

现阶段的 AI 模式针对药物的各种性质的预测结果假阳性率较高。在虚拟筛选方面,通过 AI 模型筛选出的数据结果是存在较高的假阳性,评价标准效果不好,数据结果仍需要药物化学专家来进行人工评价。另外,现有模型将化合物和蛋白质转换为计算机能够识别的标识的过程中,总会存在信息丢失,特别是对于药物研发非常重要的分子三维结构的信息,极大地影响到模型对分子性质的判断。生物系统内在的复杂性以及疾病的异质性特征也制约了 AI 分析药物在体内活性的准确性。

15.2.4 面向 2035 年对技术潜力、发展前景的预判

AI 辅助药物研发技术的推动,可大幅度缩短新药研发的周期,减少新药发现的投资,将颠覆传统药物研发的范式。如前所述,现阶段 AI 药物研发企业通过 AI 技术的加持,已经在靶点确认、先导化合物筛选和优化、药物晶型预测、临床患者招募、临床试验设计优化和药物重定向等场景得到应用,每年节约了约

260 亿美元的化合物筛选成本和约 280 亿美元的临床试验费用。若将 AI 辅助药物研发更好地应用于药物研发的全生命周期，将更大程度地节约药物研发的成本。

AI 辅助药物研发有助于加速我国新药研发创新突破，对我国的大健康领域发展意义重大。美国拥有世界上约一半的制药公司和专利，在全球排名 TOP20 的制药企业中，美国上榜的药企数最多，达到 9 家，占比 45%，在研药物数量全球份额也一直稳定在 50% 以上。我国的在研药物数量在全球占比仅为 4.1%。我国新药研发主要以“me too”和“me better”为主，基于新靶点的新药创研发甚少。国内大部分药企的定位都在研发仿制药和承接 CMO（医药生产外包服务）为主，对于小分子化药的仿制能力较强，对于创新小分子药物和生物大分子药物的研发能力较弱。作为全球第二大药物交易市场，我国在新药研发领域的原始创新不足，本土创新原研药数量远远落后于国外，其中罕见病药物市场受国外垄断严重。新药研发重复现象严重，知识产权获国际专利授权比重远低于欧美国家和日本。

2017 年 7 月，国务院发布《新一代人工智能发展规划》，在规划中特别提出基于人工智能技术开展大规模基因组识别、蛋白组学、代谢组学等研究和新药研发，推进医药监管智能化。国家发改委《“十三五”生物产业发展规划》中将“加速新药创制和产业化，加快发展精准医学新模式，构建智能诊疗生态系统”作为重点发展领域，并进一步聚焦了新药创制方向。中国科学院上海药物所牵头的国家“十三五”新药创制的研究项目中将 AI 技术作为最核心技术。2018 年 11 月，工信部《新一代人工智能产业创新重点任务》对于医学标准数据集建设和应用提出指标性要求。该政策的发布有利于 AI 新药研发场景标准化数据的获取和模型训练。2019 年 5 月，我国国家药品监督管理局药品审评中心 CDE 发布《真实世界证据支持新药研发的基本考虑》（征求意见稿），确定了真实世界证据 RWE 在罕见病治疗药物、修订适应症或联合用药范围、上市后药物的再评价、中药医院制剂的临床研发、指导临床研究设计、精准定位目标人群等场景中的应用。2020 年 2 月，工信部科技司向人工智能相关学（协）会、联盟、企事业单位发出《充分发挥人工智能赋能效用协力抗击新型冠状病毒感染的肺炎疫情》倡议书，强调了优化 AI 算法和算力，助力病毒基因测序、疫苗/药物研发、蛋白筛选等药物研发攻关。

AI 制药技术是精准医学的关键技术，是个性化药物设计的关键技术，在临床医学领域的颠覆性不可忽视。基因检测和治疗是个性化医疗典型特点，目前已有通过基因检测对癌症、糖尿病等疾病进行早期诊断，进而采取精准医疗手段及时治疗、延缓病情的案例。AI 制药技术可以通过大量数据库筛选与新分子设计等方式，有效解决未来精准医疗的治疗难题，在未来对临床医学的进步起到颠覆性的推动作用。

从科学技术的发展趋势看，AI 制药技术的发展将带动相关学科领域包括数据处理、模型算法、统计学、生物信息学、药物化学、临床医学等多学科的发展，促进多学科的交叉融合，对我国的科学技术发展起到全面提升的促进作用。

15.3 技术竞争形势及我国现状分析

15.3.1 全球的竞争形势分析

“First in Class”原创药物研发一直是我国的短板，我国“AI 制药技术”的起步较美国、欧洲等发达国家和地区稍晚，目前主要面临以下问题。

(1) 尚未形成重大原创性成果，在限定药物研发应用领域的 AI 技术的基础理论、核心算法等方面差距较大。

(2) 开展 AI 制药研究的科研机构和企业尚未形成具有国际影响力的生态圈和产业链，缺乏系统的超前研发布局。

(3) AI 制药领域的尖端人才缺乏，远远不能满足领域发展的需求。

(4) 适应 AI 制药技术和产业发展的基础设施、政策法规、标准体系等均有待完善。

发展“AI 制药技术”是我国解决药物研发困难问题并在全球医药领域走在前列的好机会，能够把我国在 AI 领域、数据科学领域的研究优势，以及中国医疗领域积累的大量经验和数据，成功转化到药物研发各阶段中去，实现我国创新药物研发的突破。

AI 制药技术的发展对加快创新药物研发，助力我国抢占“first - in - class”药物市场，提升我国药企的全球竞争力具有重要意义。截至 2020 年，全球共有 240 家 AI 新药研发企业，主要分布在美国、英国和加拿大，2020 年吸引了 19 亿美元的投资。AI 制药企业主要有三类：第一类是互联网头部公司，如谷歌、微软、华为、百度、腾讯、阿里巴巴集团等；第二类是国外大型制药企业，如罗氏、阿斯利康、强生、葛兰素史克等；第三类是 AI 制药创新企业，如国外的 Exscienta、BenevolentAI、Atomwise、RelayTherapeutcs 和国内的晶泰科技、燧坤智能等。

现有的制药生态系统正逐渐转向更加多样化的技术合作关系。目前，多款AI制药公司的产品陆续进入临床试验阶段，据不完全统计，全球公开披露超过30款AI辅助药物研发的产品进入了临床研究阶段（或者获批临床试验申请还未开启试验）。

国际代表性的AI制药公司包括以下几个。

（1）BenevolentAI。BenevolentAI公司创立于2013年，是一家英国人工智能和医药研发相结合的公司，总部位于英国，是欧洲最早的AI药物研发公司。公司业务板块分为BenevolentBio和BenevolentTech两部分。BenevolentBio专注于将公司的技术应用到医疗保健和药物发现中，并致力于炎症、神经退行性疾病（如帕金森、阿尔茨海默症）以及其他罕见疾病研究。BenevolentTech将完善和开发推动生物科学发现的AI引擎，并将这一技术应用到其他领域。BenevolentAI推出的判断加强认知系统（Judgment Augmented Cognition System，JACS）系统，凭借其自然语言处理能力和深度学习能力，在短时间内处理散乱无章的海量信息，提取出能够推动药物研发的知识，并发现多维数据间的联系，寻找药物的新适应症，实现药物重定向。

（2）Exscientia。Exscientia公司由邓迪大学（University of Dundee）化学家Andrew Hopkins教授于2012年1月创立，总部位于英国牛津，是一家药物研发AI技术服务提供商。Exscientia一直以来专注于构建计算平台，并提供该平台帮助传统生物医药公司更快地发现新药。Exscientia的主要业务是利用已开发的人工智能平台进行自动化药物的研发指导，利用AI技术挖掘已有药物数据间的关系，设计出上百万种与特定靶标作用的小分子化合物，从药理药效、ADMET等多维角度对化合物进行全面评估并筛选，并对筛选出来的化合物进行实验检测，反馈到AI系统中进行筛选，旨在缩短新药研发进程。其创新研发的Centaur Chemist™平台可显著提高生产效率。新型化合物会通过其AI系统自动进行设计并确定合成的优先级，从而使化合物朝着临床开发所需的候选标准快速发展。该平台凭借其突出的技术已赢得多家大型医药公司的青睐，并已达成多项合作。

在与日本住友制药（Sumitomo Dainippon Pharma）达成的合作中，Exscientia将使用AI设计的用于治疗强迫症（Obsessive - Compulsive Disorder，OCD）的精准工程药物DSP - 1181推进到1期临床开发，以治疗强迫症患者。该项目仅用了不到12个月的时间将其从靶点推进到确定为候选药物研究阶段，使用传统开发方式则大约需要平均4.5年的时间。

（3）AccutarBio。AccutarBio（冰洲石科技）是一家致力于人工智能和高性能计算技术，以解释生物系统的物理和化学性质，从而加速药物研发的公司。它成立于 2015 年,总部设在美国。公司自主研发的 AI 制药数据平台,以蛋白晶体学数据为基础,研发了两个主要产品 Chemi - Net 和 Orbital。其中,Chemi - Net 是精准预测药物性质的软件系统。Orbital 是一个基于深度神经网络力场打分的分子对接平台。AccutarBio 目前已在上海、纽约布局了 AI 计算实验室和生化实验室,建成一条共计超过 10 个生物新药的产品管线,涵盖“first - in - class”和“best - in - class”药物靶点。

(4) Virvio。Virvio 公司成立于 2014 年,是一家临床前的生物治疗公司,专注于开发传染病、流感病毒的新型蛋白质治疗解决方案,致力于利用深度学习算法模拟蛋白质合成,用于满足分子靶标和适应症筛选的要求,其合成的蛋白质结构稳定性高,并且可制造。针对美国每年 56000 例的流感死亡人数和市场上流感疫苗的高耐药性、低效率的状况,Virvio 蛋白质合成平台模拟出一款名为 HB36.6 的蛋白质结构,能够加强对诸如 H1N1 和 H5N1 型流感的免疫能力,降低感染风险,是抗病毒药物的候选物。

(5) Insilico Medicine。Insilico Medicine 公司是一家利用人工智能技术进行靶点发现、小分子化学和临床研发的生物科技公司,成立于 2014 年,总部位于美国马里兰州巴尔的摩。该公司在应用下一代人工智能技术方面进行了多项全球合作,积累了非常深厚的学术资源,拥有超过 150 名学术和行业合作者。其中 2013 年诺贝尔化学奖获得者、斯坦福大学教授迈克尔·莱维特博士是 Insilico Medicine 科学顾问委员会的成员。Insilico Medicine 的业务体系全流程覆盖,使用人工智能寻找新药、验证新药、测试新药。此外,该公司还开发了多个药物研发平台,包括 Chemistry42(用于药物设计的自动化机器学习平台)和 inClinico(用于临床风险评估和投资组合分类)。公司在 2018 年 6 月与我国制药企业药明康德达成战略合作,以期筛选出理想的临床前药物候选分子。

(6) Atomwise。Atomwise 公司成立于 2012 年,是一家开发人工智能药物研发平台的公司。该公司的平台使用深度学习技术,可以快速筛选大量化合物,预测那些可能以高亲和力结合的化学结构,从而加速药物的研发过程。公司开发的 AtomNet 化合物筛选系统,是一款基于卷积神经网络的 AI 系统,旨在运用超级计算能力和复杂的算法模拟制药过程,预测新药的效果,能够在几天时间内完成对新药的评估,为制药公司、创业公司和研究机构提供化合物筛选服务。

Atomwise 是较早开展商业化落地应用的公司,在 2012 年 5 月,与默沙东公司签署合作协议,帮助其完成药物研发早期的化合物筛选工作。2015 年,Atomwise 利用 AI 制药平台,在不到一天的时间内对现有的 7000 多种药物进行分析,成功地寻找出能控制埃博拉病毒的两种候选药物,并且成本不超过 1000 美元

(传统技术需要数年时间和数十亿美元成本)。

(7)Trials. AI。Trials. AI 是一家位于美国圣迭戈的 AI 公司,致力于通过改善试验设计方案和试验流程管控来加速临床试验进程和提高试验效率。公司开发的临床试验管理系统整合了临床方案设计、流程监控、用药依从性、数据分析等功能,能够实现对整个临床试验的全流程管理。在方案设计阶段,系统会根据每种药品的属性、药企的要求、受试者的情况等进行方案设计,并在方案中约定各方的权利和义务,最大限度地减少违约风险。对于流程监控,系统能够对整个试验流程进行动态监控,如果出现意外情况,系统会主动向管理人员发出报警,以便及时处理。在用药依从性研究方面,临床试验经常会发生受试者不按要求用药的情况,且试验管理者无法及时掌握相关情况。系统能够对受试者的日常活动实现智能管理,按时提醒他们用药,并将相关情况反馈给管理者,从而保证试验的效果。针对数据分析,系统能够对用药数据、进程数据、受试者反馈数据实现智能分析并给出建议,供管理者参考决策,通过数据来全面反映试验效果。

(8)IBM Watson Health。IBM Watson Health 是 IBM 公司的一个部门,专注于使用人工智能技术辅助医疗健康领域的数据管理和分析。该部门使用 IBM 的 Watson 人工智能平台,为医疗健康行业提供一系列的解决方案,包括临床决策支持、患者数据管理、药物研发等领域。Watson Health 的产品 Watson for Genomics,是一种基于人工智能的基因组学分析工具,可以帮助医生更准确地诊断和治疗癌症等疾病。Watson Health 还开发了一种名为"Clinical Cognitive Services"的工具,可以帮助医生在临床决策过程中提供支持,提高诊断和治疗的效果。Watson Health 开发的 Watson for Drug Discovery 云平台,利用机器学习和自然语言处理技术,通过动态可视化发现新联系和隐藏的模式,从大量的医学文献中提取与药物研发相关的信息,帮助研究人员发现潜在的药物靶点,预测新药的效果和安全性,以及优化药物研发的过程,减少药物研发的风险和成本。

15.3.2 我国相关领域发展状况及面临的问题分析

我国生物医药领域的发展与国际先进水平差距明显,其深层原因就是基础理论研究跟不上、原始创新能力不足,这是中国制药行业的最大短板。生物、化学等基础科研能力及投入不足导致我国医药行业中仿制药仍是需求的主体。在国外医药专利技术的垄断下,我国以仿制药为主的大型药企一边拼命生产大量药品,另一边却只能分到市场上最微薄的利润。此外,仿制药从临床的使用上来讲,大多是国外淘汰的配方或生产工艺,存在疗效不足的问题。

为了保护国内大型制药企业、尽快打破国外医药专利技术的壁垒、尽早减轻患者的药费负担,国家鼓励我国生物医药产业自主创新,发展大数据、人工智能、基因工程等颠覆性新药创制技术。目前,AI 辅助药物研发赛道十分火爆,除传统 VC/PE 投资外,大型药企和互联网企业也纷纷加入此次赛道投资。中国资本启明创投、百度风投、创新工场、腾讯、药明康德、恒瑞医药等近年来在 AI 制药行业积极布局,投资额度逐年增加,掀起了一阵投资热潮。

AI 技术本身的颠覆性突破使得 AI 技术有机会解决制药领域很多内生问题,甚至可以从底层改变整个新药发现的方法论,应用前景不可限量。AI 技术有助于重塑人们对生命科学的理解,引导帮助药物学家跳出人类固有思维框架的限制,促进做出真正的“first - in - class”的创新药物。

近年来,中国出台的一系列政策(如带量采购、一致性评价等)不断给仿制药企业施压,这也反过来促进了本土药企关注创新。大量中国本土的仿制药企业需要进行创新转型,AI 制药企业是他们极佳的合作对象。药企在药物制剂、药物递送、处方设计和研发临床差异化的改良性新药等方面都有着迫切的创新需要。可以说,市场的大环境对新技术的需求是明确的,这些需求无疑给 AI 制药领域带来了无限机会。

AI 制药技术的难点在于底层知识图谱的构建、模型的训练以及高性能计算设施提供的算力支撑。这就使得 AI 制药企业在前期需要进行大量的技术积累,在早期商业化进程方面稍显吃力。为解决这一问题,AI 制药企业往往会先选择从药物研发的某一个细分阶段切入再逐渐扩大布局。目前,大多数公司选择的是从药物发现阶段进行切入,在未来逐渐布局到临床阶段。也有少部分公司选择从临床阶段切入,之后结合临床实际布局到临床前阶段。和大型药企合作,基于业绩付费是目前 AI 制药公司主要的盈利模式。一部分生物信息学背景的 AI 制药公司从靶点选择开始便与药企进行深度绑定,在后续的临床试验过程中持续保持合作。药企通过 AI 制药公司节约了靶点筛选的时间,挺高了新药的临床响应率,增加了药物研发成功率。AI 制药企业也同样获得了稳定的现金流和强力的产业背书,这也有助于其进一步增强研发,形成正向循环。

1. 我国互联网巨头向 AI 制药领域进军的代表

腾讯公司早在 2015 年和 2018 年便参与了晶泰科技的 A 轮及 B 轮融资。2020 年更是重点打造了“云深智药”,将 AI 药物研发正式列入企业版图。该平台旨在覆盖临床前新药研发的全流程,包含蛋白质结构预测、虚拟筛选、分子设计/优化、ADMET 性质预测（即将开源）及合成路线规划等在内的五大模块。目前，腾讯已和多家药企达成合作，将 AI 模型应用到实际药物研发项目中。华为公司在医疗领域布局了医疗智能体 EIHealth，基于华为云 AI 和大数据技术优势，为基因组分析、药物研发、临床研究 3 个领域提供专业 AI 研发平台。阿里巴巴旗下的阿里云与全球健康药物研发中心合作，开发 AI 药物研发和大数据平台，并针对 SARS/MERS 等冠状病毒的药物研发进行数据挖掘。百度 2020 年 9 月成立百图生科进军 AI 制药领域。其研发的 LinearFold 算法可将新型冠状病毒全基因组的 RNA 二级结构预测从 55min 缩短至 27s，提速达 120 倍。字节跳动成立了专门负责大健康业务的极光部门，AI Lab 位于北京、上海、美国三地的团队也正式开始招揽 AI 制药领域人才。

2. 我国 AI 制药初创企业的代表

晶泰科技：晶泰科技致力于生物医药的新基建建设，旨在从数字化和智能化两方面进行技术研发。晶泰科技主要的业务是在临床前药物研发阶段，对药物晶型进行预测，从疾病靶点的结构出发进行先导化合物设计等。晶泰科技核心技术是将计算化学和深度学习相融合，以第一性原理为基础不断提高模型精度，以数据为驱动力搜索更多的药物化学空间。另外，晶泰科技的算力资源深厚，其多云架构，可以调度超过百万的 CPU 核心和 GPU 资源。2020 年 9 月，晶泰科技宣布完成 3.188 亿美元的 C 轮融资，创 AI 制药领域融资纪录。本轮投资由软银愿景基金、人保资本、晨兴资本领投，展现出了资本市场对中国 AI 制药企业的巨大热情。

星药科技：星药科技成立于 2019 年，是中国新兴的 AI 制药公司之一，其专注于从苗头化合物设计到临床前候选药物筛选阶段的药物研发。团队成员拥有成功主导新药项目经 FDA 批准上市的经验，从创立初期便致力于打造综合型的人才体系。丰厚的人才储备也为星药科技带来了多项技术突破。目前，星药科技已经完成了若干客户方案交付，其自主研发的算法模型在诸多环节表现优异，权威机构验证显示，星药自有药物活性评测模块的筛选命中率较传统方式可提高十余倍。鉴于其在产品化方面优异的表现，星药科技在一年多的时间内获得四轮融资，资金高达数千万美元。投资方包含高榕资本、五源资本、DCM 中国、源码资本、BAI 资本、红点中国等知名机构。

普瑞基准：不同于多数 AI 制药企业致力于药物发现，普瑞基准基于自身的组学数据挖掘系统，重点关注“通过深挖生物学机制，帮助药企研究并设计新药管线的开发策略”，通过提供 AI 支持的新型生物信息和转化医学服务，成为肿瘤新药研发企业的战略伙伴。普瑞基准通过AI算法,深化对疾病及治疗相关生物机制的理解,为创新药研发提供关键决策支持,从而提升新药研发的成功率,或帮助形成差异化优势。普瑞基准自主研发了AI驱动的面向癌症药物研发的大数据系统(AIBERT),专注于"创新药研发的深水区",解决四大核心问题,即潜力靶点的评估、适应症的选择、生物标志物的发现,耐药机制的研究(以及相关的药物联用方案)。目前,AIBERT平台整合了PB级别的多组学数据资源,包括大量中国患者数据,特别强调数据的完整性(组学数据与临床数据的匹配)、规范性和丰富性(高维数据)。AIBERT的算法设计强调"可解释性",结果指向性高,在新药研发决策、药物差异化定位等方面达到了国际领先水平。尤其在创新的生物标志物研究方面,AIBERT帮助多个药物提升应答率、扩大适用人群,赢得药企的广泛认可。普瑞基准立足多组学与数据挖掘,目前已和国内外多家知名药企在转化医学和临床开发领域形成深度合作,包括恒瑞医药、阿斯利康、石药集团、再鼎医药等。2020年公司完成了知名投资机构(创新工场、麦星投资、百度风投)领投的两轮融资,已成为中国AI制药领域的新星。

3. 我国AI制药技术发展的主要问题

现阶段,我国AI制药领域发展的主要问题包括数据制约严重、产学研结合缺乏、原始创新不足、高端复合型人才缺失、商业模式尚不明确、相关产业基础设施、政策法规不完善等问题。

数据制约严重:AI训练模型需要大量优质的数据,如疾病多组徐额数据、药物的理化信息、药-靶相互作用、蛋白-蛋白相互作用信息、药物ADMET信息等,目前公开的数据库中的数据质量缺乏统一标准。研发者需要根据需求,建立各自的高质量数据库。大多数高质量的有效数据都在每个药厂自己的服务器上。除了新药数据有限、数据不规范、数据孤岛等问题外,还存在着数据产出慢、成本高、数据安全性等诸多问题。因此,有组织、系统高质量的实验数据将成为AI制药技术发展的首要问题。

产学研结合缺乏:药物研发从认识疾病到发现可用药的靶点/机制、发现并优化药物、临床前研究、临床实验,再到最后上市后用药跟踪研究和扩大适应症,要经历多个环节和非常长的周期。其中的每一个环节都可以用到计算,AI辅助的计算可以帮助我们在整个研发过程中达到提效提速,降低成本和提高成功率。现阶段AI制药技术应用主要集中于制药领域的单一阶段,如何更加集成化、工业化是使AI制药技术落地产业化的关键。高校和科研机构由于数据缺乏,很难开展相关领域的基础科研,复合型人才的后续培养也是现阶段的困难。这是限制我国 AI 制药行业飞速发展的重要原因。

原始创新不足：现阶段 AI 制药技术的发展多注重现有算法和模型对我国已有的生物医药数据的处理和信息提取。在人工智能领域，我国在数据和应用场景方面占据优势，但针对特定场景的算法和模型等相关领域的研究原始创新不足。同样，我国针对药物研发涉及基础生物、化学理论的基础科研创新不足。提升相关领域的基础科研能力和原始创新能力，是可持续性发展我国 AI 制药技术的根本。

高端复合型人才缺失：AI 药物研发属于高度交叉学科，涉及数学、计算机、计算化学、药物化学、分子生物学、量子力学、大数据、云计算、分子动力、分析力学等学科。现阶段精通 AI 和制药的复合型研发人才极度缺乏，人才培养与实现学科真正融合仍是一大挑战。

商业模式尚不明确：药企合作难以推进。海外的大药企多金，但要说服他们尝试中国自主研发的平台系统非常困难。AI 药物研发真正意义上的产出较少，目前，多数企业发展依赖融资，对 AI 药物研发技术创新企业来说，是自己做药物研发还是 CRO 模式，是需要结合自身发展做出适合的选择。

基础设施和政策不完善：目前，我国针对 AI 制药行业的基础设施建设不完善，缺乏相应的管理法规和标准体系。例如，缺乏开源的、可共享的、适用于基础科研探索的相关数据库和算力平台。现阶段，大多数 AI 制药可用的开源平台和数据都是美国、欧洲等的公开数据库，我国自主研发的数据库缺乏。AI 制药领域的研发涉及病人的私人信息，以及大量临床医学数据和药物研发数据，缺乏对数据的标准化体系管理，不利于可持续性的 AI 药物技术的研发。此外，相关政策的制定，如对进行 AI 药物研发的企业的资质进行审批，限定研发数据的用途等可有效避免我国大健康数据的外流，规避相应的风险。

15.3.3 对我国相关领域发展的思考

我国在生物医药技术领域的研发能力落后于欧美发达国家，很大程度上是因为我国在生物医药的相关科学领域包括化学、生物学、计算机科学等的研究缺乏重大的原创性成果，长期积累的基础生化理论、核心算法等方面的差距较大。现阶段，我国在 AI 技术的应用上已经取得了一些突破，近年也有一些企业参与 AI 制药赛道的竞争，取得了一些成果。如果抓住机遇，从科研机构、医院、制药企业、AI 企业等各方面及时布局“AI 制药”相关的重要技术发展方向，将为我国生物医药行业的发展、全民大健康体系的完善奠定极为重要的基础，为我国在应对老龄化、重大疾病慢性病等的防治、突发性健康事件的应对等方面提供重要的发展根基。

目前，产业中应用的“AI 制药技术”多集中于 CADD + AI 的模型，即在传统的计算机辅助药物设计的模式中介入人工智能的技术，AI 技术在药物研发领域中的覆盖面具有一定的局限性。特别是 AI 在临床数据研究的应用较少。临床试验占据了药物研发周期中大于 50% 的时间，如何通过 AI 技术，加速临床试验数据的整合，发现药物研发的新靶点，找到药物的适应症，以及适用于相应适应症的病人群体是药物研发过程中非常关键的部分。

虽然现阶段我国有一些企业已经参与到 AI 制药的行业，但从整体上，未形成科研机构、医院和企业完整的生态圈和产业链。高校缺乏有效数据、导致面向生物医药发展的基础科研不足。例如，药物的 ADMET 数据，即吸收、分配、代谢、排泄和毒性等数据，以及大量的失败药物的数据都集中在各大药物研发企业，如何建立资源共享机制需要考虑。临床与药物研发企业脱钩，算法与制药应用背景不能完全契合等问题突出，更缺乏系统性的超前研发布局。

AI 制药领域需要人工智能和药物研发全生命过程的深度交叉，我国原有的制药领域尖端人才本就缺乏，高校科研机构的跨学科人才培养机制和渠道缺乏，针对 AI 制药领域的从高校到企业的人才输送短缺，导致现阶段 AI 制药的研发“AI”与“制药”存在脱节现象。

15.4 相关建议

近年来，AI 技术在下游应用端快速拓展，在医疗大健康领域的探索和应用也逐步加速。随着药物研发产业的发展，医疗互联网的出现，可用的各类药物研发数据越来越多，加速了以深度学习为代表的 AI 技术在药物研发领域的应用，AI 制药技术已走过从 0 到 1 的阶段，正在走向由 1 到 10 的发展阶段。

一是推进以数据为中心和以实验科学相结合的药物研发模式。在导致制药行业反摩尔定律的因素如低垂果实假设、新药申报的监管要求不断增高、研发模式问题中，前两种因素都已经是既定客观事实，但对于研发模式问题 AI 技术或将大有作为。AI 制药技术将改变原先新药研发以实验科学为唯一选择的模式，实现以数据为中心和以实验科学相结合的药物研发模式。AI 不仅仅是先导化合物发现的工具，而且是一个促进生物学医学研究、发现新靶点和开发新的疾病模型的更通用的工具。目前，AI 技术已经逐渐被应用于靶点发现、虚拟筛选、化合物设计与合成、ADMET 预测、临床试验设计、患者招募及管理等多个流程和环节，并将在变构类药物、老药新用等领域产生深远的影响。

二是建议以高校为中心，与 AI 制药头部企业和药物研发公司形成以产、学、研结合的模式进行研发的"AI 制药技术研究中心"。针对我国 AI 制药技术的现阶段发展受数据制约严重、产学研结合缺乏、原始创新不足、高端复合型人才缺失、商业模式尚不明确、相关产业基础设施、政策法规不完善等问题，通过高校与 AI 制药头部企业和药物研发公司形成以产、学、研结合的模式进行研发的"AI 制药技术研究中心"，利用各方优势，从医药大数据库的建立、数据共享模式、高端复合型人才培养、相关的基础设施、法律法规建立等角度，全方位建立 AI 制药政策，推动我国 AI 制药技术的发展。目前，新药研发底层数据大多掌握在头部企业手中，存在数据对外流失、研发中触碰伦理底线、数据更新不及时等风险。因此，以高校为中心建立"AI 制药技术研究中心"，可以从一定程度上规避相关风险，更好地利用各方优势推动我国生物制药行业的发展。

参考文献

[1] VAMATHEVAN J, CLARK D, CZODROWSKI P, et al. Applications of machine learning in drug discovery and development[J]. Nature Reviews Drug Discovery, 2019, 18: 463 – 477.

[2] CHENG Y, GONG Y S, LIU Y S, et al. Molecular design in drug discovery: a comprehensive review of deep generative models[J]. Briefings in Bioinformatics, 2021, 22(6): bbab344.

[3] FLAM – SHEPHERD D, ZHU K, ASPURU – GUZIK A. Language models can learn complex molecular distributions [J]. Nature Communications, 2022, 13: 3293.

[4] DIMASI J A, GRABOWSKI H G, HANSEN R W. Innovation in the pharmaceutical industry: New estimates of R&D costs [J]. Journal of Health Economics, 2016, 47: 20 – 33.

[5] MORGAN S, GROOTENDORST P, LEXCHIN J, et al. The cost of drug development: A systematic review[J]. Health Policy, 2011, 100: 4 – 17.

[6] BENDER A, CORTES – CIRIANO I. Artificial intelligence in drug discovery:

What is realistic, what are illusions? Part 1: Ways to make an impact, and why we are not there yet[J]. Drug Discovery Today, 2020, 26: 511 - 524.

[7] RIFAIOGLU A S, ATAS H, MARTIN M J, et al. Recent applications of deep learning and machine intelligence on in silico drug discovery: methods, tools and databases[J]. Briefings in Bioinformatics, 2019, 20: 1878 - 1912.

[8] ELTON D C, BOUKOUVALAS Z, FUGE M D, et al. Deep learning for molecular design: a review of the state of the art[J]. Molecular Systems Design & Engineering, 2019, 4: 828 - 849.

[9] XIE W X, WANG H F, LI Y B, et al. Advances and challenges in De Novo drug design using three - dimensional deep generative models br [J]. Journal of Chemical Information and Modeling, 2022, 62: 2269 - 2279.

[10] HOFFMANN T, GASTREICH M. The next level in chemical space navigation: going far beyond enumerable compound libraries[J]. Drug Discovery Today, 2019, 24: 1148 - 1156.

[11] OZTURK H, OZGUR A, SCHWALLER P, et al. Exploring chemical space using natural language processing methodologies for drug discovery[J]. Drug Discovery Today, 2020, 25: 689 - 705.

[12] HARREN T, MATTER H, HESSLER G, et al. Interpretation of structure - activity relationships in real - world drug design data sets using explainable artificial intelligence[J]. Journal of Chemical Information and Modeling, 2022, 62(3): 447 - 462.

[13] 敖翼, 濮润, 卢姗, 等. 我国新药创制的模式选择与发展思考[J]. 中国新药杂志, 2020, 29(2): 136 - 142.

[14] 张星一, 吕虹. 人工智能在药物研发与监管领域的应用及展望[J]. 中国新药杂志, 2018, 27(14): 1583 - 1586.

[15] 中国国务院. 新一代人工智能发展规划[R/OL]. (2017 - 07 - 08). http://www. gov. cn/zhengce/content.

[16] 凌曦, 赵志刚, 李新刚. 人工智能技术在药学领域的应用: 基于 Web of Science 的文献可视化分析[J]. 中国药房, 2019, 30(4): 433 - 438.

[17] MANGLIK A, LIN H, ARYAL D K, et al. Structure - based discovery of opioid analgesics with reduced side effects[J]. Nature, 2016, 537(7619): 185 - 190.

[18] 董师师, 黄哲学. 随机森林理论浅析[J]. 集成技术, 2013, 2(1): 1 - 7.

[19] COSTA P R, ACENCIO M L, LEMKE N. A machine learning approach for ge-

nome – wide prediction of morbid and druggable human genes based on systems – level data[J]. BMC Genomics,2010,11(Suppl5):S9.

[20] KUMARI P,NATH A,CHAUBE R. Identification of human drug targets using machine – learning algorithms[J]. Comput. Biol. Med. ,2015,56:175 – 181.

[21] KOBER J,BAGNELL J A,PETERS J. Reinforcement learning inrobotics:a survey[J]. J. Robotics Res. ,2013,32(11):1238 – 1274.

[22] 杨超凡,邓仲华,彭鑫,等. 近5年信息检索的研究热点与发展趋势综述:基于相关会议论文的分析[J]. 数据分析与知识发现,2017,1(7):35 – 43.

[23] KESHAVARZI ARSHADI A,WEBB J,SALEM M,et al. Artificial intelligence for COVID – 19 drug discovery and vaccine development[J]. Front Artif. Intell. ,2020,3:65.

[24] JEON J,NIM S,TEYRA J,et al. A systematic approach to identify novel cancer drug targets using machine learning, inhibitor design and high throughput screening[J]. Genome Med. ,2014,6(7):57.

[25] 谢志勇,周翔. 基于机器学习的医学影像分析在药物研发和精准医疗方面的应用[J]. 中国生物工程杂志,2019,39(2):90 – 100.

[26] 郭宗儒. 药物分子设计的策略:药理活性与成药性[J]. 药学学报,2010,45(5):539 – 547.

[27] 李晓,孔德信. 化合物成药性的预测方法[J]. 计算机与应用化学,2012,29(8):999 – 1003.

[28] NEUGEBAUER A,HARTMANN R W,KLEIN C D. Prediction of protein – protein interaction inhibitors by cheminformatics and machine learning methods[J]. J. Med. Chem. ,2007,50(19):4665 – 4668.

[29] 王洁雪,李瑶,杨敏,等. 基于机器学习方法虚拟筛选 Syk 的抑制剂[J]. 化学研究与应用,2019,7:1313 – 1320.

[30] LI B K,KANG X K,ZHAO D,et al. Machine learning models combined with virtual screening and molecular docking to predict human topoisomerase I inhibitors[J]. Molecules,2019,24(11):2107.

[31] 周芃池. 人工智能在生物医疗中的发展应用及前景思考[J]. 低碳世界,2018,(02):320 – 321.

[32] XIE Q Q,ZHONG L,PAN Y L,et al. Combined SVM – based and docking based virtual screening for retrieving novel inhibitors of c – Met[J]. Eur. J. Med. Chem. ,2011,46(9):3675 – 3680.

[33] 王昊. 基于机器学习方法的药物不良反应预测[D]. 厦门:厦门大学,2012.

[34] XIONG X, YUAN H L, ZHANG Y M, et al. Protein flexibility oriented virtual screening strategy for JAK2 inhibitors[J]. J. Mol. Struct. ,2015,1097:136 - 144.

[35] LECUN Y, BENGIO Y, HINTON G. Deep learning[J]. Nature, 2015, 521(7553):436 - 444.

[36] 洪岩. 浅析人工智能技术的专利保护:以医疗领域为例[J]. 知识产权,2018(12):74 - 81.

[37] TERRY M. IQVIA report: biopharma R&D investment has increase over last 5 years[EB/OL]. https://www. biospace. com/article.

[38] FLEMING N. How artificial intelligence is changing drug discovery[EB/OL]. https://www. nature. com/articles/d41586 - 018 - 05267 - x.

[39] TAYLOR P. Pharma is 'getting lower returns on R&D[EB/OL]. http://www. pmlive. com/pharma_news.

[40] 张文昌. 新时期我国疾病预防控制体系发展策略思考[J]. 福建医科大学学报(社会科学版),2021,22(04):10 - 13.

[41] JUNG Y L, YOO H S, HWANG J. Artificial intelligence - based decision support model for new drug development planning[J]. Expert Syst. Appl. ,2022, 198:116825.

[42] AI制药迈入临床,生物医药产业应有怎样的期待? [J]. 产城,2022,(04):76 - 77.

[43] WONG C H, SIAH K W, LO A W. Estimation of clinical trial success rates and related parameters[J]. Biostatistics,2019,20(2):273 - 286.

[44] 陈杨,陈轶伦,曾文杰,廖俊. 人工智能在药物再定位的应用[J]. 中国医药导刊,2022,24(04):334 - 341.

[45] ALLEN C, BANNIGAN P. Does artificial intelligence have the potential to transform drug formulation development? [J]. J. Control Release, 2019, 311 - 312: 326 - 327.

[46] ZENG X, ZHU S, LU W, et al. Target identification among known drugs by deep learning from heterogeneous networks[J]. Chem. Sci. ,2020,11(7):1775 - 1797.

[47] 刘晓凡,孙翔宇,朱迅. 人工智能在新药研发中的应用现状与挑战[J]. 药学进展,2021,45(07):494 - 501.

[48] 郑明月,蒋华良. 高价值数据挖掘与人工智能技术加速创新药物研发[J].

药学进展,2021,45(07):481－483.

[49] 黄芳,杨红飞,朱迅. 人工智能在新药发现中的应用进展[J]. 药学进展,2021,45(07):502－511.

[50] 孙雅婧,李春漾,曾筱茜. 人工智能在新药研发领域中的应用[J]. 中国医药导报,2019,16(33):162－166.

[51] 胡希俅. 人工智能在医疗行业中的应用研究[J]. 数字通信世界,2021,(01):183－184.

[52] 刘伯炎,王群,徐俐颖,褚淑贞. 人工智能技术在医药研发中的应用[J]. 中国新药杂志,2020,29(17):1979－1986.

[53] YOU R H,YAO S W,MAMITSUKA H,et al. DeepGraphGO:graph neural network for large－scale,multispecies protein function prediction[J]. Bioinformatics,2021,37:I262－I271.

[54] KARCZEWSKI K J,SNYDER M P. Integrative omics for health and disease[J]. Nat. Rev. Genet. ,2018,19(5):299－310.

[55] REEL P S,REEL S,PEARSON E,et al. Using machine learning approaches for multi－omics data analysis: a review[J]. Biotechnol. Adv. ,2021,49:107739.

[56] BLASS E,OTT P A. Advances in the development of personalized neoantigen－based therapeutic cancer vaccines[J]. Nat. Rev. Clin. Oncol. ,2021,18(4):215－229.

[57] ZHANG F H,SONG H,ZENG M,et al. DeepFunc:a deep learning framework for accurate prediction of protein functions from protein sequences and interactions[J]. Proteomics,2019,19(12):e1900019.

[58] BAGHERIAN M,SABETI E,WANG K,et al. Machine learning approaches and databases for prediction of drug－target interaction: a survey paper[J]. Brief. Bioinform. ,2021,22(1):247－269.

[59] FENG Y H,ZHANG S W,SHI J Y. DPDDI:A deep predictor for drug－drug interactions[J]. BMC Bioinformatics,2020,21(1):419.

[60] LIN X,QUAN Z,WANG Z J,et al. KGNN:Knowledge graph neural network for drug－drug interaction prediction[C]. IJCAI Int. Jt. Conf. Artif. Intell. ,2020:2739－2745.

[61] TIAN S,DJOUMBOU－FEUNANG Y,GREINER R,et al. CypReact:a software tool for in silico reactant prediction for human cytochrome P450 enzymes[J].

J. Chem. Inf. Model. ,2018,58(6):1282 - 1291.

[62] PODLEWSKA S, KAFEL R. MetStabOn - online platform for metabolic stability predictions[J]. Int. J. Mol. Sci. ,2018,19(4):1040.

[63] DAINA A, MICHIELIN O, ZOETE V. SwissADME: a free web tool to evaluate pharmacokinetics, drug - likeness and medicinal chemistry friendliness of small molecules[J]. Sci. Rep. ,2017,7:42717.

[64] STORK C, WAGNER J, FRIEDRICH N O, et al. Hit Dexter: a machine - learning model for the prediction of frequent hitters[J]. Chem. Med. Chem. ,2018,13(6):564 - 571.

[65] SCHYMAN P, LIU R F, DESAI V, et al. VNN web server for ADMET predictions[J]. Front. Pharmacol. ,2017,8:889.

[66] DONG J, WANG N N, YAO Z J, et al. ADMETlab: a platform for systematic ADMET evaluation based on a comprehensively collected ADMET database[J]. J. Cheminform. ,2018,10:29.

[67] XIONG G L, WU Z X, YI J C, et al. ADMETlab 2.0: an integrated online platform for accurate and comprehensive predictions of ADMET properties[J]. Nucleic Acids Res. ,2021,49(W1):W5 - W14.

[68] KLAMBAUER G, UNTERTHINER T, MAYR A, et al. DeepTox: toxicity prediction using deep learning[J]. Toxicol. Lett. ,2017,280:S69 - S69.

[69] LAI X, YANG P S, WANG K F, et al. MGRNN: Structure generation of molecules based on graph recurrent neural networks[J]. Mol. Inform. ,2021,40(10):e2100091.

[70] DE CAO N, KIPF T. MolGAN: an implicit generative model for small molecular graphs[C]. 2018.

[71] GÓMEZ - BOMBARELLI R, WEI J N, DUVENAUD D, et al. Automatic chemical design using a data - driven continuous representation of molecules[J]. ACS Cent. Sci. ,2018,4(2):268 - 276.

[72] SIMONOVSKY M, KOMODAKIS N. GraphVAE: Towards generation of small graphs using variational autoencoders[C]. Lect. Notes Comput. Sci. ,2018,11139 LNCS:412 - 422.

[73] YANG Y Y, ZHENG S J, SU S M, et al. SyntaLinker: automatic fragment linking with deep conditional transformer neural networks[J]. Chem. Sci. ,2020,11(31):8312 - 8322.

[74] JUMPER J, EVANS R, PRITZEL A, et al. Highly accurate protein structure prediction with AlphaFold[J]. Nature, 2021, 596(7873): 583.

[75] TUNYASUVUNAKOOL K, ADLER J, WU Z, et al. Highly accurate protein structure prediction for the human proteome [J]. Nature, 2021, 596 (7873): 590.

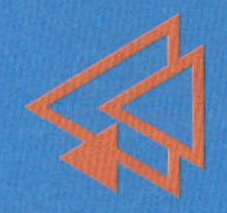

第 16 章

DNA 存储技术

本章作者

丹 聃 高智杰

16

近年来，信息技术飞速发展，数据信息量呈指数级激增。据国际数据中心（International Data Corporation，IDC）发布的白皮书《数据时代 2025》预测，到 2025 年全球将会有 163ZB（1ZB 相当于 10^{21} bytes）的数据产生[1]。现阶段，全球数据存储以硅为主要介质，硅在自然界中储量丰富，但存储芯片所需的高纯硅在全球范围内可供应量有限。随着数据爆发式增长，信息产业发展将随着高纯硅的不断消耗而受阻，迫切需要寻找新型存储介质来应对海量数据存储。脱氧核糖核酸（DeoxyriboNucleic Acid，DNA）作为生物体遗传信息的载体，是一种天然的信息存储介质，其具有超高的存储密度、超常的安全存储能力和优秀的保存寿命，利用合成 DNA 进行高密度信息存储展现出广泛的应用潜力和重要的应用价值，成为信息存储领域的研究热点。

16.1 技术说明

16.1.1 技术内涵

DNA 存储技术是将二进制信息转换成碱基的有序排列，通过 DNA 阵列合成将数据写入 DNA 分子并保存，通过高通量 DNA 测序技术读取 DNA 中包含的信息。DNA 存储的写入过程和读取过程主要包括 6 个环节[2-3]，如图 16-1 所示。①编码：将二进制数据信息通过编码映射成 A/T/C/G 四种碱基组成的 DNA 序列，以便未来进行存储和检索。②合成：通过人工合成编码后的 DNA 序列，按照顺序得到 DNA 片段。③存储：选择合适的载体对 DNA 片段进行保存，主要保存方式包括冷冻保存、干燥保存、冻干保存、化学保存等。④检索：利用特异性杂交技术如基于聚合酶链式反应（Polymerase Chain Reaction，PCR）或生物素-亲和素序列特异性磁珠捕获等技术对编码 DNA 分子进行提取。⑤测序：利用基因测序技术测定目标 DNA 片段的碱基序列。⑥解码：将测序获得的 DNA 序列信息进行解码并得到原始数据信息。

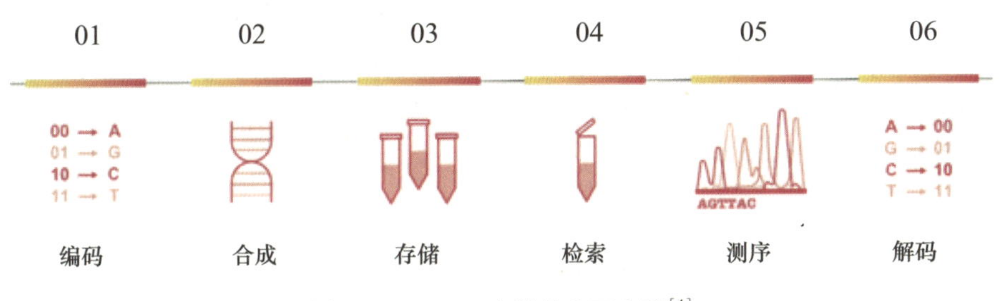

图 16-1　DNA 存储的主要步骤[4]

研究表明，相较于目前我们常用的存储介质，如 U 盘、光盘、硬盘等，DNA 存储技术具有一系列优势[5-7]。

一是存储密度大。DNA 具有独特的双螺旋立体结构，单位质量可存储的数据信息相当高。理论上的存储密度可高达 455EB/g^3，是硬盘数据存储密度的百万倍量级。

二是保存寿命长。DNA 对于外部环境变化具有较强的抗干扰能力。从理论上来说，在合理的温度下，DNA 数据在没有特别人工干预的情况下能保存百万年之久。

三是维护成本低。目前,数据中心的运行和维护耗费大量的能源,而 DNA 分子通过低温冷冻或者固态封存的手段便可实现长期保存,维护成本极低,这种特性使得 DNA 存储十分适用于大规模不需要经常访问的“冷数据”保存。

此外,DNA 存储所需的占地也远小于传统存储介质,并且还具备数据易复制、易携带、能在生物体内存储等优势。因此,开展 DNA 信息存储技术相关研究具有重要的理论实践意义。

16.1.2 技术发展脉络

利用 DNA 合成技术进行数据存储的概念可以追溯到 20 世纪 60 年代。Watson 和 Crick 在《自然》杂志上发表论文[8],揭示了遗传信息的载体是 DNA 分子结构,自此,人类认识到生物体遗传信息储存在 DNA 4 个碱基序列中。随后,研究人员便提出了利用 DNA 存储数据信息的概念[9],但技术上未能真正实现。1996 年,艺术家 Joe Davis 和哈佛大学的研究员,将一副名为“Micro Venus”的图案存储到了 DNA 短链中,并通过 DNA 测序成功恢复了原图[10]。

从 DNA 数据存储成功实现到现在,该技术取得了快速发展,在多个技术领域取得重要进步。1999 年,Clelland 等利用“DNA 微点”实现了信息隐藏[11]。2001 年,Bancroft 等提出将 DNA 碱基直接编码为英文字母,其方法与编码 DNA 中的氨基酸序列类似[12]。2012 年,哈佛大学 George Church 课题组发表论文[13],利用 DNA 存储了 5.2MB 的 HTML 文件、JPG 图片、JavaScript 程序数据,首次证明了大规模 DNA 存储的可行性。2013 年,欧洲生物信息研究所 Goldman 课题组使用较低的测序深度(平均覆盖率为约 51 ×)实现了 0.722MB 数据的 DNA 存储和准确的恢复[14]。2015 年,Grass 课题组提出了“Symbol - codon”编码和解码方法,实现了 83KB 数据文件的 DNA 存储和完全准确恢复[15]。

2016 年,Blawat 对 Church 的方法进行改进[16],其开发的三重错误检测/纠正代码解决了存储过程中出现的错误问题,对 22MB 的 MPEG 压缩电影进行了 DNA 存储和完全准确恢复。

2017 年,Bornholt 等通过引入 RAID(独立磁盘冗余阵列)降低了 DNA 存储的系统误差[17],实现了 0.147MB 数据文件的 DNA 存储和完全准确恢复。同年,哥伦比亚大学 Yaniv Erlich 课题组公开了一种基于喷泉码(LT 码)的 DNA 存储方法[18],成功实现了包括图像、文本、PDF 等在内的 2.15MB 数据文件的存储。2018 年,Organick 等提出一种随机存取编码方法[19],利用两端额外的长度为 20 碱基的寻址引物成功地存储并恢复了 35 个文件。

2019年，Leon Anavy等改进了DNA喷泉编码方法，使用复合DNA字母表实现更高的逻辑存储密度，将二进制代码转换为q进制[20]。2020年，Yi Zhang等开发了一种优化的Base 64方法[21]，该方案实现了DNA单链中1.77位/核苷酸的高存储密度。

2021年，X. Zan等提出了一种用于文本DNA数据存储的分层纠错机制[22]，通过DNA读取中的代码、字符行的多重对齐和最后单词拼写逐渐纠正错误。S. Zhang等提出了一种基于码本的DNA映射（CBDM）方法和一种基于编码内容的DNA信息随机读取方法[23]，提升了存储密度，实现了高效、选择性地读取DNA库指定文件的功能。

2023年，C. Ezekannagha等为DNA数据存储提供了一种可视化分析工具[24]，使用户可以通过自定义不同的权重和组合多个属性来找到最佳的编码/解码方法。2023年9月，中国农业科学院深圳农业基因组研究所农业基因组学技术研发与应用创新团队提出DNA存储纠错新算法，成功突破了冗余对纠错能力的限制，该成果将大幅提升DNA存储纠错能力[25]。

除此之外，国际上很多科技公司也在积极开展DNA存储技术研究，并大力推动商业应用。微软是最早研究DNA存储的公司之一，2019年3月，微软和华盛顿大学的研究人员成功开发出了一个完全自动化的DNA存储系统。此外，国内企业也致力于研究DNA储存，中科碳元是国内首批专注于DNA数据存储的企业，其致力于推进DNA数据存储技术的发展和商业化。

16.1.3 对经济社会影响分析

当今时代，科学技术不断发展进步，海量数据的保存需求日益突显。从早期的磁带存储到光盘存储，从磁存储介质到固态存储介质，每一代新兴存储技术带来的产业升级都会对现有的存储市场产生颠覆性的影响。DNA存储作为数据存储领域的新兴颠覆性技术，在海量数据存储、机密数据存储中具有广阔的应用前景。DNA信息存储技术正处于蓬勃发展的初期，具有旺盛的生命力和强大的活力。近几年来，多家初创企业致力于该领域的研发工作，如Iridia、Catalog Technologies、中科碳元等；与此同时，也有国际知名科技企业以及相关技术领域企业，如微软、Seagate Technology、Twist Bioscience等，正在逐步向该领域探索。

在应用层面，DNA存储可应用于档案、资料等冷数据的存储场景，极大程度上节省了占地空间，降低了维护成本；在终端用户方面，可应用于金融、国防、医疗、娱乐等多种行业。据全球最大IT咨询公司Gartner预测，2025年全球大数据存储市场将超过千亿美金，其中加密数据和冷数据比重将越来越高。随着合成、测序、编解码等 DNA 信息存储所需相关使能技术的不断发展，使其成本也将不断下降。DNA 存储对于推动我国数据存储转型升级、引领信息产业创新发展具有重要意义，未来 DNA 数据存储市场将有极大发展空间。

16.2 技术演化趋势分析

16.2.1 重点技术方向可能突破的关键技术点

未来 DNA 存储技术亟须突破的关键技术点主要包括以下 4 个方面。

一是降低 DNA 数据存储成本。通过 DNA 存储编解码算法、DNA 合成、DNA 测序技术的拓展以及相关软硬件平台的开发，实现 DNA 数据成本降低 6 个数量级以上。

二是拓展 DNA 数据存储架构。通过 IT 技术拓展，以及 IT - BT 技术融合，开发适用于 PB 到 ZB 级大数据 DNA 数据存储的架构。

三是搭建 DNA 数据存储工程技术体系。通过工程硬件、软件、算法、生物化学技术的不断开发升级，构建适应于 DNA 存储的高密度存储技术体系。

四是研发和制备高通量集成式的存储专用芯片和系统。将合成、测序、定量、储存等功能集成于一体，对集成模块进行阵列化，并进一步解决大阵列高密度带来的串扰抑制、信号去噪等问题。

16.2.2 技术研发障碍及难点

自科学界成功利用 DNA 实现数据存储以来，该技术在存储数据量和存储密度方面已取得了重大进步，然而，当前 DNA 存储技术在使用成本、数据安全等方面仍面临应用难题。

一是数据读写速度慢。现阶段主流的数据写入技术需依托 DNA 合成，读取技术需要进行 DNA 测序，上述技术的处理效率尚不能满足日常数据读写的要求。

二是读写成本高昂。目前，DNA 数据读写需要专用的设备来完成，造价费用高，导致数据读写成本高昂。

三是数据安全问题突显。一旦 DNA 数据存储技术发展成熟，存储介质的隐蔽性也会对数据安全甚至国家安全带来新挑战。

四是 DNA 介质不能覆盖和重写。不同于目前使用的可擦除存储，利用 DNA 进行信息保存后，一般来说不能修改。

五是定点读取困难。目前，数据信息读取需要把全部信息完全测序出来再转码，难以实现从中间某处开始读取，而且操作过程需要液体试剂，操作不够便捷。

16.2.3 对技术潜力、发展前景的预判

DNA 信息存储对于在解决大规模冷数据存储领域极具潜力，同时，也是保存国家安全层面关键数据的极佳技术手段。近年来，美国、欧盟、中国等国家在该领域不断加大投入，DNA 信息存储从科学技术走向商业应用将变为现实。在大数据领域，特别是加密及需要长期存储的场景下的应用可行性非常高。同时，基于 DNA 数据存储的 DNA 计算、DNA 相机等更高级的 DNA 数据存储应用也将获得技术探索及产业应用上的发展。

16.3 技术竞争形势及我国现状分析

16.3.1 全球的竞争形势分析

美国是全球范围内率先对 DNA 存储技术领域进行研发布局的国家，其在该领域的论文发表和专利申请数量处于全球领先地位，是全球 DNA 存储技术研发的主导力量。美国的多项政策规划均将 DNA 存储技术列为一项重要布局。2017 年 3 月，美国国防高级研究计划局（DARPA）发布了分子信息学项目，旨在探索一种新型数据存储、检索和处理范式，为哈佛大学、布朗大学、伊利诺伊大学和华盛顿大学提供约 1500 万美元的项目经费，专门研究和利用各种分子的结构特征进行编码和数据处理。同年 5 月，美国国家科学基金会（NSF）发布“半导体合成生物学信息处理和存储技术”项目指南（Semiconductor Synthetic Biology，SemiSynBio）[26]，每年拨款 400 万美元用于探索计算、通信和存储技术的基础研究，促进生物系统用于计算技术的新突破。2018 年 7 月，NSF 公布投入 1200 万美元资助 8 个 DNA 存储项目研究，包括基于 DNA 的可读取电子存储器、使用嵌合 DNA 的纳米级芯片存储系统、基于纳米孔读取的高度可扩展随机访问 DNA 数据存储、核酸内存等。2018 年 7 月，DARPA 发布了分子信息存储计划，旨在开发可部署的存储技术，减少物理占用空间、功耗和成本。同年 10 月，美国半导体

合成生物学研发联盟制定了《半导体合成生物学路线图》(2018 Semiconductor Synthetic Biology Roadmap)[27],该路线图描述了包括DNA大规模信息存储在内的五大领域的技术目标,进一步推动了生物技术和信息技术融合发展。2020年,NSF发布SemiSynBio二期项目,微软、麻省理工学院、哈佛大学等公司和高校也获得资助并成立分子信息系统实验室,开展自动化DNA存储系统的研发。

美国在DNA存储商业化方面也走在世界前列。2016年微软公司将200MB数据存储到DNA中,此后研发了用于DNA存储数据的全自动系统[28]。2018年,Catalo公司与英国剑桥顾问公司共同建造了一个校车大小的机器,计划有朝一日将电影或文档信息存于DNA中并用该机器保存DNA[29]。2020年10月,微软公司、Western Digital等信息科技企业与Twist Bioscience、Illumina等新兴生物技术公司在联合成立了DNA数据存储联盟,旨在为商业档案数据存储生态系统奠定基础。此外,美国多家数据公司、云计算公司等也开始关注数据存储的效率和新型存储介质的研发。

欧盟未明确出台与DNA存储相关的政策文件,但对DNA存储技术领域的规划大多通过未来和新兴技术(Future and Emerging Technologies,FET)欧盟计划下的FET Open进行拨款,资助Eurecom、法国国家科学研究中心以及DNA合成初创公司海力克斯沃克斯(Helix-works)等开展研究。同时,FET Open下OLI-GOARCHINVE项目聚焦智能DNA存储系统的新技术研究,覆盖从编码到测序解码的全领域,为开发构建智能DNA存储系统所需的技术奠定基础。

除美国和欧洲外,世界各国在DNA存储和合成生物学领域也纷纷采取行动和布局。在合成生物学方面,日本采取了一系列为合成生物学研究人员建立一个共同体的行动,2005年成立了日本细胞合成研究协会,其中胚胎科学与技术前期研究为合成生物学项目提供特殊资金等,日本将合成生物学视为其未来科学政策的重要组成部分,并力争在该领域跻身国际前列;2016年,日本丰田汽车公司通过“独特的基因样本调整方法”和“下一代基因测序仪”等的成功研究,开发出了快速、低成本DNA解析新技术GRAS,并且与具有丰富DNA解析实绩的日本公益财团上总DNA研究所达成协议,准备对该技术开展进一步的验证评价;2019年5月,由16所合成生物设施机构联合发起的国际合成生物设施联盟(Global Biofoundry Alliance,GBA)在日本神户成立,旨在促进全球合成生物学相关发展等。澳大利亚联邦科学与工业研究组织表示建立包括合成生物学在内的6个未来科学平台,并为之每年投资超过5200万澳元,澳大利亚联邦科学与工业研究组织投资创建的合成生物学未来科学平台(SynBio FSP)旨在支持多领域的创新等来提高澳大利亚的竞争力。

16.3.2 我国相关领域发展状况及面临的问题分析

当前，我国已通过对合成生物学等领域专项进行部署和资助助力DNA存储技术的研发。2018年，国家重点研发计划“合成生物学”重点专项共有36个项目，总经费接近7.98亿元。其中专门设置了与DNA存储技术相关的项目。“高通量脱氧核糖核酸（DNA）合成创新技术及仪器研发”项目由中国人民解放军军事科学院军事医学研究院牵头，开发化学法DNA合成新技术、复杂结构序列的高效合成技术和大片段DNA高效组装技术，研制基于高通量芯片的原位组装控制系统及仪器。“使用合成DNA进行数据存储的技术研发”项目由南方科技大学牵头，上海交通大学、中国科学院长春应用化学研究所、福州大学、同济大学联合申报。项目开发利用合成DNA高效快速、高密度数据加密编码转码，随机读取，无损解读新方法；开发多类型数据存储DNA介质；通过合成DNA开发快速编码，存储及数据读取的集成型软件系统。该项目旨在利用新型存储技术应对大数据的爆炸式增长，解决数据快速增长与数据有效存储和利用之间的矛盾，推动我国在DNA数据存储基础研究领域的原始创新和科学突破。2020年，中国科学院深圳先进技术研究院牵头获批7个国家科技部重点研发计划项目，获批“合成生物学”等3个重点专项中总经费8683万元，在“合成生物学”重点专项中，深圳先进院获批4个项目，其中“多方协同合成基因信息安全存取方法研究”项目主要针对DNA存储过程中多方协同操作和安全性问题提出混合加密方法和增量编码技术，进一步探究如何保障合成基因信息多方安全协同与提高DNA存储信息高效管理能力，实现合成基因在复杂信息存储需求场景中的存储与可靠读取。

我国政府层面高度重视DNA存储技术领域的发展，《第十四个五年规划和2035年远景目标纲要》明确指出，要加快布局量子计算、量子通信、神经芯片、DNA存储等前沿技术，加强信息科学与生命科学、材料等基础学科的交叉创新。“十四五”国家重点研发计划中，“生物与信息融合（BT与IT融合）”被列为重点专项，基于DNA原理的信息存储系统开发是其中一大板块，这也将推动我国DNA存储技术与应用研究不断深入、商业化发展步伐加快。

尽管我国在DNA存储技术上取得了一些突破，但在相关人才及关键核心技术上仍存在短板，有碍DNA存储技术的发展。

一是学科交叉人才不足。信息技术和生物技术是当今经济社会发展的支柱产业，二者的交叉交融是学科交叉、技术变革和产业转化的应许之地。DNA数据存储技术涉及学科面广，其开发需要化学、生物、信息、物理等多学科领人才共同推动，特别是在多学科交叉工程技术实现上，需要具有多学科交叉经验的科学家及工程师等跨学科人才共同推动。

二是核心技术创新不够。DNA 合成作为 DNA 存储的核心关键技术，目前依然面临着较高的成本，这极大地限制了它在 DNA 数据存储和其他合成生物学领域的应用。当前的一代和二代 DNA 合成器使用四步亚磷酰胺法，这限制了其通量受到液体管道和芯片点阵规模的影响。要使 DNA 合成的成本下降超过 3 个数量级将会十分具有挑战性。要解决当前化学合成法的成本问题，关键在于降低 DNA 合成所需的化学和生物试剂原料的成本，并探索摆脱一次性 DNA 合成的传统技术。这意味着，必须实现核心技术的突破和创新，以降低整体成本。尽管新一代酶法 DNA 合成技术在过去十年间取得了一定的技术基础，但要实现工业规模的合成交付还需要更多创新的研究和持续的努力。

16.4 相关建议

DNA 存储是一种颠覆性的新兴存储技术，在海量数据存储、机密数据储存和传输方面具有巨大的应用前景。提前进行 DNA 存储技术的战略规划有助于新兴产业中占据有利地位，并在国防安全领域提前建立有效防御手段。为促进我国 DNA 存储技术的科学发展，提出以下建议。

16.4.1 加大支持力度和资助规模，加强相关技术领域研究开发和战略规划

作为新兴的生物电子先进技术，DNA 存储技术应得到国家大力支持和发展。国家应加大对 DNA 存储技术的支持力度和资助规模，尤其需要重视 DNA 存储在海量数据存储产业中所面临的关键技术挑战。加大对 DNA 存储编解码算法、DNA 合成、DNA 测序技术以及相关软硬件平台开发的支持力度，从根本上降低成本，促进新技术在数据存储领域的应用。同时，紧抓新兴存储技术的发展机遇，提前谋划和布局，为进一步发展 DNA 存储技术奠定坚实基础。在加大政府支持和资助力度的同时，建立多层次的资本市场，拓宽融资渠道，为 DNA 存储技术的产业发展提供更广阔的空间。此外，密切关注全球 DNA 存储技术的研究进展，重视关键核心技术的突破，为产业技术进步积累原始创新资源，推动新兴

产业实现高质量发展。

16.4.2 强化生物技术安全监管，制定安全预警和安全防御策略

新兴生物技术为改善治疗方案、促进经济发展、创造洁净环境和提升生活质量带来希望，但同时带来了新型安全风险。当恶意代码被嵌入DNA片段后，相关的计算系统、软件和算法在进行数据解码和分析时存在网络生物安全风险。此外，DNA在军事领域的应用可能对国家安全带来潜在威胁。由于DNA介质本身的特性，现有的数据管理模式难以适用，大大增加了数据失窃和恶意篡改的风险。

因此，新技术所带来的数据隐私安全和生命伦理等问题在技术发展过程中需受到高度重视。国家应早期部署国家安全预警系统，加速构建以伦理为先导的科技创新体系。应将相关安全和伦理问题纳入生物安全立法的考虑范畴。同时，应制定应对新兴技术威胁的安全防御战略，以减少并及时应对可能出现的安全危害。进一步的，需制定相应法规和市场准则，构建国家安全预警系统，增强军民融合领域项目研究，并支持DNA存储技术在国防安全中的潜在应用项目及相关的安全预警防御项目。此外，应推动新型监测和监管设备的研发，提高科学监管和防控能力。

16.4.3 加强多学科交叉人才培养，推动高校学科交叉融合向纵深发展

以DNA存储技术为代表的新兴前沿技术的突破高度依赖多学科交叉融合，传统意义上的学科边界越来越模糊。DNA存储技术融合了化学、生物学、生物信息学、信息技术、数学、物理学等多个领域，而未来超低能量计算系统可能建立在化学、生物学和工程学交叉点的有机系统原理之上。因此，培养具备多学科交叉能力的复合型人才已成为当前发展新兴技术的紧迫任务，也是培养顶尖创新人才的主要途径。高校和科研机构应当探索构建涉及生物、计算机信息科学等多个领域的学科体系和培养模式。这些模式应以解决科学问题为导向，实现教学科研资源的共享，并促进多学科研究人员的交流与融合，提升青年研究人员和学生的创新能力，为新兴技术研发培养更多创新人才做出贡献。

参考文献

[1] REINSEL D, GANTZ J, RYDNING J. Data age 2025: the evolution of data to life –

critical[J]. Don't Focus on Big Data,2017,2.
[2] 韩明哲,陈为刚,宋理富,等. DNA 信息存储:生命系统与信息系统的桥梁[J]. 合成生物学,2021,2(3):209-322.
[3] 陈大明,张学博,刘晓,等. 从全球专利分析看 DNA 合成与信息存储技术发展趋势[J]. 合成生物学,2021,2(3):399-411.
[4] ALLIAMCE D D S. Preserving our digital legacy: an introduction to DNA data storage[R]. DNA Data Storage Alliance,2021.
[5] AKHMETOV A,ELLINGTON A D,MARCOTTE E M. A highly parallel strategy for storage of digital information in living cells [J]. BMC Biotechnology,2018,18(1):1-19.
[6] GREGORY T R,NICOL J A,TAMM H,et al. Eukaryotic genome size databases [J]. Nucleicacids Research,2007,35(suppl_1):D332-D338.
[7] ZHIRNOV V,ZADEGAN R M,SANDHU G S,et al. Nucleic acid memory [J]. Nature Materials,2016,15(4):366-370.
[8] WATSON J D,CRICK F H. Molecular structure of nucleic acids: a structure for deoxyribose nucleic acid [J]. Nature,1953,171(4356):737-738.
[9] NEIMAN M S. Some fundamental issues of microminiaturization [J]. Radiotekhnika,1964,1(1):3-12.
[10] DAVIS J. Microvenus [J]. Art Journal,1996,55(1):70-74.
[11] CLELLAND C T,RISCA V,BANCROFT C. Hiding messages in DNA microdots [J]. Nature,1999,399(6736):533-534.
[12] BANCROFT C,BOWLER T,BLOOM B,et al. Long-term storage of information in DNA [J]. Science,2001,293(5536):1763-1765.
[13] CHURCH G M,GAO Y,KOSURI S. Next-generation digital information storage in DNA [J]. Science,2012,337(6102):1628-1628.
[14] GOLDMAN N,BERTONE P,CHEN S,et al. Towards practical,high-capacity, low-maintenance information storage in synthesized DNA [J]. Nature,2013, 494(7435):77-80.
[15] GRASS R N,HECKEL R,PUDDU M,et al. Robust chemical preservation of digital information on DNA in silica with error-correcting codes [J]. Angewandte Chemie International Edition,2015,54(8):2552-2555.
[16] BLAWAT M,GAEDKE K,HUETTER I,et al. Forward error correction for DNA data storage [J]. Procedia Computer Science,2016,80:1011-1022.

[17] BORNHOLT J, LOPEZ R, CARMEAN D M, et al. A DNA – based archival storage system[C]//Proceedings of the Twenty – First International Conference on Architectural. Support for Programming Languages and Operating Systems, 2016: 637 – 649.

[18] ERLICH Y, ZIELINSKI D. DNA Fountain enables a robust and efficient storage architecture [J]. Science, 2017, 355(6328): 950 – 954.

[19] ORGANICK L, ANG S D, CHEN Y J, et al. Random access in large – scale DNA data storage [J]. Nature Biotechnology, 2018, 36(3): 242 – 248.

[20] ANAVY L, VAKNIN I, ATAR O, et al. Data storage in DNA with fewer synthesis cycles using composite DNA letters [J]. Nature Biotechnology, 2019, 37 (10): 1229 – 1236.

[21] ZHANG Y, KONG L, WANG F, et al. Information stored in nanoscale: encoding data in a single DNA strand with Base64 [J]. Nano Today, 2020, 33: 100871.

[22] ZAN X, YAO X, XU P, et al. A hierarchical error correction strategy for text DNA storage [J]. Interdisciplinary Sciences: Computational Life Sciences, 2022, 14(1): 141 – 150.

[23] ZHANG S, WU J, HUANG B, et al. High – density information storage and random access scheme using synthetic DNA [J]. Biotech, 2021, 11(7): 328.

[24] EZEKANNAGHA C, WELZEL M, HEIDER D, et al. DNAsmart: multiple attribute ranking tool for DNA data storage systems[J]. Computational and Structural Biotechnology Journal, 2023, 21: 1448 – 1460.

[25] 马爱平, 马昕怡. 我国科学家提出DNA数字存储纠错新算法[N]. 科技日报, 2023 – 09 – 19(001).

[26] SELBERG J, MARCELLA G, ROLANDI M, et al. The potential for convergence between synthetic biology and bioelectronics[J]. Cell Systems, 2018, 7(3): 231 – 244.

[27] ZHIRNOV V V, RASIC D. 2018 semiconductor synthetic biology roadmap[R]. Durham: Semiconductor Research Corporation, 2018.

[28] BORNHOL J, LOPEZ R, CARMEAN D M, et al. Toward a DNA based archival storage system[J]. IEEE Micro, 2016. 637 – 649.

[29] CASTILLO M. From hard drives to flash drives to DNA drives[J]. American Journal of Neuroradiology, 2014, 35(1): 1 – 2.

第 17 章

光子 CRISPR 传感技术

本章作者

张　晗　张少辉

17

随着新冠病毒(SARS-CoV-2)[1-6]不断在全球肆虐,病毒变异不断发生,在全球大范围流行的毒株早已经过了数轮迭代。世卫组织根据危险程度将新冠变异毒株分成了两类:令人担忧的变异毒株(Variant of Concern,VOC)和值得关注的变异毒株(Variant of Interest,VOI)。前者在世界范围内引发的病例多、范围广,并有数据证实其传播能力、毒性强,或导致疫苗和临床治疗有效性降低;后者在世界范围内确认出现社区传播病例,或在多个国家被发现,但尚未形成大规模传染。

目前,VOC是对疫情影响最大同时也是对全球威胁最大的变异毒株,为人们所熟知的包括:Alpha[7]、Beta[8]、Gamma[9]、Delta[10-11]和Omicron[12]5种。2020年11月,Alpha变异毒株首次在英国肯特9月一份样本中被检测到。它在2020年12月席卷英国,2021年4月成为在美国占主导地位的变异毒株,在世界范围内迅速挤占其他新冠变异病毒的生存空间,成为主要变异毒株。据"全球共享流感数据倡议组织"(GISAID)数据,5月17日,Alpha占据全球变异毒株感染数的69%。在Alpha之后,又有免疫逃逸非常强的Beta横空出世。Beta在2020年5月南非的样本中首次被发现,很快便成为南非传播最广的病毒变异毒株。Gamma变异毒株最早在2020年11月巴西的样品中被发现,在2021年6月占南美新冠病例的76%,是南美地区疫情最主要的SARS-CoV-2毒株。Delta于2020年底在印度被首次发现,是引起2021年4月印度第二波疫情大暴发的主要变异毒株。它的传播范围遍布全球,在印度、英国等国肆虐。Omicron毒株自 2021 年 11 月份发现以来便迅速取代 Delta 成为传染性最强的变异株，不但在世界范围内广泛传播，也造成国内多地疫情反复，现已形成 BA. 1 –5 等亚型。对 SARS – CoV –2 感染者的快速、准确的核酸检测，是这场抗疫持久战中至关重要的一环。在常规的核酸检测之外，对感染毒株的有效分型，不但可以为流行病学确定传播链条提供重要线索，而且对于快速研判新型变异毒株的传播速率、传播能力，以调整应对措施具有至关重要的意义。目前常规的基于 PCR 扩增[13 –20]的核酸检测方法，只能判断阴/阳性，而病毒分型则需要依靠基因测序来完成。基因测序[21 –23]虽然能够精确的确定病毒的变异情况，但受限于成本和复杂繁琐的操作流程，无法大范围推广，或快速应对较大规模疫情爆发时基因分型的需求。

针对目前以 PCR 为主的核酸检测手段为避免在多种毒株检测时假阴性的产生，从设计原理上决定了其检测的靶点为 N 基因上高度保守的序列，因而具有无法同步进行基因分型的缺点。CRISPR 技术与表面等离子共振（SPR）[24 –27]高灵敏光学传感平台有机的结合展现出两大优势：一是利用 CRISPR/Cas12a 独特的酶切活性，通过 CRISPR 引导 RNA 的设计，实现了对两代毒王 Delta，Omicron，以及 Omicron 亚型 BA. 1 的 S 序列的精准分型[28 –29]，这样的高度特异性同样避免了假阳性结果的产生；二是设计出了广泛适用的，具有超高灵敏度的 SPR 传感芯片，成功实现了 38min 内对 fM 级别病毒核酸的无需预扩增的有效检测，其高灵敏度避免了假阴性结果的产生。

17.1 技术说明

17.1.1 技术内涵

近年来发展起来的SPR传感技术以其免标记、高时间分辨率、非侵入性、高灵敏度等优点已成为探索分子间相互作用的重要工具,并且被广泛应用于生化分析、药物研发和疾病诊断等诸多领域。SPR成像(SPR imaging,SPRi)技术将传感技术与成像技术结合,提高了SPR传感的通量,可以实现多样品多参数的同时并行检测。随着SPRi传感技术[30]在成像图像质量、灵敏度、数据分析模型等方面获得较大突破,SPRi传感技术逐渐显现出其巨大的应用前景。

CRISPR是1987年日本科学家在大肠杆菌的基因组发现有特别的规律序列,某一小段DNA会一直重复,重复片段之间又有相等长度的间隔,此序列称为CRISPR(Clustered,Regularly Interspaced,Short Palindromic Repeats)。2013年2月15日,CRISPR基因编辑泰斗张锋等将CRISPR/Cas9系统成功应用于哺乳动物和人类细胞的基因编辑,此后迅速成为人类生物学、农业和微生物学等领域最流行的基因编辑工具。2017年4月,张锋在*Science*杂志发表论文,发明了基于CRISPR/Cas13的病毒检测技术。CRISPR-Cas蛋白可以在单链引导RNA(sgRNA)的引导下,成为序列特异性靶向和检测的强大工具,实现精准的病原特异性检测。此后在拉沙热、埃博拉、寨卡病毒、登革热等RNA病毒疫情检测中大显身手。

为强化科技支撑,助力疫情防控,国内科研团队攻克多领域技术难关,在全球范围内率先将CRISPR基因编辑技术与SPR高灵敏光学传感平台有机结合,创立了光子CRISPR传感方法学(MOPCS)[31]。该技术可以实现高灵敏检测和特异性检测的双重目的。力争采用最前沿的科技手段,在病毒检测过程中最大限度降低各类资源消耗,进行更加快速和高效精细的病毒亚型分析检测,最终在病毒抗疫中取得胜利。

17.1.2 技术发展脉络

1)光学SPR技术发展

到目前为止,已经有四种实用的SPR技术[32-35](强度调制、波长调制、角度调制和相位调制)被广泛报道,如图17-1所示。在强度调制模式下,入射单色光波的波长和入射角度固定，将 SPR 共振角的变化转化为 SPR 角度或光谱响应曲线的线性区域内反射率的变化。在波长调制模式下，入射角度固定，通过扫描入射波长或使用光谱仪分析反射光束来获得 SPR 光谱曲线，直接监测共振光谱位置变化。在角度调制模式下，通过连续扫描入射角度获得 SPR 角度曲线，直接监测共振角度位置变化。在相位调制模式下，通过检测信号光束和参考光束之间的相位差来测量 SPR 相移。

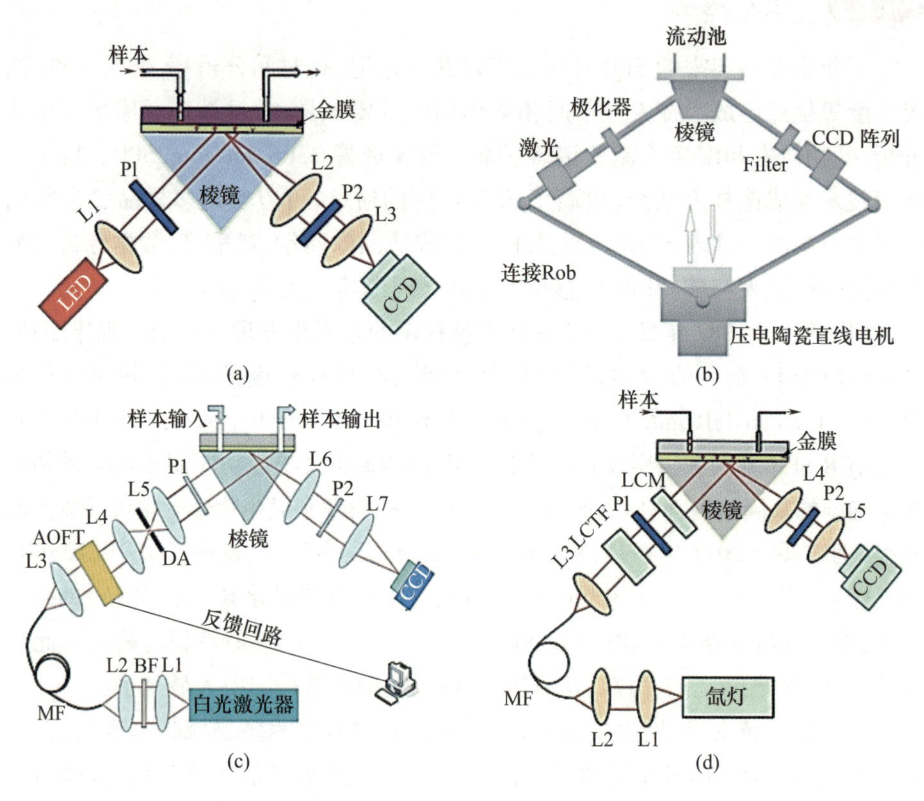

图 17－1　不同的 SPR 系统

（a）强度调制 SPRi 系统；（b）角度调制 SPRi 系统；

（c）基于 AOTF 的光谱调制 SPRi 系统；（d）基于波长复用的相位调制 SPRi 系统。

目前，国外相继推出了商品化 SPR 检测仪器。我国科研单位也开展了相关研究，开发出的仪器设备的技术原理与国外产品基本相同，多采用强度调制 SPR 传感技术。然而，强度调制 SPR 传感技术的检测灵敏度低于化学发光技术，限制了其在临床检测领域的应用。我国学者已围绕如何提高灵敏度这一目标开展了长期研究，发展了一系列 SPR 传感技术和设备，实现了高灵敏和高通量的生物检测，包括一种大动态范围的相位调制 SPRi 传感技术，其检测动态范围达到

10^{-2} RIU①，检测灵敏度高达 10^{-7} RIU[36]。通过微球放大和显微技术进一步提高了检测灵敏度和空间分辨，其检测指标优于现有的化学发光技术，这为临床应用提供了一种精准快速的检测技术。

2）CRISPR 技术发展

CRISPR 是存在于细菌中的一种基因，该类基因组中含有曾经攻击过该细菌的病毒的基因片段。细菌透过这些基因片段来侦测并抵抗相同病毒的攻击，并摧毁其 DNA。因此 CRISPR/Cas 系统[37-41]是细菌和古菌特有的免疫系统，是生命进化历史上，细菌和病毒进行斗争产生的免疫武器，用于抵抗病毒或外源性质粒的侵害。当外源基因入侵时，该防御系统的 CRISPR 序列会表达与入侵基因组序列相识别的 RNA，然后 CRISPR 相关蛋白（Cas，一种核酸内切酶）在序列识别处切割外源基因组 DNA，从而达到防御目的。这类基因组是细菌免疫系统的关键组成部分。透过这些基因组，人类可以准确且有效地编辑生命体内的部分基因，也就是 CRISPR/Cas9 基因编辑技术。

2018 年 3 月 12 日，中科院上海植物生理生态研究所王金博士等在 *Cell Research* 杂志上发表了题为“*CRISPR - Cas12a has both cis - and trans - cleavage activities on single - stranded DNA*”的研究论文[42]。该研究深入系统地报道了 Cas12a 对于靶标 ssDNA 和非靶标 ssDNA 的切割特性，表明 Cas12a 可用于对单链 DNA 病毒的快速检测。值得一提的是，该研究论文投稿时间比 Jennifer Doudna 团队的类似研究论文投稿时间更早，这也说明我国在 CRISPR 领域已经达到国际领先水平。

2021 年 6 月 28 日，哈佛大学怀斯生物启发工程研究所和麻省理工学院的研究人员在 *Nature Biotechnology* 期刊发表了题为“*Wearable materials with embedded synthetic biology sensors for biomolecule detection*”的研究论文[43]（图 17 - 2）。该研究开发了一种基于 CRISPR 技术的可穿戴的合成生物学生物传感器，用以检测环境中的病原体和毒素，并通过发出荧光警告穿戴者。研究团队还将这一技术集成到了标准口罩中，以检测患者呼吸中，以及空气中是否存在 SARS - CoV - 2。使用者可以通过按钮激活口罩中的检测系统，并在 90min 内提供与当前标准核酸诊断测试相媲美的检测结果。在该报道中，研究人员还证明了可以将光纤网络集成到可穿戴冷冻干燥无细胞技术（wFDCF）技术中，以此定量检测生物反应产生的荧光，产生一个更客观、更令人信服的定量数据，并且这个数字信号还可以发送到一个智能手机应用程序中，让佩戴者实时监控自己接触的各种物质，实现

① RIU，折射率单位，表示光线由真空进入介质时，光线速度相对于真空中光速的比值。

了医工的完美结合。

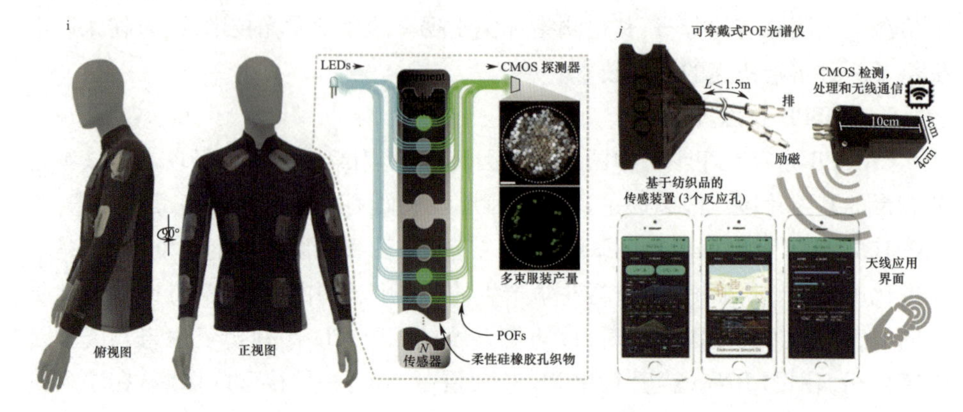

图 17－2　wFCDF 技术具有很强的整合灵活性和十分广泛的应用前景

截至 2023 年 1 月 12 日，自 2022 年 5 月以来已发现约 84560 例不同猴痘病毒(MPXV)病例，波及约 110 个国家。大多数基于 CRISPR 的检测方法需要较长的检测时间，因为需要预先扩增到靶向核酸。华中科技大学协和深圳医院(南山医院)和深圳大学的科研人员合作开发了一种新型 MPXV 生物传感器[44](图 17－3)，通过结合 CRISPR/Cas12b 系统和超灵敏石墨烯场效应晶体管(gFET)进行无扩增核酸检测。CRISPR/Cas12b－gFET 能够在约 20min 内以～1aM 的灵敏度检测 MPXV DNA 靶标。通过设计的几种 sgRNA 来识别 MPXV 的靶基因，然后 Cas12b 蛋白切割靶基因形成双链断裂的结果表明 sgRNA 的特异性在其他同源正痘病毒中得到了验证，并且 sgRNA 可以通过突变位点区分最近的 2022 MPXV 和西非 MPXV，显示出其在 MPXV 检测中的潜在应用。因此，所展示的 CRISPR－gFET 检测技术可以作为未来 MPXV 和其他 DNA 病毒的灵敏和快速诊断工具。

3)SPR 与 CRISPR 联用技术

我国学者首次实现了 SPR 和 CRISPR 技术的结合，并用于遗传病的检测[45]，如图 17－4 所示。通过在 SPR 芯片上固定 dCas9 蛋白与 sgRNA 的复合物，赋予了 SPR 芯片高特异性检测特定基因序列的功能，同时利用二维石墨炔修饰的 SPR 芯片的高灵敏度，实现了一项无须进行核酸样本扩增即可快速(15min 内)检测特定基因组的核酸检测光传感技术。

PCR 为主的新冠核酸检测手段，为避免在多种毒株检测时假阴性的产生，其检测的靶点采用的是 N 基因上高度保守的序列，因而具有无法同步进行基因分型的缺点。我国学者首次提出 CRISPR 技术与 SPR 高灵敏光学传感平台有机的结合[46]，展现出了两大优势：一是利用 CRISPR/Cas12a 独特的酶切活性，通过

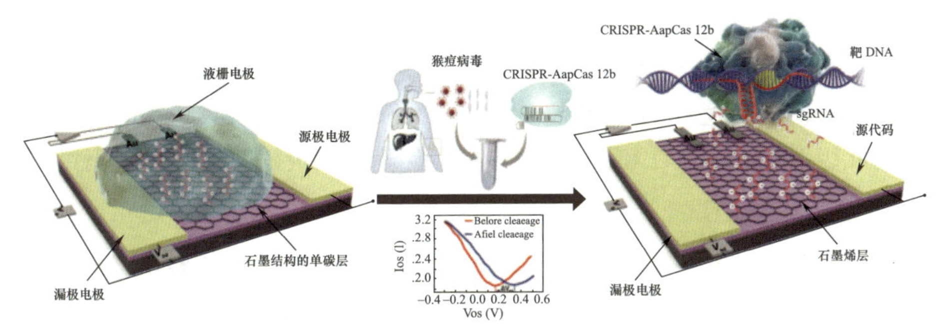

图 17 - 3　用于 DNA 样品免扩增和超灵敏检测的 CRISPR - gFET 的示意图和工作原理(其检测原理是基于石墨烯的 FET 生物传感器与 CRISPR/Cas12b 介导的 DNA 反向裂解相结合,产生快速传感器信号。ssDNA 标记物固定在 FET 结构中的石墨烯表面。当从咽部或皮肤提取的 MPXV 基因组 DNA 与 Cas12b - sgRNA 复合物混合时,会触发 Cas12b 的核酸酶活性,以非特异性方式裂解 ssDNA 标记物。其裂解可调节 gFET 的电学特性,从而产生传感器信号输出。)

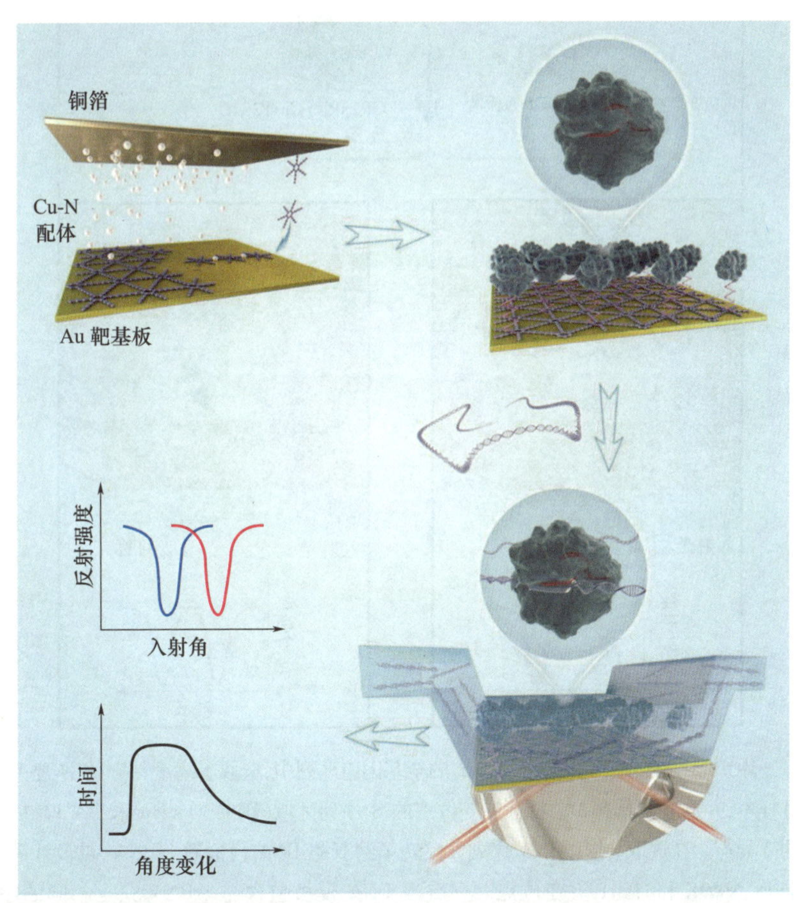

图 17 - 4　石墨炔薄膜和 CRISPR/dCas9 系统集成的 SPR 传感芯片

CRISPR 引导 RNA 的设计,实现了对两代毒王 Delta、Omicron,以及 Omicron 亚型 BA.1 的 S 序列的精准分型,这样的高度特异性同样避免了假阳性结果的产生;二是设计出了广泛适用的,具有超高灵敏度的 SPR 传感芯片,成功实现了 38min 内对 fM 级别病毒核酸的无需预扩增的有效检测,其高灵敏度避免了假阴性结果的产生(图 17-5)。

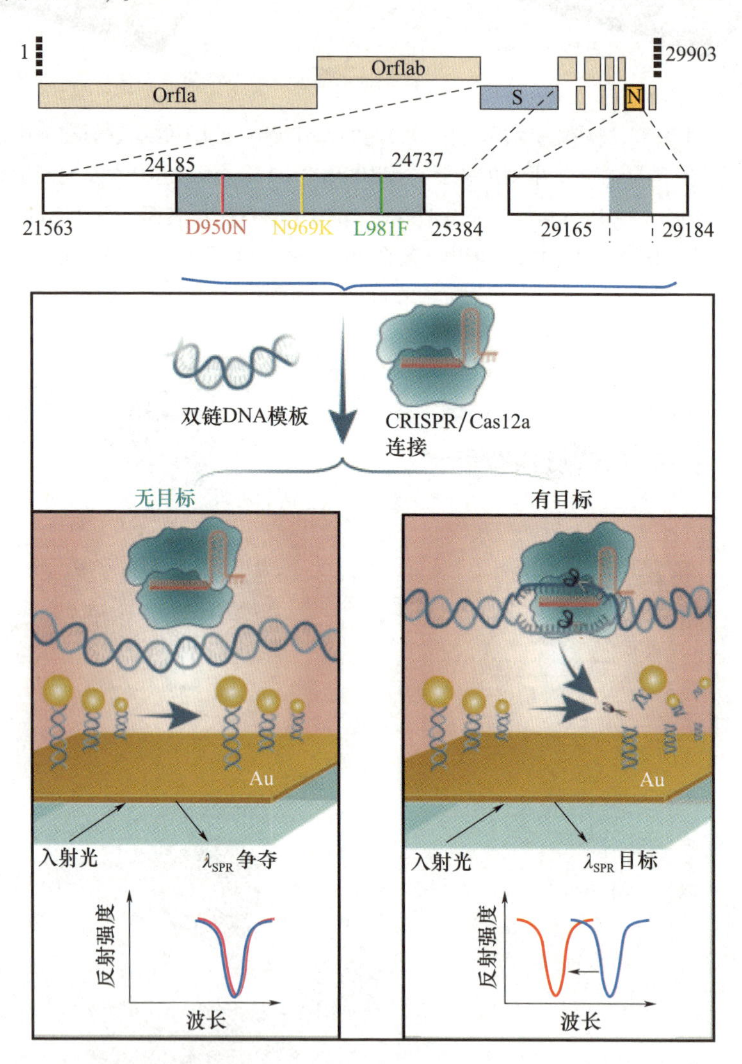

图 17-5　MOPCS 方案:在 SARS-CoV-2 的全基因组序列中,选取了高度保守的 N 序列区域来检测阳性样本,并选取了具有 3 个特征突变位点的 S 序列区域(Delta、Omicron和 BA.1),以区分阳性样本的变异点。在提取、纯化 RNA 序列并反转录到双链 DNA 模板后 crRNAs 被设计为靶向保守区、D950N、N969K 和 L981F 突变位点。只有当 DNA 模板包含与 crRNA 完全相同的序列时,Cas12a 才能被激活,预先固定的 ssDNA 标记基因才能被反式裂解,从而导致改变(减少)SPR 波长

17.1.3 技术当前所处的阶段

1990年,世界第一台商业化SPR仪器由GE公司研制,此后,SPR仪器化的道路真正开始,仪器化发展进入高峰期。目前,国际上SPR商业化仪器较为成熟的公司除了GE的Biacore之外,还有Omadics、Quantech、荷兰Autolab、英国Windsor、日本Nippon Lase、Electronics Laboratory,韩国K-MAC等公司。国内的SPR研究起步较晚,成熟的商业化仪器较少,但从20世纪90年代开始已陆续出现很多成果。中国科学院电子所、清华大学、中国科技大学、东南大学、吉林大学、天津大学、南京航空航天大学、深圳大学等都有相关的SPR工作的开展,许多科研院校也均研制了SPR仪器装置。但是在系统集成、稳定性和灵敏度方面还与国外存在着一定的差距。

2013年,CRISPR基因编辑泰斗张锋等将CRISPR/Cas9系统成功应用于哺乳动物和人类细胞的基因编辑,此后迅速成为人类生物学、农业和微生物学等领域最流行的基因编辑工具。除此之外,利用CRISPR基因编辑技术的基因检测技术也大放异彩。张锋团队基于CRISPR/Cas13的SHERLOCK病毒检测技术[47],通过重组聚合酶扩增(RPA),引入T7 RNA聚合酶启动子来检测放大的RNA序列。此外,后续出现的HOLMES,HOLMESv2等方法由于具有高特异性和高灵活性的优势,这些基于CRISPR的基因检测技术已逐步应用于各种临床场景,包括细菌的检测、遗传性疾病的诊断和病毒的筛查。然而,这些基于CRISPR的检测方法依赖于通过PCR或RPA对核酸进行预扩增,这是一个耗时的过程,或者需要复杂的工艺来制造设备,导致使用成本高。最近,研究人员已经通过FET[48-49],电化学[50-53]等技术平台避免使用聚合酶介导的扩增,试图提高灵敏度。然而,在稳定性、灵敏度等方面还与无需扩增的需求存在一定差距。

17.1.4 对经济社会影响分析

目前,人们所熟知的SARS-CoV-2类型包括Alpha、Beta、Gamma、Delta和Omicron。从病毒变异株的不断迭代中可发现,每一次疫情的反复和高峰,都与超级变异病毒的诞生息息相关。现阶段核酸检测使用的是传统PCR(聚合酶链反应)方法,其存在如下问题。

(1)资源消耗大。当前,在疫情多发地区主要通过召集居民进行核酸采样来判断感染信息主要聚集点,实现密集感染地初筛,随后再通过多轮采样方式进行监管和调控。检测过程需消耗大量人力、物力、财力,且存在人员聚集交叉感染风险。

(2)时效性较差。传统方法因包含样本预处理、扩增、信号探测流程,需长达2h得出实验结果,加之样本处理、信息上报等程序,最快的感染信息需在采样后6h得出,很大程度上降低了信息时效性,滞缓了防疫政策的动态调整。

(3)精准度有限。PCR法为避免在多种毒株检测时假阴性的产生,从设计原理上决定了其检测的靶点为N基因上高度保守的序列,因而只能判断阴阳性,无法同步进行基因分型。同时,目前病毒分型主要依靠基因测序来完成,虽然能够精确确定病毒变异情况,但受限于测试时间,成本和复杂繁琐的操作流程,无法满足大范围推广或快速应对较大规模疫情爆发时基因分型的需求。

光学SPR和CRISPR技术的结合(MOPCS)可以成功实现新冠毒株的高灵敏特异性检测,这项技术犹如敏锐的病毒"侦察兵",在纷繁复杂的病毒密码中迅速、精准抓住基因变异特征,判断病毒分型。具体优势包括以下几方面。

(1)高特异性。MOPCS技术利用CRISPR/Cas12a独特的酶切特性,通过引导RNA的设计,实现了对两代毒王Delta、Omicron,以及Omicron亚型BA.1的S序列的精准分型。这种高度特异性同时有效避免了假阳性结果的产生。

(2)高灵敏度。科研团队设计出了灵敏度更高的SPR传感芯片,成功实现了38min内对fM级别病毒核酸的无需预扩增的有效检测,高灵敏度有效避免了假阴性结果的产生。

(3)高延展性。除了将MOPCS技术运用于新冠疫情防控外,该技术还可广泛应用于各类基因检测,如病毒筛查、癌症早筛、细菌检测等方面,其高特异性可进一步满足流行性病毒筛查并探索最新亚型,肿瘤相关因子肿瘤相关因子如VEGF的临床高危变异、肺部念珠菌感染检测等需求。强大的适用拓展性,使这项技术能够源源不断为人类提供健康福祉。

17.1.5 发展意义

目前,光子CRISPR技术已获得专利权和欧盟CE认证,并得到国内顶刊*National Science Review*的权威肯定和鼎力支持。同时,在技术交流中,国家科技部、中国科学院、广东省科技厅高新处、深圳市科创委等相关部门专家对该技术的社会价值给予高度认可和期待。

(1)优化核酸检测方式。光子CRISPR技术检测方法较之目前使用的传统PCR方法,省略了扩增步骤,极大缩短检测时间,并且特异性提高10倍以上,可在30min获取准确度高达99.9%的SARS-CoV-2感染信息,并能够精准区分变异毒株类型,这将极大地提高病毒检测的精度和速度,全面节省各方面资源损耗。

(2)优化疫情防控模式。目前,我国在疫情防控过程中,多是从发现个体感染触及区域防控,为“由点及面”防控过程。如光子 CRISPR 技术在人和环境中进行大范围运用,将以动态、实时、精准的方式,为 SARS - CoV - 2 的亚型分辨、溯源分析、变异轨迹、传播途径等提供重要信息,发现某区域有异常及时进行精准定位、筛查和隔离,以“由面及点”的模式进行防控,避免大范围区域封控,高效统筹疫情防控和经济社会发展。

(3)优化疾病检测途径。人类从来不曾生活在绝对安全的真空之中,SARS - CoV - 2 不是第一个敌人,也不会是最后一个,未来我们还会面临更多“不明微生物”的挑战。纵观历史,人类与病毒的斗争,从来没有速战速决,但都在反反复复的拉锯战中最终胜出。习近平总书记曾强调,“人类同疾病较量最有力的武器就是科学技术,人类战胜大灾大疫离不开科学发展和技术创新。”目前,光子 CRISPR 技术实现了对 SARS - CoV - 2 及多种变异株更加快速、灵敏、特异性的检测途径,还需把这项技术延展到更多的流行毒株及其变异亚型。我们坚信,坚持科学思维、用好科学手段,我们必将始终牢牢掌握战疫的主动权、掌握对抗更多疾病的主动权。我们也坚信,有更多硬核的科技实力,为人民生命健康安全保驾护航,为推动构建人类命运共同体贡献中国智慧、中国担当。

17. 2 技术演化趋势分析

17. 2. 1 重点技术方向可能突破的关键技术点

1)基于二维半导体的光学 SPR 超灵敏检测技术

研究者们发现,二维半导体材料修饰金属薄膜能显著提高 SPR 传感芯片的灵敏度和检测稳定性。其中,石墨烯由于其特殊的电子能带结构,在太赫兹波段内展现出独特的表面等离激元特性,且具备电学可调、低本征损耗以及高度光场局域等优异性能。这些性质使得其在生物/化学传感器[54]、有源器件[55]、光谱学[56]以及红外/太赫兹探测[57]等领域有望获得重要应用。二维半导体材料,包括过渡族金属硫化物、锑烯等,由于其独特的电学以及光学特性,被广泛地应用于集成光电子领域。在这些二维半导体材料中,直接带隙半导体磷烯填补了石墨烯和过渡族金属硫化物的带隙空白,并表现出各向异性光响应,对不同波长的光具有选择性响应。磷烯在光－物质相互作用[58]、FET、表面等离激元[59－61]等领域的潜在应用受到了广泛的研究。此外，二维半导体材料的种类十分丰富，并在不断涌现。继续尝试新型二维半导体材料对 SPR 传感芯片的基底材料进行修饰，不仅有利于拓展应用于 SPR 传感芯片的二维半导体材料体系，并有希望进一步提高检测的灵敏度。

2）CRISPR 特异性识别技术

对特定碱基序列，甚至单碱基识别的特异性是 CRISPR 基因编辑技术的重要前提之一，这种特异性也为基于 CRISPR 的基因诊断技术提供了重要基础，是优于传统 PCR 法的重要方面。然而，CRISPR 基因检测技术的特异性与 crRNA 的设计密切相关，通常需要设计多条 crRNA 比对大量反复地测试不同 crRNA 与目标模板的亲和力，以及对单碱基突变位点的识别能力，给 CRISPR 基因检测技术带来了时间、人力方面的成本。为解决这一个根源问题，在 crRNA 的设计方法上应当进行深入研究及创新。另一方面，目前的 Cas 蛋白均存在 PAM 序列的亲和特性，在检测靶点序列单碱基变异时需同时满足 PAM 序列及特异性变异位点存在于邻近的位置，使 CRISPR 识别区域受限。可开发多种与不同 PAM 序列亲和的 Cas 蛋白，满足核酸检测强通用性的需求。

3）光学传感与高特异性 CRISPR 分子系统的结合

CRISPR 分子系统的高特异性识别单碱基变异能力赋予了 SPR 芯片对 SARS－CoV－2 变异株分型检测的能力。首先需要针对当前流行的主要变异株及普通 SARS－CoV－2 基因序列进行交叉比对，筛选各变异株特征性的变异位点并完成引导 RNA 的序列设计，并在与 SPR 芯片结合之前先验证 CRISPR－gRNA 针对各变异株的识别能力。CRISPR 分子系统利用 SPR 芯片技术进行特异性检测有两条途径。

（1）利用 dCas 蛋白只能识别、捕获而不能切割目的基因片段的特性，将 dCas－gRNA 的复合物固定在 SPR 芯片上，通过特异性捕获目标基因序列而产生 SPR 信号。

（2）利用 Cas12a 等蛋白在切割目的基因片段的同时也会切割 ssDNA 探针的特性，预先仅把 ssDNA 固定在 SPR 芯片上产生基础 SPR 信号，在反应液中加入 Cas12a－gRNA，以及待测核酸样本，如果待测核酸样本为 gRNA 识别的正确基因，部分 Cas12a 将会被激活而切割芯片上的 ssDNA 致使表明折射率产生变化，从而产生 SPR 信号。

以上两种 CRISPR 分子系统与二维半导体修饰的 SPR 芯片结合，以及分别的信号输出方式及分析，需建立起一套完整的体系。

17.2.2 未来主流技术关键技术主题

1)SPR 未来主流技术

随着 SPRi 传感技术在成像图像质量、灵敏度、数据分析模型等方面获得较大突破,SPRi 传感技术逐渐显现出其巨大的应用前景。SPR 传感器很大一部分都是基于计算入射光的入射角或者波谱来检测待测物的参数,同样的结构条件下,基于相位变化的 SPR 传感技术在改善传感器的分辨率和灵敏度具有更高的性能。更重要的是,在当前的设备条件下,基于相位型的 SPR 传感技术的实验条件更容易构建,在多通道同时检测方面相位型的 SPRi 传感技术也有着巨大的潜力。

目前,增强 SPR 传感器的灵敏度主要可分为两个方面:一方面,通过优化传感器的结构来提升灵敏度;另一方面,通过在金属膜表面涂覆不同的材料提高传感器灵敏度。与优化传感结构的方法相比,涂覆材料的方法具有操作容易和灵敏度增幅大等特点,可通过修饰不同类型的材料到 SPR 传感器上,利用材料本身结构和物理特性拓宽 SPR 传感器的应用。

许多利用纳米材料增强 SPR 传感的研究工作已经被提出,纳米材料增强 SPR 传感的机理大致可分为两类:一是纳米材料作为传感基底对 SPR 传感增强,比如采用纳米涂覆材料;二是纳米材料作为放大标签对 SPR 传感增强。纳米材料中的石墨烯增强 SPR 传感引起广泛关注,涂覆有石墨烯的金属膜与裸金属膜相比能引起更大的 SPR 信号变化,主要是由于电荷从石墨烯转移到金属薄膜的表面可激发更强的电场增强效果。另外,芳香环结构的分子(如 DNA)选择性吸附在石墨烯涂覆的 SPR 传感基底上,通过强力的 π - 堆叠作用和特殊连接方式可以实现超灵敏探测肽、DNA、RNA 和 siRNA 分子。除此以外,各种二维材料如 WS_2[62]、MXene[63-64] 和 MoS_2[65] 等都是近些年来被用于增强 SPR 信号的纳米材料。

2)CRISPR 未来主流技术

近年来,CRISPR/Cas 系统的应用得到了扩展和多样化。不仅开发了新的 Cas 蛋白,而且与不同的检测系统进行了结合。一些基因检测方法使用针对不同类型核酸分析物的不同 Cas 核酸酶,例如,CRISPR 创始团队之一——张峰团队报道了使用 Cas13(一种 RNA 引导的 RNase)的 SHERLOCK 方法[47],如图 17 - 6所示,通过重组酶聚合酶扩增法(RPA)来扩增目标 DNA 或 RNA 序列,并通过不同报告探针的设计,实现试纸条、荧光法等具有单碱基变异分辨能力的基因检测(图 17 - 3)。Li 等[66]报道的 HOLMES 方法集成 Cas12a(也称为 Cpf1)

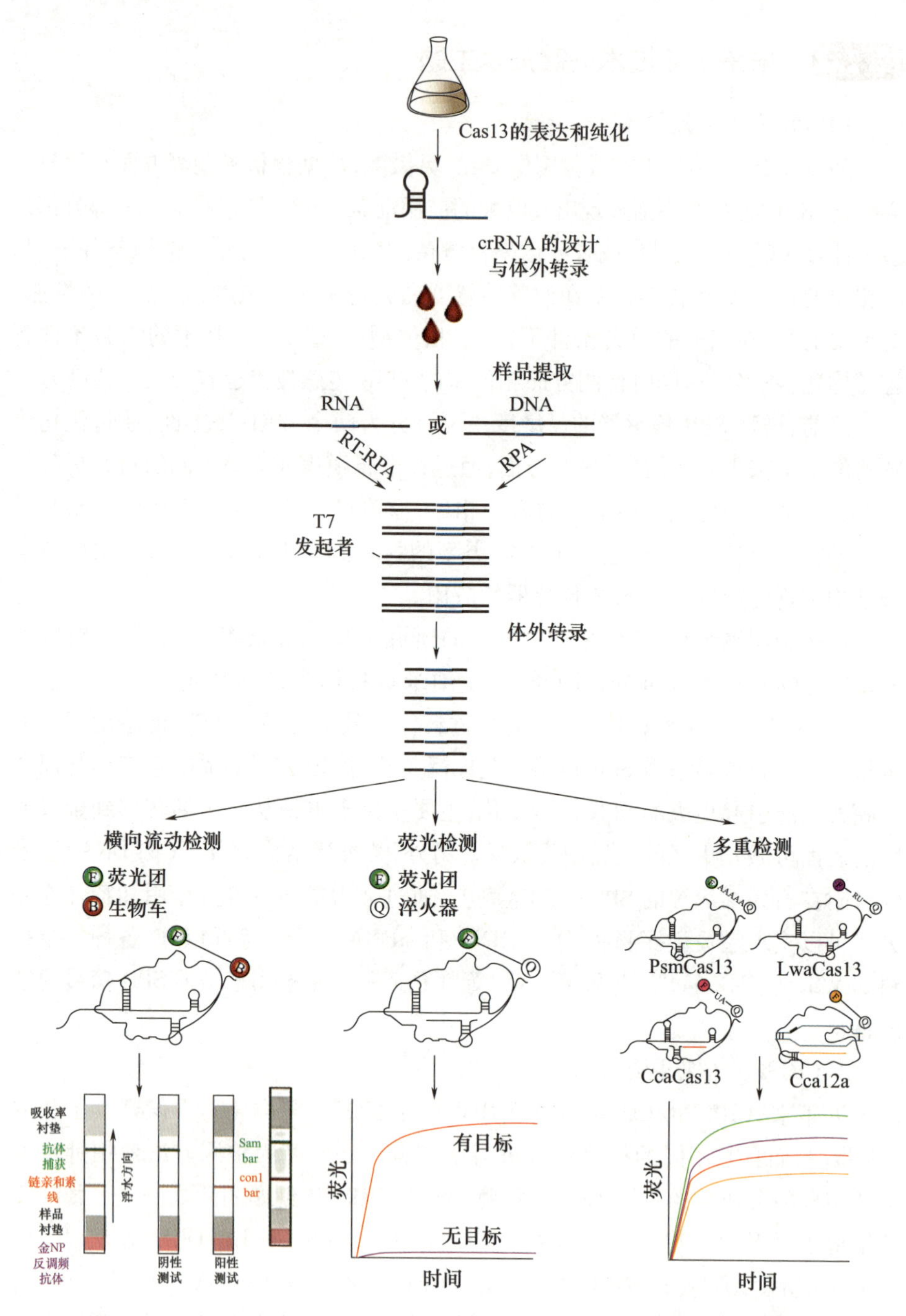

图 17-6　SHERLOCK：一种具有单碱基变异分辨能力的基因检测方法及流程

和等温扩增以检测具有阿摩尔灵敏度的单链 DNA。此外，HOLMESv2 引入了 Cas12b(也称为 C2c1)和环介导的等温扩增的组合，以量化 RNA 并识别单核苷酸多态性。这些基于 CRISPR 的基因检测技术具有高特异性、高灵敏度和灵活性等优势，已逐渐应用于各种临床场景，包括细菌检测、遗传病诊断和病毒筛查。然而，这些基于 CRISPR 的检测方法虽然一定程度上解决了特异性问题，但它们依赖于 PCR 或 RPA 法扩增核酸，这是一个非常耗时的过程，或者需要复杂的设备，导致使用成本高，场地要求严格。

最近，研究人员试图以多种方式避免使用聚合酶介导的扩增来提高灵敏度。例如，Tian 等[67]开发了一种基于液滴微流体的无扩增 CRISPR 基因检测系统，在细胞样大小的反应器中实现了一个特定空间的 RNA 触发的 Cas13a 催化系统，以提高目标和报告基因的局部浓度。此外，模块化催化发夹组装(CHA)的设计提高了 CRISPR 基因检测反应灵敏度，可检测无需扩增的 miRNA 和基因组 DNA 样本。上述 CRISPR 基因检测反应依靠精细的前端设计，而后端结合不同平台以增强信号也是进一步提高 CRISPR 基因检测灵敏度的一个途径。Kim 等[68]开发了一种 CRISPR 介导的表面增强拉曼散射(SERS)测定法来检测多重耐药细菌的基因组 DNA，该方法通过磁珠富集并达到高灵敏度(8 ~ 14 fM)。Hajian 等[69]报道了一种 CRISPR 耦合的 g-FET，其中催化失活的 Cas9(dCas9)锚定在液栅电极上，用作检测具有 fM 分辨率的未扩增临床基因组 DNA 的特定捕获器。CRISPR 技术通过结合不同的检测平台，可以同时实现单碱基突变识别能力和高的检测灵敏度。在未来的研究技术中，CRISPR 技术需要进一步优化和不同检测平台的结合能力，以及面向特定场景的应用效果。

17.2.3 技术研发障碍及难点

1)高灵敏、大动态范围及快速相位调制 SPRi 传感的精细调控

相位调制 SPRi 传感技术具有超高的灵敏度，但是在固定入射角度、波长的情况下，存在着动态范围小的局限性，严重限制了该技术在高通量样品检测中的应用。此外，相位调制 SPRi 系统中调制器的使用不仅增加了系统的复杂性，同时降低了系统的时间分辨率。因此，如何实现高灵敏、大动态范围和快速的相位调制 SPRi 传感调控与检测是技术难点之一。

2)面向超高灵敏检测的二维半导体材料可控制备及 SPRi 芯片修饰

由于二维半导体材料具有丰富活性位点和较高的稳定性，并且其与金属基底材料形成的异质结构也有利于提高 SPRi 传感芯片对周围环境折射率变化的

灵敏度，因此二维半导体材料被广范应用于提高 SPRi 传感芯片的灵敏度。二维半导体修饰的 SPRi 传感芯片表现出对 miRNA 超高的检测灵敏度。然而，二维半导体材料具有尺寸小、厚度不均等缺陷，这限制其在金属基底材料的均匀、稳固的吸附，从而一定程度上有损 SPRi 传感芯片的灵敏度。

因此，另外一个技术难点是探索并优化二维半导体材料的制备方法与二维半导体材料在基底材料的修饰工艺，实现均一、超薄、大尺寸的二维半导体材料的可控制备与其在基底材料表面均匀、稳固的修饰，从而制备高灵敏的 SPRi 传感芯片。

3）CRISPR 精准特异靶向技术

Cas 蛋白与 crRNA 是 CRISPR 反应的两个最重要的组分。CRISPR 基因检测技术的灵敏度及特异性与 crRNA 的设计密切相关，通常需要设计多条 crRNA 比对大量反复地测试不同 crRNA 与目标模板的亲和力，以及对单碱基突变位点的识别能力，给 CRISPR 基因检测技术带来了时间、人力方面的成本。为解决这一个根源问题，在 crRNA 的设计方法上应当进行深入研究及创新。另一方面，目前的 Cas 蛋白均存在 PAM 序列的亲和特性，在检测靶点序列单碱基变异时需同时满足 PAM 序列及特异性变异位点存在于邻近的位置，使 CRISPR 识别区域受限。需开发多种与不同 PAM 序列亲和的 Cas 蛋白，满足核酸检测强通用性的需求。

4）SPRi 技术与 CRISPR 技术联合的超高特异性单碱基识别的基因检测技术

SPR 芯片同时同步对 SARS – CoV – 2 变异株分型检测的能力依赖于 CRISPR 分子系统的高特异性识别单碱基变异能力。同时，随着疫情的发展，当前流行的主要变异株感染流行可能会随时变化。因此，SPRi 芯片的生物传感设计需要高度的灵活性，以应对各变异株特征性的变异位点，包括在新冠疫情在全球结束后，也能继续在各种感染病原体的基因检测中发挥作用。重点解决 SPRi 搭载 CRISPR 分子系统信号弱和抗干扰的能力。分别测试 SPRi 芯片技术搭载 CRISPR 分子系统的结合法与切割法，比较这两种检测方式的可行性和技术推广性。

17.2.4 面向 2035 年对技术潜力、发展前景的预判

1）光学 SPR 技术

SPR 技术发展自 20 世纪 90 年代，如今 SPR 生物传感器的应用趋向多样化，使得它在小分子快速检测的应用中受到越来越多的关注。目前，在公安相关的

毒品检测、食品安全、环境监测、生命科学、药物筛查以及法医鉴定等领域具有广泛的研究。

生物传感器是一个多学科交叉的高技术领域,随着 SPR 生物传感器的逐渐推广,又出现了 SPR 与其他检测技术的联用,如 Biacore 公司的 Biacore 3000 已经可以实现 SPR - MS 的联用。常见的是与电化学联用,能够有效地提高分析的灵敏度,大大降低其检测限。另外还有与流动注射(FI)的联用,SPR 与高效液相色谱(HPLC)的联用等。最近,纳米技术的飞速发展也促进了 SPR 检测技术的发展。SPR 芯片的表面金膜可以与新型的纳米材料结合,如二维纳米材料,以提高引物的固定能力,并与金膜形成复合异质结构,增大检测信号。进一步可以和金纳米颗粒结合,形成共同耦合放大作用,提高样本检测灵敏度。

随着生物传感器和传感芯片技术的不断发展和完善,结合各个领域研究的发展,SPR 技术的应用将趋向多样化,小型化、自动化、多样化、高通量和与相关技术联用等方向发展。

2)CRISPR 技术潜力发展前景

CRISPR 基因编辑技术是继 ZFN[70]、TALENs[71]等基因编辑技术之后的第三代基因编辑技术。作为技术前沿,CRISPR 基因编辑疗法凭借修饰效率高、操作简便、成本低等优势获得全球科学家和相关企业关注。目前,CRISPR 基因编辑疗法在地中海贫血[72]、多发性骨髓瘤[73]等医用领域已展开相关研究。同时,CRISPR 基因编辑技术在基因检测方面的研也得到了广泛的认可,已存在多种检测试剂盒投入实际应用并开始占领市场。在最新的研究中,研究人员试图以多种方式避免使用聚合酶介导的扩增来提高灵敏度,如借助液滴微流控、CHA、SERS、g - FET 等。以上研究说明了 CRISPR 技术可以通过结合与不同检测平台,保持单碱基突变识别能力的同时进一步提升灵敏度。目前,结合 SPR 光学传感技术超高灵敏度特性的 CRISPR 基因检测技术由国内学者首次报道。未来 10 年,随着人工智能及多种传感平台技术的进一步成熟,CRISPR 技术有着广阔的医、工、信多元结合的发展前景。

3)光子 CRISPR 技术发展前景

CRISPR 技术创造了一种全新的生命科学生态系统。随着技术的不断发展和提升,CRISPR 技术的未来前景是非常广阔的。光学 SPR 传感结合 CRISPR,是光学和生物技术交叉融合的典型案例。其检测系统可以同时兼具高灵敏和特异性的特点。以下是 CRISPR 技术未来的几个发展方向。

(1)基因编辑的广泛应用。基因编辑的广泛应用将会是未来光子 CRISPR 技术发展的一个重要方向。随着技术的不断成熟和完善,可以预见光子 CRISPR

技术将扩展到包括植物、动物、人类等更多生命体系。

（2）光子 CRISPR 在肿瘤治疗中的应用。肿瘤治疗是光子 CRISPR 技术最受关注的部分之一。科学家们已经开始探索将光子 CRISPR 技术应用于肿瘤治疗，期望找到一种更安全和有效的治疗方案。

（3）新兴技术的突破。如同其他技术一样，光子 CRISPR 也不是完美的。现有的 CRISPR 技术仍存在一些潜在的问题和局限性。未来需要新兴技术的突破，以处理光子 CRISPR 技术所面临的困难和挑战。

17.3 技术竞争形式及我国现状分析

17.3.1 全球的竞争形势分析

2020 年，诺贝尔化学奖授予了法国的 Emmanuelle Charpentier 和美国的 Jennifer Doudna 两位科学家，表彰了她们在 CRISPR 基因编辑技术方面的贡献，无疑肯定了 CRISPR 技术的发明带来的革命性突破。在诺贝尔演讲中，Jennifer 除了回顾 CRISPR 基因编辑技术的发展历史和应用潜力外，还反复强调了 CRISPR 技术还可以应用于分子诊断领域。在 CRISPR 技术获得诺奖之前，中美各有团队开创性地发明了 CRISPR 分子诊断技术，并且很快就被美国 *Science* 杂志评为“下一代分子诊断技术”，有望引发体外诊断领域的变革。

CRISPR 诊断技术是平台型的核酸检测技术，可以快速诊断任何已知的核酸序列。与传统 qPCR 和 NGS 等分子诊断技术相比，CRISPR 诊断技术具有灵敏、特异、快速和低成本等明显优势，可广泛应用于 POCT、临床感染检测、肿瘤筛查、伴随诊断、食品安全等多个领域。

近年来，IVD 行业增长迅速，特别是受到新冠疫情全球大爆发的影响，又有大量的资本进入了 IVD 行业，进一步催生了更多的 IVD 公司。目前，基于荧光和免疫层析法的 CRISPR 检测试剂已经在中美获得授权。CRISPR 领域泰斗张峰（美国麻省理工学院华人科学家）和诺奖得主 Doudna 分别成立了 Sherlock Biosciences 和 Mammoth Bioscience 公司，推出了 SHERLOCK、DETECTR 等 CRISPR 分子诊断系统。中国方面，吐露港生物优先布局了 CRISPR 诊断方法学专利，但尚无相关产品问世。国内获批的 30 款新冠核酸检测试剂盒中基于 CRISPR 系统的占据了两个席位，但尚未形成市场优势。意味着 CRISPR 分子诊断产品需要进一步的研发。

在 CRISPR 分子诊断领域，目前的开发主要集中与荧光检测领域，在将 CRISPR 分子诊断技术与 SPR 超灵敏光学平台的结合方向上，深圳大学张晗教授团队走在了世界前列，在世界上首次提出 MOPCS 技术，相关文章先后发表在 *Advanced Science*、*National Science Review* 等顶级期刊，并已布局多个专利。MOPCS 充分结合 CRISPR 分子生物学技术的高特异性，与纳米材料增强 SPR 光学传感平台的超高灵敏度，不断突破无需扩增的分子检测下限，相比于当前基于荧光系统的 CRISPR 与等温扩增结合的分子检测体系具有明显的竞争优势。

17.3.2 我国实际发展状况及问题分析

1) SPR 传感技术

基于 SPR 技术的生物传感器，因其能实时监测生物分子间相互作用，且具有无需标记、分析快捷、灵敏度高、前处理简单、样品用量少等优点，已被广泛应用于蛋白质组学、药物研发、临床诊断、食品安全和环境监测等领域，并且显示出广阔的应用前景。

美国 Biacore 系列 SPR 仪器在我国占有最大的市场份额，其传感芯片的使用也最为广泛。传感芯片是 Biacore 系列仪器应用的核心部件，但芯片表面经过多个循环以后，偶联的分子容易失去生物活性或脱落，使芯片废弃。目前，芯片只能从 Biacore 公司购买，价格昂贵，致使实验成本过高，很多单位的 Biacore 仪器处于闲置状态。另外，目前，传感芯片的种类还较为单一。新型传感芯片的研发就显得相当重要。因此，研制我国自有的 SPR 仪器，是 SPR 仪器国产化的必然趋势；从而降低芯片成本和提高芯片性能。

国内的 SPR 研究起步较晚，成熟的商业化仪器较少，但从 20 世纪 90 年代开始已陆续出现很多成果。中国科学院电子所、清华大学、中国科技大学、东南大学、吉林大学、天津大学、南京航空航天大学、深圳大学等都有相关的 SPR 工作的开展，许多科研院校也均研制了 SPR 仪器装置。但是在系统集成、稳定性和灵敏度方面还与国外存在着一定的差距。即使采用目前灵敏度最高的相位调制 SPR 传感技术，但是依然无法有效检测出极低浓度的样本量。因此，在研究 SPR 系统检测技术的同时，还需要引进新的纳米材料和纳米技术以增强传感灵敏度。下一代 SPR 传感技术的发展将越来越多地集中在多通道分布式测量，传感器与生物芯片相结合，引入新结构新材料增强灵敏度等诸多方面。

此外，棱镜型 SPR 设备具有设备成本较高、体积较大，高通量检测技术相对不成熟等限制。相比于棱镜型 SPR 设备，光纤型 SPR 设备具有高度的灵活性，既可以向上兼容，开发大型、高通量的光纤 SPR 检测设备，面向医院、专业实验室、检测平台等使用场景，又可以向下兼容，实现设备的小型化，面向 POCT 市场。在美国 Biacore 公司几乎垄断棱镜型 SPR 的背景条件下，国内的 SPR 设备的发展应当考虑聚焦光纤型 SPR 设备，实现底层技术突破，形成专利保护，并不断优化光纤传感探头的结构设计及表面化学修饰设计，形成针对不同细分市场的产品阵列。逐步打破 Biacore 公司的垄断优势。

关于 SPR 芯片方面，也存在一些有待进一步解决的问题，面临一些技术方法上的挑战。

（1）传感芯片种类比较单一。目前，应用于实验中的传感芯片主要是葡聚糖及表面改性的葡聚糖芯片，有些生物分子难于通过常用的偶联方法固定于芯片表面。

（2）偶联物在芯片表面的固定。尽管目前已经发展了共价偶联法及物理化学的固定方法，由于蛋白质等生物大分子本身的复杂性，种类繁多且理化性质不一，生物活性与空间结构密切相关。然而，在芯片表面偶联物的固定位点具有一定的随机性，偶联结果可能造成偶联物特异作用位点的失活。

（3）非特异性结合问题。分析物在芯片表面的非特异性结合给实验带来干扰，有时甚至得到错误的结论。

（4）流体动力学问题。在微流动系统中，分析物在芯片表面的结合过程受扩散系数及流体速率等因素的影响。

（5）小分子检测问题。由于小分子物质质量变化对折射率变化不明显，这给小分子物质的分析带来一定的困难和影响。

因此，SPR 生物传感器也将围绕如何解决以上问题而进一步发展。

2）CRISPR 发展状况及问题分析

除了光子传感检测手段，生物标志物检测的特异性同等重要，利用前沿的分子生物学技术精准识别单碱基变异，具有准确判断肿瘤相关蛋白变异表达，病毒变异株的识别，遗传病外显子变异等更深层的临床意义。基于 CRISPR 的基因检测技术引起了全球基因研究领域学者们的广泛关注。

CRISPR 相关的基因检测技术在世界范围内的发展至今只有 5 年，起步较 PCR 晚，虽然特异性、单碱基突变的识别能力存在着 PCR 法无法比拟的优势，但国内至今尚未开始广泛地将该项技术作为基因检测应用。其存在的主要挑战如下。

（1）CRISPR 技术反应原理与 PCR 等成熟方法存在本质上的区别，尚未在国内形成统一、权威性的质量、分析标准及体系，导致该项技术在实际应用中尚未能广泛推广使用。

(2)反应的核心组分 Cas 蛋白尚未在国内形成统一的质量标准及量产，导致不同试剂盒中的 Cas 蛋白质量参差不齐，成本较高。

(3)CRISPR 技术存在特异性优势，但与基于扩增的检测方法相比其灵敏度尚需提高。

解决的方法主要是：结合恒温扩增等方法同步进行 CRISPR 反应；结合高灵敏度传感技术，如超高灵敏光学传感技术，使检测体系灵敏度达到无需预扩增样品的要求。此外，实现以上技术的推广应用尚需进一步的科研基础、应用开发、配套自动化设备等方面的完善。

17.3.3 对我国相关领域发展的思考

目前，我国 SPR 发展面临着依托进口，传感芯片种类不多和物质在芯片表面的固定存在困难等缺点，均不同程度地阻碍 SPR 生物传感器的应用推广。因此，国产 SPR 仪器的开发和新型光传感芯片的进一步研发，以及基于纳米材料构建新型光学芯片非常有必要。

通过信号增强来提高分析的灵敏度是研究的重点。随着 SPR 生物传感器和传感芯片技术的不断发展和完善，结合各个领域研究的新进展，SPR 技术的应用将向小型化、自动化、多样化、高通量和与相关技术联用等方向发展。

在光学 SPR 和生物技术联用方面，我国学者前期充分证明了 CRISPR 技术与光传感技术结合的可行性与优越性，既发挥了 CRISPR 技术序列特异性的优势，也发挥了光传感技术高灵敏度的优势。然而，该领域尚为初期研发阶段，光学传感平台结合 CRISPR 技术的检测设备和相关试剂尚需进一步的研发投入。

17.4 相关建议

一是加速各种检测平台的搭建，包括光子 CRISPR 平台、光电 CRISPR 平台，以及相关分子诊断相关标准的建立，包括试剂标准及相应的光学、光电检测设备标准；引导光子和光电 CRISPR 诊断市场有序发展，完成产业技术革新。

二是持续加大 SARS - CoV - 2 等突发急性传染疾病快速检测专项科技攻关力度。针对 SARS - CoV - 2 不断出现的新型变异株及亚型，应组织相关资源力量持续研究、评估病毒的快速检测方法与技术对新型变异株的有效性及准确率，及时更新检测标定试剂与评定准则，确保新型核酸检测技术的有效性与可靠性。

三是针对不同的病毒检测场景完善相应的标准、法规，推进新型病毒监测技术的试点工作，将 SARS - CoV - 2 的常态化监测从人检扩充到物检测以及环境常态化监测，如对进口货物、空气、生活污水中病毒的检测，探索并最终攻克以常态化物检、环境监测代替高频次人检的无扰、超灵敏、高精度无扰监测技术。降低防疫成本、实现无扰监测、高效预警、及时溯源、迅速响应。以新的技术革新应对不断变化的疫情发展态势。

参考文献

[1] LAMERS M M,HAAGMANS B L. SARS - CoV - 2 pathogenesis[J]. Nature Reviews Microbiology,2022,20(5):270 - 284.

[2] 吕梦娜,李建斌,吴锐. 自身炎症性疾病患者合并 COVID - 19 严重程度的早期预测指标探讨[J/OL]. 天津医药:1 - 5[2023 - 10 - 25]. http://kns. cnki. net/kcms/detail/12. 1116. r. 20231023. 1222. 006. html.

[3] 李自栋,朱琳. Omicron 感染者恢复期疲劳发生的临床特征及其危险因素分析[J/OL]. 中国全科医学:1 - 6[2023 - 10 - 25]. http://kns. cnki. net/kcms/detail/13. 1222. R. 20231023. 0842. 002. html.

[4] KRAMMER F. SARS - CoV - 2 vaccines in development[J]. Nature,2020,586(7830):516 - 527.

[5] KIM D,LEE J Y,YANG J S,et al. The architecture of SARS - CoV - 2 transcriptome[J]. Cell,2020,181(4):914 - 921.

[6] KEVADIYA B D,MACHHI J,HERSKOVITZ J,et al. Diagnostics for SARS - CoV - 2 infections[J]. Nature Materials,2021,20(5):593 - 605.

[7] MENG B,KEMP S A,PAPA G,et al. Recurrent emergence of SARS - CoV - 2 spike deletion H69/V70 and its role in the Alpha variant B. 1. 1. 7[J]. Cell Rep. , 2021,35:109292.

[8] CHEMAITELLY H,BERTOLLINI R,ABU - RADDAD L J. Efficacy of natural immunity against SARS - CoV - 2 reinfection with the beta variant[J]. New England Journal of Medicine,2021,385(27):2585 - 2586.

[9] SANCHES P R S,CHARLIE - SILVA I,BRAZ H L B,et al. Recent advances in

SARS – CoV – 2 Spike protein and RBD mutations comparison between new variants Alpha(B. 1. 1. 7, United Kingdom), Beta(B. 1. 351, South Africa), Gamma (P. 1, Brazil) and Delta(B. 1. 617. 2, India)[J]. Journal of Virus Eradication, 2021, 7(3): 100054.

[10] 周雪，陈晓龙，吴小珉，等. 4例境外输入性新型冠状病毒Delta变异株感染确诊病例的临床实验室检测结果分析[J]. 安徽预防医学，2023，29(5): 437 – 440.

[11] SIGAL A, MILO R, JASSAT W. Estimating disease severity of omicron and delta SARS – CoV – 2 infections[J]. Nature Reviews Immunology, 2022, 22(5): 267 – 269.

[12] KARIM S S A, KARIM Q A. Omicron SARS – CoV – 2 variant: a new chapter in the COVID – 19 pandemic[J]. The Lancet, 2021, 398(10317): 2126 – 2128.

[13] YANG B, WANG P, LI Z, et al. Simultaneous amplification of DNA in a multiplex circular array shaped continuous flow PCR microfluidic chip for on – site detection of bacterial[J]. Lab on a Chip, 2023, 23: 2633 – 2639.

[14] TEYMOURI M, MOLLAZADEH S, MORTAZAVI H, et al. Recent advances and challenges of RT – PCR tests for the diagnosis of COVID – 19[J]. Pathology – Research and Practice, 2021, 221: 153443.

[15] RUIJTER J M, BARNEWALL R J, MARSH I B, et al. Efficiency correction is required for accurate quantitative PCR analysis and reporting[J]. Clinical Chemistry, 2021, 67(6): 829 – 842.

[16] BYRNES S A, GALLAGHER R, STEADMAN A, et al. Multiplexed and extraction – free amplification for simplified SARS – CoV – 2 RT – PCR tests[J]. Analytical Chemistry, 2021, 93(9): 4160 – 4165.

[17] OLIVEIRA B B, VEIGAS B, BAPTISTA P V. Isothermal amplification of nucleic acids: The race for the next "gold standard"[J]. Frontiers in Sensors, 2021, 2: 752600.

[18] UNTERGASSER A, RUIJTER J M, BENES V, et al. Web – based LinRegPCR: application for the visualization and analysis of(RT) – qPCR amplification and melting data[J]. BMC Bioinformatics, 2021, 22(1): 398.

[19] DONG X, LIU L, TU Y, et al. Rapid PCR powered by microfluidics: a quick review under the background of COVID – 19 pandemic[J]. TrAC Trends in Analytical Chemistry, 2021, 143: 116377.

[20] WANG R, CHEN R, QIAN C, et al. Ultrafast visual nucleic acid detection with CRISPR/Cas12a and rapid PCR in single capillary[J]. Sensors and Actuators B: Chemical, 2021, 326: 128618.

[21] KOJABAD A A, FARZANEHPOUR M, GALEH H E G, et al. Droplet digital PCR of viral DNA/RNA, current progress, challenges, and future perspectives [J]. Journal of Medical Virology, 2021, 93(7): 4182 – 4197.

[22] 曹海兰,马永成,赵建海,等．西宁市 2 起新型冠状病毒肺炎聚集性疫情流行病学特征分析[J]．寄生虫病与感染性疾病,2023,21(3):136 – 139,145.

[23] HOULDCROFT C J, BEALE M A, BREUER J. Clinical and biological insights from viral genome sequencing[J]. Nature Reviews Microbiology, 2017, 15(3): 183 – 192.

[24] ZHANG S, HAN B, ZHANG Y, et al. Multichannel fiber optic SPR sensors: realization methods, application status, and future prospects[J]. Laser & Photonics Reviews, 2022, 16(8): 2200009.

[25] KUMAR V, RAGHUWANSHI S K, KUMAR S. Recent advances in carbon nanomaterials based spr sensor for biomolecules and gas detection: a review [J]. IEEE Sensors Journal, 2022.

[26] LIU L, LIU Z, ZHANG Y, et al. Side – polished D – type fiber SPR sensor for RI sensing with temperature compensation[J]. IEEE Sensors Journal, 2021, 21 (15): 16621 – 16628.

[27] ZHENG W, ZHANG Y, LI L, et al. A plug – and – play optical fiber SPR sensor for simultaneous measurement of glucose and cholesterol concentrations[J]. Biosensors and Bioelectronics, 2022, 198: 113798.

[28] KHAN K, KARIM F, GANGA Y, et al. Omicron sub – lineages BA. 4/BA. 5 escape BA. 1 infection elicited neutralizing immunity[J]. MedRXiv, 2022: 2022. 04. 29. 22274477.

[29] ANDREANO E, PACIELLO I, MARCHESE S, et al. Anatomy of Omicron BA. 1 and BA. 2 neutralizing antibodies in COVID – 19 mRNA vaccinees[J]. Nature Communications, 2022, 13(1): 3375.

[30] ZYBIN A, SHPACOVITCH V, SKOLNIK J, et al. Optimal conditions for SPR – imaging of nano – objects[J]. Sensors and Actuators B: Chemical, 2017, 239: 338 – 342.

[31] LIU Q, CHEN S, WANG L, et al. MOPCS: next – generation nucleic acid molec-

ular biosensor[J]. National Science Review,2022,9(9):139 – 141.

[32] 曾宁,杜圆圆,魏月月,等. 纳米氧化锌功能化的SPR传感器及其对甲醛气体的检测[J/OL]. 中国科学:物理学 力学 天文学,1 – 10[2023 – 10 – 25]. http://kns. cnki. net/kcms/detail/11. 5848. N. 20231025. 0859. 002. html.

[33] MA Z,QIN Y,WANG X,et al. Identification of chemical compounds of Schizonepeta tenuifolia Briq. and screening of neuraminidase inhibitors based on AUF – MS and SPR technology[J]. Journal of Pharmaceutical and Biomedical Analysis,2024,237:115787.

[34] DAI J,FU L. Structural parameters optimization of tapered fiber SPR sensor based on BES algorithm[J]. Optics Communications,2024,550:130013.

[35] XU Y,CHANG J,NI H,et al. High linearity temperature – compensated SPR fiber sensor for the detection of glucose solution concentrations[J]. Optics and Laser Technology,2024,169:110133.

[36] ZENG Y,WANG L,WU S,et al. High – throughput imaging surface plasmon resonance biosensing based on an adaptive spectral – dip tracking scheme[J]. Optics Express,2016,24(25):28303.

[37] ZHIRUO Y,SIYING M ,LU W ,et al. CRISPR/Cas and argonaute – based biosensors for pathogen detection. [J]. ACS Sensors,2023.

[38] YUMI S,YUTAKA S,AIKO K,et al. Strain – level detection of fusobacterium nucleatum in colorectal cancer specimens by targeting the CRISPR – Cas region [J]. Microbiology Spectrum,2023:e05123 – 22.

[39] DAN L,YIHONG C,FEI H,et al. CRISPRe:An innate transcriptional enhancer for endogenous genes in CRISPR – Cas immunity[J]. iScience,2023,26(10):107814.

[40] ZHAO Z,LU M,WANG N,et al. Nanomaterials – assisted CRISPR/Cas detection for food safety:Advances,challenges and future prospects[J]. Trends in Analytical Chemistry,2023,167:117269.

[41] 冀霞,代绍密,余若菁,等. CRISPR – Cas12a检测牛奶中大肠杆菌方法的建立与评价[J]. 食品研究与开发,2023,44(18):179 – 184.

[42] LI S Y,CHENG Q X,LIU J K,et al. CRISPR – Cas12a has both cis – and trans – cleavage activities on single – stranded DNA[J]. Cell Research,2018,28(4):491 – 493.

[43] NGUYEN P Q,SOENKSEN,L R,DONGHIA,N M,et al. Wearable materials

with embedded synthetic biology sensors for biomolecule detection[J]. Nature Biotechnology,2021,39(11):1366 – 1374.

[44] WANG L,XU C,ZHANG S,et al. Rapid and ultrasensitive detection of mpox virus using CRISPR/Cas12b – empowered graphene field – effect transistors [J]. Applied Physics Reviews,2023,10:031409.

[45] ZHENG F,CHEN Z,LI J,et al. A highly sensitive CRISPR – empowered surface plasmon resonance sensor for diagnosis of inherited diseases with femtomolar – level real – time quantification[J]. Advanced Science,2022,9(14):2105231.

[46] CHEN Z,LI J,LI T,et al. A CRISPR/Cas12a – empowered surface plasmon resonance platform for rapid and specific diagnosis of the Omicron variant of SARS – CoV – 2[J]. National Science Review,2022,9(8):nwac104.

[47] KELLNER M J,KOOB J G,GOOTENBERG J S,et al. SHERLOCK:nucleic acid detection with CRISPR nucleases[J]. Nature Protocols,2019,14(10):2986 – 3012.

[48] DAHAL D,PAUDEL P R,KAPHLE V,et al. Influence of injection barrier on vertical organic field effect transistors[J]. ACS Applied Materials & Interfaces,2022,14(5):7063 – 7072.

[49] SUN C,DU S,GUO Y,et al. Vertical 3D diamond field effect transistors with nanoscale gate – all – around[J]. Materials Science in Semiconductor Processing,2022,148:106841.

[50] AMALI R K A,LIM H N,IBRAHIM I,et al. Significance of nanomaterials in electrochemical sensors for nitrate detection:a review[J]. Trends in Environmental Analytical Chemistry,2021,31:e00135.

[51] CUARTERO M. Electrochemical sensors for in – situ measurement of ions in seawater[J]. Sensors and Actuators B:Chemical,2021,334:129635.

[52] AN Y,LI R,ZHANG F,et al. A ratiometric electrochemical sensor for the determination of exosomal glycoproteins[J]. Talanta,2021,235:122790.

[53] CASTLE L M,SCHUH D A,REYNOLDS E E,et al. Electrochemical sensors to detect bacterial foodborne pathogens[J]. ACS Sensors,2021,6(5):1717 – 1730.

[54] NIKHIL B. Recognizing the less explored “active solid” – “moving liquid” interfaces in bio/chemical sensors[J]. ACS Sensors,2023,8(7):2427 – 2431.

[55] ROCKSON S G,SKORACKI R. Effectiveness of a nonpneumatic active compression device in older adults with breast cancer – related lymphedema:a subanalys-

is of a randomized crossover trial[J]. Lymphatic Research and Biology,2023.

[56] DRONINA E A,MIKHALIK M M,KOVALCHUK N G,et al. Raman spectroscopy study of the charge carrier concentration and mechanical stresses in graphene transferred employing different frames[J]. Journal of Applied Spectroscopy,2023,90(4):1 – 8.

[57] YANG Z,LIANG F. Terahertz detection based on nonlinear hall effect without magnetic field[J]. Proceedings of the National Academy of Sciences of the United States of America,2021,118(21):e2100736118.

[58] WANG H Z,WONG Y T. A novel simulation paradigm utilizing MRI – derived phosphene maps for cortical prosthetic vision[J]. Journal of Neural Engineering,2023,20(4):046027.

[59] JIANG D,DU X,CHEN D,et al. One – pot hydrothermal route to fabricate nitrogen doped graphene/Ag – TiO_2: efficient charge separation, and high – performance "on – off – on" switch system based photoelectrochemical biosensing [J]. Biosensors and Bioelectronics,2016,83:149 – 155.

[60] ZHENG C,NING J,YE H,et al. Suppression of surface defects and vibrational coupling in GaN by a graphene monolayer[J]. Physica Status Solidi(RRL) – Rapid Research Letters,2021,16(2):2100489.

[61] JENS B,NESTOR M,ALEJANDRO B,et al. Detecting the spin – polarization of edge states in graphene nanoribbons[J]. Nature Communications, 2023, 14 (1):6677.

[62] LIN Y P,POLYAKOV B,BUTANOVS E,et al. Excited states calculations of MoS2@ ZnO and WS2@ ZnO two – dimensional nanocomposites for water – splitting applications[J]. Energies,2021,15(1):150.

[63] DU Y,LIU Y,LU W,et al. Nacre – inspired MXene nanocomposite – based strain sensor with ultrahigh sensitivity in a small strain range for parkinson's disease diagnosis[J]. ACS Applied Materials & Interfaces,2023.

[64] ZHANG J,ZHANG H Y,XU W R,et al. Sustainable biomass – based composite biofilm: Sodium alginate, TEMPO – oxidized chitin nanocrystals, and MXene nanosheets for fire – resistant materials and next – generation sensors[J]. Journal of Colloid And Interface Science,2023,654:795 – 804.

[65] MONDAL B,ZHANG X,KUMAR S,et al. A resistance – driven H_2 gas sensor: high – entropy alloy nanoparticles decorated 2D MoS_2[J]. Nanoscale,2023.

[66] LI L,LI S,WU N,et al. HOLMESv2:a CRISPR – Cas12b – as sisted platform for nucleic acid detection and DNA methyla tion quantitation[J]. ACS Synthetic Biology,2019,8(10):2228 – 2237.

[67] TIAN T,SHU B,JIANG Y,et al. An ultralocalized Cas13a assay enables universal and nucleic acid amplification – free single – molecule RNA diagnostics [J]. ACS Nano,2020,15(1):1167 – 1178.

[68] KIM H,LEE S,SEO H W,et al. Clustered regularly interspaced short palindromic repeats – mediated surface – enhanced raman scattering assay for multidrug – resistant bacteria[J]. ACS Nano,2020,14(12):17241 – 17253.

[69] HAJIAN R,BALDERSTON S,TRAN T,et al. Detection of unamplified target genes via CRISPR – Cas9 immobilized on a graphene field – effect transistor [J]. Nature Biomedical Engineering,2019,3:427.

[70] PANDYANDA D N,ANIRBAN C. Single nucleotide polymorphism in the genomic target affects the recombination efficiency of CRISPR/Cas9 – mediated gene editing in zebrafish[J]. Gene Reports,2023,30:101737.

[71] MUHAMMAD N,ABU H,NAHEED B,et al. Explorations of CRISPR/Cas9 for improving the long – term efficacy of universal CAR – T cells in tumor immunotherapy[J]. Life Sciences,2023,316:121409.

[72] 贾吉宏,王春芳. 基于 CRISPR 技术的 β – 地中海贫血基因编辑的研究进展[J]. 右江医学,2022,50(11):856 – 860.

[73] CHOUDHURY S R,BYRUM S D ,ALKAM D,et al. Expression of integrin β – 7 is epigenetically enhanced in multiple myeloma subgroups with high – risk cytogenetics[J]. Clinical Epigenetics,2023,15(1):18.

第 18 章

无硫无氮无碳发射药技术

本章作者

束庆海　赵　帅　吕席卷
高智杰　李　超　黄宏宇
邹浩明　陈树森

“一硫二硝三木炭”的黑火药是我国古代四大发明之一，也是世界军事从冷兵器向热兵器时代转折的重大象征，更是CHON类含能材料的“鼻祖”，至今已在烟火药、民爆等领域广泛使用了上千年。然而，黑火药存在安全性能差、对空气污染严重和加工/使用/储存等过程中安定性较差的诸多问题，尤其是在近年来为治理全球气候而倡导的碳达标、碳中和的总体趋势下，全世界范围内均极大地限制了黑火药的用量，对发展具有环境友好型、优异安全和安定性的新型发射药意义重大。

在上述重大应用需求背景下，北京理工大学领衔的技术研发团队突破传统烟火药剂的设计思路，摒弃CHON类传统含能材料的设计理念，创新性地开展以活性反应材料为基的无硫无氮新型发射药的研发，通过配方设计、配方优化、制备工艺、性能测试和应用验证等研究工作的进行，研制出具有高能量、高安全、低污染特点的新型烟花爆竹用发射药，产品在理化性能、能量特性、安全性能、环保性能等方面达到或超出行业标准规定的一系列技术指标，开发的新型发射药能量是黑火药的数倍，安全性能大幅提升，产物无氮氧化物、硫氧化物、碳氧化物排放，并已形成百公斤级以上的批生产能力，在多型烟花产品上完成了应用验证、试生产和综合性能评价，为烟火药剂的创新发展奠定技术基础。

18.1 技术说明

18.1.1 技术内涵

无硫无氮低碳安全烟花发射药技术是新形势下烟花爆竹行业的必然发展趋势,颠覆性地取代原有CHNO系能量来源,从能量基团和化学元素上直接取缔硝基、硝胺、硝酸脂等化学结构,通过多组元活性还原剂和氟类高分子氧化剂材料在高温下发生剧烈的氧化还原反应,生成大量的气体产物发生高温绝热膨胀从而对外做功。原材料无硫、无氮、低碳,生产过程安全可靠性高、低碳环保,产生极少的固体残渣,接近零废液和废气产生。相比于传统的发射药主流产品——黑火药,该新型发射药安全性、热安定性呈指数级提升,火药力是黑火药的10倍以上,成本与黑火药相当,在烟花爆竹、民爆、军用发射药等领域具有广阔的应用前景,将产生不可估量的社会效益和经济效益。

1)原材料更加安全低碳

设计研制出一种基于活性材料的新型烟花爆竹用发射药,具有足够的燃烧热和爆热,其火药力和比冲值成倍高于黑火药,显著降低了发射药的用量,从而降低了烟花的生产成本。新型发射药吸湿率低,机械感度低,大幅提高了烟花在生产、运输和使用过程中的安全系数。新型发射药不含硫磺组分,燃烧后不排放含硫的化合物,且不含氯酸盐、铅化合物、汞化合物、砷化合物等违禁药物,因而具有较好的环境友好性。

2)生产工艺更加安全低碳

实现了氧化剂、还原剂、黏合剂和各类功能助剂一步混合的工艺,采用常温湿法造粒,避免了黑火药分步混合、球磨、压片及碎药片等高危工序,简化了工艺流程,实现了机械化、连续化生产,提高了过程的安全指数和企业的生产效率。生成过程中,无高温高压条件,所用有机溶剂为低毒的乙酸乙酯且可回收,无粉尘、废气产生,每吨产品约损耗50L乙酸乙酯,无其他有毒有害物体产生。

3)产品安全环保综合性能优异

所研制的新型发射药,撞击感度和摩擦感度均为0%,真空热安定性小于2ml/g(48h,100℃),静电感度213mJ是黑火药的20倍以上,火药力大于

10000J/g 是黑火药的 10 倍以上,做功能力 31.65J/g 是黑火药 8 倍以上。此外,黑火药的空中产物主要是氮氧化物、硫氧化物有害气体和碳氧化物类温室效应气体以及大量的固体粉尘;相比之下,新型发射药几乎无空中残留物产生,反应所产生的金属氟化物和碳粉均残留在地面,对环境友好。

18.1.2 技术发展脉络

烟火药起源于黑火药。黑火药是中华民族最早的四大发明之一,对世界文化的发展和人类的进步做出了卓越的贡献。黑火药作为最初的烟火药一出现即被用于战争,起初是用来纵火、灼伤和产生毒烟,其后发展用于爆炸,进而用作发射。作为武器的唯一能源,黑火药一直持续了漫长的十多个世纪。至今在烟花行业仍在大量使用黑火药(军工硝)作为烟花的发射药。

黑火药是硝酸钾、硫磺、木炭的混合物,常温常压下是一种低速烟火药,具有优良的点火性能,感度高,发火点低,在生产和运输过程中,历年来频发安全事故,同时由于火药中含有硫磺,燃烧时产生二氧化硫和硫化物污染空气。

政府管理部门开始着手制定并出台相关法律法规、条例、规定等以控制和减少烟花爆竹带来的安全、环保问题,涉及生产、运输、储存、燃放等各个环节。《国务院办公厅转发安全监管总局等部门关于进一步加强烟花爆竹安全监督管理工作意见的通知》(国办发〔2010〕53 号),要求进一步严格黑火药类烟花爆竹生产、经营、运输、燃放等各环节安全管理和监督,促进烟花爆竹企业安全生产条件和安全管理水平进一步改善和提高,形成烟花爆竹安全生产长效机制,使烟花爆竹事故明显减少。禁止生产药物敏感度高、药量大、燃放无固定轨迹等危险性大的产品,淘汰对环境污染严重的产品。最近颁布的标准 GB10631—2013 对烟花爆竹产品的规格、材质、药量、药种以及安全和燃放性能做了更为明确和严格的规定。2012 年 9 月颁布实施的《烟花爆竹作业安全技术规程》对烟花爆竹的安全生产进一步予以规范,要求更加严格。

2013 年 4 月,国家安全监管总局办公厅、公安部办公厅联合下发《关于开展黑火药和引火线专项治理的通知》,要求进一步严格安全生产条件,坚决淘汰落后生产工艺和过剩生产能力,大力推广安全可靠生产工艺技术和安全环保产品,有效预防各类事故或案件发生。要求有烟花爆竹生产企业的省(区、市)安全监管局要积极鼓励无硫、微烟发射药和引火线等安全环保产品的研发和应用,加快以新火药—安全环保发射药替代黑火药,提高产品安全环保等级。总之,安全和环保已成为烟花爆竹产业发展的战略方向。

自2019年北京理工大学开始就成立了课题小组进行潜心研究安全环保型还原剂发射药,并在湖南省多家烟花重点企业开展工艺和产品验证。

1)研究现状与趋势

由于黑火药的众多烟火效应,使其在烟火技术中具有重要的作用和地位。黑火药由于其燃烧时的热效应被广泛地用作烟火药的点火药、传火药。利用黑火药的时间效应,常将其用来制作导火索、延期药、时间药盘等控制时间的火药零件。利用黑火药的气动效应,可以将其作为发射药、抛发射,也可用作推进药(如火箭发动机装药、驱动器或转轮药等),同时,黑火药又是一种低爆速炸药(如礼花弹的开弹药、鞭炮药)。

黑火药广泛用于焰火产品的制造,其成分中含有一定量硫磺,燃烧产生的二氧化硫气体及硫化物有一股浓重刺鼻的硝烟气味,对于当下生产企业、大众消费以安全环保的理念要求上还有一段距离 ,燃放烟花烟雾,阻碍人们的视觉,影响烟花的观赏效果。

新火药－安全环保发射药是烟花爆竹新型材料研究的一个重要方向。有人提出含硫很少或几乎不含硫的黑火药,但是随着木炭的增加,极有可能使燃烧反应向着多生成CO的方向发展,而CO是一种有毒气体,同时由于没有硫作粘合剂,导致药剂吸湿率增高。不少学者在上述改性黑火药的基础上去掉硫磺,通过改变氧平衡和用含碳、氢、氧、氮有一定比容的化合物,得到了几种环保型黑火药配方,可以分别用于延期药、发射药、点火药和导火索用药。

为了减少烟花发射过程中产生的烟雾,国内外学者使用军用退役火药粉(单基、双基粉),具有较好的微烟效果,也有采用单基粉加入有一定比容的高氯酸铵。但由于烟花发射管不能提供一定气密性燃烧室,使其燃烧速度变慢,导致烟火效应较差、发射高度一致性差等缺陷。同时由于单基粉机械感度高,作为民用烟花,不得不考虑它的安全性。

国内外目前的研究成果,可以具有某一方面的良好性能,但兼具发射效果、机械感度、吸湿性、比容、爆温、火药力和比冲等综合性能的黑火药替代品尚未研发问世。

2)研究过程及阶段性成果

(1)新火药－安全环保发射药的配方研究。从2019年1月开始,课题研究小组开始新火药－安全环保发射药的配方研究,主要在东信烟花公司完成。根据烟火药的配方设计原理,筛选氧化剂、还原剂、黏合剂及添加剂的种类,利用热力学计算方法,确定新火药－安全环保发射药的最佳理论配方(表18－1)。

表 18－1 研究阶段及相应进展

阶段	取得进展
初试	合成、筛选组分：高氯酸钾做氧化剂，X3 新材料作还原剂，水作黏合剂，某种氧化物作催化剂 热力学研究：药剂的爆温、爆热、比容、火药力、比冲等热力学参数及变化规律 确定药剂配方：高钾 65%/X3 新材料 35%，外加黏合剂和催化剂 产量：日产百克级
小试	“一步法”人工成型工艺：组分的混合、湿润造粒、筛选、干燥一步完成 燃放性能初步研究：同等药量下含新火药－安全环保发射药烟花发射效果优于黑火药 产量：日产公斤级
中试	机械造粒成型工艺：组分的混合与造粒均在机械内完成 燃放性能研究：含新火药－安全环保发射药烟花燃放高度、燃烧稳定性 安全环保性能研究：新火药－安全环保发射药的撞击感度、摩擦感度、火焰感度、吸湿率及着火温度等性能优于黑火药 产量：日产百公斤级
批量	连续化造粒成型工艺：原料的混合、润湿、造粒工艺在机械内连续进行，实现连续化生产 综合燃烧性能研究：含新火药－安全环保发射药烟花发射高度、燃烧稳定性 安全环保性能系统研究：新火药－安全环保发射药能量性能、感度、燃烧性能、燃烧产物、燃气颗粒含量、理化安定性、吸湿性、存储性、成分的无毒性等性能检测分析 应用研究：新火药－安全环保发射药应用于不同厂家、不同规格的礼花产品，考察应用效果 产量：日产吨级

（2）新火药－安全环保发射药的成型工艺研究。从 2019 年 10 月份开始，课题研究小组开始研究新火药－安全环保发射药的成型工艺。经过多次摸索，确定了将发射药各组分的混合、湿法造粒、筛选、干燥一步完成的“一步法”成型工艺，与黑火药生产过程相比，工艺简单，生产成本大大降低，安全可靠。

（3）新火药－安全环保发射药的燃放性能初步研究。从 2020 年 6 月份开始，课题研究小组开始在东信烟花公司小量生产用新火药－安全环保发射药取代黑火药的同类型烟花，并初步测试其燃放效果及安全、环保性能。同等药量情况下，使用新火药－安全环保发射药的烟花发射效果优于黑火药类发射效果。在国家烟花爆竹产品质量检测监督检查中心检测结果表明，新火药－安全环保发射药撞击感度、摩擦感度、火焰感度、吸湿率及着火温度等性能均显著优于黑火药。

（4）新火药－安全环保发射药机械化及连续化生产工艺研究。新型新火药－安全环保发射药小试成功后，于 2019 年建立了实验室，并在 2021 年 5 月前完成日产 50kg 量的生产，用户一致反映，性能优良，产品稳定，得到好评。

最近,研究小组又与多家设备生产厂家及军工企业的联合研发,拟建成连续化生产线一套,可望每小时生产新火药 - 安全环保发射药 100kg 以上,日产数吨,产量和效益大增。

(5)新火药 - 安全环保发射药的安全及应用研究。课题研发人员在北京理工大学、国家烟花爆竹产品质量监督检查中心等多家火工品重点研究机构或检测中心对新火药 - 安全环保发射药的能量特性、燃烧性能、安定性能、感度、燃烧产物、吸湿性、存储老化性等进行了严格的分析检测研究,并在东信烟花公司、国家烟花爆竹产品质量监督检查中心等单位对含新火药 - 安全环保发射药的烟花成品进行应用性能检验,发现新火药 - 安全环保发射药类烟花的综合性能优于黑火药类烟花。

18.1.3 技术当前所处的阶段

目前已完成发射药的配方设计、工艺研究、产品试制、性能测试及批量试生产,形成了百公斤级以上的批生产能力,完成了第三方性能检测、产品成分分析、安全论证评审等工作,在多型烟花产品及生产线上完成了技术验证,技术成熟度达 6 级以上,所研制的新型发射药产品达到的技术指标情况如下。

1)新型烟花爆竹用发射药理化性能

(1)活性组分 Mg/Al/PTFE 质量分数 70 ±1%。

(2)密度 $\rho = 2.02\text{g} \cdot \text{cm}^{-3}$,达到理论密度的 96.19%,堆积密度 $\rho_p = 0.99\text{g} \cdot \text{cm}^{-3}$。

(3)流散性 $\theta = 19.2°$。

(4)水分 $P_w = 0.3\%$。

(5)吸湿率 $P = 0.3\%$。

(6)pH = 6.8。

(7)真空安定性 VH = 0.2ml · g^{-1}(100℃,48h)。

2)新型烟花爆竹用发射药能量特性

(1)燃烧热 $Q = 10500\text{J} \cdot \text{g}^{-1}$。

(2)燃烧速度 $u = 0.31\text{cm} \cdot \text{s}^{-1}$。

(3)抛射高度 $h = 40\text{m}$。

3)新型烟花爆竹用发射药安全性能

(1)撞击感度 $P_{IS} = 0\%$,摩擦感度 $P_{FS} = 0\%$。

(2)火焰感度 $H_{50} = 1.8\text{cm}$。

(3)着火温度 $T = 380℃$。

(4)5s 延滞期爆发点 $T_5=621℃$。

(5)静电火花感度 $E_{0.01}=231mJ$。

(6)最低氧气浓度$[O_2]min=7.0\%$。

4)新型烟花爆竹用发射药环保性能

(1)热分解残渣含量 $R_{td}=28.40\%$。

(2)环境空气 PM2.5 浓度 $\rho PM2.5=41\mu g\cdot m^{-3}$。

(3)环境空气 PM10 浓度 $\rho PM10=67\mu g\cdot m^{-3}$。

(4)燃烧残渣含量 $R_c=5.90\%$。

5)新型烟花爆竹用发射药燃放效果

(1)抛射力 $h_c=3.3m$。

(2)发射高度 $h=47.8m$。

(3)燃放稳定、可控，未出现炸筒、散筒、低炸、急炸、火险、倒筒、冲底等燃放性能缺陷。

18.1.4 对经济社会影响分析

1)烟花爆竹行业发展受困，亟待发展新型安全环保型发射药

烟花爆竹在我国已有一千多年的历史。无论是逢年过节、婚丧嫁娶，还是礼仪庆典、考学升迁，乃至建筑落成、店铺开张，都有燃放烟花爆竹的传统习俗。我国是世界上最大的烟花爆竹生产和消费国，湖南浏阳、醴陵以及江西上栗、万载等多地都享有“烟花爆竹之乡”的美誉。蓬勃发展的烟花爆竹产业已带动数百万人就业，成为解决农村富余劳动力就业、增加城乡人民收入的重要支撑。

由于受到黑火药的本质安全性差、对环境污染大等诸多弊端的影响以及新时期经济社会发展对“碳达标、碳中和”的不可逆转性指导精神，对现有的烟花爆竹行业造成了夭折式的影响，全产业链从巅峰时期的数千亿产值落寞到如今的两三百亿产值，对整个行业尤其是湖南省的 GDP 影响重大。发展具有安全、低碳环保的绿色可持续新型发射药技术已迫在眉睫。

2)广大人民群众对美好生活向往需求的增长

烟花爆竹的习俗已经延续上千年的历史，这种习俗一直没有被遗忘，即使到了经济高速运转的现代社会，老百姓的生活从温饱走向了小康，在党的英明领导下，全中国打赢了攻坚脱贫战，人民的生活水平日益提升，幸福指数不断攀升，对美好生活的更多向往自然也更加丰富多彩。

烟花爆竹已经成为了过年的象征，然而随着环保力度的加大，现在很多大城市已经禁止燃放烟花爆竹，而一些小县城虽然不是全面禁止，但是也有很多村庄不让燃放烟花爆竹。

对于在农村不让燃放烟花爆竹也是有很多争议，有的人认为燃放烟花爆竹是传统，也是过春节的象征，更是一种回忆。因为每当天空响彻爆竹的声音就代表春节来了，如果不让燃放烟花爆竹真的很难想象，这是一种习俗也是一种回忆。

可见，燃放烟花早已成为中华民族传承了几千年的习俗，是生活日常不可或缺的重要部分，是文化，是艺术，更是幸福的记忆。因此，新型安全环保烟花一旦问世，将有可能扭转当前烟花禁燃的局面，让老百姓重温那个有烟花百家齐放的年味。

18.1.5 发展意义

中国是烟花的故乡，燃放烟花历史源远流长，既是传统又是一种民俗文化，将传统文化发扬光大，以烟花传情，以焰火达意，赋予新的内涵。中国人口众多，烟花文化浓厚，烟花市场大。

“既要金山银山，又要绿水青山”的执政理念开始提出，民众对环境的保护日益重视，而由于烟花燃放后会产生大量有害气体、粉尘等，将对环境造成较大影响，从监管到民众，对烟花产品均有抵制现象，影响烟花产品销售。

但是，烟花可以产生强烈的视听效果，烘托喜庆气氛。近几年，国家大型活动频频举办，燃放烟花为相关城市增光添彩，起到渲染活动氛围的效果。例如，G20 杭州峰会文艺演出、中国共产党诞生百周年庆典、2008 年北京奥运会、2022 年北京冬奥会等重大活动庆典，会场绽放烟花惊艳世界。此外，近几年文旅产业蓬勃发展，带动烟花产业发展。当前，烟花点燃夜经济，文旅焰火齐绽放：烟花小屋，文旅焰火，烟花进景（城）区。例如，长沙首届长兴湖沙滩音乐节焰火秀从艺术手段上烟花与水幕和灯光进行全方位的融合，将现场气氛推向了一个高潮，通过沙滩音乐节 + 光电焰火秀，将多元素融合在一起，吸引了大量游客。

针对烟花污染环境的问题，国内烟花企业探索环保烟花。本项目生产安全环保的新式烟火药具有无火药爆源，无毒害气体，生产、储运、释放安全可靠的特点，广泛用于结婚庆典、生日祝寿、开业典礼、娱乐节目、文艺演出、体育盛会、节日庆贺等各种喜庆场合，因此市场前景广阔。

18.2 技术演化趋势分析

黑火药是我国古代的四大发明之一，是人类历史上出现的最早的火药。它也是现代火、炸药的前身。它是由硝酸钾、硫磺和木炭3种原料按一定比例制成的混合火药。由于它在燃烧时产生大量的烟，故亦称有烟火药。

在现代火、炸药出现之前，黑火药既作为火药，又作为炸药广泛地使用于军事及开矿。由于它能量低、威力小且有大量固体残渣，所以用在发射和爆炸方面，近代多已被各种火药和各种猛炸药所替代。但由于黑火药具有其他火药所不完全具备的特点，如物化安定性好（据有的资料报道，存放二百余年也未发生变质）；火焰感度高、易点燃，燃烧速度大；火焰传布速度大；压力指数低；燃烧性能稳定，燃烧产物中含有大量灼热的固体微粒，点燃发射装药的能力强；原料丰富、来源广，工艺简单；成本低廉等，所以至今无论在军事上，还是民用上均仍有广泛的用途。

黑火药由于其燃烧时的热效应被广泛地用作烟火或火药装药的点火药、传火药，利用黑火药的气动效应，可以将其作为发射药、抛射药，也可以用作推进药（如火箭发动机装药、驱动器或转轮药等），同时黑火药又是一种低爆速炸药（如礼花弹的爆炸药、鞭炮药等）。

黑火药燃烧后会产生一定量的烟雾，由于黑火药广泛用于焰火产品的制造，在燃放这些烟花产品时，产生的大量烟会阻碍人们的视觉，影响烟花的观赏效果。同时，由于黑火药的成分中含有一定量的硫磺，燃烧后有一股浓重刺鼻的硝烟气味，这是硫磺燃烧产生的二氧化硫气体及硫化物。二氧化硫气体是一种有毒气体，硫化物作为可吸入颗粒物也对人体和环境造成很大的危害，是环境的污染物。黑火药以其特有的感度特性和燃烧性能在弹药点火方面得到广泛应用。同时黑火药燃烧后产生的大量残渣，特别是残渣中可溶性硫酸盐对武器系统造成的腐蚀及气相产物中硫氧化物对周围环境的污染，也越来越引起人们的重视。

烟花爆竹在燃放过程中会发生化学反应，其燃烧产物除含有氧化钾、硫化钾等吸湿性固体颗粒物，使烟花在发射过程中产生大量烟雾，影响烟花的观赏效果外，还含有 CO、NO_x、SO_x、H_2S 等吸湿性有毒有害气体物质，影响人们的身体健康。

因此，新火药－安全环保发射药是新型黑火药替代物研究的一个重要方向。硫在黑火药中主要起黏结剂的作用，同时保证成品粒子的密度。在对药剂密度要求不高的点火系统中,使用新火药 - 安全环保发射药,可以避免用黑火药点火带来的缺陷。

有人提出含硫很少或微硫的黑火药,但是随着木炭的增加,极有可能使燃烧反应向着多生成一氧化碳的方向发展,而一氧化碳是一种有毒物质。不少学者在改性黑火药的基础上去掉硫磺,通过改变氧平衡和用含碳氢氧氮的化合物,得到了几种环保型烟火药配方,可以分别用于延期药、发射药、点火药和导火索用药。为了减少烟花发射过程中产生的烟雾,国内外学者开展了大量研究工作。

我国是世界上最大的烟花爆竹生产国和出口国,国外花炮基本上有 95% 以上都产自中国,远销世界近百个国家和地区,占全球生产量的 80%。截止 2018 年底,全国共有 2000 多家烟花爆竹生产工厂,其产量主要集中在湖南浏阳市、醴陵市,江西万载县、上栗县等地,从而形成了中国烟花的传统主产区,四个地区约占全国烟花爆竹总产量的 80% 左右。因此,中国烟花的生产和科研水平基本上可以代表全球烟花爆竹产业的发展水平。烟花爆竹用烟火药发展重点,一是安全,二是环保。鉴于氯酸钾氧化剂在烟花爆竹产品上的禁用,替代氯酸钾的安全氧化剂研究成为烟花爆竹用烟火药发展的当务之急,又因为烟花爆竹的环保问题决定着整个产业的今后走向乃至生死存亡,研究开发环保型烟火药刻不容缓。

18.2.1 重点技术方向可能突破的关键技术点

无硫无氮低碳安全发射药技术,由于其优异的安全、环保、经济、工艺简单等综合优势,有望全面替代黑火药,并在民爆、军用发射药等领域具有较强的应用潜力,未来可能需要突破的关键技术点一方面涉及其自身的数字化工业制造,形成自动化、数字化制造能力,提升产能和智能制造水平;另一方面涉及其在其他相关产品和相关领域的推广应用。

18.2.2 未来主流技术关键技术主题

未来主流技术关键技术主题主要包括以下几方面。

(1)非 CHON 系烟花发射药智能制造技术。

(2)非 CHON 系开爆药技术。

(3)非 CHON 系工业炸药技术。

(4)非 CHON 系军用发射药技术。

18.2.3 技术研发障碍及难点

1）氟材料供应问题

非CHON系新型烟花发射药所用主要氧化剂为氟材料，其分子量大小、粒径和纯度对燃烧的效率、速率、产物得率均有显著的影响，且其在配方中的占比也较大，超过50%以上。因此，对特定原材料质量规格的氟材料需求成为发展该产品的战略性制衡因素。

世界氟材料工业经过近80年的发展，已形成了几百亿美元的市场销售额，其生产能力构成为：含氟致冷剂150万t，含氟高分子材料13万t。其中氟化氢属基础化工原料，含氟制冷剂既可作为化工原料，也可作为制冷剂、发泡剂等。全氟高分子材料却是一类具有特殊性能的工业材料，它包括氟树脂、氟橡胶、氟涂料、织物处理剂等，其中聚四氟乙烯已进入成熟阶段，其年平均需求增长速度为2%～3%，其他品种大多处于成长阶段，年增长速率平均为5%～6%，有的甚至高达12%。

世界氟材料主要生产国家集中在美国、日本、英国、法国、德国、意大利、俄罗斯、中国，其中全球含氟材料生产比例为美国33%、欧洲20－30%、日本25%，俄罗斯与亚洲占8%～18%。全球含氟材料消费比例为美国44.5%、欧洲32%、日本13%、中国6.5%、其他地区4%。国际上氟材料主要生产商为7家跨国公司（Dupont、SOLVAY、3M、ICI、Atofina、Daikin等），它们占了世界氟材料产量的80%，其他氟化学品的70%。

以氟化工的主要原材料萤石为例，全球萤石的储量约3.1×10^8t，近年来，萤石的产量呈较大的波动，2007年的全球产量为5.69×10^6t，2011年全球产量增长至7.52×10^6t，而2018年又下滑至5.8×10^6t左右。目前，中国是全世界最大的萤石生产国，2018年中国萤石生产量达3.5×10^6t，占全球总产量的60.34%，墨西哥是我国最大的萤石出口国，2018年我国对墨西哥的萤石出口量达1.1×10^6t，占全球总量的18.97%。

2）新型安全环保发射药用材料标准、工艺规范需进一步确立

新型安全环保发射药由于从反应机理、原材料构成、制备工艺等方面均有本质上的差异，完全颠覆了传统黑火药。虽然目前已完成对配方和工艺的鉴定，形成了企业标准和工艺规范，但相关的行业标准、行业规范仍需进一步确立。即使是同样的应用产品，出口和内销的质量规范也会有所不同。新型具有颠覆性机理发射药的诞生，势必会形成以该新型发射药为核心的全新生态链和产业链，所

配套的点火装置、发射装置、包装、运输、储存、环境测试分析、安全评价方法等各种标准参数均会发生新的变化，给出以上标准参数的测量方法、参考范围和测量仪器，是新型发射药在军民领域应用的基础。未来，还需进一步突破技术、成本限制，在设备和器件等工艺方面建立成熟的规范流程，降低成本，提高稳定性、可靠性，向商用标准迈进。

18.2.4　面向 2035 年对技术潜力、发展前景的预判

1）低碳安全环保新型发射药为我国烟花和民爆行业的节能减排提供新的技术路径选择

随着黑火药为主的传统发射药逐渐难以满足新时期经济社会的发展需求，单方面靠通过禁燃禁放少使用，又无以为继军民领域蓬勃发展的现状，全球对低碳安全环保型发射药的需求将随着行业升级、产业链变革、国际动荡局势的发展而快速增长。未来军工应用、民爆行业在国民经济中的地位愈发关键，而对含能新材料的投资、研发也将迎来黄金时刻。另一方面，技术发展带动含能新材料，黑火药等传统含能材料在提升产品和装备的安全性、环境适应性等综合性能上越来越后继无力，低碳安全环保新型发射药将为含能材料的未来发展提供新的选择。

传统的含能材料技术正临近发展极限，高安全、高可靠性、可持续发展的新型含能材料即将面对重要历史转折点，这也是中国含能材料领域实现赶超的重大与难得的历史机遇。伴随着无人装备、灵巧弹药、安全弹药等高端装备的广泛应用，迅速发展的含能材料对未来的军民两用技术提出了前所未有的要求。

2）非 CHON 系新型发射药是我国在火药领域再一次保持领先地位的历史机遇

含能材料研究，尤其是广泛应用的火炸药，包括发射药、起爆药、烟火药、炸药、传爆药等，一直是国外弹药前沿技术的关注重点。作为最有希望替代黑火药和传统发射药的非 CHON 系新型高能反应材料，其优异的安全性能和能量特性在烟花发射药领域的验证成功，证明了其巨大的潜在应用价值。

目前，国内外传统的含能材料绝大多数还是以硝基、硝酸脂、硝胺等传统含能基团为主，如 TNT、RDX、TATB、HMX、CL－20 等，均存在热分解温度较低、撞击和摩擦感度高、价格昂贵且产能受限等诸多弊端，难以满足如城市作战、反恐防爆、爆破救灾等各类非正式冲突或小规模局部斗争的低附带、小型化、低成本、轻量化等新需求。另一方面，我国现役装备用的含能材料绝大多数都是西方国家发明的，我国长期处于跟跑模式，距国际领先水平差距很大，与我国的大国地

位难以相称，对占领在前沿创新领域的战略制高点相差甚远。非 CHON 系新型火药的发明和创造，将是颠覆传统的重要契机，为我国再一次实现在该领域保持领先优势提供了机遇。我国在黑火药技术上曾领先西方国家，并在历史长河中垄断了上千年。然而，在新的历史时期，我们是否还能依然实现创新自主，提升我国在含能材料领域的话语权，增强国家核心竞争力，实现新材料与新装备产业的革新与超越。

18.3 技术竞争形势及我国现状分析

18.3.1 全球的竞争形势分析

颠覆性含能材料是近年来备受关注的一类新概念含能材料和战略性前沿技术，代表了高能毁伤与推进技术发展新方向，是指能量密度比常规制式含能材料（通常为 10^3 J/g）至少高一个数量级的一类新型高能物质，主要包括金属氢、全氮化合物和高张力键能释放材料等。颠覆性含能材料是当前含能材料领域的制高点，是高风险/高回报的远期战略性基础材料，是引领未来发展的基础科学，是高能毁伤技术发展新方向。近年来，颠覆性含能材料在美、俄、德等军事发达国家取得创新发展，呈现出一些新动向：固态金属氢试样首次从实验室成功制得，全氮化合物合成研究推陈出新，高张力键能释放材料探索研究积极推进。基于上述动向分析，挖掘颠覆性含能材料的发展背景及举措、应用前景及意义，对于我国开展颠覆性含能料相关研究具有重要参考意义。

1）近期主要动向

当前，军事大国开始积极推进颠覆性含能材料研发工作，并在金属氢、全氮化合物和高张力键能释放材料合成研究中已取得新进展，尤其是美国。近期，国外颠覆性含能材料研发呈现出一些新动向：金属氢理论研究趋于成熟，固态金属氢实验室制备研究取得重大突破；全氮化合物合成研究推陈出新，聚合氮成为近期研发热点；高张力键能释放材料探索研究积极推动，美国率先合成出 Poly－CO。

（1）首次从实验室制得微米级固态金属氢。自 1935 年美国物理学家提出金属氢概念以来，美、俄、法等国开展大量的金属氢理论预测与实验研究，获得结构相变、状态方程等理论成果，突破超高压超低温合成技术。1996 年，美国劳伦斯·利弗莫尔国家实验室利用超高压压缩法观测到液态金属氢的瞬间存在。2000 年以来,法国、美国科学家确定了固态氢分子的实验性熔点曲线,美德联合研究团队利用超高静压机把液态氘挤成类金属,英国爱丁堡大学利用金刚石对顶压砧耦合激光场首次实现388GPa的超压。2017年,美国哈佛大学披露在495GPa超高压、接近绝对零度的超低温条件下成功制得固态金属氢试样,试样尺寸为直径8μm、厚度1.2μm,且以液氮冷浴存储。这是人工首次合成固态金属氢,标志着颠覆性含能材料研究取得重大突破,在含能材料领域具有里程碑意义。

(2)成功获得多种稳定化的全氮化合物。全氮化合物是由多个氮原子以一定方式排列而成的氮原子簇,分为离子型、共价型和聚合型三类,其中聚合氮成为近期研发热点。迄今,人工合成的全氮化合物主要有N^{5+}阳离子盐、N^{5-}阴离子盐、聚合氮、共价型N5和N4。1998年,美国首次合成稳定的N^{5+}阳离子盐,现已制出13种含N^{5+}的盐类化合物,得到性能更稳定的$(N_5)_2SnF_6$,批次制备量级为5g;2002年,意大利获得首个共价型N4;2004—2008年,德国、俄罗斯和美国相继合成稳定化的聚合氮;2009年,美国还投入专用资金研究亚稳态N2/H2聚合氮的低成本制备方法及大批量制备工艺技术。俄罗斯获得以原子立方体结构存在的全氮化合物并推出全氮物质的性能预测方法。法国开发出一种N^{5-}优化合成路线瑞典利用超低温反应设备探索N4的合成路线。我国业已合成出N^{5+}阳离子盐、聚合氮、共价型N5和N^{5-}阴离子盐等多种稳定的全氮化合物,其中N^{5-}阴离子盐和共价型N5属全球首次合成。当前,国内外正在进行能量更高的新型全氮化合物探索研究。

(3)开始积极探索高张力键能。释放材料张力键能释放材料主要包括一氧化碳固态聚合物(Poly-CO)、CO_2固体聚合物、纳米金刚石基含能材料、硼基含能材料等,美国率先启动相关探索研究。2005年,美国劳伦斯·利弗莫尔国家实验室采用金刚石对顶压砧技术首次合成出Poly-CO,开展了Poly-CO的亚稳性及非晶体结构建模研究,得了晶体结构产物并用激光将其诱发爆炸,实现数克级放大合成近年来,依托颠覆性含能材料与推进技术项目,美国陆军研究实验室推出颠覆性含能材料的效创新合成方法和规模化放大新方法以及多尺寸预测模型,初步探索了纳米金刚石基、硼基含能材料等新型高张力键能释放材,完成了实验室试验能力设计及克量级能力验证。2011年,德国ICT研究院以CO/He(25/75)混合气体为原料,采用金刚石对顶压砧技术在5.2GPa下制备出Poly-CO并进行性能表征,发现采用CO激光加热在6~7GPa可使Poly-CO转变为白色固体。

2)发展背景及举措

颠覆性含能材料由美国陆军2014年正式推出。为了保持含能材料及毁伤技术的优势地位，美国最先提出并不断丰富颠覆性含能材料概念，多举措推动相关研究。

（1）着眼于未来军事战略需要。为了保持技术优势地位，彻底改变竞争对手之间军事力量平衡，2012 年美国国防部快速反应术办公室通过下一代技术项目的实施提出了颠覆性技术的概念与范畴。在含能材料领域，基于化学能的碳氢氮氧/氟体系的常规含能材料，能量已基本接近 10 倍黑索今（RDX）当量的极限。美国陆军科学家指出，当前能材料发展面临的挑战是，加快发现并开发可改变游戏规则的颠覆性技术，使其能够在 2040 年前供陆军转化应用并形成毁伤能力。2014 年，美国陆军正式推出颠覆性含能材料的概念，并把覆性含能材料与推进技术列为未来毁伤与防护领域的三大颠覆性技术之一加以重点研究。

近年来，美国陆军研究实验室从能上界定且丰富了颠覆性含能材料概念，并从战略层面制定专项研发计划，积极发展颠覆性含能材料，旨在为美国陆军部队 2025 年后提供革命性的作战武器装备及能力，满足未来军事战略需要。

（2）设定了 2031 财年前技术发展目标。美国陆军研究实验室关于颠覆性含能材料技术发展的近期目标（2016—2020 财年）是：能量比黑索今提高 30% 以上，开发经济可承受的新型含能材料及其火炸配方，且实现在武器中的应用。中期目标（2021—2026 财年）是：能量水平比黑索今至少高一个数量级，识别、表征和明确 Poly－CO 等高张力键能释放材，探索可用作新型含能组分的结构键能释放材料。远期目标（2027—2031 财年）是：能量达 10 倍 RDX 当量以上，明确和表征能量是黑索今 10 倍以上的高张力键能释放材料、有机金属化合物、金属簇材料等。

（3）提出人员培养和基础设施。美国陆军提出，在人员培养方面，需要提高现有研究团队在物化学、物理学、机械工程、模拟仿真领域的专业技能；加强与外部机构的协作研究，以促进现有研究人员与下一代研究人员的交叉培训；加强技术团队跨传统科学与工程学科的密切协作，以完成快速提升的技术任务。在基础设施方面，需要对现有设施和设备进行现代化改造，用于颠覆性含能材料高级试验；兴建新设施，用于颠覆性含能材料高压合、规模化放大及多个试验集成；创建 1015 和 1018 尺度的计算环境，以进行多尺度仿真及提高材料设计能力；兴建新型诊断设施，以提高颠覆性含能材料先进表征能力，如 1μm 分辨率的原位成像技术、时间分辨方法；创建颠覆性含能材料与推进技术卓越中心。

（4）设有颠覆性含能材料相关研究项目。2004 财年以来，美国陆军在国防研究科学（PE 0601102A）类弹道学研究（H43）专项下设有国家先进含能材料创新项目，支持凝固相新型含能材料基础研究，旨在合成能量为 10 倍 RDX 当量的颠覆性含能材料。2004—2017 财年,该项目获得研发经费约为 4260 万美元,2018 财年预算经费为 356.5 万美元。自 2014 财年起,美国陆军将弹道技术类生存力与毁伤技术(H80)专项下的含能材料项目也改设为颠覆性含能材料与推进技术项目,重点支持上述国防研究科学 H43 项的颠覆性含能材料研究成果进行应用开发。2014—2017 财年,颠覆性含能材料与推进技术项目共获得近 3600 万美元的研经费,2018 财年预算经费为 837.7 万美元。

3)应用前景及意义

颠覆性含能材料具有极高的能量密度及独特的毁伤机理和作用方式,具有重大的军用价值。一旦获得应用,将改变毁伤模式,推动武器质变,颠覆战争形态。

(1)金属氢是超高能爆炸物和高温超导体,军用前景广阔。金属氢具有能量高、密度、室温超导性好等诸多优异特性,具有重大的军民应用价值,尤其在军事领域。一是可用作超高威力炸药,金属氢是迄今已知化学能最高的爆炸物,能量密度约 2.16 × 105J/g,是第一代炸药梯恩梯(TNT)的 50 倍,是在发展的第三代炸药 CL-20 的 35 倍,与传统意义上的原子核武器(105J/g 以上)能量相近,可使武器弹药威力大幅提升,甚至用于制造金属氢武器,进而对毁伤能力带来颠覆性影响。二是可用作超高能火箭燃料,金属氢理论比冲高达 1700s,是运载火箭现用液氢/液氧混合燃料的 3.5 倍,其推力是液氢/液氧混合燃料的 5 倍,可实现运载火箭单级入轨,有望引发火箭推进技术革命。三是可用作高温超导材料,金属氢超导临界温度接近室温,远高于当前最好的“高温”(-123℃)超导体,可用于开发超导电磁推进系统、超导电磁炮、超导粒子束武器、轻质发电机、能量储存与输送系统等。用于制造发电机,其重量不到普通发电机的 10%,而输出功率可提高数十倍;用于输电,输电效率在 99.7% 以上,可使全世界用电量节省 25% 以上。

(2)全氮化合物属于第四代含能材料,可用作超高能火炸药。全氮化合物被誉为第四代含能材料,一旦应用于武器装备,使全球即时打击和一击即毁成为可能。全氮化合物用作高威力炸药,爆炸威力为 3~10 倍 TNT 当量,高于第三代炸药(1.7~1.8 倍 TNT 当量)。同等毁伤效果的炸药用量可比第三代炸药减少 60%~90%。全氮化合物用作高能火箭燃料和固体推进剂,理论比冲为 600~900s,远高于当前新一代运载火箭使用的液氢/液氧混合燃料(460s)和现有最高能量固体推进剂(280s)。应用于导弹武器,射程可提高 2 倍以上,有望实现 1h 内全球打击。

(3)高张力键能释放材料可用作下一代含能材料。高张力键能释放材料由气态分子化合物通过凝聚态物理方法制备而成,理论预测的能量最高可达 100

倍 TNT 当量,其中 Poly－CO 的预测能量比常规炸药高出 2～4 倍。高张力键能释放材料用于高能毁伤战斗部,将使爆威力提高数倍乃至数十倍,较同等毁伤效果的炸药用量减少 50%～90%。高张力键能释放材一旦获得应用,将使作战武器装备的毁伤能力得到显著提升。

综上所述,以美国为代表的西方强国在颠覆性含能材料领域投入了国家级的财力、物力和人力,建立了国家重点实验室专门针对未来有发展潜力的颠覆性含能材料进行技术攻关和重点投入,其主要方向仍旧是以发展高能量为主线,通过聚合氮、金属氢、高张力键、全氮等重点方向的牵引,建立颠覆性含能材料的设计、研发、制造及应用的技术体系和基础建设,仍旧是从单质原材料的角度出发,对本文重点提及的复合含能材料尚未见颠覆性材料报道。

18.3.2 我国相关领域发展状况及面临的问题分析

与常规含能材料相比,颠覆性含能材料的革新之处是:组分构成为单一的氮、氧、碳或小分子气态化合物,属于非碳氢氮氧/氟类体系;制备工艺采用凝聚态物理(如超高压)合成技术,有别于传统的化学有机合成法,合成过程更加安全环保;储能方式主要为结构键能,而不是传统的分子化学能。颠覆性含能材料的发展将对毁伤与推进技术领域产生深刻影响,一旦应用,将孕育全新概念的高能毁伤武器装备,实现火箭推进技术新突破,并从根本上改变战争形态和作战样式,从而引发新一轮军事变革。军事发达国家积极推动颠覆性含能材料研发工作,其相关举措、技术途径和发展动向值得关注与警惕。

我国方面,在常规高效毁伤专项以及基础加强重点项目等国家规划下,从"十五"至今经历了 3 个五年计划的持续高强度投入,已经形成了含能材料领域的研究体系、基础条件建设和人才队伍培养,覆盖了高能量、高安全、高效能等方向,构建了以北京理工大学、南京理工大学、中北大学、西安近代化学研究所、中国工程物理研究院等为核心的国家级研究队伍。其中,代表性的专业平台有北京理工大学的爆炸科学与技术国家实验室、含能材料教育部重点实验室、高能量物质教育部前沿科学中心、陆战无人系统军事科研重点实验室等,专攻颠覆性含能材料的设计开发与应用研究,培养了一代代国防军工骨干和火炸药后备人才。

18.3.3 对我国相关领域发展的思考

含能材料是武器装备原材料的原材料,是高效毁伤的能量来源,是实现"打得远、打得狠"的关键。然而,随着世界军事变革的不断发展以及武器装备信息化、智能化的发展趋势，传统的含能材料已难以满足新形势下军事斗争对低附带、多效能、低特征、小型化武器平台的应用需求，难以满足蜂群作战、高超声速作战、隐身作战、马赛克战等新作战样式的应用需求，难以满足深海、深空、深蓝、极地等新作战域的应用需求，传统的含能材料发展思路和战场应用越来越远，甚至在某些特定作战场景下无法发挥作用。另一方面，随着精确制导武器的快速发展，含能材料的能量比重在战技指标中的地位不再是最主要的，对含能材料的选择更多要考虑到安全性、环境适应性、引战可靠性、多平台兼容性和经济性等以前不太关注的方面，具有军民两用、高安全、便于便携式和小型无人平台使用的灵巧弹药越来越受到用户的青睐，在特种作战、城市作战、局部对抗、边境处突等新场景广受关注。

18.4 相关建议

建议推动低碳安全环保型新型发射药技术在烟花爆竹、民爆、军用发射药、短程推进剂等领域的应用，构建非 CHON 系含能材料谱系，抢占非 CHON 系颠覆性含能材料的科技制高点，从本质上提升弹药和武器装备的安全性、可靠性、经济性、环境友好性，服务于城市作战、边境处突、防空反导、民爆、救灾破障、反恐防爆等军、民、警、特勤等领域。

第三篇

行稳致远，抢抓颠覆性技术创新浪潮的政策建议

作为世界最大的新兴经济体，中国拥有广阔的市场需求、完备的产业体系和巨大的科技基础，开展颠覆性技术创新有独特的优势。面对新一轮的颠覆性技术变革浪潮，我们比历史上任何时期都更有信心、更有能力抓住机遇。中国需要正确认识和适应新一轮颠覆性技术变革浪潮的历史机遇，推动经济的战略转型；尽快形成孕育颠覆性技术能力，抢占全球创新高地，掌握发展的战略主动权。项目组在前期研究基础上，立足我国现状，以国家视角，提出了一些思考和建议，为我国如何发展颠覆性技术，支撑科技强国建设提供参考。

第 1 章

深化底层认识

1.1 辨明技术趋势

一是颠覆性技术创新的速度越来越快。在信息技术、资本、全球化等因素的共同作用下，技术创新速度前所未有，并且呈“指数级”快速增长，颠覆性技术创新的速度也越来越快，快速创造发展机遇的同时，颠覆性技术负面效应、引致风险传导扩散的速度也越来越快、范围越来越广，对科技治理能力、方式都提出了新的、更高的要求。

二是颠覆性技术创新方式越来越复杂。随着科研工具日益数字化、智能化，研发手段逐步虚拟化、网络化发展，当前科技创新活动日益大众化，创新主体更加多元，创新要素流动全球化，创新生态空前繁荣。颠覆性技术创新方式越来越复杂，为经济社会注入活力的同时，也给科技风险的预防、监管带来新的挑战。

三是颠覆性技术创新的影响范围广、程度深。当前新兴颠覆性技术在信息电子、材料制造、能源环境、生物医药等领域密集涌现，并且不断融合汇聚，向传统领域渗透扩张。深入影响到了经济社会、军事国防的各个方面，范围十分广泛。同时，随着基因技术、人工智能等颠覆性技术的发展，人机耦合、人机融合，甚至对人直接改造逐步成为现实，人与机器、人与自然的界限逐步被打破，深刻改变人本身、人与人、人与自然、人与社会的关系，引发经济运行、社会管理、军事斗争全方位改变，带来前所未有的道德伦理、社会治理的挑战。

1.2 厘清发展问题

一是针对颠覆性技术的认识不足。我国颠覆性技术战略研究刚刚起步，缺乏对颠覆性技术的系统研究，对颠覆性技术的认识还不到位，存在对颠覆性技术内涵、特征认识不深，对颠覆性技术方向研判不准，对颠覆性技术带来的冲击应对不足，在理念上存在诸多误区的情况。

二是管理研究严重滞后。例如，我国无论是政府层面还是学术界，关注点更多的都在技术本身如何颠覆，而忽视技术物化、市场转化及应用实践的过程研究，对管理创新和制度完善带来的挑战认识还不到位，对颠覆性技术带来的对传统管理模式及旧有制度提出的挑战认识还不够，还未引起足够的重视，急需加强前瞻研究和部署。

三是我国还未形成完善的颠覆性创新顶层设计，对各类创新主体积极性的调动尚显不足，缺乏对创新活动的路径创造与有力支撑。例如，国家对于颠覆性创新顶层设计与产业转型升级现状的认知程度不足，主动识别和培育颠覆性创新的机制尚未形成，对颠覆性创新过程管理与评估方法方面的认识较为匮乏，对潜在颠覆性创新“种子”的选择与培育推进缓慢。

四是颠覆性技术创新的环境土壤亟待培育。我国基础研究的薄弱，重大原创性成果缺乏直接影响着我国颠覆性技术的原始创新能力提升；我国科研管理体制、评价机制等导致我国缺乏开放、自由、宽松的环境和鼓励探索的文化氛围；更为重要的是，我国教育重传承、轻创新，重标准化教育、轻个性化教育，重知识吸收、轻价值塑造和创新创业，同时我国创新人才教育模式多样化不够，造成我国科技人才队伍“大而不强”、领军人才后继乏人、创造性人才短缺等问题；勇于探索、宽容失败的科学精神，仍没有被深层次接受，这些都制约我国颠覆性创新的发展。

1.3 均衡发展策略

一是发展颠覆性技术要注重前沿与实用相结合。我国尚处于高质量发展转型期，中美贸易战进一步突显了科技经济短板，创新引领发展尤为急迫。区别于美国的绝对优势指导思想，我国对于颠覆性技术的理解，既要考虑在全球视野下注重前沿探索力求创造领先的可能，同时也需问题驱动目标导向下大力气消除我国发展的不平衡不充分，在关键核心技术领域取得突破。因此，现阶段我国发展颠覆性技术的出发点是前沿与实用相结合，重点关注：第一，颠覆性技术要引领我国科技经济整体突破；第二，颠覆性技术的应用需求事关全局的行业及社会公共消费（问题或需求的导向性）；第三，颠覆性范围是国家全局性或区域性的产业体系、社会技术经济范式变革；第四，颠覆性技术的根本动力产生于前沿探索和基础科学领域的率先突破。

二是发展颠覆性技术要注重过程性保持战略定力。颠覆性技术的颠覆历程需要长期演进，这个过程充满曲折艰辛和不确定，在时间尺度上难以一蹴而就，考验决策。在这个过程中，国家选择颠覆性技术的战略眼光和培育发展的信心决心起到了非常重要的作用，决定了该项颠覆性技术在一个国家的命运。新原理的发现与传播(科学突破)、新技术的发明与分叉(技术分叉)、新产业产生与锁定(产业锁定)等转折点的识别与把握,对于国家来说都是制定和调整政策的时间窗口,根据不同阶段技术与市场的发展状态给予不同程度的干预,将有助于推动颠覆性技术完成从小众到主流的颠覆。颠覆性技术创新过程遭遇"死亡之谷""亚历山大困境"的双重瓶颈,使其开发转化的难度和风险极大,考验战略信心,影响战略定力。国家对于颠覆性技术的选择与培育,要从时间尺度上充分认识颠覆性技术的演化规律和阶段爆发的特点,给予战略眼光和足够的耐心,掌握时机适时干预。

三是发展颠覆性技术要注重现实与未来平衡。第一,发展颠覆性技术储备潜能需要牺牲现实利益。颠覆性技术的孕育和形成,一般通过竞争来处理与现有主流体系在技术与管理上的冲突,国家必要时通过强有力的科技投资或政府干预,加快传统力量的退出,以便为培育和发展颠覆性技术创造化解冲突的空间,这是现实为未来做出的牺牲。第二,孕育颠覆性技术需要具备现实基础条件。颠覆性技术为国家提供了现实与未来沟通的重要途径。发展颠覆性技术需要辩证地处理技术和管理的冲突性,力求现实与未来的平衡。从空间布局上做好资源、政策、力量的分布,从战略时机上掌握进入与退出的最佳窗口期。无论是被动"认识、适应颠覆性技术发展"或者是主动"识别、创造、引领颠覆性技术发展",都将提升国家应对未来的能力,在未来竞争中占据有利位置。发展颠覆性技术,需要平衡现在与未来的资源投入,在当前与未来的平衡中,使组织步履更稳健,走得更长远。

第 2 章

加强系统设计

02

作为后发新兴大国，怎么做好颠覆性技术创新，支撑科技强国建设，纷繁复杂，挑战众多。尤其是新形势、新格局下，在认识正确认识新一轮颠覆性技术变革浪潮的历史机遇和面临挑战的基础上，我们更需要保持战略定力，厘清主线，抓住重点，从空间布局上做好资源、政策、力量的分布，从战略时机上掌握进入与退出的最佳窗口期。基于此，提出了"一条主线""三个重点"的操作思路和举措。

"一条主线"即认识规律、感知态势、抢抓机遇、开拓引领。持续开展战略研究，认识和把握颠覆性技术发展规律，加强颠覆性技术的战略研判（认识）；感知颠覆性技术发展态势，开展常态化的颠覆性技术扫描收集、识别评价和预警反馈，识别重大技术，防范技术突袭、回应伦理热点（感知）；以整体和系统视角，把握中国的优势，利用当前新一轮技术扩散、转移的历史机会，推动国家实力的整体提升（适应）；设立特区，探索新的管理方式，"重点培育，带动整体进步"，从"认识、适应颠覆性技术发展"逐步转向主动"识别、创造、引领颠覆性技术发展"，抓住机遇，应对挑战，抢占全球科技制高点，引领未来，服务人类（引领）。

2.1 以思想创新引领颠覆性技术发展

思想是行动的先导。针对我国颠覆性技术战略研究刚刚起步,对颠覆性技术内涵、特征认识不深,对颠覆性技术方向研判不准,对颠覆性技术带来的冲击应对不足以及颠覆性技术管理研究滞后等现象,建议尽快建立国家颠覆性技术战略研究和识别预警能力,产出新思想,打破思维固化,以思想创新引领发展。

一是在功能上,进一步深化对颠覆性技术特点、规律的认识;具备全时全域和重点动态相结合的颠覆性技术扫描收集、识别重大技术方向能力;具备对重大颠覆性技术方向技术阶段、发展态势、潜在影响等进行评价能力;具备防范技术突袭、快速回应社会科技伦理热点事件、对颠覆性技术应用风险等进行前瞻预警等能力,并与国民经济和国家管理体系能有机衔接良性互动,达到服务于国家安全、发展战略需求与思想引领的目的。

二是构建“五个一”的能力:打造一支稳定专业的核心队伍,形成一个结构合理专业互补的专家支持网络,搭建一个军民融合、开放创新、灵活高效的战略研究平台,广泛利用军、民;殿堂、草根的已有力量,建立一个渠道畅通、响应迅速的需求生成与预警指控机制,积淀一套专业科学滚动发展的方法、工具和及时准确的数据库。

三是管理上要充分体现国家安全和发展需求导向和使命责任驱动的共同作用,在国家决策管理顶层要有统一的或归口的协调机构,同时,形成需求生成与问题沟通机制,实现上下信息的流通反馈,引导和推动预警需求与问题的生成和对接响应;在执行层赋予现有资源与能力相应的使命和责任,通过政府的稳定支持与市场的竞争选择,形成协调布局、多元参与的战略预警合力机制,共同推动预警能力和产品质量的提升,为决策提供高质量的预警支持。

2.2 以点上突破带动整体进步

颠覆性技术具有技术、管理等多重冲,尤其是对传统管理模式及旧有制度提出种种挑战,但实际上重大的颠覆性技术并不多,国家在围绕颠覆性技术开展持续的战略研究等基础上,对潜在颠覆性技术进行重点培育,以点上突破带动整体进步也至关重要。世界科技强国依照颠覆性技术的特点争相设立专门的计划或机构大力发展颠覆性技术，如美国的国防高级研究计划局（DARPA）、日本颠覆性技术创新计划（ImPACT）、德国的网络安全与关键技术颠覆性创新局（ADIC）等。这些专门的机构使颠覆性技术种子不进入现有的价值网络，能够有效应对现有体系中的利益固化、思维固化和价值网络固化，更好地发掘培育颠覆性技术。

因此，基于对颠覆性技术特征的深入认识，我们建议国家在颠覆性技术发展上要重点抓培育，加强对颠覆性技术的支持力度，设立中国的颠覆性技术创新专项，支持具有挑战性、探索性、高风险的创新活动，发掘和培养能为未来产业孕育、经济增长和社会发展带来根本性转变的技术，抢占全球科技制高点，推动经济发展的战略转型。我们认为该专项在以下几方面尤为重要：

一是专项要立足问题（需求）导向，其核心使命是提出好问题、识别好思想、寻找好人才、遴选好项目、产出好成果，为此专项要有大格局与长距视野，以便提出好问题。

二是针对颠覆性技术蕴含的“管理冲突”和“技术冲突”，专项需加强管理创新、多行多试，不断探索优化颠覆性技术需求产生、项目立项、资源配置、组织管理、评估评价的组织管理方式，探索针对颠覆性技术特点创新管理方式。例如，专项定位于最具挑战性和创造性阶段的工作，技术路线或解决方案得到验证后转由其他部门实施，只做萌芽阶段任务，避免被创新链捆死；机构要小规模、扁平化、管理要灵活，建议采用项目经理人制；评价要打破成败之墙；专项要有长期稳定的支持，为研究项目的长期探索、试错提供资源保障。

三是实施中打破利益固化、思想固化和价值网络固化。在实施中要“削去屁股”，压制本位主义，不把位置坐在具体业务方向和部门上，打破部门、行业和学派的屏障。“砍掉手脚”，不做实体，保持灵活性，避免陷入机构固化。“推倒隔墙”，推倒各种阻碍思想、人才汇聚之墙，包括思想之墙、利益之墙、部门之墙、业务之墙、团派之墙，汇聚好思想、利用好人才。

2.3 以系统优势争取局部和组织的机会

当前，颠覆性技术创新呈现交叉融合、速度加快、方式复杂，影响广泛深刻的明显趋势，加之日趋复杂的发展环境，要抓住本次颠覆性技术分叉、扩散的浪潮，把握后发国家的历史性机遇，不仅需要点上培育颠覆性技术，更需要从整体和系统的角度来认识、把握中国的优势与机遇，做到以上游带下游，以生态带创新，以整体带局部，以系统的灵活性和效率，克服行业或局部的利益固化和价值网络固化。具体建议如下。

一是加大开放，以更大的胸襟汇聚全球资源，促进技术中国转移，创新中国落地。面对全球性保护主义抬头和中美贸易战，更需要坚定不移加强开放创新，加大开放，布局全球，以更大的胸襟汇聚全球资源。大力实施创新全球化战略，积极融入和主动布局全球创新网络，进一步推动北京、上海两个全球科创中心协同发展；在中部、西部创新基础较好的区域布局若干国际创新中心，促进均衡发展，大力构建中国主导的科技创新体系。

二是提高能力，提升供应链、产业链和创新链的效率和灵活性。围绕产业链部署创新链，推动创新链高效服务产业链；围绕创新链布局产业链，实现创新成果快速转移转化并推动产业结构转型升级。运用大数据、人工智能、物联网、区块链、云计算等颠覆性技术，以数字化转型和智能化升级为抓手，补短板与锻长板齐头并进，助推产业链向中高端跃迁，推动供应链发展。（内涵是什么）

三是夯实优势，将超大规模、体系完备优势和体制动员的优势，转化为整体竞争能力。作为大型经济体，全球第一的人口总量、全球最大的中等收入群体、全球最完整的产业体系等超大规模市场优势，为我国产业链、供应链就本国市场能循环起来，提供了产业系统基础和市场需求基础；体制动员的制度优势能在发挥市场竞争优势的同时，比较有效地发挥逆周期调控的作用。我国需夯实优势，尽量要打通地区之间、行业之间、部门之间的各种行政性的非市场的或者是市场经济力量本身的垄断所导致的割裂，成为一个有机联系的循环的整体，提升整体竞争能力。

四是营造环境，健全落实基础性制度，扶持和培育各类创新主体，优化创新环境。一是以生态文明“一带一路”等战略需求为牵引，通过大工程和超大工程的营建，以建设世界级创新型企业为重点，组建创新群和创新载体。二是尽快出台中国版的“小企业创新研究计划”“小企业技术转移计划”，支持中小企业参与国家创新活动，同时着力解决中小微企业技术“钱难借、才难招、政策难享受、市场难开拓、产权难保护”等问题。三是提倡探索未知和冒险精神，为新想法、新思路提供实践空间，新技术、新产品、新商业模式的试验田。四是为科技资源、创新要素的汇聚融合创造条件，为资本的进入提供便利，吸引全世界“疯狂科学家”汇聚。五是大力弘扬创新文化，充分肯定个人在科技创新中的价值，让创新深入人心，形成全民认同创新、尊重创新、保护创新的文化氛围。

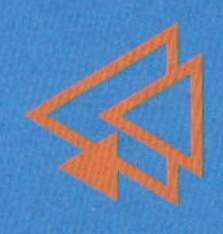

第 3 章

优化投入机制

颠覆性技术的多元化投入是针对技术创新过程中的动力不足与市场失灵等问题，通过整合政府、企业、学研机构以及社会资本等多元主体力量，形成不同创新要素的资源合力，实现更高效地推动颠覆性技术创新研发与市场转化进程目的活动过程。从全过程与系统化的视角出发，要构建颠覆性技术的多元化投入机制需要重点解决的3个核心问题分别为整合多元主体形成创新投入合力、发挥属性激励作用提升创新投入动力、优化项目管理促进过程动态优化，如图3-1所示。

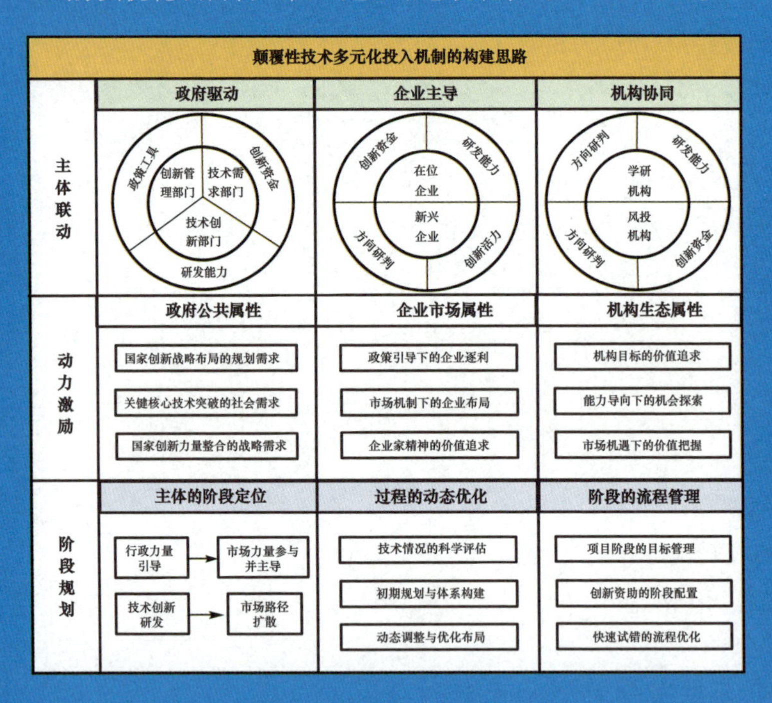

图3-1　颠覆性技术多元化投入机制构建思路

3.1 实现投入主体的多元联动

颠覆性技术多元化投入的核心任务是要在凝聚多元投入主体的基础上，整合更多的创新投入要素，并且主要体现为政府驱动、企业主导与机构协同三大方面。首先，在发挥政府主体的驱动作用上，颠覆性技术多元化投入机制可以整合创新管理部门的政策工具、技术需求部门创新资金以及技术创新部门的研发能力，发挥政府在政策扶持、资金引导与研发能力上的关键作用。其次，在发挥企业主体的主导作用上，颠覆性技术多元化投入机制需要根据在位企业与新兴企业的不同优势进行优势整合，发挥在位企业在资金投入与研发能力上的核心优势，以及新兴企业在方向研判与创新活力上的卓越表现。最后，在发挥机构主体的协同作用上，一方面，针对学校与科研机构而言，要利用好其在方向研判与研发能力上的智力支撑作用；另一方面，针对风投机构而言，要整合好其在技术方向上的敏感性与创新投入资金的协力作用。通过凝聚目标主体和整合要素资源，促进“主体 + 资源”联动以实现要素优化，为颠覆性技术多元化投入机制注入充足的资源要素。

3.2 发挥不同属性的动力激励

颠覆性技术多元化投入机制的构建需要解决的另一个重要问题是如何通过动力激励来形成常态化的颠覆性技术投入机制。基于多元主体界定的基础上，可以通过发挥政府公共属性、企业市场属性与机构生态属性来激活创新主体的投入动力。首先，在政府的公共属性动力上，颠覆性技术的重要战略价值以及潜在的投入风险使得政府必须发挥在其中的重要驱动作用，这不仅是国家创新战略布局的规划需求，也是关键核心技术突破的社会需求，更是国家基于创新力量整合的战略需求。其次，在企业的市场属性动力上，颠覆性技术的多元化投入，可以通过政策引导来刺激企业的市场逐利动机，利用市场机制来引导企业对未来战略技术的先期布局，还可以通过倡导企业家精神来引导对颠覆性技术创新战略的价值追求。最后，在机构的生态属性驱动力方面，无论是学研机构还是风投机构，都是颠覆性技术创新生态系统中的重要参与者，可以通过引导机构在颠覆性技术创新的投入过程中实现自身目标价值，发挥自身在创新能力或资金要素优势以发掘技术机会，并利用政策引导下的市场机遇来把握价值实现的机遇。

3.3 优化项目管理的阶段规划

利用阶段规划的思维来实现颠覆性技术多元化投入的科学管理也是其机制构建过程中的重要理念，通过项目研究发现，可以从主体的阶段定位、过程的动态优化以及阶段的流程管理来更好地实现这一目标。首先，在投入主体的阶段定位上，基于颠覆性技术的复杂性与不确定性特征，前期必须发挥政府行政力量的引导作用，再逐步引导市场力量参与其中，形成由市场主导的演化趋势；针对颠覆技术的发展阶段而言，在前期需要重点解决技术突破的研发难题，但同样不能忽视中后期的技术转化与市场推广工作。其次，在过程的动态优化上，颠覆性技术的多元化投入需要基于对技术领域的科学系统评估，并且采取逐步推进的实施过程，如在初期进行整体规划与体系构建工作，在实施过程中不断进行动态调整与优化布局。最后，在阶段的流程管理上，颠覆性技术多元化投入可以探索以目标管理理念优化项目运作流程，在设置合理考核标准的基础上采取分阶段的资助方式，并通过实地实验或市场测测等方式来建立快速试错的流程优化机制。

有针对性地提供项目所需资源，以分阶段资助的方式保障技术研发的资源利用效率与创新研发动力。围绕研发周期调整颠覆性技术多元化投入项目优先级。通过分阶段资助确保颠覆性技术多元化投入资金涌现。对于种子阶段的颠覆性技术项目，以政府引导基金的形式联合社会资本融资，强化政府财政资金的支持力度和领导效应，致力于颠覆性技术的基础研发；对于初创阶段、成长阶段的颠覆性技术项目，需要强化社会风投资本介入；对于成熟阶段的颠覆性技术项目，则需要弱化政府财政资金支持，加强企业资金的补充作用。建立颠覆性技术多元化投入的双向三级信息反馈渠道，通过“反馈－核实与解决－再反馈”的流程，丰富信息反馈的多样化形式、方式，最大限度畅通信息传递路径，最终实现政府科技部门、社会风投机构、企业市场投资双向三级信息反馈渠道的“零距离”“零障碍”。

3.4 构建利于技术试错评价体系

通过构建科学的技术试错评价体系，为潜在的颠覆性技术提供实验或试用的机会并实现快速试错与技术完善，解决创新主体的技术创新困境。完善涵盖颠覆性技术多元化投入试错指标的评价体系。针对颠覆性技术研发的不确定性与高风险特征，从试错角度评估颠覆性技术多元化投入，将创新企业、创新人才等创新主体的试错意愿纳入评价指标体系，通过创新企业和创新人才的行为、活动来判断颠覆性技术多元化投入试错成效。在考量试错意愿的基础上，将风险投资行为、战略更新等颠覆性技术探索的常规行为，作为颠覆性技术多元化投入试错评价体系的主要维度。通过建立颠覆性技术多元化投入试错评价体系，付出小范围试错成本推动颠覆性技术发展，促使颠覆性技术能够"边开枪，边瞄准"，紧跟用户、拥抱变化。

结合实际效果给予颠覆性技术多元化投入试错的机会。在颠覆性技术多元化投入前期，对潜在的颠覆性技术进行必要的筛选，剔除明显不符合市场需要的技术。在颠覆性技术多元化投入中期，引入技术调查员作为中间视角，对通过选择后保留下来的颠覆性技术给予试错机会，依据研究的实际情况适度扩大颠覆性技术多元化投入的对象范围。在颠覆性技术多元化投入后期，由高级技术人员及智囊系统的专家学者针对具体问题，进行技术改造和技术研发，以使不断试错得到的颠覆性技术最终真正适用于社会实践。

第 4 章

构建发展保障

文明是人类探索未来、应对挑战的根本依靠。当前，开展颠覆性技术创新最大的保障和需求是教育。面向未来，我国急需在教育方面开展以下 3 方面工作。

4.1 改革教育内容更加适应未来科技发展和社会变革的要求

要改革现行教育制度中不合理的教学手段、教育内容，把学生从沉重、僵化的教育体系中解脱出来，按照培养科学技术发明创造人才的模式去办学，加强创新教育，提高全民创新素质，培育中华民族的创新基因。美国从 20 世纪 50 年代末就视教育为国家发展的基础和人才培养的关键，并把发展教育作为国家的战略重心；从 20 世纪 60 年代起，就开始关注创新理论研究，对教育进行了全面地改革，强调学校教育在培养学生全面发展的同时，应注重开发其个性、原创精神和创新能力。

4.2 培养孩子的独立人格，孕育中国思想家和管理大师

培养孩子具有交融渗透的科学思维与艺术思维，既具有怀疑的意识、批判的理性、谦恭的心态、创新的意识，又能够跳跃性地观察事物，从宏观层面把握事物的发展脉络。

4.3 加强道德伦理和科技安全教育，将科技发展道路稳定在人民需要的轨道上

尽快成立国家科技伦理委员会，加强对覆性技术创新的风险评估，在保障创新的前瞻性同时，更关注创新的规范性、伦理性，使颠覆性技术创新更符合国家意志和民生需求。加强科技伦理建设，对颠覆性技术可能引起国家安全、就业失衡、伦理道德、个人隐私等方面的风险，进行前瞻预防与约束引导，在保障安全的前提下实现有责任的创新。